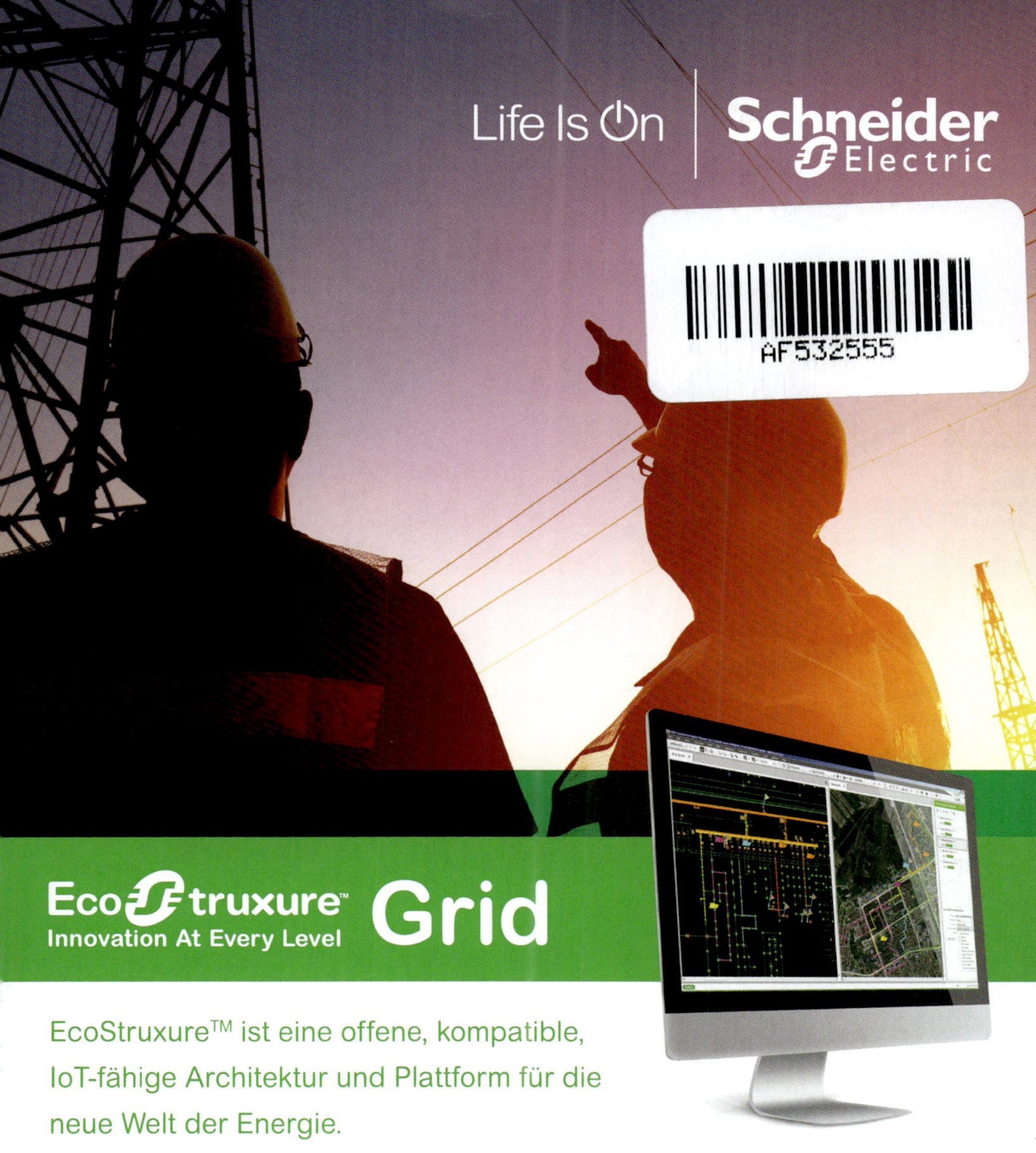

EcoStruxure™ ist eine offene, kompatible, IoT-fähige Architektur und Plattform für die neue Welt der Energie.

Von den Sensoren bis zu den Services verbessert unsere Methode „Innovation at every level" die Energieeffizienz und betriebliche Effizienz, indem der tatsächliche Geschäftswert der Fortschritte im Bereich IoT genutzt wird.

Wir bieten unseren Kunden wichtige Technologien für Mobilität, Sensorik, Cloud, Datenanalytik und Cybersicherheit, damit sie in unserer IoT-Wirtschaft wettbewerbsfähig bleiben.

schneider-electric.de/ecostruxure

© 2017 Schneider Electric. All Rights Reserved. Life Is On Schneider Electric is a trademark and the property of Schneider Electric SE, its subsidiaries and affiliated companies. All other trademarks are the property of their respective owners.

Energiemanagement ist heute unerlässlich – nicht nur für Umwelt und Gesellschaft, sondern auch für Unternehmen selbst. So stellt effizientes Energiemanagement einen entscheidenden Wettbewerbsfaktor dar. Nur wer seinen Energieverbrauch im Blick behält, kann Kosten reduzieren und so die Effizienz steigern.

Im Zuge der Digitalisierung sind die Instrumente für das Messen und Monitoring immer leistungsfähiger und komplexer geworden. Das Produktspektrum von Janitza reicht inzwischen von Messgeräten und Stromwandlern bis hin zur Visualisierungs- und Analysesoftware. Hierzu zählen u.a. Klasse A-Spannungsqualitätsanalysatoren entsprechend der Norm DIN EN 50160, digitale Einbaumessgeräte und mobile Spannungsqualitätsanalysatoren, um nur einige wenige zu nennen. Im Ergebnis handelt es sich dabei um hochvernetzte Systeme, die prinzipiell alle möglichen Energiedaten überall und zu jederzeit abrufbereit vorhalten und damit auch alle Voraussetzungen mitbringen, den Anforderungen einer modernen Industrie 4.0 Umgebung zu genügen.

Die UMG-Messgeräte, GridVis®-Software und Komponenten vereinen 3 Lösungen – Energiedatenmanagement, Spannungsqualitäts-Monitoring und Differenzstrommessung (RCM) – in einer gemeinsamen Systemumgebung – Made in Germany.

www.janitza.de

Janitza

Lexikon der Anlagentechnik

Dipl.-Ing. Dipl.-Wirtsch.-Ing. MBA Rolf Rüdiger Cichowski ist als Autor tätig. Die ersten Jahre seiner beruflichen Laufbahn war er bei den Vereinigten Elektrizitätswerken AG, VEW in Dortmund (fusioniert seit 2000 mit RWE AG) in verschiedensten Funktionen im Bereich Elektrische Verteilungsnetze aktiv. Nach der politischen Wende in Deutschland unterstützte er für einen Zeitraum von fünf Jahren die Entwicklungsprozesse ostdeutscher Unternehmen und zwar als Leiter der Elektrischen Verteilungsnetze bei der Mitteldeutschen Energieversorgung AG, MEAG in Halle/Saale und als Geschäftsführer der damals neu gegründeten Energieversorgung Industriepark Bitterfeld/Wolfen GmbH, ein Unternehmen, das den Industriestandort mit Strom, Gas, Wasser und Fernwärme versorgte.

Mitte der 90er Jahre stiegen die Energieversorgungsunternehmen in das Geschäftsfeld Telekommunikation ein und Rolf Rüdiger Cichowski gründete und leitete als Geschäftsführer für VEW das Tochterunternehmen VEW TELNET, einen Regional-Carrier in Dortmund. Nachdem VEW dieses Tochterunternehmen 1999 an die jetzige versatel verkaufte, schied er nach 30 Jahren aus dem Konzern aus und war danach ein Jahr als Leitender Consultant bei der Detecon in Bonn, einem Tochterunternehmen der Deutschen Telekom tätig. Von 2001 bis zum Frühjahr 2011 war er Geschäftsführer der SSS Starkstrom- und Signal-Baugesellschaft mbH in Essen, einem mittelständischen Dienstleistungsunternehmen für Strom, Daten, Gas und Wasser mit 30 Standorten und etwa 600 Mitarbeitern.

Im Rahmen des BDEW Bundesverband der Energie- und Wasserwirtschaft e.V. und der Deutschen Elektrotechnischen Kommission im DIN und VDE (DKE) arbeitete er in Ausschüssen und Komitees mit. Rolf Rüdiger Cichowski hat in den letzten Jahrzehnten als Autor und Herausgeber zahlreiche Fachbücher veröffentlicht und sich als Referent in Seminaren und Kongressen betätigt. Darüber hinaus war er über mehrere Jahre Lehrbeauftragter an den Fachhochschulen Dortmund und Berlin. Rolf Rüdiger Cichowski ist Initiator und Herausgeber der Buchreihe Anlagentechnik für elektrische Verteilungsnetze, die bei dem Verlag EW Medien und Kongresse und dem VDE Verlag seit 27 Jahren erscheint.

homepage: www.cichowski.de
Kontakt: rolf@cichowski.de

Rolf Rüdiger Cichowski

Lexikon der Anlagentechnik

2. Auflage

Anlagentechnik für elektrische Verteilungsnetze

VDE VERLAG GMBH
Berlin | Offenbach

EW Medien und Kongresse GmbH
Frankfurt am Main | Berlin | Essen

Die Ratschläge und Empfehlungen dieses Buches wurden von Autoren und Verlag nach bestem Wissen und Gewissen erarbeitet und sorgfältig geprüft. Dennoch kann eine Garantie nicht übernommen werden. Eine Haftung der Autoren, des Verlages oder seiner Beauftragten für Personen-, Sach- oder Vermögensschäden ist ausgeschlossen.

© 2017 EW Medien und Kongresse GmbH, Frankfurt am Main

Das Werk einschließlich aller seiner Teile ist urheberrechtlich geschützt. Jede Verwertung außerhalb der engen Grenzen des Urheberrechtsgesetzes ist ohne Zustimmung des Verlages unzulässig und strafbar. Das gilt vor allem für Vervielfältigungen in irgendeiner Form (Fotokopie, Mikrokopie oder ein anderes Verfahren), Übersetzungen und die Einspeicherung und Verarbeitung in elektronischen Systemen.

Verlag
EW Medien und Kongresse GmbH, Kleyerstraße 88, 60326 Frankfurt am Main

So erreichen Sie das Buch-Team von EW Medien und Kongresse
EW Medien und Kongresse GmbH, Montebruchstraße 20, 45219 Essen
Telefon 0 20 54.924-123
Telefax 0 20 54.924-139
E-Mail vertrieb@ew-online.de
Internet www.ew-online.de
ISBN 978-3-8022-1164-5 (Print)
ISBN 978-3-8022-1274-1 (eDok-PDF)

VDE VERLAG GMBH, Bismarckstraße 33, 10625 Berlin
ISBN 978-3-8007-4485-5 (Print)
ISBN 978-3-8007-4487-9 (eDok-PDF)

Vorwort des Autors

Die Anforderungen an elektrische Anlagen und Betriebsmittel für Verteilungsnetze nehmen ständig zu, etwa in der Gesetzgebung, der Sicherheitstechnik, der Ökonomie, der Zuverlässigkeit der Stromversorgung, des Umweltschutzes, der Raumplanung und der Kundenanforderungen. Die Liberalisierung der Netze und die Energiewende haben zu Anpassungen und Änderungen der Struktur der Netzbetreiber geführt und damit ebenfalls zu Auswirkungen auf die Anlagentechnik. Verändertes Umweltbewusstsein der Verbraucher, der Anschluss der EEG- Anlagen und die dezentrale Erzeugung haben die Technik der elektrischen Anlagen und Betriebsmittel so stark verändert, dass nur mit intensiven Anstrengungen aller Beteiligten das Ziel einer sicheren, preiswerten und zuverlässigen Stromversorgung zu erreichen ist. Die Technik der Verteilungsnetze und damit die Anlagentechnik in öffentlichen und in industriellen Netzen ist schon längst keine statische Angelegenheit mehr. Die Fachleute dieser Technik sind gefordert, sich ständig verändernden Gegebenheiten anzupassen. Niemand kann mehr davon ausgehen, über einen langen Zeitraum dieselbe Funktion innerhalb eines Unternehmens zu erfüllen, jeder muss flexibel bleiben und sich auch in Nachbargebiete der Technik einarbeiten.

Dieses Lexikon beinhaltet aus dem umfangreichen Gebiet der Anlagentechnik der Verteilungsnetze der Elektrizitätsversorgung alphabetisch sortierte Stichworte, die erläutert und mit den jeweils damit verbundenen Anforderungen dargestellt werden. Unterstützt werden die Erläuterungen durch Bilder, Fotos und Tabellen und in einigen Fällen durch praktische Tipps.

Die alphabetische Sortierung ermöglicht einen schnellen Zugriff. Durch zusätzliche Hinweise zu weiterer Literatur und DIN VDE-Bestimmungen lässt sich das jeweilige Thema vertiefen. Behandelt werden klassische Betriebsmittel wie Starkstromkabelanlagen, Freileitungen, Transformatoren, Netzschutz oder Netzstationen und ihre untergeordneten Fachtermini sowie Verfahren und Funktionen aus der Arbeit mit Verteilungsanlagen wie Planung, Errichtung, Betrieb und Instandhaltung. Außerdem werden neuere Technologien wie der Anschluss von EEG-Anlagen berücksichtigt. Die Inhalte basieren weitgehend auf der Buchreihe „Anlagentechnik der Verteilungsnetze". Im Hintergrund steht also das geballte Wissen der Autoren und Experten der erfolgreichen Buchreihe, die seit 1990 auf dem Markt ist. Bilder, Fotos und Tabellen sind vorrangig den einzelnen Bänden entnommen worden. Die vorliegende zweite Auflage des Lexikons enthält 498 Stichwörter. Zu fast allen Stichwörtern findet der Leser Hinweise auf die damit im Zusammenhang stehenden Normen, die vor allem in Zweifelsfällen heranzuziehen sind. Bei der Bearbeitung des Manuskriptes wurden die aktuellen Normen berücksichtigt. Allerdings muss darauf hingewiesen werden, dass in Einzelfällen Änderungen aus der laufenden Normenbearbeitung entweder zeitlich nicht Eingang ins Lexikon finden konnten oder sie in Verbindung mit der bisher üblichen Normenpraxis dargestellt wurden. Die genannten Normen sind im Text des Normentitels verkürzt wiedergegeben, um das Lexikon insgesamt lesbar zu gestalten.

Hinweise zur Benutzung:

Die Stichwörter sind alphabetisch sortiert. Zusätzlich ist ein Inhaltsverzeichnis der Stichwörter enthalten damit der Leser schnell einen Überblick über die bearbeiteten Stichwörter erhält.

Im laufenden Text wird durch Pfeile (→) auf den folgenden Begriff als weiteres Stichwort aufmerksam gemacht. Dort findet der Leser zusätzliche Erläuterungen und häufig vertiefende Informationen.

Das vorliegende Werk stellt einen Einstieg in den umfangreichen Themenkomplex dar. Es wird zukünftig fortlaufend an der Tiefe der einzelnen Stichworte und an der Anzahl der Stichworte gearbeitet, so dass das Werk immer aktualisiert wird.

Ich möchte die Leser und Nutzer dieses Buches zur Mitarbeit anregen und Sie bitten, den Verlagen und mir Ihre Wünsche und Hinweise mitzuteilen, sodass ich Ihre Anregungen bei einer weiteren Bearbeitung berücksichtigen kann: rolf@cichowski.de.

Danken möchte ich der Leitung und den Mitarbeitern der EW Medien und Kongresse GmbH, insbesondere Frau Silvia Holz, die durch Anregungen und Ideen zum Gelingen des Manuskriptes beigetragen hat.

Holzwickede im Herbst 2017
Rolf Rüdiger Cichowski

Inhalt

(n-1) - Sicherheit

Der Planungsgrundsatz der Redundanz, die sog. (n-1)-Sicherheit oder auch (n-1) - Prinzip ist z.B. in Anwendungsregeln des FFN, den → *Planungsgrundsätzen* für 110 kV-Netze, (E VDE-AR-N4121) festgeschrieben. Danach gilt das Netz als sicher geplant, wenn es nach dem Ausfall eines Betriebsmittels weiter betrieben werden kann. Außerdem werden in den Anwendungsregeln spezielle Ausfallszenarien definiert, für die selbst der gleichzeitige Ausfall mehrerer Betriebsmittel berücksichtigt werden muss.

→ *Planungsgrundsätze für 110-kV-Netze, E VDE-AR-N 4121*

Abkürzungen

Abkürzung	Lang Text	Erläuterung
AbLaV	Verordnung zu abschaltbaren Lasten	Die Verordnung regelt die Pflichten der → *ÜNB* zur Durchführung von Ausschreibungen und zur Annahme von Angeboten zum Erwerb von Abschaltleistungen aus abschaltbaren Lasten.
AC	Wechselstrom, alternating current	Weltweit die häufigste Art des Stroms für die elektrische Energieversorgung
AfK	Arbeitsgemeinschaft für Korrosionsfragen	→ *DVGW*; AfK Empfehlung Nr. 3, Maßnahmen beim Bau und Betrieb von Rohrleitungen im Einflussbereich von Hochspannungsanlagen
APX	Amsterdam Power Exchange	Eine niederländische Energiehandelsbörse (staatliches Unternehmen) für den Handel von Strom und Gas
AregV	Anreizregulierungs-verordnung	Verordnung für die Anreizregulierung der Energieversorgungsnetze aus 2007, zuletzt geändert: Juli 2017
AWE	Automatische Wieder-einschaltung oder Kurzunterbrechung (KU)	Selbständige Unterbrechung eines gestörten Stromkreises zur Löschung des Kurzschlusslichtbogens in der stromlosen Pause und Wiedereinschaltung. Siehe → *AWE*
BauVPO	Bauprodukten-verordnung	Verordnung zur Festlegung harmonisierter Bedingungen für die Vermarktung von Bauprodukten; Die EU- Verordnung 305/2011 des Europäischen Parlaments und des Rates vom 9. März 2011 zur Festlegung harmonisierter Bedingungen für die Vermarktung von Bauprodukten hat am 1. Juli 2013 die Bauproduktenrichtlinie aus dem Jahr 1988 vollständig abgelöst
BetrSichV	Betriebssicherheits-verordnung	Verordnung über Sicherheit und Gesundheitsschutz bei der Verwendung von Arbeitsmitteln
BDEW	Bundesverband der Energie- und Wasser-wirtschaft e.V.	Der BDEW wurde im Jahr 2007 gegründet. Er berät und unterstützt die Mitgliedsunternehmen gegen über Politik, Fachwelt, Medien, Öffentlichkeit. Mitglieder: Unternehmen der Energie-, Wasser- und Abwasserwirtschaft

Abkürzung	Lang Text	Erläuterung
BG	Berufsgenossenschaft	Berufsgenossenschaften /Unfallkassen. Mitglieder des Spitzenverbandes "Deutsche Gesetzliche Unfallversicherung" (DGUV) sind die gewerblichen Berufsgenossenschaften und die Unfallversicherungsträger der öffentlichen Hand.
BG ETEM	Berufsgenossenschaft Energie, Textil, Elektro und Medienerzeugnisse	Die gesetzliche Unfallversicherung für rund 3,8 Millionen Menschen in über 200.000 Mitgliedsunternehmen, unterstützt die Mitgliedsunternehmen bei Arbeitssicherheit und Gesundheitsschutz.
BGV z.B. BGV A3	Berufsgenossenschaftliche Vorschrift für Sicherheit und Gesundheit bei der Arbeit(Unfallverhütungsvorschrift) DGUV V3	Ehem. Bezeichnung; jetzt DGUV, Gesetzliche Unfallversicherung BGV A3; aktuelle Bezeichnung: DGUV V3
BImSchV	Bundesimmissionsschutzverordnung	sind Rechtsverordnungen der Bundesrepublik Deutschland, die vor allem dem Schutz vor schädlichen Umwelteinwirkungen durch Luftverschmutzung und Lärm dienen. Sie werden auf Grundlage des Bundes-Immissionsschutzgesetzes vom Bundesumweltministerium erlassen.
BMWi	Bundesministerium für Wirtschaft und Energie	BMWi als eine oberste Behörde der BRD hat sich zum Ziel gesetzt, die soziale Marktwirtschaft zu fördern. Einige Punkte aus dem Energiebereich: Digitalisierung fördern, Investitionen stärken, Energiewende effizient voranbringen
BNetzA	Bundesnetzagentur	Zentrale Aufgabe der Bundesnetzagentur ist es, den Wettbewerb in den Energie-, Telekommunikations-, Post- und Eisenbahnmärkten zu fördern und die Leistungsfähigkeit der Infrastrukturen in diesen Bereichen sicherzustellen. Als Regulierungsbehörde trägt die Bundesnetzagentur dazu bei, dass Unternehmen die erforderlichen Investitionen in die Zukunftsfähigkeit der Netze tätigen können. Eine besondere Rolle spielt sie auch bei der Umsetzung der Energiewende.
BSI	Bundesamt für Sicherheit in der Informationstechnik	Entwickelt u.a. Technische Richtlinien (TR) für die Sicherheit in der Informationstechnik(BSI), z.B. im Umfeld des Smart Metering.
CEN	Comite Europeen de Normalisation Europaisches Komitee für Normung	Siehe → *EN*
CENELC	Comite Europeen de Normalisation Electrotechnique Europäisches Komitee für Normung der Elektrotechnik	Siehe → *EN*

Abkürzung	Lang Text	Erläuterung
CIGRE	Conseil International des Grands Reseaux Electriques	Internationale Konferenz für Fachleute der → *ÜNB* über alle Themen der Hochspannungstechnik
CIRED	International Conference on Electricity Distribution	Internationale Konferenz für Fachleute der → *VNB* über Themen auf allen Spannungsebenen bis 150 kV
DC	Gleichstrom, direct current	Mit der Errichtung von Stromrichterstationen gewinnt die Hochspannungs-Gleichstrom-Übertragung in der elektrischen Energieversorgung zunehmend Bedeutung.
DEA	Dezentrale Erzeugungsanlagen	Bei einer dezentralen Stromerzeugung wird elektrische Energie verbrauchernah erzeugt, z. B. innerhalb oder in der Nähe von Wohngebieten und Industrieanlagen mittels Kleinkraftwerken.
Dena	Deutsche Energieagentur	Die Dena ist das Kompetenzzentrum für Energieeffizienz, erneuerbarer Energien und intelligente Energiesysteme. Sie soll zum Erreichen der Energiewende beitragen.
DGUV V3	Unfallverhütungsvorschrift Vorschrift 3 Elektrische Anlagen und Betriebsmittel	Ehem. BGV A3
DIN	Deutsches Institut für Normung e.V.	ist die bedeutendste nationale Normungsorganisation in der Bundesrepublik Deutschland. Sie wurde am 22. Dezember 1917 unter dem Namen „Normenausschuss der deutschen Industrie" gegründet.
DKE	Deutsche Kommission Elektrotechnik Elektronik Informationstechnik im DIN und VDE	ist die in Deutschland zuständige Organisation für die Erarbeitung von Standards, Normen und Sicherheitsbestimmungen
DNA	Deutscher Normenausschuss e.V.	Vorgängerbezeichnung der DIN
DSM	Demand Side Management	Einflussnahme der Netzbetreiber auf die Stromnachfrage von Kunden zur Steuerung der Energiemenge oder den Zeitpunkt des Stromverbrauchs. Die Beeinflussung der Last durch ein Preissignal ist eine indirekte DSM-Maßnahme, siehe → *Lastmanagement*
DVGW	Deutscher Verein des Gas- und Wasserfaches e.V.	technisch-wissenschaftlicher Verein ist der Branchenverband der deutschen Gas- und Wasserwirtschaft mit Sitz in Bonn
DWA	Deutsche Vereinigung für Wasserwirtschaft, Abwasser und Abfall e.V.	Förderung einer nachhaltigen Wasserwirtschaft
EFET	Verband Deutscher Gas- und Stromhändler	Ziel des Verbandes: Entwicklung eines paneuropäischen Binnenmarktes für Energie fördern

Abkürzung	Lang Text	Erläuterung
EG	Europäische Gemeinschaft	war eine supranationale Organisation, die mit dem Vertrag von Maastricht 1993 aus der 1957 gegründeten Europäischen Wirtschaftsgemeinschaft hervorging
EEG	EEG-Gesetz	Gesetz zum Ausbau Erneuerbarer Energien
EltBauVO	Verordnung über den Bau von Betriebsräumen für elektrische Anlagen	Elektrische Betriebsräume müssen so angeordnet sein, dass sie im Gefahrenfall leicht und sicher erreichbar sind und umgekehrt ungehindert verlassen werden können.
ELV	Kleinspannung, Extra Low Voltage	Ist die internationale Abkürzung nach IEC 60449 für Kleinspannung 50 V → *AC* und 120 V→ *DC*
EMV	Elektromagnetische Verträglichkeit	Fähigkeit einer Anlage /Betriebsmittels in einer elektromagnetischen Umwelt zufriedenstellend zu funktionieren, ohne andere Geräte oder Anlagen zu stören
EN	Europäische Normen	Regeln, die von einem der drei europäischen Komitees für Standardisierung (Europäisches Komitee für Normung CEN, Europäisches Komitee für elektrotechnische Normung, CENELEC und Europäisches Institut für Telekommunikationsnormen ETSI ratifiziert worden sind. Alle EN-Normen sind durch einen öffentlichen Normungsprozess entstanden.
EnLAG	Energieleitungsausbaugesetz	Gesetz zur Beschleunigung des Ausbaus der Höchstspannungsnetze
En WG	Energiewirtschaftsgesetz	Gesetz über die Elektrizitäts- und Gasversorgung vom 07.07.2005(letzte Änderung: 31.08.2017)
EPDM	Ethylen-Propylen-Dien-modifiziert	Bietet gute Hitze-, Ozon und Alterungsbeständigkeit, sehr gutes Verhalten bei Niedrigtemperaturen und gute Isolationseigenschaften
EPR	Ethylen Propylene Rubber, Ethylen-Propylen-Gummi	Wird bei der Kabelisolierung und bei flexiblen Leitungen verwendet, siehe auch → *EPDM*
EVU	Elektrizitätsversorgungs-Unternehmen	Ist ein Unternehmen, das in der Energieversorgung tätig ist
FGH	Forschungsgemeinschaft für Elektrische Anlagen und Stromwirtschaft e.V.	Die FGH ist eine gemeinnützige Forschungseinrichtung der Elektrizitätswirtschaft und Elektroindustrie
FNN	Forum Netztechnik / Netzbetrieb	das Forum Netztechnik/Netzbetrieb im VDE ist ein Ausschuss des Verbands der Elektrotechnik, Elektronik und Informationstechnik, mit eigenem Fördererkreis und eigener Geschäftsstelle im VDE-Haus in Berlin.
FU	Fehlerspannung	Die Fehlerspannung ist eine Spannung zwischen einer Fehlerstelle und der Bezugserde bei einem Isolationsfehler oder die Spannung, die im Fehlerfall zischen den Körper, den Körpern und fremden leitfähigen Teilen auftritt

Abkürzung	Lang Text	Erläuterung
GDEW	Gesetz zur Digitalisierung der Energiewende	Am 02.09.2016 in Kraft getreten; Startsignal für → *Smart Grid,* → *Smart Home,* → *Smart Meter* zur Unterstützung der digitalen Infrastruktur, → *intelligente Messsysteme*
GSG	Gerätesicherheitsgesetz	Im Mai 2004 außer Kraft getreten ersetzt durch → *GPSG, Geräte- und Produktsicherheitsgesetz*
GIL	Gasisolierte Leitung	Gasisolierte Übertragungsleitungen (GIL) sind die sichere und flexible Alternative zu Freileitungen und benötigen bei gleicher Übertragungsleistung deutlich weniger Platz.
GIS	Gasisolierte Schaltanlage	Vollständig gasdicht gekapselte Schaltanlage für Hoch- und Mittelspannungsanlagen, die zur Isolierung der elektrischen Leiter SF6 Gas verwendet
GPSG	Geräte-und Produktsicherheitsgesetz	Sicherheitsanforderungen von technischen Arbeitsmitteln und Verbraucherprodukten
HGÜ	Hochspannungs-Gleichstromübertragung	Siehe → *Hochspannungs-Gleichstromübertragung*
HTS	Hochtemperatur-Supraleitung	Siehe → *Hochtemperatur-Supraleitung*
IEC	International Electrotechnical Commission, Internationale Elektrotechnische Kommission	Älteste, internationale Organisation, bereits 1904 gegründet und hat auch heute noch das Ziel: Sicherstellung der Zusammenarbeit der technischen Verbände der Welt durch den Einsatz einer repräsentativen Kommission
iMSys	Messstellenbetrieb intelligenter Messsysteme	Die Kosten und Erlöse für iMSys unterliegen nicht der Regulierung, die Erlöse sind jedoch mit einer Preisobergrenze versehen.
ISO	International Organization for Standardization, Internationale Normungsorganisation	Größte nicht staatliche Organisation für industrielle und technisch-wissenschaftliche Zusammenarbeit, Ausnahme für den Bereich Elektrotechnik, dafür → *IEC* zuständig
iONS	Automatisierte Ortnetzstation	Siehe → *Automatisierte Ortsnetzstation*
KAV	Konzessionsabgabenverordnung für Strom und Gas	Konzessionsabgaben sind Entgelte, die die EVU an Städte und Gemeinden für die Nutzung der öffentlichen Wege zum Zwecke der Energieverteilung zahlen.
KWKG	Gesetz für die Erhaltung, die Modernisierung und den Ausbau der Kraft-Wärme-Kopplung	Dieses Gesetz dient der Erhöhung der Nettostromerzeugung aus Kraft-Wärme-Kopplungsanlagen bis zum Jahr 2025 im Interesse der Energieeinsparung sowie des Umwelt- und Klimaschutzes
MessZV	Messzugangsverordnung	Aus dem Jahr 2008 ist durch § 12 des Gesetzes zur Digitalisierung der Energiewende in 2016 aufgehoben
MsbG	Messtellenbetriebsgesetz (seit 02.09.2016 in Kraft)	gilt als zentrales Gesetz für das Messwesen und es definiert u.a. zwei wesentliche Begriffe • Intelligente Messsysteme • → *Moderne Messeinrichtungen*

Abkürzung	Lang Text	Erläuterung
MSR	Mess-, Steuerungs- und Regelungstechnik	Eigenes Fachgebiet an Unis und FH in dem die einzelnen sich überschneidenden Fachgebiete in ihrer Verbindung betrachtet werden
Nabu	Naturschutzbund Deutschland e.V.	Ein gemeinnütziger Verein mit 450.000 Mitgliedern, Gründung bereits im Jahr 1899. Verein setzt sich mit verschiedenen Ökosystemen auseinander und engagiert sich für deren Schutz
NABEG	Netzausbaubeschleunigungsgesetz	Das Gesetz(aus 2011) gilt für die Errichtung oder Änderung Bundesländerübergreifenden Höchstspannungsleitungen und Anbindungsleitungen von den Offshore- Windparks zu den Netzverknüpfungspunkten an Land.
NAV	Niederspannungsanschlussverordnung	Verordnung über Allgemeine Bedingungen für den Netzanschluss und dessen Nutzung für die Elektrizitätsversorgung in Niederspannung. Die NAV ersetzt die AVB Elt aus 1979 und enthält kundenfreundlichere Regelungen
NE	Netzengpass	Ein Lastfluss im Netz, der dazu führt, dass das → *n-1-Kriterium* nicht erfüllt werden kann
NEP	Netzentwicklungsplan Strom	Die Netzentwicklungspläne werden von den → *ÜNB* erarbeitet unter Berücksichtigung der aktuellen, technologischen, politischen und gesellschaftlichen Rahmenbedingungen
NEM	Netzengpass-management	Ist ein wichtiger Bereich der Netzbetriebsführung geworden durch die zunehmende Einspeisung erneuerbarer Energien ins öffentliche Netz. Das NEM befasst sich mit der Versorgungssicherheit bei Engpässen, damit soll auch bei Störungen eine unterbrechungsfreie Stromversorgung gewährleistet werden.
NPE	Nationale Plattform Elektromobilität	Die Nationale Plattform Elektromobilität ist ein Beratungsgremium der deutschen Bundesregierung zur Elektromobilität. Sie setzt sich aus Spitzenvertretern der Industrie, Politik, Wissenschaft, Verbänden und Gewerkschaften zusammen
NOVA-Prinzip	Netz-Optimierung vor Verstärkung bzw. Ausbau	Berücksichtigung der tatsächlich anfallenden Umgebungsbedingungen zum Zeitpunkt der Betrachtung bei der Ermittlung der Dauerstrombelastbarkeit von Feileiterseilen.
NoM	Netzoptimierende Maßnahmen	technische und betriebliche Maßnahmen, die im Zuge eines Umbaus der Energieversorgung die Situation in den Stromnetzen verbessern können
OLTC	On-load tap changer	Drehstrom-Transformator mit automatischem Laststufenschalter, der bei Lastschwankungen im Netz den resultierenden Spannungsänderungen entgegenwirkt
PCB	Polychloriertes Biphenyl	sind giftige und krebsauslösende organische Chlorverbindungen. Sie wurden bis in die 1980er Jahre vor allem in Transformatoren, elektrischen Kondensatoren, in Hydraulikanlagen als Hydraulikflüssigkeit sowie als Weichmacher in Lacken, Dichtungsmassen, Isoliermitteln und

Abkürzung	Lang Text	Erläuterung
PE	Polyethylen	Ist ein thermoplastischer Kunststoff mit guter elektrischer Isolationsfähigkeit, daher als Isolator von Mittel- und Hochspannungskabeln verwendet
PEV	→ *Primärenergieverbrauch*	Bilanz der verbrauchten Energie einschließlich aller Verluste, erfasst im jährlichen Zyklus
PP	Polypropylen	Thermoplastischer Kunststoff, ähnlich Polyethylen, jedoch etwas härter und wärmebeständiger. Wird als Trafogehäuse, als Kabelummantelung und Isolierfolien und als Dielektrikum von Kondensatoren verwendet
PU	Polyurethan	Kunststoffe oder Kunstharze in der Elektrotechnik verwendet als Vergussmasse
PVC	Polyvinylchlorid	Thermoplastisches Polymer für Kunststoffe, in der Elektrotechnik verwendet für Kabelummantelungen
PLC	Powerline Kommunikation oder Powerline Communication	nutzt die vorhandene Stromleitung zur Datenkommunikation. Dazu wird das Datensignal von einer Trägerfrequenzanlage über eine oder mehrere Trägersequenzen auf die Stromleitung moduliert und hochfrequent übertragen.
QM	Qualitätsmanagement	→ *Qualitätsmanagement*
rONT	Regelbare Ortsnetztransformatoren	durch dezentrale Erzeugungsanlagen können zunehmend Spannungsbandverletzungen nach DIN EN 50160 in Verteilungsnetzen auftreten, denen die rONT entgegenwirken durch Laststufenschalter, die die oberspannungsseitig aktiven Windungen des Trafos verändern
SCADA	Supervisory Control And Data Acquisition	SCADA ist keine bestimmte Technologie, sondern ein Anwendungstypus. SCADA ist eine übergeordnete Steuerung und Datenerfassung. Jede Anwendung, die Betriebsdaten aus einem System erfasst, um dieses System zu steuern und zu optimieren, ist eine SCADA-Anwendung.
SINTEG	Ein Förderprogramm "Schaufenster intelligente Energie- Digitale Agenda für die Energiewende"	Musterlösungen für eine sichere, wirtschaftliche und umweltverträgliche Energieversorgung bei hohen Anteilen fluktuierender Stromerzeugung aus Wind- und Sonnenenergie zu entwickeln und zu demonstrieren. Die gefundenen Lösungen sollen als Modell für eine breite Umsetzung dienen.
SF6	Schwefelhexafluorid	Anorganische chemische Verbindung aus Schwefel und Fluor, ist farb- und geruchlos und wird in der Elektrotechnik für die Schaltanlagentechnik verwendet
StromGVV	Stromgrundversorgungsverordnung	Allgemeine Bedingungen für die Grundversorgung von Haushaltskunden und die Ersatzversorgung mit Elektrizität aus dem Niederspannungsnetz

Abkürzung	Lang Text	Erläuterung
Strom NEV	Stromnetzentgelt-verordnung	Diese Verordnung regelt die Festlegung der Methode zur Bestimmung der Entgelte für den Zugang zu den Elektrizitätsübertragungs- und Elektrizitätsverteilernetzen (Netzentgelte) einschließlich der Ermittlung der Entgelte für dezentrale Einspeisungen.
StromNEW	Netzbetreiber	Strom NEW: Netzbetreiber am Niederrhein
Strom NZV	Verordnung über den Zugang zu Elektrizitätsversorgungsnetzen (Stromnetzzugangsverordnung)	Verordnung regelt die Bedingungen für die Einspeisung von elektrischer Energie in Verteilungsnetze
TAB	Technische Anschlussbedingungen für den Anschluss an das Niederspannungsnetz	Mustertext für die Anforderungen kann beim → *BDEW* bezogen werden, wird von den jeweiligen Netzbetreibern an die regionalen Verhältnisse angepasst
TAR	Technische Anwendungsregeln	VDE / FNN erarbeitet technische Anwendungsregeln für die Nutzung durch Netzbetreiber, Hersteller und oder Dienstleistungsunternehmen → *Anwendungsregeln*
TBINK	Technischer Beirat Internationale und Nationale Koordinierung	Der TBINK (Technischer Beirat Internationale und nationale Koordination) repräsentiert die normungspolitischen Interessen der deutschen Elektrotechnik auf internationaler und europäischer Ebene. Er bestimmt als beratendes Gremium des Lenkungsausschusses die diesbezüglichen Tätigkeiten der → *DKE*.
TE	Teilentladung	Teilentladung oder Vorentladung ist ein Begriff aus der Hochspannungstechnik, bei dem es in erster Linie um Form und Eigenschaften von Isolierstoffen geht. Solche Teilentladungen treten bei Beanspruchung der Isolierung mit Wechselspannung auf.
ÜNB	Übertragungsnetz-betreiber	→ *ÜNB* betreiben Übertragungs- und Transportnetze mit Drehstrom-Hochspannung(220 kV und 380 kV) ÜNB in Deutschland: • Tennet TSO • 50 Hertz Transmission • Amprion • Transnet BW
UVV	Unfallverhütungs-vorschrift	UVV werden von den → *BG* herausgegeben. Sie beinhalten für jedes Unternehmen und für jeden Versicherten der gesetzlichen Unfallversicherung verbindliche Pflichten zur Arbeitssicherheit und zum Gesundheitsschutz am Arbeitsplatz
UMZ	Unabhängiger Maximalstrom-Zeitschutz	Beim UMZ Schutz wird beim Überschreiten eines eingestellten Strombetrages, z. B. 400 A, nach Ablauf der zugehörigen Verzögerungszeit ein Signal zum Ausschalten des Leistungsschalters erteilt. Siehe auch → *Überstromzeitschutz*

Abkürzung	Lang Text	Erläuterung
VDE	Verband der Elektrotechnik Elektronik Informationstechnik e.V.	• Ist im Jahr 1893 gegründet • Zweck: Zusammenschluss der in der Elektrotechnik tätigen Menschen und Organisationen • Sitz: Frankfurt / Main
VLF	Very Low Frequency, sehr niedrige Frequenz	An den Niederfrequenzbereich elektromagnetischer Wellen schließen sich die Längstwellen (Very Low Frequency, kurz VLF), Frequenzbereich von 3 bis 30 kHz, an. Beide Bänder zusammen umfassen die Niederfrequenz (3 Hz bis 30 kHz)
VPE	Vernetztes Polyethylen	Ein Kabelisolierwerkstoff
VNB	Verteilungsnetzbetreiber	Ein Unternehmen , das ein öffentliches Verteilungsnetz für Strom oder Gas einer bestimmten Region betreibt.
VZBV	Verbraucherzentrale Bundesverband	Die Verbraucherzentrale Bundesverband vertritt die Interessen der mehr als 80 Mio. Menschen in Deutschland gegenüber Politik, Wirtschaft und Verwaltung und ist der Dachverband aller 16 Verbraucherzentralen der Bundesländer
WHG	Wasserhaushaltsgesetz	WHG ist ein Rahmengesetz des Bundes zur Ordnung des Wasserhaushaltes mit grundlegenden Bestimmungen über wasserwirtschaftliche Maßnahmen. Das WHG bezieht sich sowohl auf oberirdische Gewässer (Flüsse, Seen u. a.) wie auch auf Küstengewässer und das Grundwasser.
ZVEH	Zentralverband der Deutschen Elektro- und Informationstechnischen Handwerke	Die Aufgabe des ZVEH ist die Förderung der wirtschaftlichen und fachlichen Interessen der Innungsbetriebe und die Darstellung als „Dachmarke" für die elektro- und informationstechnischen Innungsfachbetriebe.
ZVEI	Zentralverband der Elektrotechnik- und Elektronikindustrie e.V.	Der ZVEI ist ein Industrieverband der Elektroindustrie und vertritt die Interessen seiner Mitglieder in Deutschland und auf internationaler Ebene

Abluft

Konstruktionselemente in der Gehäuse-/Gebäudehülle einer Station, die eine ausreichende (einer vorgegebenen Gehäuseklasse genügende) Abfuhr der Verlustwärme der Bauteile und die Durchlüftung der Station sicherstellen.

Abschaltbedingungen

Zum Schutz gegen elektrischen Schlag in der Anlagentechnik werden in den Normen Maßnahmen zum Schutz bei indirektem Berühren gefordert. Daher sind in jeder elektrischen Anlage Schutzmaßnahmen durch automatische Abschaltung der Stromversorgung vorgesehen, so dass nach dem Auftreten von Fehlern gefährliche Berührungsspannungen rechtzeitig abgeschaltet und dadurch Gefahren vermieden werden. Folgende Bedingungen sind zu erfüllen:

- Die dauernd zulässige Berührungsspannung darf bei Wechselstrom U_L = 50 V und bei Gleichspannung U_L = 120 V betragen. Sollten im Fehlerfall diese Werte überschritten werden, so müssen entsprechende Schutzeinrichtungen die Anlage rechtzeitig ausschalten
- Die Körper der Betriebs- und Verbrauchsmittel müssen an einen Schutzleiter angeschlossen werden
- Die Schutzmaßnahmen werden bestimmt durch die Art der Erdverbindung und durch eine Koordination der Erdverbindung und der Eigenschaft von Schutzleiter und Schutzeinrichtung
- Es ist in jedem Gebäude ein Schutzpotentialausgleich herzustellen
- Die Ausschaltzeit / Abschaltzeit ist abhängig von der Art der Erdverbindung, also unterschiedlich im TN-System, im TT-System oder im IT-System

Schutz im TN-System: Schutzeinrichtungen und Leiterquerschnitte sind so zu dimensionieren, dass beim Auftreten eines Fehlers zwischen Außenleiter und Schutzleiter (bzw. durch PEN verbundene Körper) die Ausschaltung innerhalb der festgelegten Zeit (Abschaltzeit in Verteilungsstromkreisen: 5 s) erfolgt.

Bedingungen für den Schutz durch automatische Abschaltung der Stromversorgung:
• Die Körper der Betriebs- und Verbrauchsmittel sind an einen Schutzleiter anzuschließen. • Die dauernd zulässige Berührungsspannung beträgt bei Wechselspannung U_L = 50 V und bei Gleichspannung U_L = 120 V. Werden diese Werte im Fehlerfall überschritten, muss die Schutzeinrichtung den zu schützenden Teil der Anlage rechtzeitig ausschalten. • Die Ausschaltzeit/Abschaltzeit darf 0,1 s; 0,2 s; 0,4 s bzw. 5 s nicht überschreiten; die Zeit ist abhängig von der Höhe der Spannung U_0 (Nennspannung gegen Erde), der Art der Stromkreise (Endstromkreis oder Verteilerstromkreis) • Die Schutzmaßnahmen werden bestimmt durch die Art der Erdverbindung und durch eine Koordination der Art der Erdverbindung und der Eigenschaften von Schutzleiter und Schutzeinrichtung. • In jedem Gebäude ist die Verbindung mit dem Hausanschluss oder mit vergleichbaren Versorgungseinrichtungen herzustellen, ein Schutzpotentialausgleich.

Tabelle A 1: Bedingungen für den Schutz durch automatische Abschaltung der Stromversorgung – ***kurz gefasst***

Schutz im TT-System: Aus einem Körperschluss wird im TT-System ein Erdschluss. Der auftretende Fehlerstrom muss fehlerhafte Betriebsmittel über Überstrom- oder Fehlerstrom-Schutzeinrichtungen (RCDs) abschalten. Es sollten vorrangig Fehlerstrom-Schutzeinrichtungen (RCDs) verwendet werden. (Abschaltzeit in Verteilungsstromkreisen: 1 s)

Schutz im IT-System: beim Auftreten eines ersten Fehlers erfolgt keine Abschaltung, sondern eine Meldung durch eine Isolationsüberwachungseinrichtung. Beim ersten Fehler tritt ein geringer Fehlerstrom auf und die zulässige Berührungsspannung wird nicht überschritten, wenn die Bedingung $R_A \cdot I_d < 50$ V erfüllt ist. Eine Gefahr besteht für Personen nicht, da alle Körper das gleiche Potential über den Schutzleiter besitzen. Somit kann der Arbeitsprozess, zu dem die elektrische Energie benötigt wird, fortgeführt werden. Der erste Fehler muss sehr schnell beseitigt werden, denn ein evt. zweiter Fehler führt zur Abschaltung, da der Fehlerstrom dabei über die Stromkreise der fehlerhaften Betriebsmittel fließt. (Abschaltzeit über 230 V bis 400 V von 0,2 s)

Abschaltzeiten

Die Abschaltzeit ist die Zeit vom Auftreten des stromkreisunterbrechenden Ereignisses bis zur Unterbrechung. Sie wird bestimmt durch die Eigenschaften der Abschalteinrichtung und durch den Auslösestrom. In der Norm DIN VDE 0100-410:2007-06 haben sich bezüglich der Abschaltzeiten einige Veränderungen ergeben:

- bei den Endstromkreisen wird nicht unterschieden zwischen der Versorgung von Handgeräten und ortsveränderlichen Betriebsmitteln der Schutzklasse I über Steckdosen oder festen Anschluss oder der Versorgung von ortsfesten Verbrauchs- und Betriebsmitteln
- Unterscheidung nur nach Endstromkreisen mit einem Nennstrom/Bemessungswert der Überstrom – Schutzeinrichtung bis zu 32 A und einem Nennstrom der Endstromgröße größer 32 A.
- zusätzliche Unterscheidung nach Endstromkreisen und Verteilerstromkreisen
- zusätzlich ist ein neuer Spannungsbereich hinzugekommen: ($U_0 > 50$ bis 120 V)
- neue Abschaltzeiten für Gleichspannungsversorgungen
- Anforderungen an die Impedanz des Schutzleiters und den sog. zusätzlichen Hauptpotentialausgleich fallen weg.

Abschaltzeiten TN-System: Abschaltzeiten im TN-System und Endstromkreise mit maximal 32 A :

- 0,8 s bei 50 V < $U_0 \leq$ 120 V AC
- 0,4 s bei 120 V < $U_0 \leq$ 230 V AC
- 0,2 s bei 230 V < $U_0 \leq$ 400 V AC
- 0,1 s bei $U_0 >$ 400 V AC

Bei Verteilerstromkreise und Endstromkreise mit Nennstrom $I_n >$ 32 A: **max. 5 s**

Bei Verwendung einer Fehlerstrom-Schutzeinrichtung (RCD) ist:

- der Bemessungsdifferenzstrom der Fehlerstromschutzeinrichtung (RCD) ist gleich dem Abschaltstrom bei normalen RCDs
- bei selektiven RCDs (zeitverzögerten) ist der Abschaltstrom gleich der 2-fache Bemessungsdifferenzstrom

In öffentlichen Verteilungsnetzen (Freileitungen oder in Erde verlegte Kabel) und in schutzisolierten Hauptstromversorgungssystemen sind Abschaltzeiten von kleiner oder gleich 5 s (TN-System) zulässig, wenn am Anfang des zu schützenden Leitungsabschnitts eine Überstrom-Schutzeinrichtung vorhanden ist und im Fehlerfall mindestens ein Strom zum Fließen kommt, der eine Auslösung der Schutzeinrichtung bewirkt. Im Fehlerfall muss also mindestens der 1,45-fache Bemessungsstrom als Kurzschlussstrom fließen.

Abschaltzeiten TT-System: Abschaltzeiten im TT-System und Endstromkreise mit maximal 32 A bei Wechselspannung:

- 0,3 s bei 50 V < $U_0 \leq$ 120 V AC
- 0,2 s bei 120 V < $U_0 \leq$ 230 V AC
- 0,07 s bei 230 V < $U_0 \leq$ 400 V AC
- 0,04 s bei U_0 > 400 V AC

Bei Verteilerstromkreise und Endstromkreise mit Nennstrom In > 32 A: **max. 1 s**

Bei Verwendung einer Fehlerstrom-Schutzeinrichtung (RCD) ist:

- der Bemessungsdifferenzstrom der Fehlerstromschutzeinrichtung (RCD) ist gleich dem Abschaltstrom bei normalen RCDs
- bei selektiven RCDs (zeitverzögerten) ist der Abschaltstrom gleich der 2-fache Bemessungsdifferenzstrom, Typ S

Abschaltzeiten IT-System: In TN- bzw. TT-Systemen sind die oben geforderten Abschaltzeiten im Fehlerfall durch eine automatische Abschaltung zu gewährleisten. Der Vorteil des IT-Systems ist es, dass im Fehlerfall (Körperschluss oder Erdschluss) die Versorgung zunächst noch weiterbetrieben werden kann. Daher ist das IT-System besonders dort einzusetzen, wo eine hohe Zuverlässigkeit an die Stromversorgung gestellt ist. Eine automatische Abschaltung erfolgt erst, wenn während des Betriebes mit dem ersten Fehler, ein zweiter Fehler eintritt. Daher ist es empfehlenswert, den ersten Fehler möglichst bald nach seinem Auftreten und nach der Meldung zu beseitigen. Die automatische Abschaltung der Stromversorgung beim zweiten Fehler muss entweder durch Überstrom-Schutzeinrichtungen oder durch Fehlerstrom-Schutzeinrichtungen (RCD) erfolgen.

Wenn dann abgeschaltet wird, sind auch im IT-System entsprechende Abschaltzeiten einzuhalten und zwar entweder die o.g. Abschaltzeiten des TN-Systems oder der TT-Systems.

Es gelten die o. g. Abschaltzeiten des TN-Systems: wenn die Körper über einen Schutzleiter verbunden und gemeinsam geerdet sind (Ausnahme: der Sternpunkt des Transformators muss betriebsmäßig nicht geerdet sein).

Es gelten die o.g. Abschaltzeiten des TT-Systems: wenn die Körper einzeln oder in Gruppen geerdet sind (Ausnahme: der Sternpunkt des Transformators muss betriebsmäßig nicht geerdet sein).

Zusammenfassende Darstellung der Abschaltung im Fehlerfall unterschieden nach Art der Erdverbindung, wie TN-System, TT-System und IT-System:

Automatische Abschaltung im Fehlerfall im TN-System

Voraussetzungen:

- niederohmige Erdung des Sternpunktes des Transformators oder Generators
- mit diesem geerdeten Punkt alle Körper über Schutzleiter oder PEN-Leiter verbinden
- fehlt ein Sternpunkt, darf ein Außenleiter geerdet werden

Abschaltzeiten:

AC Endstromkreise mit max. 32 A Nennstrom

- 0,8 s bei 50 V bis 120 V AC
- 0,4 s bei 120 V bis 230 V AC
- 0,2 s bei 230 V bis 400 V AC
- 0,1 s bei > 400 V AC

DC Endstromkreise mit max. 32 A Nennstrom

- 5,0 s bei 120 V bis 230 V DC
- 0,4 s bei 230 V bis 400 V DC
- 0,1 s bei > 400 V DC

Verteilerstromkreise mit > 32 A Nennstrom
max. 5 s

*Tabelle A 2: Automatische Abschaltung im Fehlerfall im TN-System - **kurz gefasst***

Automatische Abschaltung im Fehlerfall im TT-System

Voraussetzungen:

- Erdung des Sternpunktes des Transformators oder Generators
- die Körper aller zu schützenden Betriebsmittel direkt erden oder über den Schutzleiter mit Erder verbinden
- alle Körper an den gemeinsamen Erder anschließen
- fehlt ein Sternpunkt, darf ein Außenleiter geerdet werden

Abschaltzeiten:

AC Endstromkreise mit max. 32 A Nennstrom

- 0,3 s bei 50 V bis 120 V AC
- 0,2 s bei 120 V bis 230 V AC
- 0,07 s bei 230 V bis 400 V AC
- 0,04 s bei > 400 V AC

DC Endstromkreise mit max. 32 A Nennstrom

- 0,4 s bei 120 V bis 230 V DC
- 0,2 s bei 230 V bis 400 V DC
- 0,1 s bei > 400 V DC

Verteilerstromkreise mit > 32 A Nennstrom
max. 1 s

*Tabelle A 3: Automatische Abschaltung im Fehlerfall im TT-System - **kurz gefasst***

Automatische Abschaltung im Fehlerfall im IT-System
Ziel: im Fehlerfall soll die Versorgung der Anlagen und Betriebsmittel noch eine Zeit weiterbetrieben werden können. Das IT-System ist so gestaltet, dass im Fehlerfall eines Erdschlusses oder Körperschlusses nur ein geringer Fehlerstrom fließt und eine zu hohe Berührungsspannung ausgeschlossen werden kann, so dass das System nicht sofort abgeschaltet werden muss. Eine automatische Abschaltung erfolgt erst, wenn im Betrieb während des ersten Fehlers ein zweiter Fehler auftritt, dann gelten für die Abschaltung entweder die Bedingungen des TN- oder des TT-Systems.
Voraussetzungen: • eine Isolationsüberwachungseinrichtung muss die Verbraucheranlage überwachen und den ersten Fehler feststellen und melden • das IT-System muss eine eigene Stromversorgung erhalten • der Sternpunkt des Stromversorgers nicht direkt erden bzw. eine hochohmige Erdung ist zulässig • alle Körper mit dem Schutzleiter verbinden und erden (ob fremde leitfähige Teile einzubeziehen sind, muss vor Ort entschieden werden) • Erdung der Potentialausgleichsleiter folgende Bedingungen erfüllen: erste Fehler muss gemeldet werden / aktive Teile des IT-Systems dürfen nicht direkt geerdet werden
Abschaltzeiten: Nach dem Auftreten des ersten Fehlers geht das IT-System entweder in ein TN- oder TT-System über und folgende Bedingungen sind einzuhalten: • Übergang in ein TN-System: wenn die Körper über einen Schutzleiter verbunden und gemeinsam geerdet sind (Ausnahme der Sternpunkt des Trafos muss nicht betriebsmäßig geerdet sein) gelten die Bedingungen wie für das TN-System, d.h. Abschaltzeiten wie in der Tabelle TN-System kurzgefasst • Übergang in ein TT-System: wenn die Körper einzeln oder in Gruppen geerdet sind (Ausnahme: der Sternpunkt des Trafos muss nicht betriebsmäßig geerdet sein) gelten die Bedingungen wie für das TT-System, d.h. Abschaltzeiten wie in der Tabelle TT-System kurzgefasst

Tabelle A 4: Automatische Abschaltung im Fehlerfall im IT-System – ***kurz gefasst***

Weitere Details zu Abschaltbedingungen und → Abschaltzeiten in Verbraucherstromkreisen können dem Lexikon der Installationstechnik oder dem Buch „Kenngrößen" entnommen werden:

*Lexikon der Installationstechnik, 4. Auflage, Schriftenreihe 52,
Rolf Rüdiger Cichowski / Anjo Cichowski, VDE VERLAG, Berlin und Offenbach, 2013*

Kenngrößen für die Elektrofachkraft, 3. Auflage, Schriftenreihe 59, Rolf Rüdiger Cichowski, VDE VERLAG, Berlin und Offenbach, 2013

Absorber

Ist ein Gegenstand oder ein Medium, das einen Teil der Strahlungsenergie aufnimmt und in eine andere Energieform umwandelt, z.B. die Strahlungsenergie der heißen Gase im Störlichtbogenfall in Wärme.

Abspannklemmen

- Zubehör z.B. für Kettenisolatoren; Keilgelenk-Abspannklemme und Keilabspannklemme
- An Winkel- und Abspannmasten werden isolierte Freileitungen mit Abspannklemmen befestigt. Der Leitungszug wird mit den Abspannklemmen aufgefangen. Sie umfassen jeden einzelnen Leiter und sind für die Aufnahme von max. vier Leitern bemessen.

Klemmbereich	Zul. Dauerbelastung
4 x 25 mm² bis 4 x 50 mm²	Ca. 6 KN
4 x 70 mm² bis 4 x 95 mm²	Ca. 8 KN

Tabelle A 5: Zulässige Dauerbelastung für Abspannklemmen

- Die Isolierstoffeinlage der Klemmen muss die Extrembelastung im Kurzschlussfall (max. Temperatur von 130 °C) ohne Funktionseinbuße aushalten.
- Bei den Freileitungsanlagen mit blanken oder isolierten Leitern müssen die verschiedensten mechanischen und elektrischen Verbindungen hergestellt werden. Je nach Verwendungszweck wird zwischen zugfesten und nicht zugfesten Verbindungen unterschieden. Die Keilabspannklemmen gehören zu den Verbindern für die zugfeste Verbindung von Seilen und Drähten. Für die Bemessung solcher Klemmen muss die zu erwartende Kurzschlussbeanspruchung berücksichtigt werden, d.h. eine Stromdichte von 70 A / mm² darf nicht überschritten werden.
- Befestigung von Leiterseilen an Isolatoren im Mittelspannungsnetz: Keilabspannklemmen werden für die Befestigung der Leiter an Isolatoren der Abspannpunkte genutzt. Diese Klemmen eignen sich gut sowohl für Einwerkstoffleiter als auch für Verbundleiter wie Aluminium-Stahl. Mit diesen Klemmen können die Leiter bei Bedarf nachgespannt werden.

Freileitung, 2. Auflage, Peter Niemeyer / Andreas Grohs, Buchreihe Anlagentechnik für elektrische Ver teilungsnetze, Rolf Rüdiger Cichowski (Hrsg.), EW Medien – VERLAG, Frankfurt, 2008 (Hinweis: 3. Auflage erscheint 1. Quartal 2018)

Abspannmast

Sind in der Trassenführung → *Abzweige* oder Leitungswinkel erforderlich, werden Abspannmaste eingesetzt. Sie haben die Aufgabe, auftretende Leiterzugkräfte in Leitungsrichtung und die in den Winkelpunkten resultierenden Leiterzugkräfte aufzunehmen, um Mastumbrüche zu verhindern.

Abspannmaste:

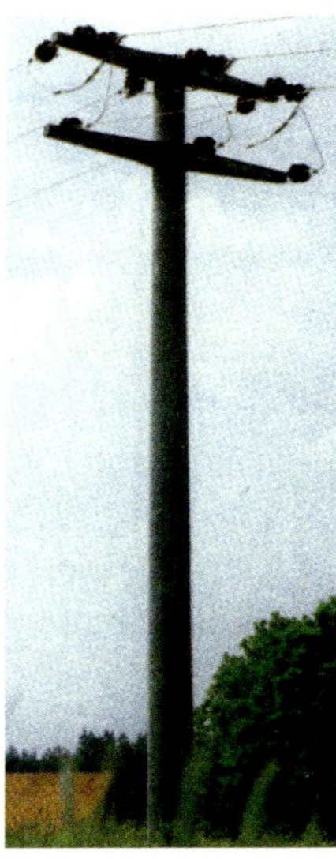
Bild A 1: Abspannmast

- Bilden Festpunkte im Leitungsverlauf
- Bei einem evt. Seilbruch müssen sie die horizontalen Seilzugkräfte aufnehmen.
- Stützpunkte eines Kreuzungsfeldes müssen Abspannmaste sein, wenn an ihnen Transformatoren und Schalter angebracht sind (→ *Maststation*).
- Vogelschutz: Gefährdungspotenzial für Vögel liegt vor allem bei Masten mit Erdpotenzial am Mastkopf und unzureichenden Abständen zwischen spannungsführenden Leitern vor, wie bei Abspannmasten mit über den Querträger geführten Stromschlaufen und bei Abspannmasten mit Abstand Leiter – Mastpotenzial < 60 cm. Vogelgefährdete Altmasten müssen daher nach dem Bundesnaturschutzgesetz vogelfreundlich umgestellt sein.

Abgespannte Maste: Alle → *Mastarten* können zusätzlich mit Abspannseilen gesichert sein, um die Standsicherheit zu gewährleisten; dann spricht man von abgespannten Masten.

Freileitung, 2. Auflage, Peter Niemeyer / Andreas Grohs, Buchreihe Anlagentechnik für elektrische Verteilungsnetze, Rolf Rüdiger Cichowski (Hrsg.), EW Medien – VERLAG, Frankfurt, 2008 (Hinweis: 3. Auflage erscheint 1. Quartal 2018)

Abstände

Durch Abstand wird ein teilweiser Schutz gegen direktes Berühren aktiver Teile sichergestellt. Im Handbereich dürfen sich keine gleichzeitig berührbaren Teile unterschiedlichen Potentials befinden. Der Schutzabstand ist definiert als die kürzeste Entfernung zwischen unter Spannung stehenden Teilen ohne Schutz gegen direktes Berühren. Es ist darauf zu achten, dass von Personen gehandhabte Werkzeuge, Geräte, Hilfsmittel und Materialien zu berücksichtigen sind.

Freileitungsabstände

Bei der Errichtung und Instandhaltung von Freileitungen sind *Abstände nach dem Bild Abstände in Luft und Zonen für Arbeiten, Begrenzung der Gefahrenzone durch isolierende Schutzvorrichtungen nach DIN VDE 0105-100 und den Tabellen Gefahrenzone und Annäherungszone* zu berücksichtigen.

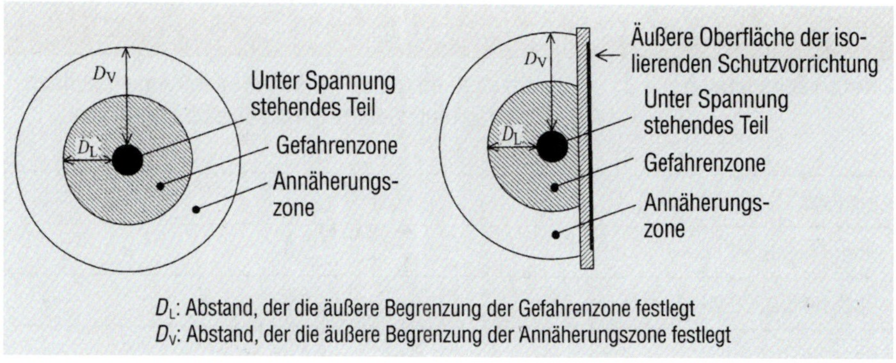

Bild A 2: Abstände in Luft und Zonen für Arbeiten, Begrenzung der Gefahrenzone durch isolierende Schutzvorrichtungen nach DIN VDE 0105-100

Gefahrenzone D_L in Abhängigkeit von der Nennspannung		
Netz-Nennspannung	**Grenze der Gefahrenzone (Abstand in Luft von unter Spannung stehenden Teilen) mm**	
bis 1000 V	*)	Innenraum- und Freiluftanlagen
über 1 bis 6 kV	90	Innenraumanlagen
über 6 bis 10 kV	120	Innenraumanlagen
	150	Freiluftanlagen
über 10 bis 20 kV	220	Innenraum- und Freiluftanlagen
über 20 bis 30 kV	320	
über 30 bis 45 kV	480	
über 45 bis 66 kV	630	
über 66 bis 110 kV	1100	
über 110 bis 220 kV	2100	
über 220 bis 380 kV	2300/2400	
*) Die Oberfläche des unter Spannung stehenden Teiles gilt als Grenze der Gefahrenzone. Das Berühren des Teiles ist gefahrbringend.		

Tabelle A 6: Gefahrenzone D_L

Annäherungszone D_V in Abhängigkeit von der Nennspannung	
Netz-Nennspannung	**Schutzabstand in Luft von unter Spannung stehenden Teilen ohne Schutz gegen direktes Berühren m**
bis 1000 V	1,0
über 1 bis 110 kV	2,0
über 110 bis 220 kV	3,0
über 220 bis 380 kV	4,0

Tabelle A 7: Annäherungszone D_V

Nach DIN VDE 0105-100 Tabelle 102, sind folgende Abstände in Luft von ungeschützten unter Spannung stehenden Teilen einzuhalten:

Schutzabstände nach Tabelle 102, DIN VDE 0105-100	
Netz-Nennspannung U_n	**Schutzabstand (Abstand in Luft von ungeschützten unter Spannung stehenden Teilen) m**
bis 1000 V	1,0
über 1 bis 30 kV	1,5
über 30 bis 110 kV	2,0
über 110 bis 220 kV	3,0
über 220 bis 380 kV	4,0

Tabelle A 8: Schutzabstände in Abhängigkeit der Nennspannung des Netzes nach DIN VDE 0105-100

Diese Tabellenwerte für die Schutzabstände sind einzuhalten:

- beim Bewegen von Leitern und sperrigen Gegenständen
- bei Freileitungen mit mehreren Stromkreisen auf einem gemeinsamen Gestänge
- bei Arbeiten, sofern Freileitungen oder Leitungen in Freiluftanlagen unterhalb einer Arbeitsstelle unter Spannung bleiben müssen
- bei Anstrich- und Instandsetzungsmaßnahmen an Masten und Portalen

Bauarbeiten in der Nähe von Freileitungen sind so auszuführen, dass der Betrieb der Freileitungsanlage gewährleistet ist. Dabei sind die Schutzabstände der Bilder und Tabellen einzuhalten, es müssen jedoch weiterhin die tatsächliche Lage der Leiter durch seitliches Ausschwingen oder witterungsbedingte und lastabhängige Durchhangsvergrößerung Beachtung finden.

Zusätzliche Maßnahmen:

Damit auf keinen Fall die Sicherheitsabstände unterschritten werden, sind bei unumgänglicher Annäherung an den Schutzbereich zusätzliche Maßnahmen zu treffen:

- Aufstellen einer fachkundigen Aufsicht, die die Bewegungen der Baugeräte überwacht und die Verantwortung für die Sicherheit übernimmt
- Aufstellen von Absperrungen
- Aufstellen von Höhenbegrenzungen vor und hinter der Freileitung (Schutzgerüst)
- Begrenzung des Schwenkbereiches von Kränen oder anderen Baugeräten

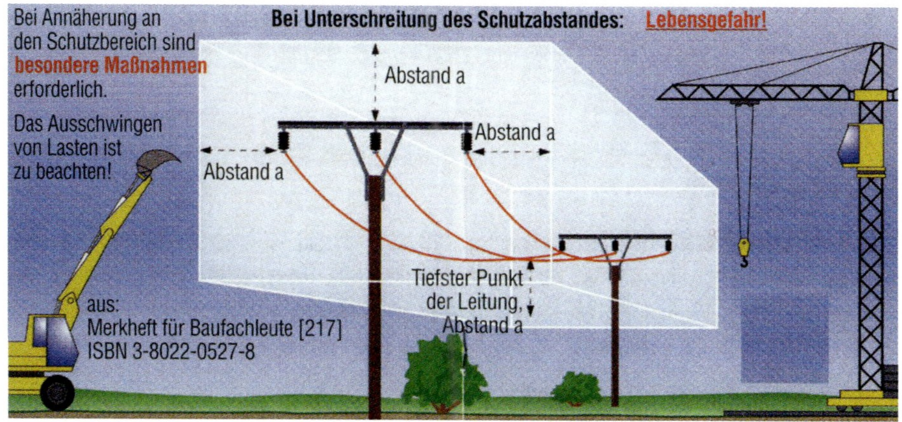

Bild A 3: Schutzabstände bei Bauarbeiten

Für Abstände gelten folgende Normen:

- Beim Arbeiten in der Nähe unter Spannung stehender Teile: DIN VDE 0105-100
- Für Schutzvorrichtungen in elektrischen und abgeschlossenen elektrischen Betriebsstätten: DIN VDE 0100731
- Für Abgrenzungen in Prüfanlagen: DIN VDE 0104
- Bei der Errichtung von Freileitungen: DIN VDE 02101 und DIN VDE 0211
- Bei der Errichtung von Schaltanlagen: DIN EN 61936-1 und DIN VDE 0660-500 und 0100-731 und 0210-1

Abzweige

Für die Planung eines Netzes ist ein Netzkonzept zu entwickeln. Je nach Belastungsverhältnisse der örtlichen Gegebenheiten sollte die günstigste Netzform gewählt werden. Vor einigen Jahrzehnten war der Übergang vom Strahlennetz zum Maschennetz aus Gründen der Versorgungszuverlässigkeit selbstverständlich, in letzter Zeit gewinnt das Strahlennetz wieder aus Kostengründen an Bedeutung. In den Netzen können Abzweige dann nötig sein, wenn von dem hauptführenden Kabel oder der Leitung eine Stichleitung (z.B. im Freileitungsnetz) oder ein Kabelhausanschlusskabel abgehen soll. Hausanschlüsse und Leitungsabzweigungen sind als nicht zugfeste Verbindungen anzusehen. Der Übergang auf Leiter gleichen oder anderen Materials bzw. auf Leiter anderer Querschnitte müssen jeweils geeignete → *Abzweigklemmen* verwendet werden.

Abzweige im Zuge von Kabel- und Leitungsanlagen müssen für eine dauerhafte Stromübertragung ausgelegt und für eine angemessene mechanische Festigkeit und den erforderlichen Schutz bemessen sein. Die Abzweige müssen dieselben Anforderungen erfüllen, wie die durchgehenden Kabel und Leitungen, auch bezüglich der Umgebungseinflüsse. Sie müssen außerdem zugänglich (außer Kabel bei erdverlegten Kabeln) sein, um sie zu besichtigen, zu prüfen, instand zu setzen.

DIN VDE 0165-1 Explosionsgefährdete Bereiche, Teil 14: Projektierung, Auswahl und Errichtung elektrischer Anlagen

Abzweigklemmen

→ *Abzweige* sind in Leitungsführungen häufig erforderlich. Um diese sachgerecht ausführen zu können, werden Abzweigklemmen verwendet. Sie dienen der Herstellung der Abzweigverbindungen bei Kabel und bei Leitungen (blanke Freileitungen oder isolierte Freileitungen). Es gibt Einzelklemmen und Mehrfachklemmen.

Bild A 4: Einzelklemme

Für die Herstellung von Kabelhausanschlussmuffen kann nach wie vor die klassische Einzelklemme (blank oder isoliert) eingesetzt werden, jedoch hat sich seit Jahren die Mehrfachklemme durchgesetzt, da sie die Herstellung von Anschlüssen unter Spannung möglich machen. Es gibt verschiedene Bauformen für Abzweigklemmen, je nach Anzahl der Leiter, nach Art des Gehäuses und nach Art der Formen der Kontaktstücke, z.B. Schneiden-, Spitzen-, Fräs- und Pyramidenkontakte.

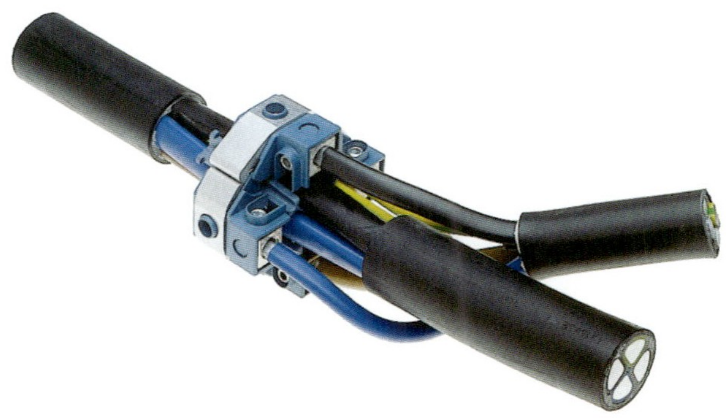

Bild A 5: Mehrfachklemme mit Frässchraube

Montagehinweise nach Kliesch / Merschel:

Nach Entfernung des Kabelmantels an der herzustellenden Verbindungsstelle wird die Mehrfachklemme auf die isolierten Leiter des Durchgangskabels montiert. Nach dem Anschluss der Adern des Abzweigkabels wird durch Anziehen der Schrauben die Leiterisolierung des Hauptkabels durchstoßen bzw. durchfräst. Dabei können für eindrähtige Leiter alle drei o.g. Kontaktstücke verwendet werden. Bei mehrdrähtigen Leitern können Schneidenkontakte zu unzulässig tiefen Einkerbungen der äußeren Drahtlage führen. Daher wurden spezielle Schrauben entwickelt, deren Frästeil nach Durchdringen der Isolierung und Bilden der Kontaktfläche abreißt und somit von einem rotierenden Fräskopf zu einem stillstehenden Druckteller wird. Bei weiterem Anziehen der Schraube werden die Einzeldrähte intensiv gegeneinander gepresst und so die Querleitfähigkeit verbessert

Bild A 6: Mehrfachkabelklemmen:
a) Schneidenkontakt,
b)Spitzenkontakte
c) Fräsenkontakte,
d)Pyramidenkontakte

Im Freileitungsbereich sind Hausanschlüsse und Leitungsabzweigungen als nicht zugfeste Verbindungen anzusehen. Je nach Anwendungsfall (Leiter gleichen oder anderen Materials oder verschiedene Querschnitte) müssen geeignete Abzweigklemmen verwendet werden. Kupfer-Aluminium-Verbindungen werden mit Hilfe von Al-Cu-Klemmen hergestellt.

Bild A 7: Abzweigklemmen für Aluminium-Kupfer Verbindungen

Abzweigklemmen für isolierte Freileitungen: An isolierten Leitern NFA2X müssen isolierte Abzweigklemmen verwendet werden, siehe Bild Isolierte Abzweigklemmen.

Montagehinweise nach Niemeyer / Grohs: Damit die Vorteile der schutzisolierten Leitung voll genutzt werden können, sind solche Klemmen vollständig isoliert, um in montiertem Zustand zusammen mit der Leitung die Bedingungen der Schutzisolierung (Schutzklasse II) zu erfüllen. Die Abzweigklemmen sind so konzipiert, dass die Leiterisolierung für die Montage nicht entfernt werden muss. Die zu verklemmenden Leiter werden mit der Isolation seitlich in die geöffnete Klemme eingeführt. Durch Anziehen der Schraube schließt sie sich und dringt mit den Kontaktzähnen durch die Isolierung in die Ader ein, ohne jedoch deren mechanische Eigenschaften nennenswert zu verändern. Da die Abzweigklemme allseitig in eine Isolierumhüllung eingebettet ist, ist ein Berühren der spannungsführenden Teile nicht möglich. Beim Anziehen der Schrauben sollten die maximal zulässigen Drehmomente eingehalten werden. Das kann durch einen Drehmomentenschlüssel geschehen oder mit Hilfe von Klemmen, die einen Abreißkopf besitzen.

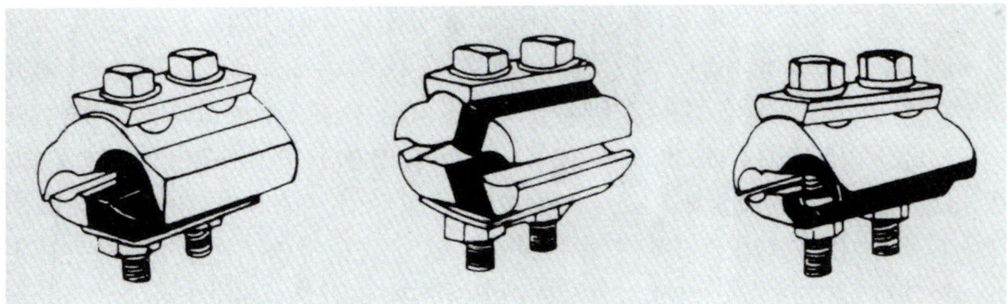

Bild A 8: Isolierte Abzweigklemmen

Starkstromkabelanlagen, 2. Auflage, Mario Kliesch / Frank Merschel; Buchreihe Anlagentechnik für elektrische Verteilungsnetze, Rolf Rüdiger Cichowski (Hrsg.), EW Medien - VERLAG, Frankfurt, 2010

Freileitung, 2. Auflage, Peter Niemeyer / Andreas Grohs, Buchreihe Anlagentechnik für elektrische Verteilungsnetze, Rolf Rüdiger Cichowski (Hrsg.), EW Medien - VERLAG, Frankfurt, 2008 (Hinweis: 3. Auflage erscheint 1. Quartal 2018)

Kabelhandbuch, 9. Auflage, Mario Kliesch / Frank Merschel / weitere Autoren, Rolf Rüdiger Cichowski (Hrsg.), EW Medien - VERLAG, Frankfurt, 2017

Abzweigmuffe

→ *Hausanschlussmuffe*

Aderisolierung von Kabeln

Während bei kleineren Nennspannungen die Dimensionierung der Wanddicken der Kabelisolierung durch die mechanischen Anforderungen während der Fertigung, der Legung, der Montage und dem Betrieb der Kabel geprägt sind, erhalten bei steigender Spannung der zu beanspruchenden Kabel die elektrischen Anforderungen eine steigende Bedeutung. Zwei Arten der Isolierung werden bei Kabeln verwendet:

- imprägnierte Papierisolierung
- Kunststoffisolierung

Die Papierisolierung hat sich über Jahrzehnte bewährt und wird für alle Spannungsbereiche angewandt. Das Isolierpapier wird um den Leiter gewickelt, getrocknet und imprägniert. Abhängig von der Höhe der Nennspannung und dem Verwendungszweck werden die Dicke der Isolierung und die Eigenschaften der Imprägniermittel festgelegt, so werden im Mittelspannungsbereich zähflüssige Imprägniermittel(Massekabel) und für Hochspannungskabel dünnflüssiger Isolierflüssigkeiten (Ölkabel) verwendet.

Die Kunststoffisolierung wird zunehmend als Isolierstoff für Starkstromkabel eingesetzt. Sie werden während der Herstellung der Kabel in speziellen Spritzköpfen nahtlos auf die Leiter aufgebracht, diesen Vorgang nennt man Extrusion. Mit modernen Fertigungsanlagen werden in einem Arbeitsgang bei Hoch- und Mittelspannungskabeln sowohl die Isolierung, als auch die beiden → *Leitschichten* extrudiert. Drei wesentliche Vorteile der Kunststoffisolierungen haben zur zunehmenden Anwendung geführt:

- Vorteile bei der Legung und Montage der Kabel
- Verzicht bei den meisten Kunststoffkabeln auf einen metallenen Mantel
- Weitestgehende Wartungsfreiheit der Kunststoffkabel

Details:

Kabelhandbuch, 9. Auflage, Mario Kliesch /Frank Merschel / weitere Autoren, Rolf Rüdiger Cichowski (Hrsg.); EW Medien - Verlag, Frankfurt, 2017

Aderkennzeichnung von Kabeln und Leitungen

Die Kennzeichnung der Adern hat sich in den Normen geändert. Daher sind beim Verbinden von Kabeln nach alter und neuer Farbkennzeichnung die unterschiedlichen Kennzeichnungen, insbesondere beim N-, PE- und PEN-Leiter zu beachten. Dem Bild Aderfarben können die Farben entnommen werden.

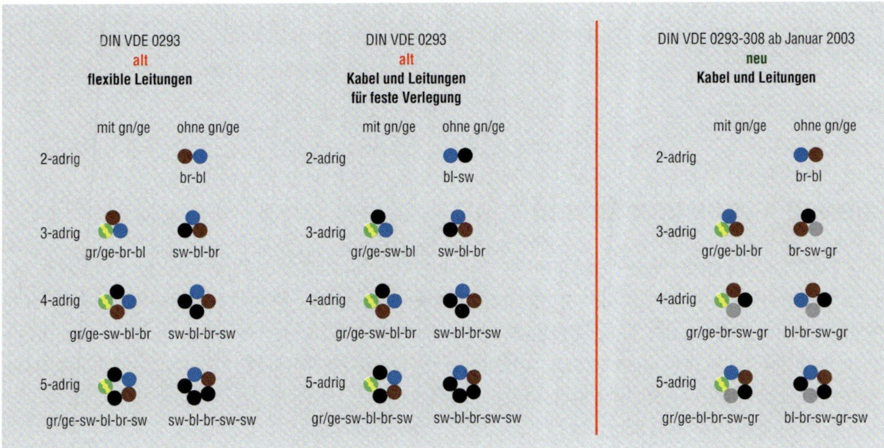

Bild A 9: Aderfarben

Wichtige Festlegungen:

- Für Leiter mit Schutzfunktionen (PE oder PEN): ausschließlich grün-gelb gekennzeichnete Ader; für keinen anderen Zweck einsetzbar
- Für Neutralleiter: die blaue Ader; wenn kein Neutralleiter vorhanden ist, kann sie beliebig eingesetzt werden, außer als Schutz-, PE- oder PEN-Leiter
- PEN-Leiter: sind sie isoliert, müssen sie im gesamten Verlauf grün-gelb und an den Enden mit blauer Markierung gekennzeichnet sein; auf die Endenkennzeichnung kann in öffentlichen und anderen Industrieverteilungsanlagen verzichtet werden.
- 5-adriges Kabel mit grün-gelber Ader: Aktive Leiter, Blau / Braun / Schwarz / Grau; Schutzleiter: Grün-Gelb
- Die Verwendung der einzelnen Farben Grün und Gelb sind nicht zugelassen.
- Gleiche Farbzuordnung bei einadrigen Kabeln und Leitungen
- Bei Mittelspannungskabeln sind die Adern nicht farblich gekennzeichnet.

DIN VDE 0293-308 Kennzeichnung der Adern von Kabeln / Leitungen und flexiblen Leitungen durch Farben

Andernanzahl	Kennzeichnung mit grün-gelber Ader	Kennzeichnung ohne grün-gelber Ader
2	–	blau, braun
3	grün-gelb, blau, braun	schwarz, braun, grau
4	grün-gelb, schwarz, grau, braun bzw. in bestimmten Fällen: grün-gelb, schwarz, blau, braun	schwarz, blau, braun, grau
5	grün-gelb, schwarz, blau, braun, grau	schwarz, blau, braun, grau, schwarz
6 und mehr	grün-gelb, weitere Adern mit Zahlenaufdruck	schwarz mit Zahlenaufdruck

Tabelle A 9: Farbliche Kennzeichnung von Leitungsadern mit / ohne grün-gelber Ader

Eine Farbkennzeichnung ist nicht erforderlich bei:
• Metallmänteln oder Bewehrungen in Kabeln und Leitungen, die als Schutzleiter genutzt werden • blanken Leitern, bei denen eine permanente Kennzeichnung nicht durchführbar ist • konzentrischen Leitern in Kabeln und Leitungen • äußeren leitfähigen Teilen, die als Schutzleiter genutzt werden • ungeschützten leitenden Teilen, die als Schutzleiter genutzt werden

Tabelle A 10: Nicht erforderliche Farbkennzeichnung

Kabel / Leitung	Kennzeichnung der Außenhülle
Leitungen und Kabel bis 1 kV Installationsleitungen/Mantelleitungen Gummileitungen und Kabeln in Bergwerken unter Tage	schwarz hellgrau gelb
Leitungen und Kabel über 1 kV Leuchtröhrenleitungen Mäntel und Schutzhüllen von Kabeln in eigensicheren Anlagen bei farbiger Kennzeichnung	rot gelb hellblau

Tabelle A 11: Farbliche Kennzeichnung der Außenhüllen von Kabeln und Leitungen

Kenngrößen für die Elektrofachkraft, VDE-Schriftenreihe 59, Rolf Rüdiger Cichowski; VDE VERLAG, Berlin und Offenbach, 2017

AFDD

→ *Fehlerlichtbogen-Schutzeinrichtungen, AFDD*

Aktive Konzepte

Unter aktiven Konzepten versteht man die situationsabhängige Beeinflussung von Netzbetriebsgrößen(wie Spannung und Leistung), um die thermischen Belastbarkeiten der Betriebsmittel und die Spannungsbänder nicht zu verletzen.

Aktive Konzepte werden z.B. in der Anwendungsregel des FNN → *Planungsgrundsätze* für 110-kV-Netze, E VDE-AR-N 4121 empfohlen.

Vorteile:

- Die vorhandene Infrastruktur der Netze kann besser genutzt werden
- Ein möglicher Bedarf zum Netzausbau kann verringert werden

Beispiele:

→ *Witterungsabhängiger Freileitungsbetrieb*
Einsatz von → *Spitzenkappung*
→ *Anwendung von Lastmanagement*

Aktive Teile

Zunächst der Begriff aktive Leiter: sind Leiter, die unter normalen Betriebsbedingungen unter Spannung stehen. Zu den aktiven Leitern zählen nicht nur die Außenleiter, sondern auch der Neutralleiter, nicht aber der PEN-Leiter und alle anderen Teile, die mit ihm in leitender Verbindung stehen.

Aktive Teile: Zu diesen zählen zusätzlich zu den Leitern auch leitfähige Teile von Betriebsmitteln, die unter normalen Betriebsbedingungen ebenfalls unter Spannung stehen. Sie müssen gegen direktes Berühren geschützt werden durch eine durchgehende Isolierung, z.B. Basisisolierung oder durch ihre Anordnung innerhalb der elektrischen Anlagen bzw. des Betriebsmittels oder durch z.B. Abdeckungen. Dieser vollständige Schutz gegen direktes Berühren kann entfallen in elektrischen bzw. in abgeschlossenen elektrischen Betriebsstätten, zu denen nur Elektrofachkräfte bzw. elektrotechnisch unterwiesene Personen Zutritt haben. Dies ist der Fall in Ortsnetzstationen oder Schaltanlagen von Netzbetreibern, da diese Anlagen nur von Mitarbeitern der Netzbetreiber betreten werden oder bei z.B. Instandsetzungsarbeiten durch andere Handwerker werden die Arbeiter durch die Mitarbeiter der Netzbetreiber beaufsichtigt.

Bild A 10: Verschiedene offene Niederspannungsverteilungen für Netzstationen

Gefährliche aktive Teile: sind aktive Teile, von denen unter bestimmten Bedingungen und äußeren Einflüssen ein elektrischer Schlag ausgehen kann.

Alterung von Kabeln

Die Kabel und Leitungen in den Netzen sind für die Netzbetreiber hohe Wirtschaftsgüter, denn neben den Materialkosten für die Kabel kommen noch der Aufwand für die Technik der Garnituren und deren Zubehör, die Montagen und die Tiefbauarbeiten hinzu. Daher ist es wichtig, dass Kabel eine hohe Lebenserwartung haben und die Alterung nicht unnötig negativ beeinflusst wird.

Als Alterung wird nach DIN 50035 definiert: die Gesamtheit aller im Laufe der Zeit in einem Material irreversibel ablaufenden chemischen und physikalische Prozesse, die stets mit Eigenschaftsveränderungen im Werkstoff verbunden sind.

Kabel und Leitungen sind bei der Lagerung, bei der Errichtung einer Kabelanlage und im Betrieb Beanspruchungen durch Kräfte und Chemikalien, durch Strahlung oder Wärme ausgesetzt. Die Beanspruchungen, die zur Alterung der Werkstoffe führen, können auch durch die thermischen Rahmenbedingungen im Betrieb oder durch gegenseitige Beeinflussung der Aufbauelemente entstehen. Es wird grundsätzlich unterschieden in nichtelektrische und elektrische Alterung.

Nichtelektrische Alterung:
- Beanspruchung durch mechanische Kräfte
- Beanspruchung durch flüssige Stoffe
- Beanspruchung durch Strahlung
- Beanspruchung durch Wärme und atmosphärische Beeinflussung
- Beanspruchung durch gegenseitige Beeinflussung

Elektrische Alterung: alle irreversiblen Veränderungen der Kabelisolierung, die durch das Vorhandensein eines elektrischen Feldes ablaufen. Die elektrische Alterung einer Isolierung bewirkt, dass die Durchschlagfestigkeit mit zunehmender Beanspruchungsdauer stets kleiner wird.

Ursachen für die elektrische Alterung sind vorrangig:
- Water Treeing: elektrochemische Alterung unter Beteiligung von Wasser
- Electrical Treeing: elektrischer Schädigungsmechanismus

Vorbeugung gegen elektrische Alterung:
- Konstruktive Maßnahmen, wie längswasserdichte Schirme, querwasserdichte Bauarten festverbundene → *Leitschichten*
- Werkstoffauswahl und Fertigungstechnologien
- Prüfungen

Merke: nicht der Belastungsstrom ist für die Alterung des Kabels maßgebend, sondern die Temperatur des Isolierstoffs, d.h. eine höhere Belastung als mit Nennstrom ist immer dann ohne weiteres möglich, wenn die zulässige Kabeltemperatur nicht überschritten wird. Eine Überlastung des Kabels tritt dann ein, wenn höhere als die zulässigen Temperaturen auftreten. Dann ist mit einer verstärkten Alterung zu rechnen.

Kabelhandbuch, 9. Auflage, Mario Kliesch /Frank Merschel / weitere Autoren, Rolf Rüdiger Cichowski (Hrsg.); EW Medien – Verlag, Frankfurt, 2017

Kabel und Leitungen für Starkstrom, 5. Auflage, L. Heinhold, R.Stubbe (Hrsg.)Publicis Verlag, Erlangen, 1999

Analog-elektronischer Schutz

→ *statischer Schutz*

Anerkannte Regeln der Technik

Regeln der Technik, die von einer Mehrheit von entsprechenden Fachleuten des jeweiligen Fachgebietes als Stand der Technik angesehen werden. Die Regeln müssen:
- in der Praxis technischen Experten bekannt sein
- wissenschaftlich und theoretisch als richtig angesehen werden
- sich bereits in der Praxis bewährt haben (also keine erste Musteranlage)

Es gibt kein Regelwerk, in dem die anerkannten Regeln der Technik zusammengefasst dargestellt werden, sondern es gelten die jeweiligen Normen, z.B. DIN VDE-Bestimmungen, DIN-Normen, Unfallverhütungsvorschriften.

Ergänzend gibt es in der Rechtsprechung zwei weitere Begriffe:
- Stand der Wissenschaft und Technik: sind technische Regeln, die wissenschaftlich richtig und unanfechtbar sind
- Stand der Technik: sind Regeln, die den ausgebildeten Fachleuten bekannt und wissenschaftlich richtig sind

Anerkannte Regeln der Technik: sind Regeln die einmal die Voraussetzungen für Stand der Wissenschaft und Technik und zum anderen auch den Stand der Technik erfüllen. Wichtig ist, dass noch zusätzlich der Tatbestand der langen Bewährung erfüllt sein muss. Der Zeitraum der Bewährung ist jedoch nicht festgelegt. Angemerkt sei noch, dass die Vertragspartner auch von den anerkannten Regeln der Technik abweichen können, dies muss jedoch schriftlich vereinbart sein. Es empfiehlt sich immer bei allen Arbeiten die anerkannten Regeln der Technik, also im Elektro- und Energiebereich die DIN VDE-Bestimmungen einzuhalten, um auf der rechtlich sicheren Seite zu stehen.

Anforderungen an die Qualifikation / Organisation von Netzbetreibern

Das Energiewirtschaftsgesetz(EnWG) fordert von Netzbetreibern die optimale Erfüllung technischer, wirtschaftlicher und personeller Voraussetzungen, damit die Energieversorgung dauerhaft sicher, wirtschaftlich und umweltverträglich sein kann. Die Anforderungen an die Qualifikation und Organisation bei der Planung, dem Bau, dem Betrieb und der Instandhaltung der Betriebsmittel und elektrischen Anlagen waren immer schon hoch, aber durch die dezentralen Erzeugungsanlagen und die Einspeisungen in alle Spannungsebenen haben sich die Anforderungen noch erhöht, zumal auch die Sicherheits- und Umweltvorschriften und die Anforderungen aus den harmonisierten Normen gestiegen sind.

Die Anwendungsregel VDE-AR-N 4001 / S1000 „Anforderungen an die Qualifikation und die Organisation von Unternehmen für den Betrieb von Elektrizitätsversorgungsnetzen" hat das Ziel einen Beitrag zur personellen und technischen Leistungsfähigkeit der Netzbetreiber zu leisten.

Anwendungsregel VDE-AR-N 4001 / S1000 „Anforderungen an die Qualifikation und die Organisation von Unternehmen für den Betrieb von Elektrizitätsversorgungsnetzen"

Anlagentechnik

Die Bezeichnung Anlagentechnik steht für elektrische Anlagen zur Erzeugung, Übertragung, Verteilung, Umwandlung, Speicherung und Nutzung der elektrischen Energie. Anlagen zur elektrischen Energieverteilung sind

- die Netze mit ihren Schutzeinrichtungen, Kabeln, Leitungen und Erdungsanlagen
- die Schaltanlagen mit den verschiedenen Schaltgeräten
- die Transformatoren
- die Kompensationsanalgen zur Blindstromentlastung der Netze
- das gesamte Mittel- und Niederspannungsnetz mit entsprechenden Zubehörteilen, wie die Garnituren Technik und die Niederspannungsanschlüsse über die entsprechenden Hausanschlüsse bis hin zum Endkunden

→ *Elektrische Anlagen für Verteilungsnetze*
→ *Verteilungsnetze*

Buchreihe Anlagentechnik für elektrische Verteilungsnetze, Rolf Rüdiger Cichowski Hrsg., EW Medien – VERLAG, Frankfurt und VDE VERLAG, Berlin und Offenbach

Anlagenverantwortlicher

Der Anlagenverantwortliche ist eine Person, die benannt ist, die unmittelbare Verantwortung für den Betrieb der elektrischen Anlage zu tragen. Erforderlichenfalls kann diese Verantwortung teilweise auf andere Personen übertragen werden.

Die Unternehmensorganisation hat dafür zu sorgen, dass jede elektrische Anlage unter der Verantwortung einer Person, des Anlagenverantwortlichen, betrieben wird. Bei mehreren Anlagen, die miteinander in Verbindung stehen, müssen sich die Anlagenverantwortlichen untereinander abstimmen.

Der Anlagenverantwortliche mit Weisungsbefugnis für den Betrieb der Anlagen muss eine Elektrofachkraft sein. Er kann auch die Aufgaben des → *Arbeitsverantwortlichen* übernehmen, wenn an seiner Anlage zum Beispiel mit eigenem Personal Arbeiten durchgeführt werden.

Der Anlagenverantwortliche ist für den sicheren Betrieb der Anlage zuständig. Mit ihm sind Schalthandlungen und Maßnahmen zur Erhaltung des ordnungsgemäßen Betriebs abzustimmen. Er ist über auftretende Mängel unverzüglich zu informieren. Nur er darf die Erlaubnis für Arbeiten in, an und mit der Anlage erteilen.

Wenn an der Anlage oder Anlagenteilen gearbeitet werden soll, muss er den in der Vorbereitung festgelegten Zustand der Anlage herstellen und für die Dauer der Arbeiten sicherstellen. Je nach den Unternehmensregeln sind diese Tätigkeiten zu dokumentieren oder über vorgegebene Kommunikationsverbindungen den zuständigen Stellen zu melden. Dies gilt in gleicher Weise für die Wiederinbetriebnahme der Anlage nach Beendigung bzw. vorübergehender Unterbrechung der Arbeiten. Dem Anlagenverantwortlichen ist die Anlage unter Angabe des Anlagenzustands zu übergeben.

Durch eine deutliche Abgrenzung zwischen den Tätigkeiten des Anlagen- und des Arbeitsverantwortlichen lassen sich beim Einsatz von Dienstleistungsunternehmen klare Verantwortungsbereiche zwischen Auftraggeber und Auftragnehmer schaffen, die dazu beitragen können, die Sicherheit bei Arbeiten an elektrischen Anlagen zu verbessern.

DIN VDE 0105-100 Betrieb von elektrischen Anlagen

(VDE 0105-100) Allgemeine Festlegungen

In der Norm DIN VDE 0105-100 werden unter der Bezeichnung „Anlagenverantwortlicher" die für den Betrieb der elektrischen Anlage verantwortlichen Personen und ihre Aufgaben beschrieben.

Anschlussbedingungen

Das Energiewirtschaftsgesetz – EnWG vom 07.07.2005 (letzte Änderung: 20.07.2017) schreibt vor: Energieanlagen sind so zu errichten und zu betreiben, dass die technische Sicherheit gewährleistet ist und die → *allgemein anerkannten Regeln der Technik* zu beachten sind.

Auf der Grundlage des Energiewirtschaftsgesetzes gilt für die Anschlussbedingungen ab November 2006 die Verordnung über Allgemeine Bedingungen für den Netzanschluss und dessen Nutzung für die Elektrizitätsversorgung in Niederspannungsnetzen (kurz: Niederspannungsanschlussverordnung → *NAV*; letzte Änderung: 29.08.2016). Früher galten die Allgemeinen Bedingungen für die Elektrizitätsversorgung von Tarifkunden, AVBEltV, die durch → *NAV* abgelöst wurde.

Die NAV regelt die allgemeinen Bedingungen, zu denen Netzbetreiber nach dem EnWG jedermann an das Niederspannungsnetz anzuschließen haben und den Anschluss zur Entnahme von Elektrizität zur Verfügung zu stellen zu müssen. Diese Anschlussbedingungen werden von jedem Netzbetreiber für ihre Niederspannungs-, Mittelspannungs- und Hochspannungsnetze konzipiert. Die Anforderungen sind über den FNN-Forum Netztechnik / Netzbetrieb, den VDE oder den BDEW zu beziehen.

Elektrische Anlagen	Für die ordnungsgemäße Errichtung, Erweiterung, Änderung und Instandhaltung hinter der Anschlusssicherung ist der Anschlussnehmer dem Netzbetreiber verpflichtet
Inbetriebsetzung der elektrischen Anlage	Anlage hinter dem Netzanschluss bis zur Trennvorrichtung: Inbetriebsetzung durch Netzbetreiber Anlage hinter der Trennvorrichtung: Inbetriebsetzung durch Installationsunternehmen
Überprüfung der elektrischen Anlage	Netzbetreiber berechtigt, die Anlage auch nach Inbetriebsetzung zu überprüfen und er muss auf Sicherheitsmängel aufmerksam machen; bei Gefahr Anschluss unterbrechen
Betrieb der elektrischen Anlage	Anlagen sind so zu betreiben, dass Störungen und Rückwirkungen auf das Netz ausgeschlossen sind
Technische Anschlussbedingungen	Der Netzbetreiber kann in TAB weitere Erfordernisse festlegen, damit das Netz nicht beeinträchtigt wird

Tabelle A 12: Anforderungen ***kurz gefasst*** *aus Niederspannungsanschlussverordnung, NAV*

Anschlussschränke im Freien

Anschlüsse an das Niederspannungsnetz außerhalb von Gebäuden sind den besonderen Umgebungsbedingungen ausgesetzt, wie Feuchtigkeit, mechanische Beanspruchung oder Temperaturschwankungen, d.h. zu den „Technischen Anschlussbedingungen für den Anschluss an das Niederspannungsnetz, TAB" sind für Anschlussschränke im Freien zusätzliche Anforderungen zu erfüllen. Der → *FFN* hat in der VDE-Anwendungsregel VDE-AR-N 4102 diese zusätzlichen Anforderungen formuliert. Der Anwendungsbereich umfasst ortsfeste Schalt- und Steuerschränke und Zähleranschlusssäulen, z.B. Straßenverkehrs-Signalanlagen nach DIN EN 50556, Anlagen der öffentlichen Straßenbeleuchtung, Haltestellen für den öffentlichen Nahverkehr, Pumpenanlagen, Messstationen, Telekommunikations-Einrichtungen und auch Ladestationen für Elektrofahrzeuge. Die Regelungen zu Elektromobility werden in klaren Netzanschlussbedingungen festgehalten, wie für einphasige Anschlüsse an das Niederspannungsnetz sind Leistungen auf 4,6 kVA begrenzt, für den Anschluss ans symmetrische Drehstromsystem werden höhere Leistungen zugelassen. Außerdem wird auch eine Steckvorrichtung für die Verbindung zwischen der Ladestation und dem Elektrofahrzeug empfohlen und zwar eine Steckvorrichtung des Typs 2 gemäß IEC 62196-2. Durch den Ausbau der flächendeckenden Breitbandnetze sowie der Nutzung moderner Telekommunikationseinrichtungen sind neue, innovative Lösungen für den Anschluss dieser Anlagen an das Stromnetz in dieser VDE- Anwendungsregel aufgenommen.

VDE Anwendungsregel VDE-AR-N 4102 „Anschlussschränke im Freien am Niederspannungsnetz der allgemeinen Versorgung" ist seit April 2012 gültig.

Anwendungsregeln von VDE / FNN

Die Erstellung einer Anwendungsregel verläuft nach einem genau definierten Verfahren. Durch die VDE 0022 und VDE-AR-N 100 sind Anforderungen an dieses Verfahren festgelegt. Die VDE-AR-N 100 beschreibt die Grundsätze und Abläufe für die Erarbeitung von praxisorientierten Anwendungsregeln durch den VDE / FNN.

Vorgehensweise **kurz gefasst**:

- Jede Person kann die Erarbeitung einer Anwendungsregel beantragen.
- Bei positiver Prüfung durch den zuständigen Lenkungskreis wird die Erarbeitung einer VDE-Anwendungsregel beschlossen und dieses Vorhaben veröffentlicht.
- Bei der Erarbeitung einer Anwendungsregel sind alle betroffenen Fachkreise beteiligt.
- Entwürfe werden veröffentlicht und alle Änderungsvorschläge behandelt, bevor sie in Kraft treten.
- Anwendungsregeln werden regelmäßig überprüft und bei Bedarf aktualisiert.

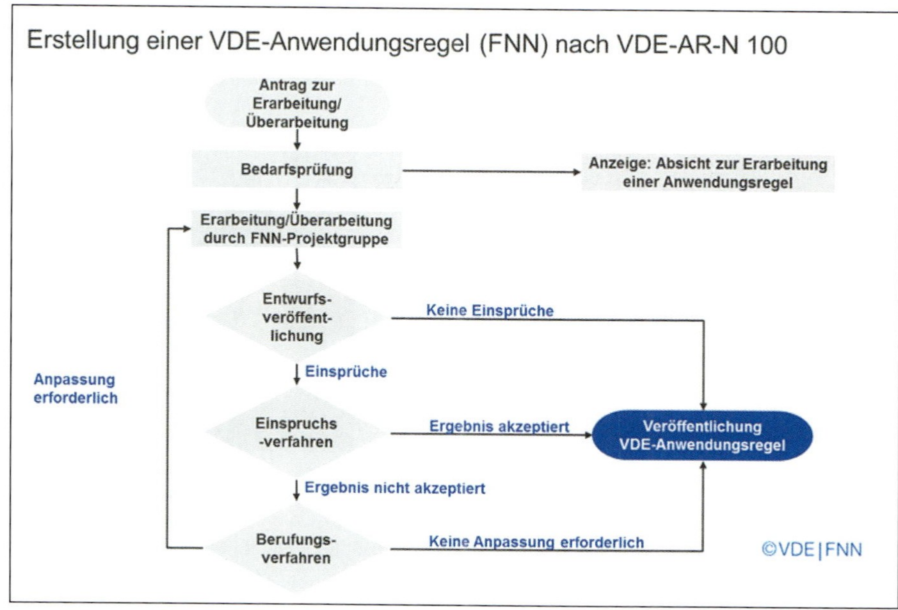

Bild A 11: Vorgehensweise zur Erstellung einer VDE / FNN - Anwendungsregel, nach VDE / FNN

https://www.vde.com/de/fnn

Arbeitsschutzsicherungen

Das Arbeiten unter Spannung, AuS, vor allem im Niederspannungsnetz, ist in den letzten Jahrzehnten zur gängigen Praxis geworden. Die Entwicklung der Anlagentechnik und der Arbeitsmittel für die Arbeitssicherheit machen es möglich, dass Arbeiten unter Spannung zu einem sicheren Arbeitsverfahren zählt. Aber für Arbeiten an unter Spannung stehenden Anlagen und Betriebsmitteln sind unter Beachtung der DGUV V3, §8 technische, organisatorische und persönliche Sicherheitsmaßnahmen festzulegen und durchzuführen, die dann einen ausreichenden Schutz gegen eine Gefährdung durch Körperdurchströmung oder durch Lichtbogenbildung sicherstellen.

Eine Möglichkeit die Gefährdungen bei Montagearbeiten zu reduzieren ist der Einsatz von sog. Arbeitsschutzsicherungen. Vor Beginn der Kabel- oder Freileitungsmontagen werden die vorhandenen Netzsicherungen gegen superflinke Arbeitsschutzsicherungen ausgetauscht. Mit dieser Maßnahme wird für die Dauer der Arbeiten eine Personengefährdung bei evtl. auftretenden Störlichtbögen wirksam vermindert. Ein weiterer Vorteil ergibt sich dadurch, dass bei der Auswahl der persönlichen Schutzausrüstung für das Personal durch die reduzierte Lichtbogenenergie auch eine reduzierte thermische Schutzlösung gewählt werden kann.

Arbeitsschutzsicherungen: durch den Austausch von vorhandenen NH-Sicherungseinsätzen der Betriebsklasse gG nach VDE 0636-2 gegen wesentlich flinkere Sicherungseinsätze mit der Betriebsklasse gR nach DIN VDE 0636-4 für die Dauer der Arbeiten kann eine Personengefährdung durch evtl. Störlichtbogen vermindert werden.

Merkmale der Arbeitsschutzsicherungen:
Ausgeprägte Strombegrenzung
Kennzeichnung als Arbeitsschutzsicherung
Rote Bedruckung zur besseren Unterscheidung
Extrem kurze Ausschaltzeiten
Kombi-Melder und isolierte Grifflaschen

Tabelle A 13: Merkmale der Arbeitsschutzsicherungen

Bild A 12: Arbeitsschutzsicherung(Foto SIBA)

Allerdings ist es wichtig darauf hinzuweisen, dass die Arbeitsschutzsicherung gegenüber einer „normalen" NH-Sicherung eine höhere Leistungsabgabe hat. Sie muss nach dem Abschluss der Arbeiten wieder gegen einen gG-Sicherungseinsatz ausgetauscht werden, kann jedoch häufiger verwendet werden, wenn sie nicht beschädigt ist oder geschaltet hat.

Sicherer Betrieb von elektrischen Anlagen durch technische Schutzmaßnahmen, Ulrich Strasse, Fachbeitrag in: Anlagentechnik 2018, Buchreihe Anlagentechnik für Verteilungsnetze, Hrsg. Rolf Rüdiger Cichowski, EW VERLAG, VDE VERLAG, Berlin und Offenbach, 2018

DGUV-Information 203-077 „Thermische Gefährdung durch Störlichtbögen"

Arbeitssicherheit

Arbeitssicherheit hat im Bereich der Arbeitswelt einen hohen Stellenwert, dies gilt für Unternehmer, Führungskräfte und für alle Mitarbeiter. Eine sich ständig erweiternde Gesetzgebung sowie erhöhte Anforderungen und Neuerungen seitens der Primär- und Sekundärtechnik, auch der öffentlichen Meinung, rückt die Arbeitssicherheit immer mehr in den Vordergrund. Die Netzbetreiber öffentlicher Versorgungsnetze müssen ständig eine Vielzahl von Maßnahmen ergreifen, um die Sicherheit und die Gesundheit am Arbeitsplatz zu gewährleisten. Arbeitssicherheit lässt sich nicht „einkaufen", nicht machen, auch nicht herbei kommandieren, sondern Arbeitssicherheit will gelebt sein. Dazu müssen alle Beteiligten in einem Arbeitsprozess an einem Strang ziehen. Schon bei der Planung und dem Bau von elektrischen Anlagen ist Arbeitssicherheit zu berücksichtigen. Arbeitsabläufe sind so zu organisieren, dass die Arbeiten sicher ausgeführt werden können, genügend Zeit zur Verfügung steht und alle erforderlichen Geräte und Hilfsmittel vorhanden sind.

Prioritäten für die Arbeitssicherheit bei der Planung und dem Betrieb elektrischer Anlagen:

- Die Gefahr ist zu beseitigen.
- Die Gefahr ist abzuschirmen.
- Der Mensch ist abzuschirmen.
- Notwendige Körperschutzmittel sind zu verwenden.
- Das sicherheitsbewusste Verhalten ist zu beeinflussen.

Merke: Arbeitssicherheit ist das Zusammenspiel aller Menschen im Betrieb. Ein Unfall ist meist kein Zufall!

Tipp: für die Arbeitssicherheit und den Gesundheitsschutz ist die Berufsgenossenschaft beratend aktiv, im Bereich der Anlagentechnik ist die Berufsgenossenschaft Energie Textil Elektro Medien zuständig: siehe www.bgetem.de.

Arbeitssicherheit, Bernd Tenckhoff, Buchreihe Anlagentechnik, Rolf Rüdiger Cichowski (Hrsg.), EW Medien - VERLAG, Frankfurt; 1992

Arbeitsstelle

Mit Arbeitsstelle ist der Ort gemeint, an der elektrotechnische Montagearbeiten bzw. Bauarbeiten durchgeführt werden. An der Arbeitsstelle sind alle sicherheitsrelevanten Maßnahmen durchzuführen, damit Menschen und Tiere nicht gefährdet werden und keine Schäden an Sachen entstehen. Der → *Arbeitsverantwortliche* hat dafür zu sorgen, dass die für die Sicherheit an der Arbeitsstelle notwendigen Maßnahmen getroffen werden. Er muss sich vom → *Anlagenverantwortlichen* über den Schaltzustand der elektrischen Anlagen und Betriebsmittel, bereits getroffene Sicherheitsmaßnahmen, Begrenzung der Arbeitsstelle einweisen lassen. Die räumliche Begrenzung der Arbeitsstelle ist vor Beginn der Arbeiten eindeutig festzulegen und zu kennzeichnen. Weiterhin sind die 5 Sicherheitsregeln einzuhalten:

- Freischalten
- Gegen Wiedereinschalten sichern
- Spannungsfreiheit feststellen
- Erden und Kurzschließen
- Benachbarte unter Spannung stehende Teile abdecken oder abschranken

Tipps zur Arbeitsstelle bei Kabelanlagen:

- Auf das Feststellen der Spannungsfreiheit kann an der Arbeitsstelle verzichtet werden, wenn das Kabel von der Ausschaltstelle bis zur Arbeitsstelle eindeutig verfolgt werden kann bzw. das Kabel unzweifelhaft ermittelt wird durch Kabelpläne, Bezeichnungen, Kabelsuchgeräte, Kabelauslesegeräte. Ist das frei geschaltete Kabel nicht eindeutig zu identifizieren, so sind vor Beginn der Arbeiten andere Sicherheitsmaßnahmen gegen Gefährdung der Arbeitenden zu treffen.
- In Anlagen bis 1000 Volt darf vom Erden und Kurzschließen abgesehen werden, wenn der spannungsfreie Zustand durch Freischalten, durch gegen Wiedereinschalten sichern und durch Spannungsfreiheit feststellen, sichergestellt ist.

- Bei Arbeiten an Kabeln über 1 kV (z.B. an Muffen und Endverschlüssen) und bei Arbeiten an elektrischen Anlagen und Betriebsmitteln über 1 kV, die über Stichkabel angeschlossen sind, darf vom Erden und Kurzschließen abgesehen werden, dann muss jedoch an allen Ausschaltstellen geerdet und kurzgeschlossen werden.
- Beim Übergang von Kabeln auf Freileitungen ist bei Kabelarbeiten an der Übergangsstelle zu erden und kurzzuschließen.

Freigabe der Arbeitsstelle: Erst nach Durchführen der 5 Sicherheitsregeln darf der Arbeitsverantwortliche die Arbeitsstelle zur Arbeit freigeben. Es wird empfohlen, die Freigabe in schriftlicher Form durchzuführen.

Sichern der Arbeitsstelle: Zum Schutz der Montagekräfte, der Verkehrsteilnehmer und der Baustelleneinrichtung müssen Arbeitsstellen an Straßen gemäß der Straßenverkehrsordnung gekennzeichnet und abgesperrt werden.

RSA: Richtlinien für die Sicherung von Arbeitsstellen an Straßen

Arbeitsverantwortlicher

Als Arbeitsverantwortliche gelten Personen, die benannt sind und die unmittelbare Verantwortung für die Durchführung der Arbeiten tragen. Erforderlichenfalls kann diese Verantwortung teilweise auf andere Personen übertragen werden.

Für jede Arbeit muss ein Arbeitsverantwortlicher benannt werden. Bei umfangreichen Arbeiten, die von mehreren Gruppen ausgeführt werden, muss für jede Gruppe ein Arbeitsverantwortlicher eingesetzt werden, die dann von einer beauftragten Person koordiniert werden. Die Aufgaben der Arbeitsverantwortlichen können, wenn die Organisation dies sinnvoll erscheinen lässt, auch von Anlagenverantwortlichen wahrgenommen werden.

Der Arbeitsverantwortliche ist im Sinne der Arbeitssicherheit unmittelbar an der Arbeitsstelle tätig. Er wird, soweit ihm die Anlage, an der gearbeitet werden soll, fremd ist, vom Anlagenverantwortlichen an Ort und Stelle eingewiesen. Dabei wird besonders auf mögliche Gefahren hingewiesen und die für die Arbeiten erforderlichen Schutzmaßnahmen festgelegt.

Für Arbeiten an, in oder mit elektrischen Anlagen wird der Arbeitsverantwortliche im Allgemeinen eine Elektrofachkraft sein. Er hat sich vor Beginn der Arbeiten mit der Örtlichkeit, dem Aufbau und den Besonderheiten der Anlage sowie mit den auszuführenden Arbeiten anhand des Arbeitsplans vertraut zu machen.

Im Einzelnen hat der Arbeitsverantwortliche folgende Tätigkeiten wahrzunehmen:

- Er wird die für die Arbeiten zusätzlich erforderlichen Schutzmaßnahmen durchführen und dafür sorgen, dass sie für die Dauer der Montagearbeiten wirksam bleiben.
- Vor Beginn und während der Arbeiten muss er sicherstellen, dass alle Anforderungen, Vorschriften und Anweisungen eingehalten werden.
- Er muss alle an der Arbeit beteiligten Personen über mögliche Gefahren, vor allem über solche, die nicht ohne weiteres erkennbar sind, unterrichten.

- Er muss Art und Umfang der Arbeiten sowie ihre Auswirkungen auf die Anlage dem Anlagenverantwortlichen erläutern und mit ihm die erforderlichen Vorbereitungen und Schaltungen abstimmen. Bei komplexen Anlagen sollte dies dokumentiert werden.
- Er muss sicherstellen, dass das ausführende Personal vor Beginn der Arbeiten aufgabenbezogen unterwiesen wird. Die Informationen müssen sich beziehen auf Art und Umfang der Arbeiten, Sicherheitsmaßnahmen, Verteilung der Aufgaben, Anwendung von Werkzeugen und Geräten und auf die Umgebungsbedingungen an der Arbeitsstelle.
- Er muss den Umfang der Aufsichtsführung, sowohl entsprechend der Art und dem Umfang der Arbeiten als auch nach der Höhe der Spannung angemessen festlegen.
- Wenn er die nach den Regeln erforderlichen Sicherheitsmaßnahmen nicht selbst durchführt, muss er sich ihre Einhaltung vom Anlagenverantwortlichen bestätigen lassen.
- Für Arbeiten im spannungsfreien Zustand darf er die Freigabe zur Arbeit erst dann erteilen, wenn für den festgelegten Arbeitsbereich alle Anforderungen nach den fünf Sicherheitsregeln erfüllt wurden.
- Für Arbeiten in der Nähe unter Spannung stehender Teile bzw. an unter Spannung stehenden Teilen gelten besondere Sicherheitsmaßnahmen, Anforderungen und Unterweisungen des Personals, auf deren genaue Einhaltung der Arbeitsverantwortliche zu achten hat.
- Die Freigabe der Arbeit darf den an der Arbeit beteiligten Personen nur vom Arbeitsverantwortlichen erteilt werden.
- Am Ende der Arbeiten hat er sich von der Einschaltbereitschaft der Anlage oder von Teilen der Anlage zu überzeugen, bevor er dem Anlagenverantwortlichen die Beendigung der Arbeiten und die Einschaltbereitschaft der Anlage meldet.

Die Beschreibung des Arbeitsverantwortlichen in der DIN VDE 0105-100 kann dazu beitragen, die Verantwortung zwischen Auftraggeber und Dienstleistungsunternehmen an den Baustellen abzugrenzen.

DIN VDE 0105-100 (VDE 0105-100)   Betrieb von elektrischen Anlagen, Allgemeine Festlegungen

In der DIN VDE 0105 werden neben den bisher bekannten Personengruppen (Elektrofachkräfte, elektrotechnisch unterwiesene Personen und elektrotechnische Laien) der Arbeits und → *Anlagenverantwortliche* beschrieben. Diese Begriffe wurden im Rahmen der europäischen Harmonisierung der Normen aus dem englischen Sprachraum übernommen. Sie sollen dazu beitragen, durch klare Zuwei sungen und Abgrenzungen der Verantwortung die Arbeitssicherheit zu verbessern.

Armierung der Kabel

Armierung ist eine Umfassung der Adern des Kabels mit dem Ziel, das Kabel vor mechanischen und chemischen Einflüssen zu schützen.

Dazu zählen:
- Bleimantel
- Stahlbandarmierung
- Aluminiumarmierung
- Geflecht aus Kupferdrähten
- Kupfer und Aluminiumbedampfte Folien

Die → *Schirmung* dient als Berührungsschutz und zum Leiten der Ableit- und Fehlerströme.

Kabelhandbuch, 9. Auflage, Mario Kliesch / Frank Merschel / weitere Autoren, Rolf Rüdiger Cichowski (Hrsg.), EW Medien - VERLAG, Frankfurt, 2017

Arten der Kurzschlüsse

Kurzschlüsse stellen eine schwere Beanspruchung für elektrische Anlagen und Betriebsmittel dar. Es sind Fehler, die Menschen und Tier gefährden können oder Produktionsausfälle verursachen können. Außerdem können informationstechnische Anlagen beeinflusst werden. Nach DIN VDE 0102 ist ein Kurzschluss die zufällige oder beabsichtigte Verbindung über eine verhältnismäßig niedrige Resistanz oder Impedanz zwischen zwei oder mehr Punkten eines Stromkreises, die üblicherweise unterschiedliche Spannungen haben. Der zu erwartende Kurzschlussstrom ist der Strom, der auftreten würde, wenn der Kurzschluss durch eine ideale Verbindung mit vernachlässigbarer Impedanz ersetzt würde, ohne Änderung der Einspeisung. Kurzschlussströme beanspruchen die elektrischen Anlagen thermisch und dynamisch sehr hoch, denn sie können im Allgemeinen ein Vielfaches der Bemessungsströme betragen. Daher müssen die Schutzeinrichtungen die maximalen Kurzschlussströme ohne Zerstörung gut abschalten, aber auch minimale Kurzschlussströme müssen noch sicher abgeschaltet werden können. Die Berechnung der Kurzschlussströme sollte nach DIN VDE 0102 durchgeführt werden. **Tipp:**

Kurzschlussstromberechnung von Jürgen Schlabbach, 2. Auflage, Buchreihe Anlagentechnik für elektrische Verteilungsnetze, Rolf Rüdiger Cichowski(Hrsg.), EW Medien - VERLAG, Frankfurt, 2014

Auswahl und Bemessung von Kabeln und Leitungen, 6. Auflage, Herbert Schmolke Hüthig Verlag, 2015

Kurz gefasst: für die Auslegung des Schutzes bei Kurzschluss ist zu beachten:
• als Kurzschlussstrom ist immer der Strom bei vollkommenem Kurzschluss zu ermitteln, d. h., die Verbindung an der Fehlerstelle ist nahezu widerstandslos. • der Kurzschlussstrom der zu schützenden Anlage wird bestimmt durch Rechnung nach DIN VDE 0102 / durch Netzmodelluntersuchungen / durch Messungen / nach Angaben des Netzbetreibers • das Ausschaltvermögen der Schutzeinrichtung bei Kurzschluss muss mindestens dem größten Kurzschlussstrom an der Einbaustelle entsprechen, oder eine zweite vorgeschaltete Schutzeinrichtung muss den Kurzschlussschutz übernehmen (Backup-Schutz). • die Ausschaltzeit (Zeit vom Auftreten des Kurzschlusses bis zur Abschaltung) darf nicht größer sein als die Zeit, in der die Leiter durch den Kurzschlussstrom auf die maximale Kurzschlusstemperatur (höchste am Leiter auftretende Temperatur bei Kurzschluss mit einer Kurzschlussdauer bis 5 s) erwärmt werden, jedoch 5 s (Achtung siehe: Schutz gegen elektrischen Schlag) nicht überschreiten.

Tabelle A 14: Auslegung des Schutzes bei Kurzschluss

Ursachen von Kurzschlussströmen:

- Mechanische Beanspruchung
- Menschliches Versagen
- Alterung
- Mangelhafte Isolation
- Verschmutzungen

In Drehstromsystemen sind unterschiedliche Kurzschlussarten möglich:

- Dreipoliger Kurzschluss: ist der rechnerisch gesehen einfachste Kurzschlussfall, da symmetrische Belastung vorliegt. Die Spannungen zwischen den Leitern sind an der Fehlerstelle gleich Null. Die Generatorspannung wird in allen drei Leitern gleichmäßig zur Fehlerstelle hin abgebaut. Die Sternpunktbehandlung ist in diesem Kurzschlussfall in Bezug auf den Fehlerstrom bedeutungslos, weil ebenso wie im symmetrischen Normalbetrieb die Summe der Leiterströme Null ist.
- Zweipoliger Kurzschluss ohne Erdberührung: muss an der Fehlerstelle die Spannung zwischen den beiden kurzgeschlossenen Leitern gleich Null sein. Für den zweipoligen Kurzschluss ohne Erdberührung ist der Sternpunkt ohne Belang, weil der Fehlerstrom nur in den beiden kurzgeschlossenen Leitern fließen kann. Der zweipolige Kurzschlussstrom ohne Erdberührung ist kleiner als der dreipolige Kurzschlussstrom. Tritt der Fehler jedoch in der Nähe leistungsstarker Asynchronmotoren auf, so kann der zweipolige Kurzschlussstrom größer als der dreipolige werden.
- Zweipoliger Kurzschluss mit Erdberührung: Berührung zweier Leiter mit gleichzeitiger Berührung zum Erdpotential. Der zweipolige Kurzschlussstrom mit Erdberührung braucht nicht berechnet zu werden. Wie die Erfahrung zeigt, sind solche Fehler häufig mit Lichtbögen verbunden, die sehr schnell zum dreipoligen Kurzschluss führen.

- Einpoliger Erdkurzschluss: Die Höhe der Kurzschlussströme ist u.a. auch abhängig von der Art der → *Sternpunktbehandlung* der Transformatoren. In Netzen mit starrer oder niederohmiger Sternpunkterdung fließt bei einer Erdberührung eines Leiters über die Erde und den Transformatorensternpunkt ein einpoliger Erdkurzschluss. In Netzen mit isoliertem Sternpunkt oder induktiver Sternpunkterdung können sich bei einer einpoligen Erdberührung die Ströme nur über die sonst vernachlässigten Leitungskapazitäten schließen. Es liegt kein eigentlicher Kurzschluss vor und die Ströme sind relativ klein. Dieser Kurzschlussfall ist der häufigste Fehler in der Praxis. Die Berechnung ist wichtig, da die Größe des kleinsten einpoligen Kurzschlussstromes entscheidend für die maximal möglichen Leitungslängen und auch für die Ansprechsicherheit der Überstromschutzeinrichtungen ist.
- Doppelerdkurzschluss: Neben den Einfachkurzschlüssen unterscheidet man die Mehrfachkurzschlüsse, die durch Störungen an zwei oder mehreren örtlich getrennten Fehlerstellen eine Drehstromsystems auftreten. Die bekannteste und häufigste Art des Mehrfachkurzschlusses ist der Doppelerdschluss, der in Systemen mit isoliertem Sternpunkt oder induktiver Sternpunkterdung auftritt. Ein Einfacherdschluss eines Leiters ruft eine Spannungsverlagerung mit erhöhten Spannungsbeanspruchungen der nicht betroffenen Leiter hervor. Er wird wegen der geringen Ströme meist nicht sofort abgeschaltet. Diese hohe Beanspruchung der Isolation kann an anderen Stellen des Systems zu Über- oder Durchschlägen und damit zu einem Doppelerdschluss führen.

Der größte Kurzschlussstrom bildet die Grundlage der Bemessung:
- auf mechanische Festigkeit der Anlagen
- auf thermische Festigkeit der Anlagen
- des Aus- und Einschaltvermögens von Leistungsschaltern

Netzsystemtechnik; Jürgen Schlabbach / Dieter Metz; VDE VERLAG, Berlin und Offenbach, 2005

Aufbau von Kabelnetzen

Im Bereich der Energieversorgung dienen die Kabel der Übertragung (über räumlich gesehen große Entfernungen) und der Verteilung (in regionalen Gebieten) elektrischer Energie. Eine gesamte Kabelanlage besteht aus den Kabeln und den jeweils zugehörigen Garniturentechniken. Es wird unterschieden zwischen Kabel und Leitungen. Kabel dürfen nur für die feste Verlegung verwendet und in Erde gelegt werden.

Kabel werden nach DIN VDE-Bestimmungen unterteilt nach ihrer Nennspannung:
- Niederspannungskabel mit einer Nennspannung U_0/ U = 0,6 /1 kV
- Mittelspannungskabel mit einer Nennspannung von U_0/ U = 3,6 kV bis 18 / 30 kV
- Hochspannungskabel mit einer Nennspannung größer U_0 / U = 1830 kV (64 / 110 kV)
- Höchstspannungskabel mit einer Nennspannung größer U_0/ U = 64 / 110 kV (220 / 380 kV)

U = Spannung zwischen zwei Außenleitern

U_0 = Spannung zwischen einem Außenleiter und metallener Umhüllung oder Erde

In den Anfängen der Elektrizitätsversorgung wurden bereits Starkstromkabel (papierisolierte Kabel mit Bleimantel und Kupfer als Leitermaterial) entwickelt, die so gut waren und heute noch sind, dass nach diesem Konzept des Kabelaufbaus teilweise heute noch gefertigt wird und selbstverständlich ein hoher Bestand dieser Kabel sich noch in den Netzen befindet. Vor etwa 60 Jahren begann der Einzug der Kunststoffe in die Kabeltechnik und das Aluminium als Leitermaterial gewann zunehmend an Bedeutung. Erst fand PVC (Polyvinylchlorid) als Isolier- und Mantelstoff Verwendung für Niederspannungskabel. In den sechziger Jahren des letzten Jahrhunderts folgten PE (Polyethylen) und VPE (vernetztes Polyethylen) als Isoliermaterial für Mittelspannungskabel. Als Mantelmaterial für Mittelspannungskabel wurde bis etwa in den achtziger Jahren PVC verwendet. Mitte der neunziger Jahre begann die Produktion VPE-isolierter Höchstspannungskabel.

Während die Kunststoffe bei den Niederspannungskabeln relativ schnell die Erwartungen (bessere Möglichkeiten bei der Konstruktion, Herstellung, Legung, Montage, Errichtung, Betrieb und Instandhaltung) erfüllten, gab es bei Mittelspannungskabeln (der ersten Generation der PE- und VPE-isolierten Kabel) durch ihre Empfindlichkeit gegen Feuchtigkeit etliche Ausfälle und Schwierigkeiten. Durch verschiedenste konstruktive Maßnahmen konnten die anfänglichen Probleme beseitigt werden, so dass heute von zuverlässigen Kunststoffkabeln in allen Spannungsebenen auszugehen ist.

Für den Aufbau der Kabelnetze stellen sich jeweils allen Netzbetreibern die Fragen nach:

- Kabelnetz oder Freileitungsnetz: Neben der Höhe der Investitionen, sind die Zuverlässigkeit und Lebensdauer der Betriebsmittel und die Genehmigungsfähigkeit der Anlagen einschließlich der Akzeptanz in der Politik und der Bevölkerung von entscheidender Bedeutung. Berechnungen von Prof. Dr.-Ing. Ulrich Paul (siehe Kabelhandbuch) haben ergeben, dass unter bestimmten Rahmenbedingungen bei einer zu übertragendenden Leistung von 1 MVA die Freileitung die wirtschaftlichere Lösung ist, während bei einer Leistung von etwa 4 MVA das Kabel wirtschaftlich vorteilhafter ist.
- Standardisierung der Kabel: Insbesondere im Bereich der Mittel- und Niederspannung haben sich seit Jahren einige Standardquerschnitte durchgesetzt. Dadurch ergeben sich u.a. Vereinfachungen in der Materialwirtschaft.
- Mitlegung von erst später benötigten Kabeln: Eine vorgezogene Mitlegung lohnt sich umso eher, je höher der Tiefbauanteil an den Gesamtaufwendungen für die Gesamtkabelanlage ist und je früher das Kabel benötigt wird oder anders ausgedrückt, die Wirtschaftlichkeit der Mitlegung von Kabeln ist dann gegeben, wenn die Gesamtaufwendungen im Legejahr kleiner sind als der Barwert der Aufwendungen bei einer späteren Legung.
- Einsatz neuer Kabeltechnologien:
siehe → *Supraleitende Kabel*, → *Hochtemperatur-Supraleiter*

*Kabelhandbuch, 9. Auflage, Mario Kliesch / Frank Merschel / weitere Autoren,
Rolf Rüdiger Cichowski (Hrsg.), EW Medien – VERLAG, Frankfurt, 2017*

Auffanggruben, -wannen

Auffanggruben, Auffangwannen oder Sammelbehälter sind Becken zur Aufnahme der Isolierflüssigkeit eines Transformators im Falle einer auftretenden Undichtigkeit.

Anforderungen:

- ausreichendes Volumen für die Flüssigkeitsmenge des größten Transformators
- öl- und wasserdichte Wände und Boden
- kein Austritt der Flüssigkeit in die Umgebung
- bei Transformatoren (maximal drei) mit weniger als 1 000 Liter Flüssigkeit je Transformator reicht bei undurchlässigem Fußboden eine entsprechend hohe Schwelle
- einfließendes Wasser (z.B. bei Freiluftaufstellung) darf das Aufnahmevermögen für die Isolierflüssigkeit nicht unzulässig vermindern; das Wasser muss abgesaugt oder abgelassen werden können
- bei Frost sollte keine Beeinträchtigung der Auffangwannen eintreten

DIN VDE 0101 (VDE 0101) Starkstromanlagen mit Nennwechselspannungen über 1 kV

Aufschiebtechnik

Aufschiebtechnik ist ein Begriff aus der Garniturentechnik für Kabel. Die Aufschiebgarnituren sind Fertigteile aus Kunststoff.

Materialien: Silikonkautschuk und → *EPDM* (Ethylen-Propylen-Dien-modifiziert); besonders geeignet für die Aufschiebtechnik ist Silikonkautschuk(SiK), da der Isolierkörper sich sehr gut durch die ausgezeichnete Elastizität in einem weiten Temperaturbereich dieses Materials an die Kabelader anpassen kann. In Deutschland wird hauptsächlich SiK als Werkstoff für Mittelspannungskabelgarnituren verwendet.

Einsatz: Die Aufschiebgarnituren werden bei kunststoffisolierten Mittelspannungskabeln als → *Endverschlüsse* und → *Muffen* eingesetzt, aber auch für die Verbindung von einadrigem Papier mit VPE-isolierten Kabeln.

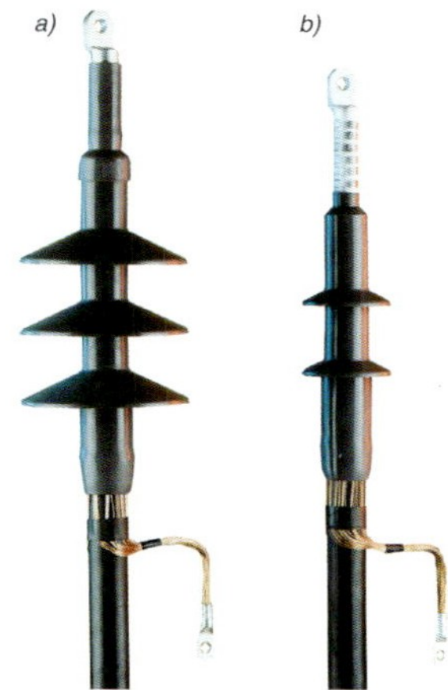

Bild A 13: Aufschiebendverschluss
a) Freiluftausführung / b) Innenraumausführung

Vorteil der Aufschiebtechnik: Die Garnituren werden im Gegensatz zur Wickeltechnik von den Herstellern vorgefertigt, so dass sich einige Montageschritte (z.B. Herstellung der Feldsteuerung und der Isolierung) und damit Fehlerquellen auf der Baustelle verringern lassen. Die Aufschiebtechnik hat sich mit der Zunahme der VPE-isolierten Hochspannungskabel als Standardtechnologie durchgesetzt.

Montagehinweise:

- sorgfältige Vorbereitung der Kabelenden für die Aufschiebgarnitur
- bei VPE-isolierten Mittelspannungskabeln muss die äußere Leitschicht sauber entfernt werden
- die geschälte Isolierung muss eine glatte Oberfläche aufweisen; es dürfen keine Reste der Leitschicht stehen bleiben
- Zur Erleichterung für das Aufschieben der Garnituren, sollten die Kanten am Ende der Isolierung gebrochen und die Innenseiten der Garnitur und das abgesetzte Kabel mit Silikonfett bestrichen werden, da die Bohrung im Aufschiebekörper etwas kleiner als der Außendurchmesser der Kabelader ist.
- Bei richtiger Anwendung ergibt sich ein radialer Anpressdruck auf die Kabelader, der die Grenzschicht zur Oberfläche der Isolierhülle konturengenau und dadurch hohlraumfrei verschließt

Kabelhandbuch, 9. Auflage, Mario Kliesch / Frank Merschel / weitere Autoren, Rolf Rüdiger Cichowski (Hrsg.), EW Medien - VERLAG, Frankfurt, 2017

Starkstromkabelanlagen, 2. Auflage, Mario Kliesch / Frank Merschel, Buchreihe Anlagentechnik, Rolf Rüdiger Cichowski (Hrsg.), EW Medien - VERLAG, Frankfurt, 2010

Ausbau der Netze

Für die Nutzung der erneuerbaren Energien, vor allem der Windenergie und der Photovoltaik, steht die Umweltverträglichkeit im Vordergrund. Aber um die erneuerbaren Energien nutzen zu können, ist auch der Ausbau der elektrischen Netze erforderlich. Einige Schlagworte dazu:

- Investitionen im Höchst- und Hochspannungsnetz zur Anbindung der z.B. Windparks in Nord- und Ostsee an die großen Verbraucherschwerpunkte im Süden Deutschlands
- Investitionen für den Ausbau der Mittel- und Niederspannungsnetze zum Anschluss der dezentralen Einspeisungen aus den PV-Anlagen und den Biogasanlagen
- Maßnahmen zur Sicherstellung der Spannungsqualität in allen Netzebenen
- Investitionen in allen Netzebenen zur Speicherung der Energie
- Investitionen in Leitsysteme für smart grids und smart metering zur Laststeuerung
- Lastmanagement

Netzanschluss von EEG-Anlagen, 2. Auflage, Jürgen Schlabbach / Frank Fischer, Buchreihe Anlagentechnik; Rolf Rüdiger Cichowski (Hrsg.) EW Medien – VERLAG, Frankfurt, 2016

Ausbreitungswiderstand

Der Ausbreitungswiderstand eines Erders ist der Widerstand der Erde zwischen dem Erder und dem Widerstand des Erdungsleiters zum Anschluss des Erders und der Bezugserde; oder anders ausgedrückt: der Widerstand zwischen Haupterdungsschiene des Erdes und der Erde. Der Erder ist das verbindende Glied zwischen der als Leiter mit unendlichem Querschnitt benutzten Erde und den metallischen Leitern des Stromkreises. Die Größe des Ausbreitungswiderstandes wird im Wesentlichen bestimmt durch:

- den → *spezifischen Erdwiderstand*
- die Art des Erders (Abmaße und Anordnung)
- den Spannungfall in unmittelbarer Nähe des Erders
- der Wert des Ausbreitungswiderstandes ist nur im geringen Maße vom Erderquerschnitt abhängig; größere Querschnitte verbessern den Ausbreitungswiderstand eines Erders in der Praxis nicht

Ausbreitungswiderstand eines → *Tiefenerders*: die Schichtung des Erdbodens ist entscheidend. Für homogenes Erdreich lässt sich der Ausbreitungswiderstand (auch bei den Oberflächenerdern) mit Hilfe des Diagrammes Ausbreitungswiderstand von senkrecht im homogenen Erdreich eingebetteten Tiefenerdern ermitteln.

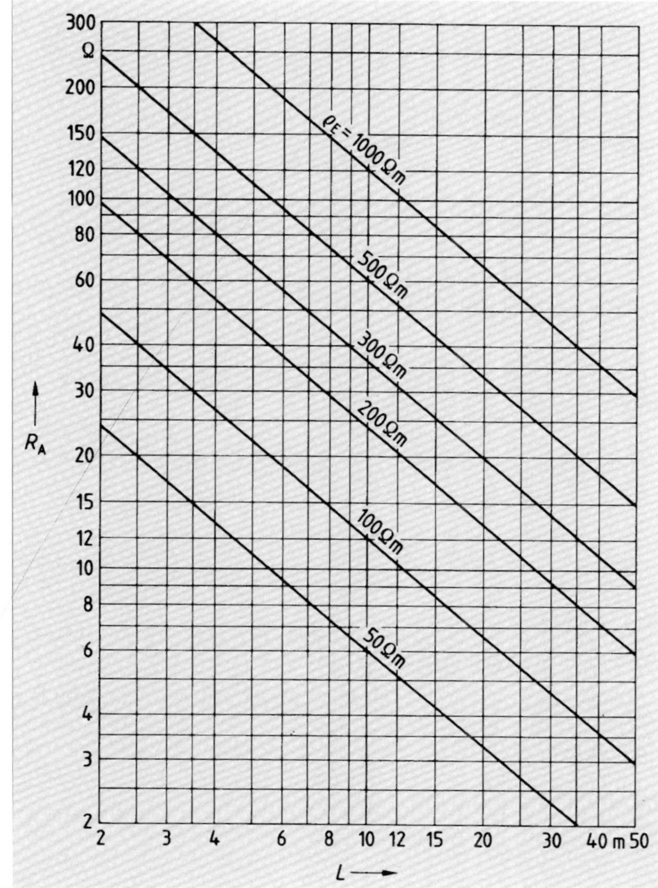

Bild A 14: Ausbreitungswiderstand von senkrecht in homogenem Erdreich eingebetteten Tiefenerdern

Der Ausbreitungswiederstand kann auch rechnerisch nach unten stehenden Formeln errechnet werden:

Genaue Berechnung:

Oberflächenerder: $R_o = \frac{\rho_E}{\pi \cdot l} \cdot \ln \frac{2l}{d}$

Darin bedeuten:

R_0 Ausbreitungswiderstand eines Oberflächenerders in Ω
ρ_E spezifischer Erdwiderstand in Ωm
l Erderlänge in m
d Seildurchmesser eines Erders aus Rundmaterial in m
b Breite des Banderders
d halbe Breite eines Banderders in m (d = b/2)
ln natürlicher Logarithmus (Basis e = 2,7182818)

Tiefenerder: $R_o = \frac{\rho_E}{2\pi \cdot l} \cdot \ln \frac{4t}{d}$

Darin bedeuten:

R_T Ausbreitungswiderstand eines Tiefenerders in Ω
ρ_E spezifischer Erdwiderstand in Ωm
t Stablänge in m
d Stabdurchmesser in m
b Breite des Banderders
d halbe Breite eines Banderders in m (d = b/2)
ln natürlicher Logarithmus (Basis e = 2,7182818)

Überschlägige Berechnung:

Oberflächenerder: $R_o \approx \frac{2\rho_E}{l}$ für $l \leq 10\,\text{m}$ $R_o \approx \frac{3\rho_E}{l}$ für $l > 10\,\text{m}$

Fundamenterder: $R_F \approx \frac{2\rho_E}{\pi \cdot D}$

Darin bedeuten:

D = Durchmesser eines Ersatzerders in Ringform in m, mit $D = \sqrt{\frac{4 \cdot L \cdot B}{\pi}}$

wobei:

L Länge des Fundamenterders in m

B Breite des Fundamenterders in m

Tiefenerder: $R_T \approx \frac{\rho_E}{l}$

Sollten zur Verbesserung des Ausbreitungswiderstandes mehrere Tiefenerder parallel geschaltet werden, so ist die gegenseitige Beeinflussung zu berücksichtigen. Um diese gering zu halten, sollte der Abstand zwischen einzelnen Tiefenerdern mindestens doppelt so groß sein, wie die wirksame Länge.

Ausbreitungswiderstand des Fundamenterders: In der Praxis liegen die Werte zwischen 1 und 10 Ω.

Richtwert für den Ausbreitungswiderstand einer Niederspannungsmuffe: bei einem spezifischen Erdwiderstand von 100 Ω m: 60 Ω.

Auslösestrom

Der Auslösestrom (I_f) – großer Prüfstrom – ist der Stromwert, der innerhalb einer bestimmten Prüfdauer das Ausschalten der Schutzeinrichtung bewirkt. Die Prüfdauer ist unterschiedlich und abhängig von der Art der Schutzeinrichtung (z.B. Sicherung: Typ der Sicherung und Bemessungsstrom), d.h. die Auslösung der Schutzeinrichtung ist abhängig von den in den Gerätebestimmungen festgelegten Bedingungen. Dagegen darf die Schutzeinrichtung beim kleinen Prüfstrom (I_{nf}) innerhalb einer bestimmten Prüfdauer belastet werden. Auslöseströme in Abhängigkeit der Bemessungsströme der Sicherungen und den Abschaltzeiten können DIN VDE 0636 entnommen werden. Auslöseströme für Leitungsschutzschalter und Leistungsschalter: DIN VDE 0641-11 und DIN VDE 0641-12 bzw. DIN VDE 0660-101 / -102.

Die vorschriftsmäßige Elektroinstallation, 21. Auflage; Hösl, Ayx, Busch; VDE VERLAG, Berlin und Offenbach; 2016

Außenleiter

Ein Außenleiter ist ein Leiter, der im Betrieb der elektrischen Anlage oder der Betriebsmittel unter Spannung steht und der zur Verteilung und Übertragung der elektrischen Energie in den Netzen beiträgt. Er ist ein Leiter, der die Stromquelle über die Netze mit den Verbrauchern verbindet, aber nicht vom Mittel- oder Sternpunkt ausgeht, so wie der → *Neutralleiter*.

Bei der Wechselspannung tritt er nur einmal auf und wird mit L bezeichnet, im Drehstromnetz werden drei Außenleiter mit L1, L2 und L3 bezeichnet (früher: R, S, T). Die Farbkennzeichnung: möglich ist jede Farbe, außer grün-gelb, grün, gelb oder mehrfarbig, im CENELC-Raum vorrangig: schwarz, braun, grau genutzt.

Bei der Errichtung von elektrischen Anlagen und deren Anschlüssen werden die Außenleiter auch als Hauptleiter bezeichnet. Bei den Anschlüssen ist nach DIN 18015-1 der Querschnitt, die Art und die Anzahl der Hauptleitungen von der Anzahl der anzuschließenden Kundenanlagen abhängig. Die Hauptleitungen sind für eine Versorgung mit 3 Außenleitern auszuführen. Die Leitungsquerschnitte sind mindestens für eine Belastung von 63 A zu bemessen, wobei der Leitungsquerschnitt dementsprechend mindestens 10 mm^2 Cu betragen muss. Weitere Mindestquerschnitte von Außenleitern für die feste Verlegung sind in der Tabelle A 15 nach DIN VDE 0100-520 enthalten.

Arten von Kabel und Leitungsanlagen, feste Verlegung	Anwendungen bzw. Stromkreisarten	Leiter	
		Werkstoff	Mindestquerschnitt in mm²
Kabel, Mantelleitungen und Aderleitungen	• Leistungs- und Beleuchtungsstromkreise • Melde- und Steuerstromkreise	Cu / Al Cu	1,5 / 16 0,5 [1]
Blanke Leiter	• Leistungsstromkreise • Melde- und Steuerstromkreise	Cu / Al 10 / 16	Cu 4
Anmerkungen: [1] der Mindestquerschnitt in Melde- und Steuerstromkreisen für elektronische Betriebsmittel beträgt 0,1 mm2			

Tabelle A 15: Mindestquerschnitte von Außenleitern nach DIN VDE 0100-520

Der Begriff „Äußerer Leiter" wird in der Kabeltechnik genutzt für die äußere Leitschicht. → *Leitschichten*

Lexikon der Installationstechnik, 4. Auflage, Schriftenreihe 52, Rolf Rüdiger Cichowski / Anjo Cichowski, VDE Verlag, Berlin und Offenbach, 2013

Kenngrößen für die Elektrofachkraft, 3. Auflage, VDE -Schriftenreihe 59, Rolf Rüdiger Cichowski, VDE VERLAG Berlin und Offenbach, 2017

Der rote Faden durch die Gruppe 700 der DIN VDE 0100, VDE-Schriftenreihe 168, Rolf Rüdiger Cichowski, VDE VERLAG Berlin und Offenbach, 2016

Auswahl der Schutzleiter-Schutzmaßnahmen

Der Schutz gegen elektrischen Schlag verlangt im Fehlerfall Maßnahmen zum Schutz bei indirektem Berühren (Fehlerschutz).Im Allgemeinen werden deshalb in jeder elektrischen Anlage Schutzmaßnahmen durch Abschaltung oder Meldung vorgesehen, die auch als Schutzleiter-Schutzmaßnahmen bezeichnet werden.

Lexikon der Installationstechnik, 4. Auflage, Schriftenreihe 52, Rolf Rüdiger Cichowski / Anjo Cichowski, VDE Verlag, Berlin und Offenbach, 2013

Die vorschriftsmäßige Elektroinstallation, 21. Auflage, Hösl / Ayx / Busch, VDE VERLAG Berlin und Offenbach, 2016

Automatische Wiedereinschaltung

AWE: selbstständige Unterbrechung eines gestörten Stromkreises zur Löschung des Kurzschlusslichtbogens in der stromlosen Pause und Wiedereinschaltung. Wirkungsweise: in Freileitungsnetzen besteht der größte Teil der Kurzschlüsse aus Lichtbogenfehlern, die hervorgerufen werden durch in die Leitung hinein gefallene Äste, Vögel oder Verschmutzungen der Isolatoren. Diese hinterlassen beim schnellen Abschalten der Stromversorgung keine den Betrieb gefährdenden Schäden. Durch eine AWE - Einrichtung kann eine ansonsten unvermeidbare, länger andauernde Unterbrechung der Stromversorgung verhindert werden.

Netzschutztechnik,6.Auflage, Walter Schossig Thomas Schossig, Buchreihe Anlagentechnik; Rolf Rüdiger Cichowski (Hrsg.) EW Medien - VERLAG, Frankfurt, 2017

Automatisierte Ortsnetzstationen

Die Ortnetzstationen mit den Transformatoren, die die Energie von der Mittelspannung zur Niederspannung transformieren, sind gewissermaßen das Rückgrat der Verteilungsnetze. In Deutschland werden etwa 780.000 Ortsnetzstationen betrieben. Früher war nur eine Flussrichtung des Stroms üblich, von den Kraftwerken über das Übertragungsnetz ins Verteilungsnetz und dann zu den Endkunden. Zunehmend speisen auch dezentrale Stromerzeuger ins Netz, auch ins Niederspannungsnetz. Damit dennoch das wichtige Ziel aller Netzbetreiber, eine zuverlässige Stromversorgung für alle Kunden, erreicht wird, sind technische Umstrukturierungen erforderlich. Zukünftig können automatisierte Ortsnetzstationen im Rahmen der Smart-Grid-Anwendungen (Bild A 16) einen wesentlichen Bestandteil der zuverlässigen Stromversorgung darstellen. Dazu ist es notwendig die Stationen mit entsprechender Sekundärtechnik auszurüsten, z.B. mit Steuerungs- und Überwachungseinheiten, Sensoren und einer Kommunikationslösung, damit diese Komponenten durch die Übermittlung genauer Messwerte den beständigen Netzbetrieb u.a. aus erneuerbaren Energiequellen sichern. Steuerungs- und Überwachungseinheiten sollen die genaue Messung und Anzeige der wichtigen elektrischen Kenngrößen ermöglichen, wie Messungen zu Wirk- und Blindleistung oder zu Strom und Spannung. Zusätzlich können Ortsnetzstationen mit entsprechender Fernmeldetechnik ausgerüstet werden, damit Fehler schnell erkannt, registriert, geortet und behoben werden können.

Um die Anforderungen aus dem Primär- und Sekundärbereich für automatisierte Ortnetzstationen (Bild A 15) erfüllen zu können und dennoch der Aufwand für die Netzbetreiber so gering wie möglich gehalten werden kann, bieten einige Hersteller bereits Gesamtlösungen aus einer Hand an. So bietet ein Hersteller z.B. Systeme an, die eine Lasttrennschalter-Überwachung mit Steuerfunktion und eine Fehlererkennung bieten. Das System gibt an, ob Spannung vorhanden ist oder nicht vorhanden ist und misst die elektrotechnischen Kenngrößen. Die Fehlererkennung umfasst richtungsabhängige und ungerichtete Kurz- und Erdschlüsse. Der fehlerbehaftete Abschnitt wird detektiert und über einen steuerbaren Lasttrennschalter freigeschaltet.

Auch für die Transformatoren innerhalb einer automatisierten Ortsnetzstation gibt es automatisierte Regelungen, z.B. → *Regelbare Transformatore*n, dies sind Drehstrom-Transformatoren, die mit Öl gefüllt und mit einem automatischen Laststufenschalter (OLTC- on-load tap changer) versehen sind. Dadurch kann die Niederspannung auf dem gewünschten Sollwert gehalten werden, indem der Transformator durch die Stufen des Schalters, der sich ändernden Spannungen im Netz anpasst.

Mit der → *Powerline Communication* können Datenprotokolle in die Leittechnik übertragen werden.

Bild A 15: Steuerungs- und Überwachungseinheit (Foto: ORMAZABAL), als Steuer und Überwachungseinheit kommt in Ortnetzstationen ekor.rci von Ormazabal zum Einsatz. Die Fehlererkennung umfasst richtungsabhängige sowie ungerichtete Kurz- und Erdschlüsse.

Bild A 16: Smart Grid Lösung (Foto: ORMAZABAL), die Smart Grid-Lösung beinhaltet unter anderem die Feldsteuereinheit, den Kurzschlussanzeiger und die kapazitiven Spannungssensoren

Automatisierter Netzanschluss

Der Anschluss eines Kunden an das Netz erfordert beim Netzbetreiber mehrere Prozessschritte und bindet unterschiedlichste Abteilungen und Systeme ein, benötigt viele Informationen aus unterschiedlichsten Quellen, die miteinander verwoben sind. Viele Unternehmen können bereits auf unterstützende IT-Lösungen zurückgreifen, aber eine komplette Automatisierung aller Vorgänge ist dennoch eher selten. Aber es geht auch schon komplett automatisiert. Softwarehersteller bieten Möglichkeiten zum digitalisierten Netzanschlussprozess an, der automatisiert die Angebotserstellung bearbeitet.

Es werden beispielsweise die Versorgungsleitungen und Längen der Anschlussleitungen automatisch ermittelt, Netzberechnungen durchgeführt, Planungen und Architektenpläne werden ins GIS übernommen und im Idealfall generiert die Software das Angebot direkt nach der Dateneingabe vollautomatisch.

Zeitschrift Netzpraxis Jg. 56 (2017)Heft 6

www.mettenmeier.de

Banderder

Der Banderder zählt zur Gruppe der → *Oberflächenerder*. Er wird gestreckt in die oberen Schichten des Erdbodens, etwa 0,5 m bis 1,0 m tief gelegt, weil die oberen Schichten des Erdbodens bessere elektrische Leitfähigkeit besitzen, als der Untergrund. Steine und grober Kies vergrößern den → *Ausbreitungswiderstand*. Daher wird der Banderder mit bindigem Erdreich umgeben und der Boden verfestigt. Materialien: 100 mm² Fe: feuerverzinkt, 3 mm dick oder 50 mm² Cu: 2 mm dick

→ *Erder*
→ *Ausbreitungswiderstand*
→ *Fundamenterder*
→ *Oberflächenerder*

Basisschutz

Um Personen und Nutztiere vor Gefahren durch den elektrischen Schlag zu schützen, müssen Maßnahmen ergriffen werden, die unter dem Begriff Basisschutz in DIN VDE 0100 festgeschrieben sind. Damit keine aktiven Teile während des Betriebes dauernd unter Spannung stehen und elektrische Anlagen berührt werden können, müssen Maßnahmen ergriffen werden, die auch als Schutz gegen direktes Berühren in DIN VDE 0100-410 erläutert werden. Es wird dabei unterschieden:

- Vollständiger Schutz: Absichtliches oder unabsichtliches Berühren spannungsführender Teile ist ausgeschlossen.
- Teilweiser Schutz: Ein Schutz gegen unabsichtliches und damit zufälliges Berühren aktiver Teile ist verhindert. Dieser Schutz ist nur dort zulässig, wo elektrotechnische Laien keinen Zugang haben, wie z.B. in abgeschlossenen elektrischen Betriebsstätten.

Der Basischutz ist auf verschiedene Weise möglich:

- Schutz durch Hindernisse
- Schutz durch Anordnung außerhalb des Handbereichs
- Schutz durch Abdeckungen oder Umhüllungen
- Schutz durch Isolierung

Basisschutz *ist der Schutz gegen elektrischen Schlag, wenn keine fehlerhaften Zustände vorliegen.*

Basisschutz unter normalen Bedingungen	Basisschutz unter besonderen Bedingungen
• Isolierung • Abdeckungen oder Umhüllungen	• Hindernisse • Anordnung außerhalb des Handbereichs (Abstand)

Tabelle B 1: Basisschutz

Der gebräuchlichste Schutz gegen direktes Berühren ist die Isolierung. Aktive Teile müssen vollständig mit einer Isolierung umgeben werden, die nur durch Zerstörung entfernt werden kann und die den thermischen Beanspruchungen dauerhaft standhält. Lackisolierungen und andere Farbanstriche sind nicht geeignet, den Schutz sicherzustellen.

Merke: Basisschutz: Schutz vor Gefahren, die sich aus einer Berührung mit aktiven Teilen ergeben. Der Mensch wird durch Maßnahmen / Vorkehrungen davor geschützt, aktive Teile direkt berühren zu können.

DIN VDE 0100-410 Errichten von Niederspannungsanlagen, Schutz gegen elektrischen Schlag

Baueinsatzkabel

Es sind Energiekabel, die einem vorübergehenden Einsatz in Netzen dienen. Diese Kabel sind sicher, erprobt, schnell einsatzfähig, vorgefertigt und flexibel für die Baustelle. Ihr Einsatz stellt meist ein Provisorium dar:

- bei Reparatur bzw. Wartungsarbeiten
- der Verbindung von Betriebsmitteln im Hochspannungsnetz
- zur Überbrückung befristeter Baumaßnahmen
- bei Umbaumaßnahmen in Umspannwerken
- zur schnellen Versorgung der Kunden nach Großstörungen

Aufbau:

- standardmäßiger Leiterquerschnitt: 150 mm² oder 300 mm²
- Standardlänge je nach Einsatzbedarf zwischen 50 bis 500 m
- geringere Isolierwandstärke zur Gewichtsreduzierung, dadurch auf der Baustelle leichtere Handhabung
- Einsatz von flexiblen Silikon-Leicht-Endverschlüssen

Bild B 1: Baueinsatzkabel 110 kV

Baugrube

Die Baugrube bzw. Montagegrube für die Arbeiten an Kabeln muss eine ausreichende Größe haben, damit die Montagen an den Kabeln und Garnituren qualitätsgerecht ausgeführt werden können. Dieser Platzbedarf ist abhängig von der Art der Muffe. Der Tabelle *Muffengrubengrößen* können die Länge, die Breite und der Montagefreiraum unterhalb des Kabels bei verschiedenen Muffentypen entnommen werden.

Muffentyp	Länge A [m]	Breite B [m]	Montagefreiraum unter Kabel C [m]
Verbindungs- und Übergangsmuffen 1 kV	1,20	1,00	0,30
Abzweigmuffen 150/35 (Abzweig ≤ 50 mm²)	1,00	1,00	0,30
Abzweigmuffen 150/150 (Abzweig > 50 mm²)	1,50	1,00	0,30
Verbindungsmuffen für kunstoffisolierte Kabel Mittelspannung (3 Einzelmuffen)	2,00	1,50	0,30
Übergangsmuffen von papierisolierten auf kunststoffisolierte Kabel (sowie in bestimmten Fälen erforderliche Verbindungsmuffen für papierisolierte Kabel)	2,50	1,50	0,40
Abzweigmuffen für kunststoffisolierte Kabel Mittelspannung (3 Einzelmuffen)	3,00	1,50	0,30

Tabelle B 2: Muffengrubengrößen

Der Aushub: Befestigte Oberflächen müssen getrennt aufgebrochen und das Material möglichst wiederverwendet werden. Verschiedene Aushubmaterialien getrennt lagern, möglichst den Aushub für die Wiederverfüllung verwenden. Die Sohle der Baugrube sollte plan eben sein, ohne Steine oder andere schafkantige Gegenstände. Freigelegte Kabel müssen freigeschaltet sein. Ist das vorgefundene Kabel nicht zweifelsfrei freigeschaltet, so muss davon ausgegangen werden, dass es spannungsführend ist und dann dürfen die Arbeiten in der Baugrube nur von dazu qualifiziertem Personal unter Aufsicht des Netzbetreibers ausgeführt werden. Ältere Massekabel sollten möglichst nicht bewegt werden.

Verfüllen der Baugrube: das Füllmaterial lagenweise einbringen und verdichten. Die Verdichtung (mind. 45 MN/m2) muss kontrolliert und protokolliert werden. Die Wiederherstellung muss so durchgeführt werden, dass davon auszugehen ist, dass der Baugruben-Ort so hergestellt wird, wie er vorher vorgefunden wurde bzw. technisch gleichwertig.

Zusätzliche Technische Vertragsbedingungen und Richtlinien für Aufgrabungen in Verkehrsflächen (ZTVAStB)

Baustromverteiler

Auf Baustellen des Hoch- und Tiefbaus und Metallbaumontagen werden die elektrischen Anlagen und Betriebsmittel besonders stark beansprucht. Personen und Sachgüter dürfen nicht beschädigt werden, daher gelten auf Baustellen, wegen der starken Beanspruchung besondere Anforderungen an die Geräte und Betriebsmittel. Die Baustelle wird in der Regel zeitlich begrenzt mit elektrischer Energie versorgt.

Anwendungsbereich der Baustelle: Bauwerke und Teile von solchen, die aus oder umgebaut, abgebrochen oder instand gesetzt werden. Die erhöhten Anforderungen an die Betriebsmittel gelten nicht für Verwaltungsräume von Baustellen und sie gelten auch nicht für einzeln verwendete Geräte, wie handgeführte Bohrmaschinen.

Eine Baustelle darf von einem oder von mehreren Übergabepunkten(früher: Speisepunkte) aus mit elektrischer Energie versorgt werden. Der Übergabepunkt bildet die Stromquelle für die Baustelle. Als Übergabepunkte gelten:

- der Baustelle zugeordnete Abzweige ortsfester Verteilungen
- Ersatzstromversorgungsanlagen
- Transformatoren mit getrennten Wicklungen
- Niederspannungs-Stromerzeugungsanlagen
- Baustromverteiler, wie Baustellen-Anschlussschrank (A-Schrank; Bild „Baustellen- Anschlussschrank") oder ein Baustellen-Anschlussverteilerschrank (AV-Schrank; Bild „Baustellen-Anschlussverteilerschrank")
- Steckdosen in Hausinstallationen dürfen nicht als Übergabepunkte verwendet werden (siehe: DIN VDE 0100-704 oder Baustellen-Fibel)

Bild B 2: Baustellen-Anschlussschrank (A-Schrank)

Bild B 3: Baustellen-Anschlussverteilerschrank (AV-Schrank)

In Baustellenverteiler müssen vorgesehen sein:

- Betriebsmittel zum Schalten und Trennen
- plombierbare Anschlusssicherungen und Hauptsicherungen
- Platz für den Einbau der Messeinrichtungen (Zähler)
- Notfallausschaltung aller aktiver Leiter
- Abschließmöglichkeiten für Schaltgeräte
- Zusammenschalten verschiedener Einspeisungen muss verhindert sein
- Überstromschutzeinrichtungen
- Einrichtungen zum Schutz bei indirektem Berühren, z.B. Fehlerstrom-Schutzschalter

DIN VDE 0100-704 (VDE 0100-704)   Errichten von Niederspannungsanlagen, Baustellen

DIN EN 614394 (VDE 0660-600-4)   NiederspannungsSchaltgerätekombinationen, Besondere Anforderungen an Baustromverteiler

ABC der Elektroinstallationen, 15. Auflage, Hans Schulte / Michael Fuchs, EW Medien - VERLAG, Frankfurt, 2012

Baustellen-Fibel, VDE- Schriftenreihe 142, Rolf Rüdiger Cichowski, VDE VERLAG Berlin und Offenbach, 2014

Begehbare Station

Die → *Stationsarten* werden nach verschiedenen Funktionen und Verwendungsarten unterschieden, so werden Transformatorenstationen nach der Art der Bedienung unterschieden in:

- begehbare (von innen bedienbare) Stationen und
- nicht begehbare (von außen bedienbare) Stationen.

Die begehbaren Stationen haben für das Bedienungspersonal des Netzbetreibers die Vorteile, dass sich alle Schalthandlungen, Arbeiten der Inspektion, der Prüfung, der Instandsetzung im Trockenen ausführen lassen und dass sie meist, da sie von ihrer Konstruktion etwas größer gestaltet sind, für größere Leistungen, oder wenn sich eine Kombination der öffentlichen Versorgung mit der eines Industrieunternehmens anbietet, einsetzen lassen.

Bild B 4: Das Innere einer begehbaren Station

Begehbare Stationen werden selten vor Ort gebaut, sondern fast ausschließlich fabrikfertig in Betonfertigteil-Bauweise erstellt. Es gibt verschiedene Produktionskonzepte, die Hersteller abhängig sind:

- Bauweise Betonbau: betoniert mit speziell entwickelten Schalungssystemen einschließlich Kabelkeller in einem Guss
- Bauweise Scheidt und Gräper: für jeden Baukörper wird eine separate Kabelkellerwanne betoniert
- Bauweise Marbeton und Driescher: auf Fundamentwannen werden begehbare Baukörper aufgesetzt, wobei Fundamentwannen und Baukörper jeweils separat im Glockengussverfahren betoniert werden. Marbeton und Driescher ähnliche Herstellungsweise.

Details: *Netzstationen,2. Auflage, IlloFrank Primus, Buchreihe Anlagentechnik, Rolf Rüdiger Cichowski (Hrsg.), EW Medien - VERLAG, Frankfurt, 2014*

Belastbarkeit

Belastbarkeit von Kabeln: Die Strombelastbarkeit von Kabeln wird bestimmt durch die im Betrieb entstehenden Verluste und die Ableitung der entstehenden Wärme. Die Wärme muss durch den Kabelaufbau nach außen abgeführt werden, entweder an das umgebene Erdreich oder an die Luft. Auch in metallenen Umhüllungen, wie Metallmänteln, Schirmen, Bewehrungen bei einadrigen Kabeln, entstehen induzierte Spannungen. Der Strom bewirkt Mantelverluste. **Merke:** Stromabhängige Verluste entstehen:

- in den Leitern
- in metallischen Mänteln, Schirmen und Bewehrungen
- in äußeren Metallrohren und

stromunabhängige Verluste im Dielektrikum der Kabelisolierung. Die Verluste erwärmen die einzelnen Elemente des Kabelaufbaus. Sie dürfen auf keinen Fall die maximal zulässigen Temperaturen (Tabelle: Maximal zulässige Temperaturen bei Kabeln mit Kupfer- und Aluminiumleiter) an den Kabeln (abhängig vom Kabeltyp und dem Material des Leiters) überschreiten.

Die Verluste setzen sich zusammen aus den stromabhängigen (siehe oben) und stromunabhängigen Verlusten. Sie können im Detail berechnet werden. Kenngrößen der Kabelumgebung: Die Berücksichtigung der Wärmeabfuhr an die Umgebung (Luft oder Erdreich) muss berücksichtigt und kann ebenfalls berechnet werden. Weiterhin sind zur Berechnung der Belastbarkeit die Werte der thermischen Widerstände der einzelnen Aufbauelemente des Kabels notwendig.

Kabeltyp	Betriebstemperatur in °C	bei Kurzschlussende in °C
Kabel mit Weichlotverbindungen	-	160
VPE-Kabel	90	250
PVC-Kabel bis 300 mm²	70	160
PVC-Kabel über 300 mm²	70	140
Massekabel 0,6/1 kV	80	250
Massekabel 3,6/6 kV	80	170
Massekabel 6/10 kV	70	170
Massekabel 12/20 kV	65	170
Massekabel 18/30 kV	60	150
Radialfeldkabel 12/20 kV	65	170

Tabelle B 3: Maximal zulässige Temperaturen bei Kabeln mit Kupfer- und Aluminiumleiter (nach Buch: Netzsystemtechnik)

Berechnung der Belastbarkeit nach DIN VDE 0276-1000: Die Berechnung für Kabel mit Nennspannungen bis 30 kV ist dort beschrieben. Allerdings geht man von standardisierten Lege-, Umgebungs-, und Betriebsbedingungen aus. Die Berechnung nach DIN VDE 0276- 1000 ist nicht für alle Fälle anwendbar, weil

- nur Kabel gleichen Typs in einer Trasse
- nur Kabel mit gleicher Nennspannung
- nur Kabel mit gleicher Belastung
- nur vorgegebene Belastungsgrade
- nur standardisierte Kabel
- nur Standardlegeanordnungen
- keine parallel geschalteten Kabelsysteme
- Kabelmäntel beidseitig geerdet
- keine Fremdwärmequellen
- keine zeitweilige Überlastung der Kabel

berücksichtigt werden. Den nachfolgenden Tabellen *Belastbarkeit, Kabel in Erde und Belastbarkeit, Kabel in Luft* können die Belastbarkeit bei Kabeln mit der Umgebung Luft oder Erde entnommen werden. Es sind empfohlene Werte nach DIN VDE 0276-603.

1	2	3	4	5	6	7	8	9	10	11
Isolierwerkstoff	PVC									
Zulässige Betriebstemperatur	70 °C									
Bauartkurzzeichen*)	NYY			NYCWY; NYCY		NAYY			NAYCWY; NAYCY	
Anordnung	◉[1)]	⊛ ⊜	⁂	⊛ ⊜	⁂	◉[1)]	⊛ ⊜	⁂	⊛ ⊜	⁂
Anzahl der belasteten Adern	1	3	3	3	3	1	3	3	3	3
Querschnitt in mm^2	Kupferleiter Bemessungsstrom in A					Aluminiumleiter Bemessungsstrom in A				
1,5	41	27	30	27	31	–	–	–	–	–
2,5	55	36	39	36	40	–	–	–	–	–
4	71	47	50	47	51	–	–	–	–	–
6	90	59	62	59	63	–	–	–	–	–
10	124	79	83	79	84	–	–	–	–	–
16	160	102	107	102	108	–	–	–	–	–
25	208	133	138	133	139	160	102	106	103	108
35	250	159	164	160	166	193	123	127	123	129
50	296	188	195	190	196	230	144	151	145	153
70	365	232	238	234	238	283	179	185	180	187
95	438	280	286	280	281	340	215	222	216	223
120	501	318	325	319	315	389	245	253	246	252
150	563	359	365	357	347	436	275	284	276	280
185	639	406	413	402	385	496	313	322	313	314
240	746	473	479	463	432	578	364	375	362	358
300	848	535	541	518	473	656	419	425	415	397
400	975	613	614	579	521	756	484	487	474	441
500	1 125	687	693	624	574	873	553	558	528	489
630	1 304	–	777	–	636	1 011	–	635	–	539
800	1 507	–	859	–	–	1 166	–	716	–	–
1 000	1 715	–	936	–	–	1 332	–	796	–	–

1) Bemessungsstrom in Gleichstromanlagen mit weit entferntem Rückleiter.
*) Die angegebenen Werte der Bemessungsströme gelten auch für entsprechende Kabelbauarten mit PE-Mantel.

Tabelle B 4: Belastbarkeit, Kabel in Erde; nach DIN VDE 0276-603

1	2	3	4	5	6	7	8	9	10	11
Isolierwerkstoff	**PVC**									
Zulässige Betriebstemperatur	**70 °C**									
Bauartkurzzeichen*)	**NYY**			**NYCWY; NYCY**		**NAYY**			**NAYCWY; NAYCY**	
Anordnung	◉ 1)	⊛ ⊜	∴	⊛ ⊜	∴	◉ 1)	⊛ ⊜	∴	⊛ ⊜	∴
Anzahl der belasteten Adern	**1**	**3**	**3**	**3**	**3**	**1**	**3**	**3**	**3**	**3**
Querschnitt in mm²	**Kupferleiter Bemessungsstrom in A**					**Aluminiumleiter Bemessungsstrom in A**				
1	2	3	4	5	6	7	8	9	10	11
1,5	27	19,5	21	19,5	22	–	–	–	–	–
2,5	35	25	28	26	29	–	–	–	–	–
4	47	34	37	34	39	–	–	–	–	–
6	59	43	47	44	49	–	–	–	–	–
10	81	59	64	60	67	–	–	–	–	–
16	107	79	84	80	89	–	–	–	–	–
25	144	106	114	108	119	110	82	87	83	91
35	176	129	139	132	146	135	100	107	101	112
50	214	157	169	160	177	166	119	131	121	137
70	270	199	213	202	221	210	152	166	155	173
95	334	246	264	249	270	259	186	205	189	212
120	389	285	307	289	310	302	216	239	220	247
150	446	326	352	329	350	345	246	273	249	280
185	516	374	406	377	399	401	285	317	287	321
240	618	445	483	443	377	479	338	378	339	374
300	717	511	557	504	443	555	400	437	401	426
400	843	597	646	577	504	653	472	513	468	488
500	994	669	747	626	577	772	539	600	524	556
630	1 180	–	858	–	626	915	–	701	–	628
800	1 396	–	971	–	–	1 080	–	809	–	–
1 000	1 620	–	1 078	–	–	1 258	–	916	–	–

1) Bemessungsstrom in Gleichstromanlagen mit weit entferntem Rückleiter.

*) Die angegebenen Werte der Bemessungsströme gelten auch für entsprechende Kabelbauarten mit PE-Mantel.

Tabelle B 5: Belastbarkeit, Kabel in Luft; nach DIN VDE 0276-603

In der folgenden Tabelle sind Begriffe und ihre entsprechende Bedeutung im Zusammenhang mit der Belastbarkeit zusammengestellt.

Begriffe	Bedeutung
Belastung	durch Betriebsart oder Fehlerfall aufgebürdete Ströme
Belastbarkeit	unter bestimmten Bedingungen höchstzulässige Ströme
Betriebsart	zeitlicher Verlauf des Stromes
Tageslastspiel	Verlauf der Last während 24 h bei ungestörtem Betrieb
Größtlast	Größte Last des Tageslastspiels. Ändert sich die Last in Zeitabständen, die kleiner sind als 15 min, so gilt als Größtlast der Mittelwert der Lastspitze über 15 min.
Durchschnittslast	Mittelwert der Last des Tageslastspiels
Belastungsgrad	Quotient aus Durchschnittslast durch Größtlast
zulässige Betriebstemperatur	höchste zulässige Temperatur am Leiter bei ungestörtem Betrieb
zulässige Kurzschlusstemperatur	höchste zulässige Temperatur am Leiter bei Kurzschluss mit einer Kurzschlussdauer bis einschließlich 5 s
EVU-Last	Tageslastspiel mit Größtlast und Belastungsgrad 0,7

Tabelle B 6: Begriffe und Bedeutung zur Belastbarkeit

Normen: Belastbarkeitstabellen für VPEisolierte Mittelspannungskabel in DIN VDE 0276-620 für Niederspannungskabel in DIN VDE 0276-603

Netzsystemtechnik; Jürgen Schlabbach und Dieter Metz (Hrsg.); VDE VERLAG Berlin und Offenbach; 2005

Starkstromkabelanlagen, 2. Auflage, Mario Kliesch, Frank Merschel, EW Medien - VERLAG, Frankfurt, 2010

Kabelhandbuch, 9. Auflage, Mario Kliesch / Frank Merschel / weitere Autoren, Rolf Rüdiger Cichowski (Hrsg.), EW Medien - VERLAG, Frankfurt, 2017

Belastungsgrad

Der Belastungsgrad spielt eine wichtige Rolle bei der Ermittlung der zulässigen Strombelastung. Die Berechnung der Belastbarkeit von Kabeln ist in DIN VDE 0276-1000 mit Nennspannungen bis 30 kV beschrieben. Der Belastungsgrad ist der Quotient aus Durchschnittslast durch Größtlast, also

$$\text{Belastungsgrad} = \frac{\text{Durchschnittslast}}{\text{Größtlast}}$$

Der Belastungsgrad oder Benutzungsgrad (wird auch als Ausnutzungsgrad bezeichnet) stellt das Verhältnis der tatsächlich erzeugten Energie zur maximal möglichen Energie während eines bestimmten Zeitraumes dar. Als Lastverlauf wird eine EVU-Last definiert, bei der

- auf eine tägliche Periode von maximal zehn Stunden mit Volllast eine
- mindestens gleich lange Periode mit höchstens 60% der Volllast folgt.

Daraus ermittelt man je nach Annahmen für die verbleibenden vier Stunden des Tageslastprofils einen Belastungsgrad von etwa 0,7. Der Vergleich mit tatsächlichen Belastungsgraden in Netzen ergab (nach Prof. J. Schlabbach und Prof. D. Metz) Werte von

- Belastungsgrad im 110-kV-Netz = 0,75 ... 0,82
- Belastungsgrad im 10-kV-Netz = 0,61 ... 0,76
- Belastungsgrad im Stadtnetz = 0,50 ... 0,77

Charakteristische Werte des Belastungsgrads:

- 1 Dauerlast
- 0,85 häufige Industrielast
- 0,7 EVU-Last
- 0,6 übliche Belastung von Kabeln in Erde
- 0,5 Belastung von Verbraucheranlagen mit Speicherheizung

Das Bild *Typisches Tageslastspiel im EVU-Betrieb* zeigt einen Tagesverlauf der Last im EVU-Betrieb

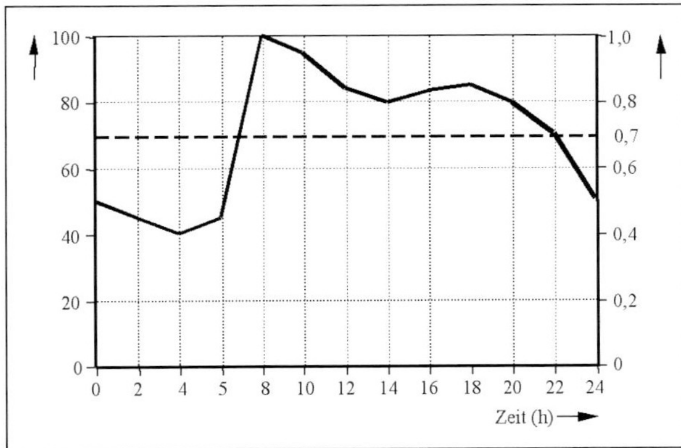

Bild B 5: Typisches Tageslastspiel im EVU-Betrieb

Beleuchtungsnetz für die Straßenbeleuchtung

Die Energie für die Straßenbeleuchtung wird aus dem Niederspannungs-Verteilungsnetz (230 / 400 V) des örtlichen Energieversorgungs-Unternehmens, EVU bzw. dem Netzbetreiber der jeweiligen Region zur Verfügung gestellt.

Anschluss der Beleuchtungsanlagen:

- Separates Beleuchtungsnetz als Kabel- oder Freileitungsnetz
- Einzelanschluss an das Kabel- oder Freileitungsnetz

Beide Anschlussformen sind möglich. Die Auswahl der Alternative ist abhängig von technischen, organisatorischen und wirtschaftlichen Einflüssen:

- Netzart in der Region: Kabel- oder Freileitung
- Bauart des Kabels: Kabel mit oder ohne Beidraht
- Vorhandene Schalt- und Steuereinrichtung: Tonfrequenzrundsteueranlage, Fernmeldekabel, drahtlose Befehlsübergabe
- Eigentumsverhältnisse
- Zuständigkeit der Betriebsführung; Instandhaltung, Schalthoheit, Entstörung
- Zuständigkeit für die Planung, die Projektierung und den Bau der Anlagen

Beleuchtungsanlagen bestehen aus dem Beleuchtungsnetz und der Leuchtstelle, die als Verbraucheranlage angesehen wird. Für die Errichtung von Anlagen der öffentlichen Beleuchtung gilt DIN VDE 0100, Errichten von Niederspannungsanlagen. Die Leuchtstellen sind als elektrischen Anlagen im Freien zu betrachten und müssen daher entsprechend DIN VDE 0100-737; Errichten von Niederspannungsanlagen, Feuchte und nasse Bereiche und Räume und Anlagen im Freien, projektiert und errichtet werden. Übergabestelle für die elektrische Energie kann ein Einspeiseschrank oder jede einzelne Leuchtstelle sein. Die Festlegung der Übergabestelle ist von Bedeutung, da für das Netz und die Verbraucheranlage (also Leuchtstelle) unterschiedliche Anforderungen nach DIN VDE 0100 gelten und die Eigentumsgrenze gleichzeitig ein Orientierungspunkt für die Kosten, und die Zuständigkeit für die Planung, Bau und Betrieb der Beleuchtungsanlage ist.

Anschluss der Leuchtstellen:

- Separates Beleuchtungsnetz: eigenes Kabel für die Straßenbeleuchtung; möglichst Mitlegung in einem gemeinsamen Kabelgraben mit dem Niederspannungskabel; meist als Drei- oder Vierleiternetz ausgelegt; Leuchtstellen eingeschleift oder mittels Abzweigmuffen an das Beleuchtungskabel angeschlossen; **Merke:** Das Beleuchtungsnetz hat nur wenige leicht zugängliche trennbare Verbindungen zum Netz des Netzbetreibers. Nur diese sind bei Arbeiten im Beleuchtungsnetz gegen Wiedereinschalten zu sichern. Zwischen beiden Netzen besteht eine klare Trennung. Bei ausgeschalteter Beleuchtung sind das Beleuchtungsnetz und die Leuchtstellen spannungslos. Das ist besonders vorteilhaft, wenn die Betriebsführung nicht dem örtlichen Netzbetreiber übertragen ist
- Anschluss an Freileitung des Ortnetzes: für die Beleuchtung ist ein zusätzlicher Leiter (Schaltdraht) erforderlich; gemeinsamer PEN möglich, wenn die Betriebsführung vom Netzbetreiber durchgeführt wird, ansonsten Montage eines zweiten PEN-Leiters;

Außenleiter und PEN-Leiter demselben Ortsnetztransformator zuordnen. Anschluss ist auch ohne zusätzlichen Leiter möglich; die Leuchten werden dann an einen Leiter des Niederspannungsnetzes unter Zwischenschaltung eines Tonfrequenz-Rundsteuerempfängers oder Dämmerungsschalters angeschlossen

- Einzelanschluss der Leuchtstellen an das Niederspannungsverteilungsnetz: Netzkabel ohne Beidraht: Leuchtstellen werden über Tonfrequenz-Rundsteuerung oder über Dämmerungsschalter ein- und ausgeschaltet. Netzkabel mit Beidraht: im Zwickel des Niederspannungskabels wird ein zusätzlicher Leiter (Querschnitt 1,5 bis 2,5 mm²) mitgeführt. Die Ein- und Ausschaltung der Leuchtstellen erfolgt dann über den Beidraht als Schaltdraht

Das folgende Bild zeigt schematisch Anschlussmöglichkeiten der Leuchtstellen.

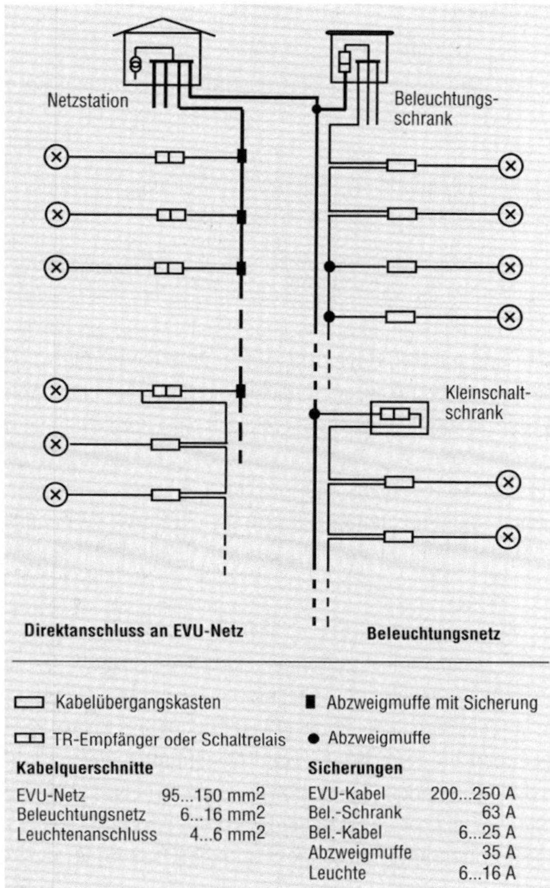

Bild B 6: Anschlussmöglichkeiten der Leuchtstellen

Straßenbeleuchtung; Lothar Höhne, Heinz Georg Schröter, Buchreihe Anlagentechnik, Hrsg. Rolf Rüdiger Cichowski, EW Medien – VERLAG, Frankfurt, VDE VERLAG Berlin und Offenbach, VEWE-VERLAG, 1998

Belüftung von elektrischen Betriebsräumen

In elektrischen Betriebsstätten, wie in →*Netzstationen* oder in Gebäuden für Schaltanlagen entsteht Verlustwärme durch Transformatoren oder elektrische Anlagen und Betriebsmittel, die durch Lüftungskonstruktionen abgeführt werden muss, ansonsten könnte die Wärme zu einer betrieblichen Beeinträchtigung bis hin zum völligen Versagen der Betriebsmittel führen. Bei brandgefährdeten Betriebsstätten können höhere Temperaturen sogar eine Brandgefahr hervorrufen.

Die Abfuhr der Verlustwärmen ist von verschiedenen Faktoren abhängig:

- Raumgröße, Gehäusegröße, Stationsgröße, Raumhöhe
- Beschaffenheit der Raumwände und Raumdecken und deren Wärmedurchgangskoeffizient
- Temperaturdifferenz zu den benachbarten Räumen bzw. zur Außenluft
- Lüftungskonstruktionen für natürliche Be- und Entlüftung (Schutzart)
- Strömungsverlauf

Die Schutzart spielt eine wesentliche Rolle für die Lüfterelemente-Konstruktion, denn die Art der Konstruktion beeinflusst die Strömungswiderstandsgröße und damit auch die Kühlung. In der Stationsnorm ist als Mindestschutzart IP23D vorgegeben, es wird auch die höhere Schutzart IP43D verwendet, aber die höhere Schutzart bewirkt einen größeren Strömungswiderstand in den Lüfteröffnungen und damit eine Erschwernis für die Wärmeabfuhr.

Für fabrikfertige Stationen ist die sogenannte Gehäuseklasse definiert und in der Norm eingeführt. Diese Gehäuseklasse erlaubt es, die komplexen Zusammenhänge für alle zu berücksichtigenden Betriebsstände durch Messung in einem akkreditiertem Prüfinstitut zu einer für die Beteiligten(Netzbetreiber bzw. Anlagenbetreiber) akzeptablen Lösung zu führen. In der Norm wird unterschieden nach sechs Gehäuseklassen: 5K,10K, 15K, 20 K, 25K 30 K. Die Gehäuseklasse 20 ist die in Deutschland von den meisten Netzbetreibern eingesetzte Gehäuseklasse.

Die verwendete Belüftung, die entsprechenden Lüfterelemente müssen den Berührungsschutz und Witterungsschutz gewährleisten. Außerdem können in den elektrischen Anlagen und in deren Betriebsstätten Störlichtbögen entstehen, deren Druckwelle zur Entlastung des Gebäudes über die Lüftungselemente ins Freie so abzuleiten ist, dass auch die Sicherheit von Passanten und Betriebspersonal gegeben ist. Die Lüfterelemente müssen den dynamischen Kräften im Fall des Störlichtbogens standhalten und eine rasche Entlastung entfalten.

Belüftung von elektrischen Betriebsräumen, Dr. Illo-Frank Primus, Jahrbuch der Anlagentechnik 2013,S.95 ff, Rolf Rüdiger Cichowski (Hrsg.) EW Medien - VERLAG, Frankfurt

Bemessungswert

Der Bemessungswert ist der Wert einer Größe für ein Betriebsmittel, ein Element, eine Gruppe oder eine Einrichtung unter vorgegebenen Betriebsbedingungen. Der Wert wird bereits vom Hersteller der Produkte festgelegt. Früher wurde der Begriff Nennwert genutzt. Heute stützen sich die kennzeichnenden Eigenschaften der elektrischen Betriebsmittel auf den Bemessungswert, wie der Bemessungsspannung, der Bemessungsstrom.

Bemessungswerte für die zulässige Kabelbelastung: Die Lebensdauer der Kabel wird vorrangig durch die Kabeltemperatur bestimmt, die durch den Strom und die Umgebungsbedingungen bestimmt wird. Für die praktische Anwendung sind für den Normalbetrieb und den Kurzschlussfall die zulässigen Belastungsströme der verschiedenen Kabeltypen und Querschnitte in den Normen festgelegt. Die Belastbarkeitstabellen wurden im Rahmen der Normenharmonisierung von der DIN VDE 0298-2 in die Kabelnormen der Reihe DIN VDE 0276 übernommen. Den dort genannten Bemessungswerten liegen Randbedingungen des Erdbodenwiderstandes und für das Kabel umgebende Erdreich zugrunde.

In der Tabelle *Randbedingungen für Bemessungswerte der Strombelastbarkeit von Kabeln* sind Bemessungswerte der Strombelastbarkeit in Abhängigkeit der Legeart aufgezeigt:

	Legung in Luft	**Legung in Erde**
Belastungsgrad	1,0 (Dauerlast)	0,7 (EVU-Last)
Legebedingungen	frei in Luft	Legetiefe 0,7 m
Anordnung	ein mehrdratiges oder drei einadrige Kabel im Drehstromsystem im Dreieck gebündelt	ein mehradriges oder drei einadrige Kabel im Drehstromsystem im Dreieck gebündelt
Umgebungsbedingungen	Lufttemperatur 30 °C	Erdbodentemperatur 20 °C

Tabelle B 7: Randbedingungen für Bemessungswerte der Strombelastbarkeit von Kabeln

Kriterien für eine zulässige Überschreitung der Bemessungswerte: Es ist eine höhere Belastung ohne zusätzlichen Lebensdauerverzehr (damit eine Überschreitung der Bemessungswerte) dann möglich, wenn bestimmte Voraussetzungen gegeben sind:

- niedrige Umgebungstemperatur
- geringerer Wärmewiderstand des Erdreichs
- niedrigerer → *Belastungsgrad*
- Belastung im Kurzzeitbetrieb

Kriterien für eine erforderliche Verminderung der Bemessungswerte: Bei einigen Anwendungsfällen würden die in den Normen angegebenen Bemessungswerte zur thermischen Überlastung führen, daher müssen diese Anwendungsfälle gesondert betrachtet werden und die tatsächliche Belastung muss unter den in den Tabellen der Normen angegebenen Belastbarkeitswerten bleiben:

- Kabelhäufung und Legung in der Nähe anderer Wärmequellen
- örtlich verminderte Wärmeabfuhr
- Inkaufnahme einer kalkulierbaren Überlastung

Elektroinstallation, 21. Auflage; Hösl, Ayx, Busch; VDE VERLAG Berlin und Offenbach 2016

Kabel und Leitungen für Starkstrom, Lothar Heinold, Reiner Stubbe (Hrsg.), PublicisVerlag, 1999

Kabelhandbuch, 9. Auflage, Mario Kliesch / Frank Merschel / weitere Autoren, Rolf Rüdiger Cichowski (Hrsg.), EW Medien - VERLAG, Frankfurt, 2017

Berührungsspannung

Berührungsspannung ist die Spannung, die am menschlichen Körper oder am Körper des Nutztiers auftritt, wenn dieser vom Strom durchflossen wird, das heißt, es handelt sich um die Spannung, die zwischen zwei gleichzeitig berührbaren Teilen während eines Isolationsfehlers auftreten kann. Die Berührungsspannung U_T ist das Produkt aus Berührungsstrom I_T und der gesamten Körperimpedanz Z_T zwischen der Stromeintritts- und Stromaustrittsstelle $U_T = I_T \cdot Z_T$. Ein menschlicher Körper wird nur dann vom Strom durchflossen, wenn er gleichzeitig zwei Punkte unterschiedlichen Potentials berührt. Die Größe des Körperstromes hängt dabei ab von der Impedanz des menschlichen Körpers und der Berührungsspannung. Folgende Einflussgrößen beeinflussen die Körperimpedanz: Berührungsfläche, Kontaktdruck,Hautbeschaffenheit,Körperbau,Stromweg. Die Berührungsspannungen lassen sich näherungsweise wie folgt ermitteln:

$$U_T \cong \frac{R_K \cdot \frac{1}{2} U_0}{R_B + R_E + R_K}$$

Die höchste Berührungsspannung, die zeitlich unbegrenzt bestehen bleiben darf, beträgt: bei Wechselspannung: $U_T = 50$ V; unter besonderen Betriebsbedingungen: $U_T = 25$ V

bei Gleichspannung: $U_T = 120$ V; in SELV-Stromkreisen ohne Basisisolierung $U_T = 60$ V Diese Grenze der dauernd zulässigen Berührungsspannung wurde international vereinbart.

U_T = Berührungsspannung (frühere Bezeichnung U_L)

VDE 0100 und die Praxis, 16. Auflage, Gerhard Kiefer / Herbert Schmolke, VDE VERLAG Berlin und Offenbach, 2017.

Tipp: *Berechnungsbeispiele zur Berührungsspannung und detaillierte Erläuterungen zu Messungen in Buch VDE 0100 und die Praxis*

Beseilung

Beseilung: die Gesamtheit aller Seile einer Freileitung wird Beseilung genannt. → *Freileitungen* bestehen aus den Stützpunkten (Maste oder Dachständer), den Leiterseilen, den Isolatoren und den Armaturen. Die Gesamtheit aller Maste einer Leitung wird als Gestänge bezeichnet und der Bereich zwischen zwei Masten nennt man Spannfeld.

→ *Freileitungen*

Freileitung, 2.Auflage, Peter Niemeyer / Andreas Grohs, Buchreihe Anlagentechnik; Rolf Rüdiger Cichowski (Hrsg.) EW Medien – Verlag, Frankfurt, 2008 (Hinweis: die 3. Auflage erscheint im 1. Quartal 2018)

Betriebserdung

Die Betriebserdung ist die Erdung eines Punkts des Betriebsstromkreises, die für den ordnungsgemäßen Betrieb von Geräten oder Anlagen notwendig ist. Sie wird entweder als unmittelbar oder als mittelbar bezeichnet.

Unmittelbare Betriebserdung:

Eine Erdung, die außer dem Erdungswiderstand keine weiteren Widerstände enthält. Mittelbare Betriebserdung:

Eine Erdung, die über zusätzliche ohm'sche, induktive oder kapazitive Widerstände hergestellt ist.

DIN VDE 0100-540 (VDE 0100-540) Errichten von Niederspannungsanlagen, Erdungsanlagen, Schutzleiter und Schutzpotentialausgleichsleiter

Betriebsmittel

Betriebsmittel sind technische Erzeugnisse oder deren Bestandteile, die als fertige Gegenstände, Geräte, Maschinen oder Einrichtungen verwendet werden. Alle Mittel zum Erzeugen, Umwandeln, Übertragen, Verteilen und Anwenden elektrischer Energie, z.B. Transformatoren, Schaltgeräte, Messgeräte, Schutzeinrichtungen, Kabel, Leitungen

→ *Elektrische Betriebsmittel*

Biegeradien, zulässige

Eine Kabeltrasse verläuft häufig auch in Kurven, so dass bei der Legung von Kabeln und Leitungen Kurven und Krümmungen unvermeidbar sind. Kabel müssen daher auch gebogen werden. Diese Biegungen können sich jedoch nachteilig auf die Kabel auswirken, da

z.B. der äußere Bereich des Kabels gestreckt und der innere Bereich gestaucht werden könnte. Dadurch können Schäden an den Aufbauelementen der Kabel entstehen, die sich stark mindernd auf die Lebensdauer der Kabel auswirken und zu Störungen führen. Vielfachbiegungen sind nicht zulässig. In der DIN VDE 0298-3 sind Richtwerte für die kleinsten zulässigen Biegeradien von Nieder- und Mittelspannungskabeln enthalten, die in Teilen in der Tabelle *Mindest-Spulenkern-Durchmesser und zulässige Biegeradien* wiedergegeben sind:

		Papierisolierte Kabel		Kunststoffisolierte Kabel	
		mit Bleimantel oder gewelltem Al-Mantel	mit glattem Al-Mantel	Niederspannung	Mittelspannung
Zulässige Biegeradien	einadrig	25 · *D*	30 · *D*	15 · *D*	15 · *D*
	mehradrig, vieladrig	15 · *D*	25 · *D*	12 · *D*	15 · *D*
Mindestdurchmesser Spulenkern	einadrig	25 · *D*	30 · *D*	18 · *D*	18 · *D*
	mehradrig, vieladrig	15–18 · *D*[1]	–	15–20 · *D*[2]	18 · *D*

D Kabelaußendurchmesser
1) je nach Kabeltyp
2) je nach Leiterquerschnitt und Kabeltyp

Tabelle B 8: Mindest-Spulenkern-Durchmesser und zulässige Biegeradien

Bei Hoch- und Höchstspannungskabeln ist der Kabelaufbau meist noch komplizierter als beim Standardkabel, daher ist bei diesen Kabeln besonders auf die zulässigen Biegeradien zu achten. Sie sollten jeweils beim Kabelhersteller erfragt werden. Für eine überschlägliche Betrachtung können Anhaltswerte der Tabelle *Anhaltswerte für Biegeradien von Hoch- und Höchstspannungskabeln* entnommen werden.

	Legung in Luft	Legung in Erde
Belastungsgrad	1,0 (Dauerlast)	0,7 (EVU-Last)
Legebedingungen	frei in Luft	Legetiefe 0,7 m
Anordnung	ein mehrdratiges oder drei einadrige Kabel im Drehstrom-system im Dreieck gebündelt	ein mehradriges oder drei einadrige Kabel im Drehstrom-system im Dreieck gebündelt
Umgebungsbedingungen	Lufttemperatur 30 °C	Erdbodentemperatur 20 °C

Tabelle B 9: Anhaltswerte für Biegeradien von Hoch- und Höchstspannungskabeln

Kabel und Leitungen für Starkstrom, Lothar Heinold, Reiner Stubbe (Hrsg.), Publicis Verlag, 1999

Kabelhandbuch, 9. Auflage, Mario Kliesch / Frank Merschel / weitere Autoren, Rolf Rüdiger Cichowski (Hrsg.), EW Medien - VERLAG, Frankfurt, 2017

Blindleistung

In elektrischen Netzen ist die Blindleistung im Gegensatz zur Wirkleistung (tatsächliche Leistung) eine unerwünschte Leistung, die zum Aufbau von Magnetfeldern in den Geräten und Betriebsmitteln gebraucht wird, die aber keine Arbeit verrichtet. Diese Blindleistung hat wesentlichen Einfluss auf die Netzverluste, da sie über die Leitung transportiert werden muss, ohne dass sie aber in nutzbare Energie umgewandelt werden kann. Induktive Betriebsmittel und Verbraucher, wie Motoren, induktive Vorschaltgeräte von Gasentladungslampen, Drosselspulen, Transformatoren, Generatoren im untererregten Betrieb, sowie Kabel und Leitungen mit hoher Strombelastung benötigen zum Aufbau des magnetischen Feldes induktive Blindleistung (Blindleistungsverbrauch). Andere Betriebsmittel und Verbraucher, wie Gleichrichter mit kapazitiver Glättung, Kompaktleuchtstofflampen, Kondensatoren, Generatoren im übererregten Betrieb und leerlaufende oder niedrig belastete Freileitungen und Kabel stellen kapazitive Blindleistung bereit, die aus dem Aufbau des elektrischen Feldes herrührt (Blindleistungserzeugung).

Merke: Die Blindleistung ergibt sich aus der Differenz zwischen Scheinleistung, der Gesamtleistung also, und der Wirkleistung. Zur Unterscheidung der verschiedenen Leistungsbegriffe werden folgende Einheiten gewählt:

- Scheinleistung - S = VA
- Wirkleistung - P = Watt
- Blindleistung - Q = Var

Wegen der zusätzlich zu übertragenden Blindleistung müssen Betriebsmittel wie Leitungen, Transformatoren und Schalter, Verteileranlagen der Netzbetreiber und auch die elektrischen Netze der Kunden hinsichtlich der Strombelastbarkeit höher dimensioniert werden. Um die Netze nicht zu sehr mit Blindleistung zu beanspruchen werden → *Blindleistungskompensationen* durchgeführt.

Induktive Betriebsmittel: Blindleistungsverbraucher	Benötigen zum Aufau des magnetischen Feldes: induktive Blindleistung	Beispiele: Motoren, induktive Vorschaltgeräte, Drosselspulen, Transformatoren, Generatoren im untererregten Betrieb, Kabel und Leitungen mit hoher Strombelastung
Kapazitive Betriebsmittel: Blindleistungserzeuger	Stellen aus dem Aufbau des elektrischen Feldes: kapazitive Blindleistung bereit	Beispiele: Gleichrichter mit kapzitiver Glättung, Kompaktleuchtstofflampen, Kondensatoren, Generatoren im übererregten Betrieb , leerlaufende oder niedrig belastete Kabel und Freileitungen
Warum muss Blindleistung vermieden werden?	Die übertragene Blindleistung stellt für das Netz und den Endkunden keinen Nutzen dar, mit zunehmender Blindleistung müssen Leitungen, Trasformatoren, Schalter und weitere elektrische Anlagen hinsichtlich der Strombelastbarkeit evtl. höher dimensioniert werden	
Folgerung:	Blindleistung sollte nicht über lange Leitungswege, sondern möglichst regional und verbrauchsnah bereitgestellt werden	

Tabelle B 10: Blindleistung: ***kurz zusammengefasst***

Anmerkung: detaillierte mathematische Herleitung der Leistungsbegriffe in:

Blindleistungskompensation und Energieversorgungsqualität, 3. Auflage, Christian Dresel / Martin GroßeGehling / Jürgen Reese / Jürgen Schlabbach; Buchreihe Anlagentechnik, Rolf Rüdiger Cichowski (Hrsg.), EW Medien – VERLAG, Frankfurt, 2017

Blindleistungskompensation

Die → *Blindleistung* ist Ballast in den Netzen, da sie keine Arbeit an Geräten und Betriebsmitteln verrichtet, sondern sie muss über Leitungen transportiert werden, ohne dass sie in nutzbare Energie umgewandelt werden kann. Die Blindleistung hat einen wesentlichen negativen Einfluss auf die Verluste in den Leitungen, daher wird mittels Blindleistungskompensation das Netz „gesäubert", damit das Netz so weit wie möglich für die Übertragung von Wirkleistung zur Verfügung steht. Bei gegebener Scheinleistung in einem Netz ist der Anteil der nutzbaren Wirkleistung umso größer, je geringer der Anteil der Blindleistung ist, damit wird das Netz effizienter, denn anstelle von Blindleistung kann zusätzliche Wirkleistung übertragen werden. Einrichtungen zur Blindleistungskompensation (ausgleichen) haben die Aufgabe, die Blindleistungsversorgung möglichst nahe am Verbraucher sicherzustellen, damit

- bei gegebener Scheinleistung der Anteil der übertragenen Wirkleistung möglichst groß ist und
- die Übertragungsverluste bei gegebener Wirkleistung möglichst gering sind

Die Netzbetreiber verlangen von den Tarifkunden, dass der Energiebezug mit einem Leistungsfaktor zwischen 0,8 induktiv und 0,9 kapazitiv erfolgen muss (für Tarifkunden gelten keine zusätzlichen Regelungen bzw. Messungen, jedoch u.U. für Sonderkunden; die „Blindenergie" kann zusätzlich in Rechnung gestellt werden). Daher kann die Einrichtung von Anlagen zur Blindleistungskompensation für den Kunden eine Senkung der elektrischen Energiekosten bewirken.

Die typische Blindleistungskompensation besteht aus folgenden Baugruppen:

- Regler, der den Anteil der induktiven Blindleistung bestimmt und in Abhängigkeit von dem Ergebnis die Kondensator-Baugruppen zuschaltet
- Schaltgliedern, die die Kondensator-Baugruppen aufgrund der Anforderungen durch den Regler zu- und abschalten
- Kondensator-Baugruppen, die die benötigte kapazitive Blindleistung liefern. Zu diesen Baugruppen gehören die Entladewiderstände und, je nach Anforderung, Drosseln zur Festlegung der Resonanzfrequenz der Anlage

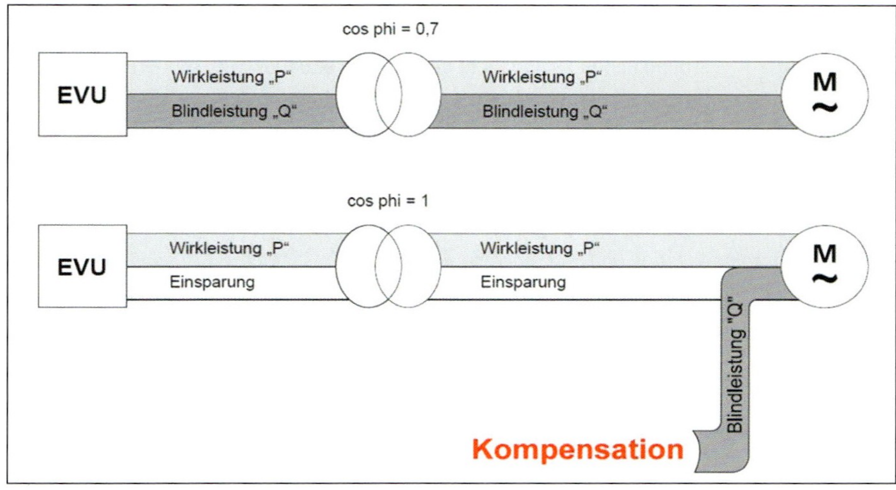

Bild B 7: Energieflüsse im Leitungsnetz ohne und mit Kompensation

Hinweis: Kondensatoren können induktive Blindleistung kompensieren, da die kapazitive Blindleistung gegenüber der induktiven Blindleistung um 180° verschoben ist. Wird die kapazitive Blindleistung genauso groß eingeregelt wie die induktive Blindleistung, dann pendelt die Blindleistung periodisch in den Netzen zwischen Kondensatoren und induktivem Verbraucher hin und her. Elektrische Feldenergie wird in magnetische Energie umgewandelt und umgekehrt. Das Netz wird durch diesen ständigen Austausch von Blindleistung durch die Kompensation entlastet.

Blindleistungskompensation und Energieversorgungsqualität, 3. Auflage, Christian Dresel / Martin GroßeGehling / Jürgen Reese / Jürgen Schlabbach; Buchreihe Anlagentechnik, Rolf Rüdiger Cichowski (Hrsg.), EW Medien – VERLAG, Frankfurt, 2017

Elektroenergieversorgung, 3. Auflage, Jürgen Schlabbach, VDE VERLAG Berlin und Offenbach, 2009

Blindstromkompensation in der Betriebspraxis, 4. Auflage, Wolfgang Just / Wolfgang Hoffmann, VDE VERLAG Berlin und Offenbach, 2003

Blindleistungsmanagement

Im Gegensatz zur Wirkleistung wird Blindleistung beim Endverbraucher nicht in Wärme, Licht oder mechanische Leistung umgesetzt. Blindströme müssen aber genauso wie Wirkströme über die Anschlussleitungen der Betriebsmittel und Verbrauchsmittel, über Transformatoren und Leitungen der vorgelagerten Netze übertragen werden. Wegen der zusätzlich zu übertragenden Blindleistung müssen alle Betriebsmittel und elektrischen Anlagen in den Verteilungsnetzen und in den Kundennetzen hinsichtlich ihrer Strombelastbarkeit evtl. höher dimensioniert werden und das kostet Geld. Blindleistung sollte daher nicht über lange Leitungswege oder über Transformatoren übertragen werden, sondern möglichst regional und verbrauchsnah bereitgestellt werden. Das Blindleistungsverhalten der Netze wird von vielen Faktoren beeinflusst, wie die Erzeugungsanlagen, Speicher, Kompensationsanlagen, das Spannungsniveau und die Auslastung der Betriebsmittel. Alle diese Größen können genutzt werden, um regulierend in das Blindleistungsverhalten der Netze einzugreifen, aber dazu muss das Blindleistungspotential in jedem Netz individuell untersucht werden. VDE / FNN zeigt den Netzbetreibern in dem Papier „Blindleistungsmanagement in Verteilungsnetzen" Unterstützung zur Bestandaufnahme auf und beschreibt Vorgaben, Optionen und Umsetzungsschritte für ein gezieltes Blindleistungsmanagement, damit der jeweilige Netzbetreiber in der Lage ist, den Beeinflussungsbedarf im eigenen Netz zu bewerten und den Aufwand und den Nutzen gegenüberzustellen und zu gewichten.

→ *Blindleistungskompensation*

VDE / FNN - Hinweis „Blindleistungsmanagement in Verteilnetzen"

Blindleistungskompensation und Energieversorgungsqualität, 3.Auflage, Christian Dresel / Martin Große-Gehling / Jürgen Reese / Jürgen Schlabbach, Buchreihe Anlagentechnik; Rolf Rüdiger Cichowski (Hrsg.) EW Medien - VERLAG, Frankfurt, 2017

Blitzschutzanlagen

Eine Blitzschutzanlage hat die Aufgabe, Gebäude und andere technische Einrichtungen vor direkten Blitzeinschlägen und einem eventuellen Brand oder vor den Auswirkungen des Blitzstromes zu schützen.

Eine Landesbauordnung kann fordern, eine Blitzschutzanlage herzustellen, wenn ein Blitzschlag bei einer Anlage auf Grund

- der Länge
- der Höhe
- der Nutzung

leicht eintreten kann oder wenn im Falle eines Blitzschlages schwere Folgen zu erwarten sind. Eine Anlage muss dann errichtet werden, wenn nur eine dieser Voraussetzungen gegeben ist.

Wenn nationale Vorschriften es fordern, müssen Blitzschutzanlagen installiert werden. Ansonsten sollten die Notwendigkeit des Schutzes und die Auswahl entsprechender Schutzmaßnahmen durch die Anwendung eines Risiko-Managements (DIN EN 62305-2; VDE 0185-305-2) bestimmt werden.

Stets von Gesetzes wegen erforderlich sind Blitzschutzanlagen in:

- Versammlungsstätten mit Bühnen
- Versammlungsräume mit > 200 Besucher
- Verkaufsstätten mit Nutzfläche > 2000 m²
- Ausstellungsstätten, Gaststätten, Hochhäusern, Krankenhäusern, Großgaragen
- baulichen Anlagen, wie Schulen, Altersheimen, Kinderheimen usw.

Blitzschutzsysteme sollen bauliche Anlagen vor Brand oder mechanischer Zerstörung schützen und Personen in den Gebäuden vor Verletzungen bewahren. Das System besteht aus dem äußeren und dem inneren Blitzschutz:

Funktionen des Äußeren Blitzschutzes:

- Auffangen von Direkteinschlägen mit einer Fangeinrichtung: Aufgabe, die zu schützenden Anlagen vor direkten Einschlägen bewahren; Fangeinrichtungen: Stangen, gespannte Drähte und seine, vermaschte Leiter
- Sicheres Ableiten des Blitzstromes zur Erde mit einer Ableitungseinrichtung: leitende Verbindung zwischen der Fangeinrichtung und der Erdungsanlage, so anzubringen, dass mehrere parallele Strompfade bestehen, die Länge der Stromwege so kurz wie möglich
- Verteilen des Blitzstromes in der Erde über eine Erdungsanlage

Funktionen des Inneren Blitzschutzes:

- Das Verhindern gefährlicher Funkenbildung innerhalb der baulichen Anlage; durch den Potentialausgleich

Ausführliche Informationen gibt der DEHN+SÖHNEBlitzplaner, 3. Auflage, 2013

Bündelleiter

Bündelleiter: bei Höchstspannungsleitungen werden Leiterseite vorwiegend als Bündelleiter ausgeführt, da sie im Gegensatz zu Einseilleitern geringere Koronaverluste (Randfeldstärke der Leiter) und somit weniger hochfrequente Störspannungen hervorrufen. Der Gesamtquerschnitt eines Phasenleiters wird in mehrere parallele Teilleiterseile aufgeteilt, die in Abständen von 50 bis 70 m durch elektrisch leitende Abstandhalter fixiert sind. Das Zusammenschlagen der Teilleiter durch mechanische oder wetterbedingte Einflüsse wird dadurch verhindert.

Vorteile der Bündelung:

- Die Induktivität wird verkleinert, die Kapazität erhöht, dadurch wird der Blindwiderstandsbelag der Leitung kleiner
- Unterschiedliche Anlagen können mit dem gleichen Seiltyp ausgerüstet werden

Zweier-, Dreier- und Viererbündelleiter sind üblich.

Ceanderkabel

Ceanderkabel sind Starkstromkabel mit einem konzentrischen Leiter.

Aufbau: Der konzentrische Leiter besteht bei dem Kabeltyp NYCY aus einer Kupferdrahtumspinnung und bei dem Kabeltyp NAYCWY aus einer wellenförmig aufgebrachten Lage von Kupferdrähten. Darüber liegt ein Kupferband (Querleitwendel) das die Einzeldrähte leitend verbindet. Die konzentrischen Leiter werden als PE- oder PEN-Leiter eingesetzt und somit in die Schutzmaßnahme gegen gefährliche Körperströme mit einbezogen. Die Verwendung des konzentrischen Leiters als Neutralleiter ist nicht zulässig, da er nicht isoliert ist.

Vorteil: Nach dem Entfernen des Kabelmantels können die Einzeldrähte des konzentrischen Leiters im Zuge von Kabelarbeiten in axialer Richtung verlängert werden, daher ist es möglich, dass Montagen von Kabelabzweigen oder Muffen ohne Unterbrechung des konzentrischen Leiters und der Hauptleiter möglich wird.

Kabel mit Kupferleiter der Bauart NYCWY 3x95 SM/50 0,6/1 kV: Der Gleichstromwiderstandsbelag des konzentrischen Kupferleiters darf nicht größer sein als der Höchstwert für einen Kupferleiter mit einem Querschnitt von 500 mm².

Kabel mit Aluminiumleiter der Bauart NAYCWY 3x95 SM/95 0,6/1 kV: Der Gleichstromwiderstandsbelag des konzentrischen Kupferleiters darf nicht größer sein als der Höchstwert für einen Aluminiumleiter mit einem Querschnitt von 95 mm².

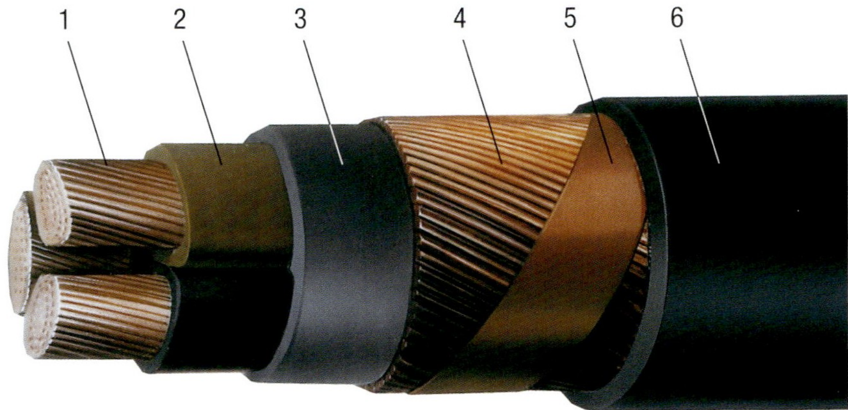

Bild C 1: 1 kV-Ceanderkabel; Typ NYCWY, dreiadriges Kabel mit konzentrischem Leiter nach DIN VDE 0276-603

1 mehrdrähtiger Sektorteil aus Kupfer
2 PVC-Isolierung
3 gemeinsame Aderumhüllung
4 konzentrischer Leiter, wellenförmig, aus Kupfer
5 Querleitwendel aus Kupfer
6 PVC-Außenmantel

cross bonding

cross bonding: zyklische Auskreuzung von einadrigen Kabeln mit hohen Betriebsspannungen (ab 110 kV) und großen zu übertragenden Leistungen. Dadurch wird der Induktionsstrom in den Mänteln und Schirmen der Kabel bis auf einen Reststrom gesenkt, was sich sehr positiv auf die Verminderung der Verluste und damit auf die Erhöhung der Übertragungsfähigkeit auswirkt. Das Auskreuzen erfolgt mittels spezieller Muffen (cross bonding-Muffen), die ein isolierendes Zwischenstück haben. Dadurch lassen sich in der Muffe die Mäntel und Schirme elektrisch trennen. Eine Auskreuzstrecke besteht aus drei gleich langen Teilstrecken, die an beiden Enden geerdet sind, während die inneren Muffen ausgekreuzt sind. (Auskreuzschema siehe Bild *Beispiel eines Auskreuzschemas*)

Merke: Durch Auskreuzen der Kabelmäntel (cross bonding) lassen sich die Kabelmantelspannungen und Mantelstromwärmeverluste reduzieren.

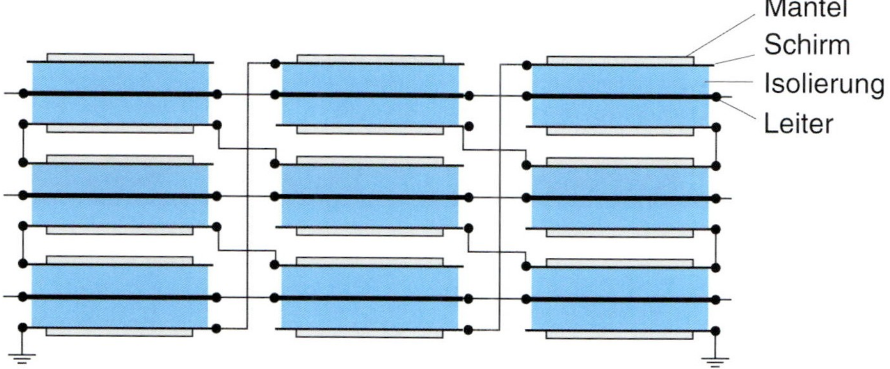

Bild C 2: Beispiel eines Auskreuzschemas (cross bonding)

Dachständer

Im Niederspannungsfreileitungsnetz werden u.a. Dachständer als Stützpunkte für die Freileitung verwendet. Die Dachständer sind am Dachgebälk schutz- und standortisoliert mit einem Fußwinkel und Befestigungsschellen befestigt. An der Austrittsschwelle nach außen müssen die Dachständer gegen das Eindringen von Wasser einen Dachschutz haben.

Dachständer

- sind Stützpunkte in Niederspannungsnetzen
- auf Dächern montierte Stahlrohre mit oder ohne Isolator Träger für die Leitungsteile
- Material: feuerverzinktem Rohr mit 76,1 oder 88,9 mm Durchmesser
- Querträger aus Stahl für Isolatoren
- Alle Zug- und Druckkräfte müssen vom Gebäude aufgenommen werden.
- Alle Schnittflächen müssen dauerhaft gegen Korrosion geschützt werden.
- Taupunktbildung bei unterschiedlichen Temperaturen und die damit verbundene Feuchtigkeit ist zu beachten; entsprechende Dämmung und Abdichtung der Dachfläche
- Abstand des Dachständers von Blitzschutzanlagen: 0,5 m
- zulässige Kabel- und Leitungsarten bei Dachständeranschlüssen (Tabelle *Zulässige Leitungs- und Kabelarten bei Dachständeranschlüssen*)

Leitungs-/Kabelart	Bezeichnung	nach Norm
Leitungen	NFA2X NFYW H07V	DIN VDE 0274 DIN VDE 0250 DIN VDE 0281 Teil 103
Mantelleitungen	NYM	DIN VDE 0250 Teil 204
Dachständerleitungen der Bauart	NYDY	DIN VDE 0250 Teil 213
Kabel der Bauarten	NYY u, NAYY	DIN VDE 0271
	N2XY u, NA2XA	DIN VDE 0272

Tabelle D 1: Zulässige Leitungs- und Kabelarten bei Dachständeranschlüssen

Das Dachständerrohr und evt. vorhandene Anker oder Streben sind zu isolieren gegen:

- Stahlkonstruktionen auf Gebäuden
- Stahlbetonkonstruktionen auf Dächern mit leitender Dachhaut
- Metallene Dampfsperren wärmegedämmter Dächer

Bedingungen für Schutzarten der Dachständeranschlüsse:

- Schutzart IP 40: Normalausführung – muss in trockene Räumen münden, darf nicht durch feuergefährdete Räume geführt werden, Maßnahmen gegen Kondenswasser treffen, durchdrungene Dachhaut muss aus harter Bedachung (Ziegel, Beton, Dachpappe) bestehen, Dachständerrohr darf oberhalb des HAK nur etwa auf Balkenbreite auf Holz aufliegen
- Schutzart IP 54: Sonderausführung – immer dann, wenn die Bedingungen der Normalausführung nicht erfüllt werden können

Merke: Eine Verbindung von Dachständern und mit ihnen leitend verbundene Anlagenteile mit Teilen der Erdungsanlage ist nicht zulässig! Bei Einbeziehen des Dachständerrohres in eine Blitzschutzanlage muss die Verbindung über eine allseitig geschlossene Schutzfunkenstrecke hergestellt werden. Ein Schutz bei indirektem Berühren von Dachständern wird nicht gefordert.

DIN 48170 Norm; Dachständer für Starkstromfreileitungen mit Nennspannungen bis 1000 Volt; Zusammenstellung, Einzelteile

DIN 48173 Norm; Starkstromfreileitungen, Nennspannung unter 1 kV; Dachanker, Zusammenstellung, Einzelteile

DIN 48176 Norm; Dachständerstrebe für Starkstromfreileitungen; Zusammenstellung, Einzelteile

Verordnung über energiesparenden Wärmeschutz und energiesparende Anlagentechnik bei Gebäuden (Energiesparverordnung, EnEV)

Freileitung, 2. Auflage Peter Niemeyer / Andreas Grohs, Buchreihe Anlagentechnik Rolf Rüdiger Cichowski (Hrsg.), VWEW Energieverlag, 2008 (Hinweis: 3. Auflage erscheint 1. Quartal 2018)

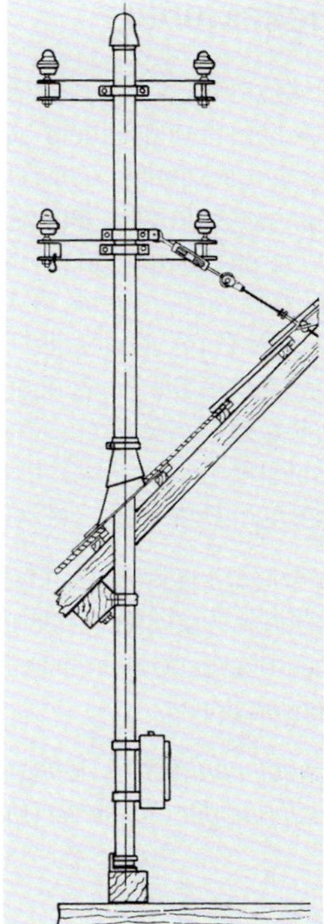

Bild D 1: Dachständer

Dauerbelastbarkeit

Der Begriff steht für Dauerstrombelastbarkeit bzw. früher Strombelastbarkeit: das ist der Maximalwert des Stroms, den z. B ein Leiter dauernd führen kann unter festgelegten Bedingungen ohne dass Schädigungen an dem Leiter eintreten. Festgelegte Bedingungen steht für: Art der Leiter, Verlegeart, Umgebungsbedingungen. Schädigungen können eintreten, wenn die Beharrungstemperatur einen bestimmten Wert (z.B. PVC-isolierte Leiter 70 °C oder bei VPE-isolierten Leitern 90 °C) überschreitet.

Damit Überströme durch schädliche thermische oder mechanische Auswirkungen auf die Isolierung, Verbindungen, Anschlüsse oder die Umgebung der Leiter keine Gefahren verursachen können, müssen Schutzvorrichtungen vorgesehen werden.

DIN VDE 0100-200 Errichten von Niederspannungsanlagen, Begriffe

DIN VDE 0100-430 Errichten von Niederspannungsanlagen, Schutzmaßnahmen

Deflektoren

Deflektoren werden zur Steuerung und zum Abbau des elektrischen Feldes bei Mittel- und Hochspannungskabeln genutzt. Bei Niederspannungskabeln sind die Feldstärken an Kabelenden so gering, dass eine Feldsteuerung nicht erforderlich ist. Bei Mittel- und Hochspannungskabeln sind jedoch auf Grund der höheren Feldstärken Maßnahmen notwendig. Bei höheren Spannungen (> 110 kV) ist der Trend eindeutig hin zu vorgefertigten Garnituren in z.B. → *Aufschiebetechnik*. In Aufschiebegarnituren wird Silikonkautschuk in isolierender und leitfähiger Form verwendet. Durch die Einbindung von Ruß lässt sich die elektrische Leitfähigkeit herstellen. Die Feldsteuerung erfolgt dabei unter Einsatz leitfähiger elastischer Deflektoren mit geometrisch-kapazitiver Wirkungsweise. Die Deflektoren werden fest in dauerelastische Isolierkörper integriert und als ein Teil direkt vom Hersteller geliefert oder aber in Form eines gesonderten Teiles, als sog. Mehrbereichsfeldsteuerkörper hergestellt.

Merke: Deflektoren sind in vorgefertigten Isolatoren mit integrierter Feldsteuerung für die Aufschiebe- und Steckertechnik enthalten. Die Deflektoren glätten das elektrische Feld im Bereich des Übergangs von der äußeren Leitschicht zur Aderisolierung nach dem geometrisch-kapazitiven Prinzip.

Kabelhandbuch, 9. Auflage, Mario Kliesch / Frank Merschel / weitere Autoren, Rolf Rüdiger Cichowski (Hrsg.), EW Medien - VERLAG, Frankfurt, 2017

Deutsche Gesetzliche Unfallversicherung

Um Ihrem umfassenden Aufträgen nach § 14 ff. SGB VII nachzukommen, erlassen die UV-Träger Unfallverhütungsvorschriften (UVVen), deren Einhaltung von den Aufsichtsdiensten der UV-Träger überprüft wird. Unterhalb dieser Vorschriftenebene haben die UV-Träger zudem ein umfassendes Regelwerk (Regeln, Informationen und Grundsätze) zur Unterstützung der Unternehmer und Versicherten bei der Wahrnehmung ihrer Pflichten im Bereich Sicherheit und Gesundheitsschutz erarbeitet. Die Fachbereiche und Sachgebiete der DGUV entwickeln das Vorschriften- und Regelwerk.

Für die elektrischen Anlagen und Betriebsmittel ist die DGUV V3 (früher: BGV A3, Inhalte sind bisher gleich geblieben) maßgebend.

DGUV

→ *Deutsche Gesetzliche Unfallversicherung*

Dielektrikum von Kabeln

Dielektrikum: elektrisch nicht (oder schwach) leitende Substanz. Der Raum, in dem das elektrische Feld um ein Kabel herum wirksam ist und in diesem Umfeld keine elektrische Leitfähigkeit vorhanden ist. Verschiedene Möglichkeiten: leerer Raum, also Vakuum, gasgefüllt oder aus elektrisch nicht leitendem Stoff.

Merke: Der Isolierstoff zwischen den Leitern eines Kabels wird als Dielektrikum verstanden.

Ist ein Kabel in Betrieb und fließt Wechselstrom durch das Dielektrikum, entsteht eine Verlustleistung. Steigt die Belastung des Kabels nehmen die Verluste im Dielektrikum jedoch ab.

Ausführliche Details zum Dielektrikum und zur wichtigen Entwicklungsarbeit an der elektrischen Isolierung:

Eigenschaften von Energiekabeln und deren Messung, 3. Auflage, Ekkehard Kuhnert / Fred Wiznerowicz, EW Medien - VERLAG, Frankfurt, 2012

→ *Kabelisolierung*
→ *Teilentladungen, TE*
→ *Isolierung*

Historische Entwicklung von Kabelisolierung:

1890 – Papier-Öl-Isolierung für Starkstromkabel (geschichtetes Dielektrikum) 1940 – Kunststoffisolierung für Starkstromkabel (extrudiertes Dielektrikum)

Geschichtetes Dielektrikum: hat den großen Vorteil, dass kleine Fehlstellen in einer Papierlage die elektrische Festigkeit der Isolierung unwesentlich mindern.

Extrudiertes Dielektrikum: Bei Kunststoffkabeln liegt eine homogene Isolierung vor, Fehlerstellen können sich jedoch weiterentwickeln, da kein Selbstheilungsprozess (Papierlage) eintritt. Dieser Nachteil wird ausgeglichen durch Präzision in der Fertigung der Kabel.

Inhomogenitäten im Kabeldielektrikum können Ausgangspunkte von Teilentladungen sein. Um den Zustand der Kabelanlage feststellen zu können, hat sich ein Diagnoseverfahren entwickelt. Eine Diagnose wird mit einem niedrigen Spannungspegel durchgeführt und untersucht das elektrische Verhalten des Dielektrikums. Das Verfahren sucht nach einzelnen Fehlstellen im Dielektrikum einer Kabelstrecke.

Starkstromkabelanlagen, 2. Auflage Mario Kliesch / Frank Merschel, Buchreihe Anlagentechnik, Rolf Rüdiger Cichowski (Hrsg.), EW Medien - VERLAG, Frankfurt, 2010

Dielektrische Diagnose

Die komplette Zustandsbeurteilung eines Kabels ist wichtig, weil in einem Netz die Kabel mit ausreichender Betriebszuverlässigkeit verfügbar sein müssen, die Frage nach Wartungsarbeiten gestellt bzw. die Planung für den Austausch oder teilweisen Ersatz der Kabel von Bedeutung sind. Für eine Diagnose ist sowohl der dielektrische Zustand der Isolierung als auch die Beurteilung auf lokale Schwachstellen zu beachten. Die Anwendung der Diagnoseverfahren darf keine Schäden an den Kabeln verursachen.

Einflüsse auf den Zustand der Isolierung von Kabeln:
- normale Alterung
- äußere Einwirkungen (Eindringen von Feuchtigkeit)
- außergewöhnlichen Betriebsbelastungen (Überlast, Überspannungen)

Die Verfahren zur dielektrischen Diagnose sind auf die spezifischen physikalischen Eigenschaften der Papierisolierung und der VPE-Isolierung abgestimmt.

Dielektrische Diagnoseverfahren:
- Diagnose auf Basis tan Delta-Messung: Der Winkel Delta zwischen dem idealen kapazitiven Strom und dem komplexen Strom wird vom ohmschen Ableitstrom der Isolierung bestimmt.
- Diagnose im Zeitbereich: Das Kabel wird über eine bestimmte Zeit mit einer Ladespannung beaufschlagt, dann eine Entladung über einen Entladewiderstand in einer Zeit von 5 s; Beurteilung des Zustandes durch die Wiederkehrspannung an den Messklemmen.

Weitere Details zu den Diagnoseverfahren:

Kabelhandbuch, 9. Auflage, Mario Kliesch / Frank Merschel / weitere Autoren, Rolf Rüdiger Cichowski (Hrsg.), EW Medien – VERLAG, Frankfurt, 2017

Eigenschaften von Energiekabeln und deren Messung, 3. Auflage, Ekkehard Kuhnert / Fred Wiznerowicz, EW Medien – VERLAG, Frankfurt, 2012

Differenzialschutz

Differenzialschutz: Messrelais, welches die Stromdifferenz zwischen den Eingangs- und Ausgangsgrößen des Schutzobjektes (Transformator, Generator, Leitung, Sammelschiene) überwacht.

Zwei Möglichkeiten:
- Signalvergleich: Eine binäre Information wird zwischen den beteiligten Schutzgeräten ausgetauscht und jeweils lokal verknüpft.
- Messwertvergleich: Die gemessenen Werte selbst werden übertragen.

Arbeitsweise des Leitungs-Diffenzialschutzes: arbeitet nach dem Prinzip des Messwertvergleichs (Momentanwert bzw. Phasenvergleich), indem die an den Leitungsenden gemessenen Ströme oder stromproportionalen Spannungen bzw. deren Phasenwinkel ständig miteinander vergleichen werden. Die Relais sind an den einzelnen Leitungsenden angeordnet. Der Messgrößen- und Signalaustausch erfolge über Hilfsadern, heute Lichtwellenleitern.

Stromdifferenzialschutz: amplituden- und phasengetreue Stromwertübertragung nötig

Phasenvergleichsschutz: es genügt die Lage der Stromnulldurchgänge

Digitale Stromvergleichsschutzeinrichtungen: Es werden die Richtungen von Delta-Größen übertragen. Damit wird eine von der Höhe des Kurzschlussstromes bzw. Laststromes unabhängige Empfindlichkeit zur Erkennung hochohmiger Fehler erreicht.

Arbeitsweise des Transformatoren-Differenzialschutzes: vergleicht in einem Brückenzweig den in das Schutzobjekt hineinfließenden mit dem aus ihm wieder herausfließenden Strom. Der Schutz erfasst Fehler an allen Betriebsmitteln, die zwischen den ober- und unterspannungsseitigen Stromwandlern eingebaut sind oder Störungen an den Wandlern selbst.

Der Einsatz des Nullstrom-Differenzialschutzes: bei niederohmiger, kurzzeitig niederohmiger und starrer Sternpunkterdung.

Tipp: *ausführliche Details zum NullstromDifferenzialschutz in: Der NullstromDifferenzialschutz als Erweiterung des Transformatorenschutzes, Walter Schossig / P. Meinhardt, OMICRON Anwendertagung 2007; www.omicron.at*

Netzschutztechnik, 6. Auflage, Walter Schossig / Thomas Schossig; Buchreihe Anlagentechnik, Rolf Rüdiger Cichowski (Hrsg.), EW Medien – VERLAG, Frankfurt, 2017

Diffusionssperre bei Kabeln

Diffusionssperre bei Kabeln: Ein Schichtenmantel ist ein Aufbauelement der kunststoffisolierten Kabel. Der Schichtenmantel dient als Diffusionssperre gegen das Eindringen von Wasser in das Kabel. Er besteht aus einer Aluminium- oder Kupferfolie, die mit einem PE-Mantel (äußere Schutzhülle) fest verklebt ist. Diese querwasserdichten Kabel werden als Mittelspannungskabel je nach den Anforderungen der Netzbetreiber ins Netz installiert. Kabel mit Nennspannungen ab 60 kV werden üblicherweise querwasserdicht ausgeführt.

Kabelhandbuch, 9. Auflage, Mario Kliesch / Frank Merschel / weitere Autoren, Rolf Rüdiger Cichowski (Hrsg.), EW Medien – VERLAG, Frankfurt, 2017

Digitaler Schutz

Digitaler Schutz: führt seine Funktion hauptsächlich durch die Verarbeitung digitaler Informationen aus. Durch die Mikroprozessortechnik ist es möglich geworden, flexibel einsetzbare digitale Schutzrelais für den Netzschutz einzusetzen. Sie bestehen aus einem Netzteil, einem Mikroprozessor, einem Speicher und einer oder mehreren Baugruppen für die jeweilige Schutzfunktion. Die spezifische Schutzfunktion wird als Software umgesetzt. Dabei können verschiedene Schutzprinzipien in einem Gerät kombiniert werden. Die elektronisch und digital wirkenden Sekundärrelais benötigen eine Hilfsenergiequelle. In der Vergangenheit war für die Schutztechnik eine aufwendige elektro- bzw. magneto-mechanische Auslösemechanik (Primärrelais) mit beweglichen Teilen erforderlich, die einen hohen Wartungsaufwand verursachten. Die Nachfolgegeneration der o.g. Schutzrelais war noch an einen Hardwareaufbau gebunden, aber die Eigenzeiten dieser Relais wurden bereits deutlich schneller und lagen im

Millisekundenbereich. Für diese Generation der Schutztechnik war der Begriff statischer Schutz eingeführt, da bewegliche Teile fehlten. Im digitalen Schutz kann immer häufiger auf die klassischen Strom- und Spannungswandler verzichtet werden. Es kommen kompakte leistungsarme Sensoren in Form kapazitiver und ohmscher Spannungsteiler zum Einsatz.

Netzschutztechnik, 6. Auflage, Walter Schossig / Thomas Schossig, Buchreihe Anlagentechnik; Rolf Rüdiger Cichowski (Hrsg.), EW Medien – VERLAG, Frankfurt, 2017

Digitalisierung der Energiewende

Im Zuge der Energiewende stellt der Ausgleich zwischen Stromangebot und Stromnachfrage eine zentrale Herausforderung dar. Die Digitalisierung der Energiewende kann eine Schlüsselfunktion bei Lösungen für die Herausforderungen der Dezentralisierung, Flexibilisierung und effizienten Nutzung von Energie spielen. → *Smart Grid,* → *Smart Meter und* → *Smart Home* ermöglichen eine digitale Infrastruktur und damit eine Verbindung von Stromerzeugern und Stromverbrauchern. Die → *Intelligenten Messsysteme* dienen als Kommunikationsplattform, um das Stromversorgungssystem energiewendetauglich zu machen. Grundlage bildet das „Gesetz zur Digitalisierung der Energiewende", GDEW vom September 2016.

„Gesetz zur Digitalisierung der Energiewende, GDEW" vom September 2016

Digitalisierung der Energiewirtschaft

Die Digitalisierung ist in aller Munde, sie wird unsere Gesellschaft, Wirtschaft und auch die Politik grundlegend verändern. Sie führt zu immer kürzeren Produktzyklen und erfordert eine hohe Innovationsbereitschaft. Andererseits ermöglichen digitale Technologien auch eine weiterführende Optimierung interner Prozesse zur Steigerung der Kosteneffizienz. Auch die Energiewirtschaft steht von gewaltigen Veränderungen in vielen Bereichen.

Dazu einige Schlagworte:

- Die vorgegebenen Rahmenbedingungen erfordern neue digitale Geschäftsmodelle
- Den Netzbetreibern werden an der Kundenschnittstelle digitale Vernetzungen und damit einschneidende Veränderungen nicht erspart bleiben
- Ein Energiemanagement in Kombination mit der Auslesung, Auswertung und Darstellung verschiedener Energiearten für Privat- und Gewerbekunden wird die Kundenansprache vollständig digitalisieren lassen
- Die Digitalisierung wird dafür sorgen, dass die Verknüpfung von Energie, Telekommunikation und Automatisierung zunehmen wird
- Mit der Einführung des intelligenten Messstellenbetriebs werden gewaltige Kraftanstrengungen erforderlich sein, die sich bis auf veränderte strategische Entscheidungen auswirken werden

Zeitschrift EW 7/ 2017 „Ist die Energiewirtschaft reif für die Digitalisierung" von Dr. Andreas Lied

Distanzschutz

Distanzschutz: Messrelais mit entfernungsabhängiger Auslösezeit. Wird in fast allen Mittel- und Hochspannungsnetzen eingesetzt.

Vorteile des Distanzschutzes:

- kleine Fehlerabschaltzeiten
- mögliche vermaschte Fahrweise des Netzes und das Erreichen einer Selektivität unabhängig vom Schaltzustand
- beim → *digitalen Schutz* ist Fehlerortung möglich
- die Nachteile des Überstromzeitschutzes, wie hohe Abschaltzeiten, keine Selektivität bei Abweichung vom Normalschaltzustand, werden beim Distanzschutz vermieden.

Nachteile des Distanzschutzes:

- Einbau von Spannungswandlern erforderlich
- hohe Relaiskosten

Aufgaben: Anregung des Schutzes und Fehlerortmessungen

Schutzobjekte: Leitung, Transformator, Generator, Sammelschiene

Arbeitsweise: die Anregung erfolgt durch Überstrom oder Unterimpedanz. Bei Anregung misst das Relais den Fehlerwiderstand und vergleicht diesen mit den im Relais eingestellten Impedanzwerten der Leitung.

Merke zum Distanzschutz: Es wird die Impedanz zwischen Einbauort des Schutzgerätes und dem Fehlerort bestimmt.

Netzschutztechnik, 6. Auflage, Walter Schossig / T.homas Schossig, Buchreihe Anlagentechnik, Rolf Rüdiger Cichowski (Hrsg.), EW Medien - VERLAG, Frankfurt, 2017

Doppelerdschluss

Einfachkurzschlüsse: Störung an einer einzigen Fehlerstelle innerhalb des Drehstromsystems, z.B. 3-poliger Kurzschluss, 1-poliger Kurzschluss, Erdschluss.

Mehrfachkurzschlüsse: Störungen an zwei oder mehreren örtlich getrennten Fehlerstellen eines Drehstromsystems. Die häufigste Art eines Mehrfachkurzschlussstromes ist der Doppelerdschluss, der in Systemen mit isoliertem Sternpunkt oder induktiver Sternpunkterdung auftritt. Bei einem Einfacherdschluss eines Leiters erhöht sich die Spannungsbeanspruchung der nicht betroffenen Leiter, die höhere Beanspruchung der Isolation kann an anderen Stellen des Systems zu Über- und Durchschlägen führen und damit zu einem Doppelerdschluss.

Merke: Die Neigung zu Doppelerdschlüssen wächst annähernd quadratisch mit der Ausdehnung des Netzes, daher wird die isolierte Sternpunkterdung nur in Mittelspannungsnetzen geringer Ausdehnung angewendet.

→ *Arten der Kurzschlüsse*

Netzschutz: Die Doppelerdschlusserfassung muss im galvanisch verbundenen Netz einheitlich sein.

Berechnung der Kurzschlussströme: Der Doppelerdkurzschlussstrom ist in der Regel kleiner als der zweipolige Kurzschlussstrom. Er braucht deshalb nicht gesondert berechnet zu werden. Der kleinste einpolige Kurzschlussstrom bestimmt die maximal zulässigen Leitungslängen zum Schutz bei indirektem Berühren und gegen die thermische Überlastung.

DIN EN 50522 (VDE 0101-2) Erdungen von Starkstromanlagen mit Nennwechselspannungen über 1 kV

DIN VDE 0141 (VDE 0141) Erdungen für spezielle Starkstromanlagen mit Nennspannungen über 1 kV

Drosselspulen

Drosselspulen werden zur Herabsetzung des Kurzschluss- oder Erdschlussstroms im Fehlerfall verwendet.

Strombegrenzungsdrosselspulen:
Zur Begrenzung des Kurzzeitstroms während des Normalbetriebs fließt ein Dauerstrom durch die Strombegrenzungsdrosselspule.

Sternpunkterdungsdrosselspule:
Zur Begrenzung des Stroms zwischen Leiter und Erde bei Netzfehlern sind Einphasen-Drosselspulen für Drehstromnetze zwischen Netzsternpunkt und Erde geschaltet. Sie führen im Allgemeinen keinen (oder nur geringen) Dauerstrom.

weitere Drosselspulenarten:
Lastenverteilungsdrosselspulen zur Aufteilung des Stroms auf parallele Zweige und Anlassdrosselspulen zur Begrenzung des Anlaufstroms (in Reihe mit einem Wechselstrommotor).

Kompensationsdrosselspulen:
Zur Begrenzung von kapazitiven Strömen, sind parallel zu einem Netz geschaltet.

Dämpfungsdrosselspule:
Zur Begrenzung des Einschaltstromstoßes, Drosselspule wird mit Kondensatoren in Reihe geschaltet.

Erdungstransformator:
Zur Bildung eines Sternpunkts, Drosselspule wird die parallel zu einem Netz geschaltet.

Erdschlusslöschspule:
Zur Kompensation des kapazitiven Stroms zwischen Leiter und Erde bei einem einpoligen Erdschluss.

Glättungsdrosselspule:
Zur Verringerung von Oberschwingungsströmen und kurzzeitigen Überströmen in Gleichstromnetzen.

Für ihre Aufstellung gilt:

- Überwachungs- und Stelleinrichtungen müssen gefahrlos zugänglich sein
- keine Beeinträchtigung der Umgebung durch das Magnetfeld (z. B. Erwärmung von Metallteilen)
- bei Verwendung von Isolierflüssigkeiten sind Auffangwannen vorzusehen
- bei Aufstellung im Freien: IP44
- ausreichende Kühlung ist sicherzustellen
- Im Falle eines Brands darf der freie Verkehr in Ausgängen und Treppen nicht behindert werden

Druckanstiegsschutz

Druckanstiegsschutz: eine Anlagenschutzeinrichtung bei der die Erfassung der Druckwelle durch Druckmembranen oder Klappenöffnungen erfolgt.

Netzschutztechnik, 6. Auflage, Walter Schossig / Thomas Schossig, Buchreihe Anlagentechnik, Rolf Rüdiger Cichowski (Hrsg.), EW Medien – VERLAG, Frankfurt, 2017

Druckentlastungseinrichtung

Ist ein in einem Gehäuse / Gebäudehülle angeordnetes Element, das bei einer Druckerhöhung im Gehäuse / Gebäude einen wirksamen Druckausgleich mit der Umgebung herbeiführt, um die Gehäuse / Gebäude, Anlagen und Personen vor Schaden zu schützen

Druckluftanlagen

In Hochspannungsschaltanlagen werden Druckluftanlagen zum Betätigen von Antrieben verwendet. Druckluftanlagen müssen den Anforderungen der Schaltanlage genügen. Druckbereich, Speichervolumen, Verdichterleistung und Rohrquerschnitte sind den Erfordernissen der Schaltanlage anzupassen.

Zu beachten sind:

- Alle leitfähigen Teile sind mit der Erdungsanlage der Schaltanlage zu verbinden
- Rohrleitungen sind gegen Lichtbogeneinwirkung zu schützen
- Rohre und Behälter sind von innen und außen gegen Korrosion zu schützen
- Verdichterräume müssen ausreichend belüftet werden (Sicherstellung des Luftbedarfs für Verdichterbetrieb und Kühlung)
- Geräuscharme Ausführung der Druckentlastungseinrichtungen
- Entwässerung des Rohrleitungsnetzes ist vorzusehen. Ölhaltiges Kondensat auffangen und entsorgen
- Betriebsdruckluft muss ausreichend trocken sein. Evtl. Lufttrocknung vorsehen
- Betriebsleitungen müssen absperrbar sein und gefahrlos entlüftet werden können

- Gefahrlose Betätigung aller Bedienteile
- Für die Druckluftanlage muss ein Übersichtsplan vorhanden sein

DIN VDE 0101 (VDE 0101)   Starkstromanlagen mit Nennwechselspannungen über 1 kV

VDEW Richtlinie   Druckluftanlagen in elektrischen Schaltanlagen

Düker

Düker: Unterführungen eines Kabels unter Wasserläufen, wie Flüsse, Kanäle, Deiche oder Straßen. Zum Schutz des Kabels wird es in ein Rohr eingezogen, z.B. bieten sich hierfür PE-Rohre an, die in größerer Länge auf Spulen geliefert werden.

Starkstromkabelanlagen, 2. Auflage, M. Kliesch / F. Merschel, Buchreihe Anlagentechnik, Rolf Rüdiger Cichowski (Hrsg.), EW Medien – VERLAG, Frankfurt, 2010

Durchhang von Freileitungen

Wird ein Leiter zwischen zwei Festpunkten / Stützpunkten eingespannt, so kann er infolge seines Eigengewichtes nicht die Form einer Geraden einnehmen, sondern er hat immer das Bestreben, nach unten durchzuhängen, also einen Durchhang f zu erzeugen. Die an Masten aufgehängten oder abgespannten Leiter einer Freileitung üben auf die Aufhängepunkte eine Zugkraft aus, die sich aus einer vertikalen Komponente und einer horizontalen Komponente zusammensetzt. Die Leiter unterliegen dabei einer ständigen Belastung durch das Eigengewicht und die Zugkraft. Unter örtlich oder klimatisch ungünstigen Bedingungen, können zusätzliche Wechselbeanspruchungen durch winderregte Leiterschwingungen auftreten. Bei Änderung der Leitertemperatur verlängert bzw. verkürzt sich die Bogenlänge des Leiters und verändert somit den Durchhang, den Abstand vom Erdboden und die Zugspannung. Sinkt die Temperatur ab, so verkürzen sich die Leiterlänge und der Durchhang, die Zugspannung nimmt dagegen erheblich zu. Bei tiefen Temperaturen kann eine Mittelzugspannung soweit ansteigen, dass die Belastbarkeitsgrenze des Materials überschritten wird und ein Bruch des Leiters eintreten kann. Zusätzlich zum Leitergewicht kommen Zusatzlasten durch

- Eisbehang
- Raureif
- Schnee
- Wind

hinzu, deren Größen von regionalen Gegebenheiten abhängig sind und den Durchhang noch vergrößern können.

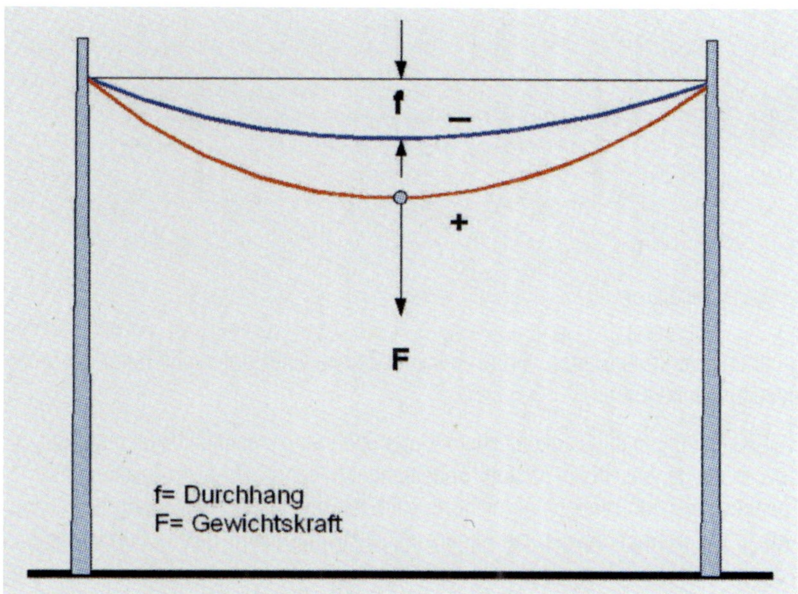

Bild D 2: Durchhang f bei verschiedenen Temperaturen

Einstellen des Durchhangs: Bei neu zu montierenden Leitern kann die Leitertemperatur mit der Temperatur der umgebenen Luft gleichgesetzt werden. Bei in Betrieb befindlichen, strombelasteten Leitungen kann die Leitertemperatur ungleich der Umgebungstemperatur sein. Die Ermittlung kann durch entsprechende Messvorrichtungen vorgenommen werden. Bevor der Durchhang endgültig eingestellt wird, sollte

- sich die neu gespannte Leitung einige Tage aushängen, dies führt zu einer geringfügigen Veränderung
- → *Seilkriechen* berücksichtigen (bleibende Dehnungen, die sich bei Leitern nach einiger Zeit einstellen)

Montagehinweise: Das Einregulieren des Durchhangs erfolgt in einem mittleren Feld des Spannabschnittes. Dabei muss darauf geachtet werden, dass die Aufhängepunkte der Leitung möglichst auf der gleichen Höhe liegen. In einem festzulegenden Kontrollfeld, das möglichst zwischen zwei Tragmasten liegen sollte, muss die Verbindungslinie der Seilaufhängepunkte waagerecht verlaufen. An beiden Tragpunkten des Spannfeldes werden im Abstand des Durchhanges, gemessen vom Aufhängepunkt des Leiters seitlich Markierungen in Form von Holzlatten unter den Seilrollen angebracht, die den erforderlichen Durchhang verdeutlichen. In Längsrichtung wird von der Markierung der einen Seite die Markierung der anderen Seite anvisiert. Durch Nachlassen oder Anziehen des Leiters wird der Durchhang so lange verändert, bis die Verbindungslinie der beiden Messlatten mit dem dazwischen liegenden tiefsten Punkt des Leiterdurchhangs eine Gerade bildet. Danach werden die Aufhängeklemmen festgezogen.

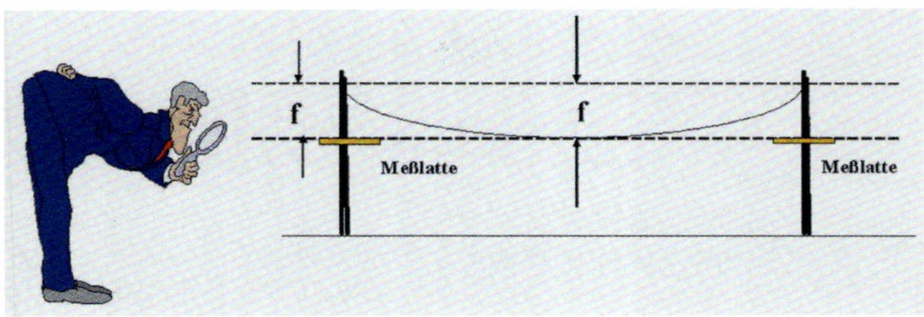

Bild D 3: Einstellen des Durchhangs

Merke: Durchhangsvergrößerungen dürfen zu keiner Zeit zu einer Unterschreitung der geforderten Mindestabstände führen.

Abstände von Freileitungen mit blanken Leitern: Unter Spannung stehende Leiter eines Spannfeldes müssen einen gegenseitigen Abstand voneinander haben, so dass ein Zusammenschlagen und Annähern bis zum Überschlag nicht möglich ist. Unter Zugrundelegung des Durchhangs bei 40 °C Leitertemperatur ist der gegenseitige Abstand nach Tabelle *Durchhang und Abstand in Spannfeldmitte* in Spannfeldmitte erforderlich.

Durchhang f in m	Abstand Spanfeldmitte in m
≤ 1,55 m	horizontal 0,35 m
	vertikal 0,5 m
> 1,55 m	$0{,}4 \cdot \sqrt{f}$

Tabelle D 2: Durchhang und Abstand in Spannfeldmitte

Freileitung, 2. Auflage, Peter Niemeyer / Andreas Grohs, Buchreihe Anlagentechnik, Rolf Rüdiger Cichowski (Hrsg.), VWEW Energieverlag, 2008
(Hinweis: 3. Auflage erscheint 1. Quartal 2018)

Dynamische Spannungsstützung

→ *Die Spannungshaltung* dient dazu die Spannung im jeweiligen Netz, im Normalbetrieb und im Störungsfall, innerhalb des zulässigen Bereichs zu halten.

Dynamische Spannungsstützung: tritt im Netz ein Fehler (z. B ein Kurzschluss) auf, wird die betreffende Leitung getrennt und der Lastfluss von den übrigen Leitungen aufgenommen. Dadurch steigt der Bedarf an Blindleistung. Steht nur eine begrenzte Menge an Blindleistung zur Verfügung, führt die erhöhte Belastung der Leitung zu einem Spannungsabfall im Netz. Steht dann nicht genügend Blindleistung zur Verfügung, kann es zu einem weiteren steilen Abfall der Spannung kommen, d.h. eine häufige Ursache für Spannungszusammenbrüche im Stromnetz ist ein Mangel an Blindleistung, die normalerweise zur Erhaltung der korrekten Spannungspegel in einem Stromnetz benötigt wird. Diese Blindleistung sollte jedoch nicht über weite Strecken übertragen werden, da sie mit hohen Verlusten und Spannungsgefällen verbunden ist. Blindleistung sollte daher stets dort erzeugt werden, wo sie benötigt wird, d. h. an den eigentlichen Verbrauchsschwerpunkten. Stromführende Leitungen verbrauchen Blindleistung.

Merke: eine schnelle und ausreichende Bereitstellung von Blindleistung ist wichtig zur Erhaltung der Spannungsstabilität in Netzen.

Ziele:

- ungewollte Abschaltung von Erzeugungsleistung im Falle eines Netzfehlers vermeiden: durchfahren von definierten Netzfehlern
- Spannungsstützung des Netzes während eines Netzfehlers: dynamische Spannungsregelung durch Einspeisung eines definierten Blindstroms

Lösung: durch Fehler verursachte Unterspannungen und bei geringer oder fehlender Last auftretende Überspannungen ausgleichen.

Blindleistungskompensation und Energieversorgungsqualität, 3. Auflage, Christian Dresen / Martin Große-Gehling/ Jürgen Reese / Jürgen Schlabbach, Buchreihe Anlagentechnik, Hrsg. Rolf Rüdiger Cichowski, EW-VERLAG, VDE VERLAG Berlin und Offenbach, 2017

EEG

EEG: Das Erneuerbare-Energien-Gesetz regelt die bevorzugte Einspeisung von Strom aus erneuerbaren Quellen ins Netz. Der zu einer EEG-Anlage nächstgelegene Netzbetreiber ist verpflichtet den Anschluss an sein Netz vorzunehmen.

→ *Energie, erneuerbare*

Erneuerbares-Energien-Gesetz: Gesetz für den Ausbau erneuerbarer Energien-EEG 2017

Netzanschluss von EEGAnlagen, 2. Auflage Jürgen Schlabbach / Frank Fischer Buchreihe Anlagentechnik, Rolf Rüdiger Cichowski (Hrsg.), EW Medien - VERLAG, Frankfurt, 2016

Eigenbedarf

Eigenbedarf: Für die Versorgung mit elektrischer Energie entsteht in Kraftwerken und Netzen ein sog. Eigenbedarf an elektrischer Energie, der unter Umständen sehr hoch sein kann. So werden in Kraftwerken z.B. Kesselspeisepumpen oder Kühlmittelpumpen benötigt, die hohe Leistungen erfordern. Die Eigenbedarfsleistung kann in Kraftwerken zwischen 1 bis 10 % der Nennleistung betragen. Die Eigenbedarfsdeckung ist während jedem Betriebszustand mit hoher Verfügbarkeit zu decken. Es werden Eigenbedarfsnetze aufgebaut. Die Eigenbedarfsdeckung sollte auch bei einem Zusammenbruch des Netzes gewährleistet sein. Notstromaggregate bzw. Ersatzstromaggregate gehören per Definition nicht in die Eigenbedarfsdeckung.

Einbaustation

Einbaustation: In ein neu zu errichtendes Gebäude bzw. ein bestehendes Gebäude wird eine Station errichtet, d.h. sie ist individuell an die örtlichen Gegebenheiten angepasst. Sie ist also Bestandteil eines Gebäudes, das einem anderen Zweck als einer elektrischen Betriebsstätte dient. Die Integration der Station in ein Gebäude ist oft die einzige Möglichkeit bei dichter Bebauung elektrische Anlagen und Betriebsmittel unterzubringen. Die Einbaustation kann in Wohngebäude, in Hotels, in Kaufhäuser, in Krankenhäuser, in Altenheimen oder Verwaltungsgebäuden eingebracht werden. Zusätzlich zu den Anforderungen aus der Norm DIN VDE 0101-1 müssen Zusatzanforderungen für besondere Räume, wie Versammlungsstätten oder brandschutztechnische Anforderungen berücksichtigt werden.

Anforderungen aus DIN VDE 0101-1 an die Bereiche oder Örtlichkeiten, in denen elektrische Anlagen errichtet werden, kurz gefasst:

- Tragende Wände, Trennwände oder Verkleidungen müssen nach der zu erwartenden Brandlast dimensioniert werden
- Wasser darf nicht eindringen können, Kondenswasser möglichst gering
- Das Gebäude muss den mechanischen Belastungen und dem Innendruck (bei evt. Lichtbogen) standhalten fremde Einrichtungen bzw. Leitungen dürfen die elektrische Anlage nicht beeinträchtigen

- Bei Durchlässen in Wänden für z.B. Rohre darf die Tragfähigkeit der Wände nicht beeinflusst werden
- Fenster so ausführen, dass ein Eindringen schwierig ist: aus bruchsicheren Baustoffen, vergittert, Zugang von außen erschweren durch Umzäunung
- Dächer: ausreichend mechanische Festigkeit
- Fußböden: geeignet zur Aufnahme von statischen und dynamischen Lasten
- Gänge: mindestens 80 cm breit
- Fluchtwegbreite: mindestens 50 cm
- Türen: mit Sicherheitsschlössern versehen und nach außen öffnend
- Räume für Notstromaggregate in getrennten Räumen: Lüftungseinrichtungen erforderlich

Bild E 1: Einbaustation im Kellergeschoß eines Hotels, Foto Schneider Electric

Netzstationen, 2. Auflage, Illo-Frank Primus; Buchreihe Anlagentechnik, Rolf Rüdiger Cichowski (Hrsg.), EW Medien – VERLAG, Frankfurt, 2014

DIN VDE 0101-1 Starkstromanlagen mit Wechselspannungen über 1 kV, Allgemeine Bestimmungen Verordnung über den Bau von Betriebsräumen für elektrische Anlagen (EltBauVO)

Einfehlersicherheit

Netz- und Anlagenschutz:

Begriff / Prinzip Einfehlersicherheit: bei einem einfachen Fehler im Gerät muss weiterhin die Schutzfunktion einschließlich Schalter und Auslösekreis wirksam sein.

Netzanschluss von EEG-Anlagen, 2. Auflage, Jürgen Schlabbach / Frank Fischer, Buchreihe Anlagentechnik, Hrsg. Rolf Rüdiger Cichowski, EW VERLAG Frankfurt, VDE VERLAG Berlin und Offenbach, 2016

Einraumstation

Stationen, in der sich alle Bauteile / Betriebsmittel in einem einzigen Schottraum befinden (im Unterschied zu Mehrraumstationen).

Einspeisemanagement

Das Einspeisemanagement stellt die Kontrolle der ins Stromnetz eingespeisten Leistung durch EEG- und KWK-Anlagen dar und auch der damit evtl. verbundenen Entscheidung zur Trennung der Leistung vom Netz. Die Netzbetreiber müssen darauf achten, dass die zuverlässige und sichere Stromversorgung durch regional zu hohe Einspeisungen an Wirkleistung von Erzeugungsanagen ins Netz nicht gefährdet wird. Der VDE / FNN-Hinweis „Einspeisemanagement" gibt Empfehlungen zur rechtssicheren Umsetzung des Einspeisemanagements und enthält Lösungen unter Einhaltung eines vertretbaren Aufwand / Nutzen-Verhältnisses.

Wichtige Hinweise:
- für Großanlagen ab 100 kWp ist Einspeisemanagement schon seit längerer Zeit verpflichtend, PV-Anlagen geringerer Leistung auch seit 2012.
- Großanlagen sollten mit einer bidirektionalen Kommunikationsausrüstung und PV-Anlagen mit einer Leistung zwischen 30 und 100 kWp sollten z.B. mit einer Rundsteuertechnik ausgestattet sein.

Netzanschluss von EEG-Anlagen, 2. Auflage, Jürgen Schlabbach / Frank Fischer, Buchreihe Anlagentechnik; Rolf Rüdiger Cichowski (Hrsg.) EW Medien und Kongresse-Verlag, 2016

Eislasten an Freileitungen

Bei extremen Wetterlagen können sich an Freileitungen Eisansätze bilden, die dann die Massen der Eigenmassen der Leiter übersteigen und die hohe mechanische Beanspruchung der Leiter, Isolatoren und Maste verursachen. Eislasten sind Zusatzlasten, die entstehen können durch
- Niederschläge, wie nasser Schnee oder gefrierender Regen
- Nebel oder Wolken, wie Reifbildung unterschiedlicher Konsistenz

Möglich sind Eislasten auch im Flachland, die Bildung der Eislast ist nicht abhängig von hügeligen oder gebirgigen Regionen. Die in den verschiedenen Gebieten unterschiedlich auftretenden Eislasten werden nach DIN VDE Normen durch die Einteilung Deutschlands in verschiedene Zonen berücksichtigt. Als Basis für eine solche Eislastzonenkarte erstellte der Deutsche Wetterdienst ein Gutachten über meteorologische Erkenntnisse und regionale Eislastverteilungen. Mit zusätzlichen Betriebserfahrungen und Beobachtungen aus der Praxis sind die Zonen in den DIN VDE-Bestimmungen aufgenommen worden. Durch die Eislast vergrößern sich der Durchmesser, das Gewicht und die Windangriffsfläche der Leiter. Eislasten werden als Zusatzbelastung an Leiter und Isolatoren angewendet. Bei Stützpunkten und Querträgern muss kein Eisansatz berücksichtigt werden.

Auswirkungen von Eislasten auf Freileitungen:

- Erhöhen die vertikalen Belastungen an Tragwerken
- Höchste Belastungen der Isolatorketten und der Obergurte der Querträger
- Erhöhte Leiterzugkräfte, die sich auf die Winkelmaste und die Gründungen auswirken
- Unterschiedliche Aneisungen an einzelnen Freileitungsabschnitten oder Stromkreisen führen zu unterschiedlichen Leiterzugsspannungen und damit zu Torsionsbelastungen
- Eis erhöht auch die Angriffsfläche für den Wind und es ergeben sich weitere Zusatzlasten

Eislasten für Mittelspannungsfreileitungen:

Hinsichtlich der zu beachtenden Eislasten wird Deutschland in vier Zonen eingeteilt:

Eislastzone	Charakteristische Werte
E 1	$g_l = 5 + 0{,}1 \times d$ (N/m)
E 2	$g_l = 10 + 0{,}2 \times d$ (N/m)
E 3	$g_l = 15 + 0{,}3 \times d$ (N/m)
E 4	$g_l = 20 + 0{,}4 \times d$ (N/m)

In den Beziehungen für die Eislast g_l ist d der Leiter- oder Teilleiterdurchmesser in mm.

Eislastzone E 1: geringe Eislasten, die nach Betriebserfahrungen zu keinen Schäden an Freileitungen geführt haben
Eislastzone E 2: hohe Eislasten zu erwarten, die nach Betriebserfahrungen zu Schäden geführt haben
Eislastzone E 3: hohe Eislasten, die nach Betriebserfahrungen zu bedeutenden Schäden geführt haben
Eislastzone E 4: Eislast ist aufgrund der Erfahrung des Netzbetreibers oder durch ein Gutachten festzulegen

Eislast für Isolatoren:

E 1: 50 N/m E 2: 100 N/m E 3: 150 N/m E 4: 200 N/m

Bei der Planung einer Freileitung sind zu berücksichtigen: geschützte Lage, regionale Betriebserfahrungen der Netzbetreiber, außergewöhnliche Leiterhöhen, Kreuzungen über Flüsse, Nähe von Gewässern; danach sind reduzierte oder erhöhte Annahmen für die Zusatzlast durch Eislast zu begründen und zu dokumentieren.

Eislasten für Niederspannungsfreileitungen: Die Zusatzlast durch Eislast ist grundsätzlich auch bei Niederspannungsfreileitungen zu berücksichtigen Es ist üblich und zulässig, ein Vielfaches der normalen Zusatzlast als erhöhte Zusatzlast anzusetzen.

DIN EN 50341 (DIN VDE 0210) Freileitungen über AC 45 kV

Freileitung, 2. Auflage, Peter Niemeyer / Andreas Grohs, Buchreihe Anlagentechnik, Rolf Rüdiger Cichowski (Hrsg.), EW Medien - VERLAG, Frankfurt, 2008 (Hinweis: 3. Auflage erscheint 1. Quartal 2018)

Elektrische Anlagen für Verteilungsnetze

Elektrische Anlagen für Verteilungsnetze sind der Zusammenschluss von einzelnen Betriebsmitteln, die der Verteilung von Elektrizität dienen. Zum Verteilungsnetz gehören die Stationen (ab 110 kV, z.B. ein Umspannwerk 110 kV / 10 kV oder eine Netzstation 10 kV / 0,4 kV), Freileitungen, Kabel, Schaltanlagen, Transformatoren, das gesamte Mittel- und Niederspannungsnetz mit entsprechenden Zubehörteilen, wie die Garniturentechnik und die Niederspannungsanschlüsse über die entsprechenden Hausanschlüsse bis hin zum Verbraucher. Die Versorgung mit elektrischer Energie kann regional unterschiedlich sein und ist durch die verschiedenen Netzbetreiber an die Region und die Randbedingungen angepasst. So können z.B. die Spannungsebenen unterschiedlich gewählt sein, z.B. als Mittelspannungsebene wird die 30 kV / 20 kV oder 10 kV genutzt, verschiedenartige Transformatoren, das Netz kann als Freileitungsnetz oder Kabelnetz ausgeführt sein oder das Niederspannungsnetz wird als Maschen-, Ring- oder Strangnetz betrieben.

Anforderungen an die elektrische Anlagentechnik, **kurz gefasst:**

- Sicherstellung, dass Kunden jeweils mit einer ausreichenden Menge mit Strom versorgt werden können
- Der Strom muss mit den Kennwerten aus den VDE-Normen zur Verfügung stehen
- Der Strom muss bei sachgerechter Anwendung für Menschen und Nutztiere ungefährlich sein
- Die Anlagen und Betriebsmittel der Verteilungsnetze müssen einen guten Wirkungsgrad haben und möglichst effizient sein
- Im Störungsfall sollte möglichst nur eine begrenzte Anzahl von Kunden betroffen sein
- Die Anlagentechnik muss zuverlässig und sicher im Sinne von Arbeitssicherheit sein sowie umweltverträglich und ökonomisch errichtet und betrieben werden können

Die Buchreihe „Anlagentechnik für elektrische Verteilungsnetze"; Rolf Rüdiger Cichowski (Hrsg.) befasst sich mit verschiedenen Anlagenelementen der Verteilungsnetze.
Es sind folgende Titel bereits bei EW Medien - VERLAG, Frankfurt erschienen:
- *Arbeitssicherheit; Bernd Tenckhoff*
- *Blindleistungskompensation und Energieversorgungsqualität, 3. Auflage; Christian Dresel / Martin GroßeGehling / Jürgen Reese / Jürgen Schlabbach*
- *Erdungsanlagen, 2. Auflage, Thomas Niemand / Anreas Schröder*
- *Fehlerortung an Energiekabeln, 2. Auflage, Frank Arnold /Peter Huppertz*
- *Freileitung, 2. Auflage; Peter Niemeyer, Andreas Grohs*
- *Instandhaltung, 2. Auflage; Ralf Werner*
- *Kurzschlussstromberechnung, Jürgen Schlabbach*
- *Netzanschluss von EEG Anlagen, 2. Auflage, Jürgen Schlabbach / Frank Fischer*
- *Netzdokumentation, Heinrich Schulze*
- *Netzleittechnik Grundlagen, 2. Auflage, ErnstGünther Tietze*
- *Netzleittechnik Systemtechnik, 2. Auflage, ErnstGünther Tietze*
- *Netzrückwirkungen, 3. Auflage, Walter Hormann, Wolfgang Just, Jürgen Schlabbach*
- *Netzschutztechnik, 6. Auflage, Walter Schossig, Thomas Schossig*
- *Netzstationen, 2. Auflage, IlloFrank Primus*
- *Netzgekoppelte Photovoltaikanlagen, 2. Auflage, Jürgen Schlabbach*
- *Qualitätsmanagement, Klaus Freudenthal*
- *Rationaler Netzbetrieb, 2. Auflage, Hermann Nagel*
- *Starkstromkabelanlagen, 2. Auflage, Mario Kliesch, Frank Merschel*
- *Sternpunktbehandlung, Jürgen Schlabbach*
- *Straßenbeleuchtung, 2. Auflage, Lothar Höhne, Heinz Georg Schröter*
- *Systematische Netzplanung, Hermann Nagel*
- *Transformatoren,2. Auflage, Rudolf Janus, Hermann Nagel*
- *Werterhaltung Holz, Peter Niemeyer*

Zusätzlich zur genannten Buchreihe sind zur Anlagentechnik Jahresbände von 2008 bis 2018 mit verschiedenen Themen zur Anlagentechnik auf dem Markt.

Elektrische Betriebsmittel

Elektrische Betriebsmittel: alle Gegenstände, die zum Erzeugen, Umwandeln, Übertragen, Verteilen und Anwenden von elektrischer Energie auch im Bereich der Fernmelde- und Informationstechnik benutzt werden. Dazu zählen z.B. Maschinen, Transformatoren, Schaltgeräte, Messinstrumente, Schutzeinrichtungen, Kabel, Leitungen, Stromverbrauchsgeräte. Nach der Unfallverhütungsvorschrift DGUV A3 gehören auch alle Schutz- und Hilfsmittel (z.B. persönliche Schutzausrüstungen, isolierte Werkzeuge) dazu, soweit an sie Anforderungen hinsichtlich der elektrischen Sicherheit gestellt werden. Als elektrische Verbrauchsmittel werden die Betriebsmittel bezeichnet, die die Aufgabe haben, die elektrische Energie in nicht elektrischen Energiearten nutzbar zu machen:

- mechanische Energie: elektromotorische Antriebe
- Wärmeenergie: Heizgeräte, Kochen, Prozesswärme
- Licht: Lampen, Leuchten
- Schall: Radio, Fernsehen, Elektroakustik
- chemische Energie: Elektrolyse

Unterscheidung der Betriebsmittel nach Aufstellung, Beschaffenheit und mechanischer Befestigung:

- Ortsfeste Betriebsmittel: sind während des Betriebs an ihren Aufstellungsort gebunden, wie Geräte, die zum Herstellen des Anschlusses oder zum Reinigen begrenzt bewegbar sind. Sie haben keine Tragevorrichtung, und ihre Masse ist so groß, dass sie nicht ohne weiteres bewegt werden können.
- Fest angebrachte Betriebsmittel: sind ortsfeste Betriebsmittel, die durch Haltevorrichtungen mit ihrer Umgebung fest verbunden oder auf andere Weise an einer bestimmten Stelle fest montiert sind.
- Ortsveränderliche Betriebsmittel: werden während des Betriebs bewegt oder können von einem Platz zu einem anderen gebracht werden und sind an einen Versorgungsstromkreis angeschlossen sind.
- Handgeräte: gelten als ortsveränderliche Betriebsmittel und werden während des üblichen Gebrauchs in der Hand gehalten.

Der Anschluss der Betriebsmittel erfolgt über ortsfeste oder bewegliche Leitungen. Eine ortsfeste Leitung wird so auf ihrer Unterlage angebracht, dass sich ihre Lage nicht verändern kann. Eine bewegliche Leitung ist eine an den Enden angeschlossene Leitung, die zwischen den Anschlussstellen bewegt werden kann. Sie kann über einen festen Anschluss oder über Stecker bzw. Gerätestecker mit den Betriebsmitteln bzw. mit der Installationsanlage verbunden sein. Ein fester Anschluss ist eine Verbindung durch Schrauben, Löten, Pressen oder Ähnliches mit den Betriebsmitteln bzw. mit der Installationsanlage.

DIN VDE 0100-200 (VDE 0100-200) Errichten von Niederspannungsanlagen, Begriffe

DIN 31000 Allgemeine Leitsätze für das sicherheitsgerechte Gestalten technischer Erzeugnisse

Elektrische Betriebsstätte

Elektrische Betriebsstätte: ein Raum oder ein Ort, in dem elektrische Anlagen oder Betriebsmittel untergebracht / errichtet worden sind und der eindeutig als solcher zu identifizieren ist, z.B. durch geeignete Warn- oder Hinweisschilder. Zu elektrische Betriebsstätten haben nur → *Elektrofachkräfte* oder → *elektrotechnisch unterwiesene Personen* Zutritt. Die Betriebsstätte muss verschlossen sein.

Der rote Faden durch die Gruppe 700 der DIN VDE 0100, VDE Schriftenreihe 168, Rolf Rüdiger Cichowski, VDE VERLAG Berlin und Offenbach, 2016

Elektrofachkraft

Elektrofachkraft: fachliche Qualifikation für das Errichten und den Betrieb elektrischer Anlagen und Betriebsmittel. Grundlagen der Qualifikation sind die fachliche Ausbildung, Kenntnisse und Erfahrungen. Für die ihr übertragenen Arbeiten muss sie über die Kenntnis der einschlägigen Normen verfügen und aufgrund ihrer Erfahrungen mögliche Gefahren erkennen können.

Zusammenfassend sind an die Elektrofachkraft verschiedene Anforderungen gestellt:
- fachliche Ausbildung
- Kenntnisse und Erfahrungen
- Kenntnis der einschlägigen Normen
- Fähigkeit, übertragene Arbeiten zu beurteilen
- Fähigkeit zum Erkennen von Gefahren

Die Qualifikation wird durch eine fachliche Ausbildung in einem elektrotechnischen Beruf (Facharbeiter, Meister, Techniker, Ingenieur) erworben. Elektrofachkraft kann in Ausnahmefällen auch jemand sein, der die fachliche Ausbildung in anderer Weise erhalten hat, z.B. durch mehrjährige Mithilfe bei bestimmten Tätigkeiten einer Elektrofachkraft. Die Qualifikation gilt dann allerdings nur für den engen Bereich seiner Tätigkeit und setzt neben der betrieblichen Erfahrung theoretische Kenntnisse und einen Qualifikationsnachweis voraus.

Beispiele für Arbeiten durch Elektrofachkräfte:
- Auswechseln von Betriebsmitteln in elektrischen Anlagen
- Messungen in Starkstromanlagen
- Instandsetzen von fehlerhaften Anlagen und Betriebsmitteln

→ *Elektrotechnisch unterwiesene Person*
→ *Elektrotechnischer Laie*
→ *Arbeitsverantwortlicher*
→ *Anlagenverantwortlicher*

DIN VDE 0105-100 (VDE 0105-100) Betrieb von elektrischen Anlagen, Allgemeine Festlegungen
DGUV V 3 Unfallverhütungsvorschrift Elektrische Anlagen und Betriebsmittel

Kenngrößen für die Elektrofachkraft, Schriftreihe 59, Rolf Rüdiger Cichowski, VDE VERLAG Berlin und Offenbach, 2017

Elektromagnetische Verträglichkeit

Elektromagnetische Verträglichkeit: Fähigkeit einer elektrischen Anlage oder Betriebsmittel im Normalbetrieb in der elektromagnetischen Umgebung so zu funktionieren, dass keine schädlichen Einflüsse auf andere Betriebsmittel ausgeübt werden und das Versorgungsnetz nicht unzulässig beeinflusst wird.

Im EMV-Gesetz ist die technische Beschaffenheit eines Produktes durch die sogenannten Schutzanforderungen vorgegeben, die sich auf die Begrenzung der Aussendung elektromagnetische Störsignale beziehen. Die Geräte selbst müssen so konstruiert und hergestellt sein, dass von ihnen keine Störungen ausgehen. Das Einhalten der Schutzanforderungen wird im Regelfall für Geräte vermutet, die mit europäisch harmonisierten Normen übereinstimmen. Die Bundesnetzagentur (BNetzA) ist die für das EMV-Gesetz zuständige Ausführungsbehörde. Sie hat darauf zu achten, dass Produkte, die auf den Markt gebracht werden, den Schutzanforderungen des EMV-Gesetzes entsprechen.

DIN VDE 0100-444 Errichten von Niederspannungsanlagen, Schutz bei Störspannungen und elektromagnetischen Störgrößen

Elektromechanischer Schutz

Charakteristisch für den elektromechanischen Schutz ist der Einsatz von Klapp- und Drehankerrelais. Als Gegenmoment dient eine Feder, an der Ansprechwert bzw. Zeitverzögerung eines evtl. vorhandenen Zeitwerkes eingestellt werden kann. Elektromechanische Relais sind robust und neigen nicht zu Überfunktionen. Als Nachteil muss jedoch der hohe Energiebedarf im Messkreis, ungünstiges Rückgangsverhältnis, große Staffelzeiten und erheblicher Planungsaufwand und Platzbedarf genannt werden. Hinzu kommt die fehlende Eigenüberwachung. Die Fehleranzeige erfolgt über Fallklappen bzw. Schleppzeiger, die nach jeder Anregung manuell vor Ort quittiert werden müssen.

Vorteile	• sind robust • neigen nicht zu Überfunktionen
Nachteile	• hoher Energiebedarf im Messkreis • ungünstiges Rückgangsverhältnis • große Staffelzeiten • keine Eigenüberwachung

Tabelle E 1: Vor-und Nachteile des elektromagnetischen Schutzes

Netzschutztechnik, 6. Auflage, Walter Schossig Thomas Schossig, Buchreihe Anlagentechnik; Rolf Rüdiger Cichowski (Hrsg.) EW Medien und Kongresse-Verlag, 2017

Elektrotechnisch unterwiesene Person

Elektrotechnisch unterwiesene Person: kann angelernt sein im elektrotechnischen Sinne. Sie gilt als ausreichend qualifiziert, wenn sie die übertragenen Aufgaben und die möglichen Gefahren einschätzen und beurteilen kann, so dass unsachgemäßes Handeln ausgeschlossen ist. Sie muss Kenntnisse über die notwendigen Schutzeinrichtungen und Schutzmaßnahmen haben. Das bedeutet, dass die Anforderungen an eine elektrotechnisch unterwiesene Person geringer sind als an die → *Elektrofachkraft*. Bei der Unterweisung durch die jeweiligen Vorgesetzten müssen die übertragenen Aufgaben und die örtlichen Verhältnisse gebührend berücksichtigt werden.

Folgende Tätigkeiten kann eine elektrotechnisch unterwiesene Person ausführen:
- Betätigung von Schaltern und Stellgliedern
- Reinigung elektrischer Anlagen
- Feststellen der Spannungsfreiheit, unter Berücksichtigung aller erforderlicher Maßnahmen
- Arbeiten in der Nähe unter Spannung stehender aktiver Teile

Beispiele:
- Auswechseln von Sicherungseinsätzen
- Arbeiten an Kabelendverschlüssen

→ *Elektrofachkraft*
→ *Elektrotechnischer Laie*

Elektrotechnischer Laie

Elektrotechnischer Laie: eine Person, die weder als Elektrofachkraft noch als elektrotechnisch unterwiesene Person qualifiziert ist. Nach DGUV V3 dürfen elektrotechnische Laien nur folgende Tätigkeiten in elektrischen Anlagen bzw. an Betriebsmitteln durchführen:
- Mitwirkung bei dem Errichten und Betreiben unter Leitung und Aufsicht einer Elektrofachkraft
- Durchführen von Tätigkeiten in der Nähe unter Spannung stehender aktiver Teile, z.B. an einer Freileitung, nur unter ständiger Aufsicht einer Elektrofachkraft

Beispiele für Arbeiten durch den elektrotechnischen Laien:
- Auswechseln von Sicherungseinsätzen des D- oder D0-Systems bei vollständigem Schutz gegen direktes Berühren
- Auswechseln von Lampen

→ *Elektrofachkraft*
→ *Elektrotechnisch unterwiesene Person*

EMV

→ *Elektromagnetische Verträglichkeit*

Endkappen

Endkappen: Bauteile, die die Kabel für den Transport und die Legung wasserdicht abdichten. Für den Transport der Kabel werden Spulen verwendet auf die die Kabel aufgewickelt sind. Die Kabelenden müssen so befestigt sein, dass sich die Enden während des Transportes nicht lösen können. Eine Befestigung des Kabelendes mit Nägeln ist nicht erlaubt. Die Kabelenden müssen wasserdicht mit Endkappen verschlossen sein, damit ein feuchtigkeitsdichter Abschluss zwischen Kabelmantel und Kappe sichergestellt ist. Bei VPE-isolierten Mittelspannungskabeln mit PE-Mantel ist die Verwendung von leitfähigen Endkappen notwendig, um im Kabel vorhandene elektrostatische Aufladung abzuleiten, d.h. leitfähige Endkappen schließen Kabel ab, um statische Entladungen über den PE-Außenmantel bei der Kabellegung zu vermeiden.

Kabelhandbuch, 9. Auflage, Mario Kliesch / Frank Merschel / weitere Autoren, Rolf Rüdiger Cichowski (Hrsg.), EW Medien - VERLAG, Frankfurt, 2017

Endmuffen

Endmuffen: Kabel die nicht weitergeführt werden, also im Erdreich liegen und an einer bestimmten Stelle enden, werden mit einer spannungsfesten Kabelgarnitur abgeschlossen. Endmuffen können in Schrumpf- oder Aufschiebetechnik ausgeführt werden. Der Aufbau ähnelt dem Aufbau der → *Verbindungsmuffen.*

Niederspannungskabel: Zur Isolierung der Adern werden Schrumpf-Aderkappen und als äußerer Schutz eine Schrumpf-Außenkappe verwendet. (mit Schmelzkleberbeschichtung)

Mittelspanungskabel: Es werden Aufschiebe- oder Schrumpfisolierkörper verwendet. Das fehlende Kabel in der Muffe wird durch einen Isolierstab ersetzt.

Bild E 2: Endmuffe

Kabelhandbuch, 9. Auflage, Mario Kliesch / Frank Merschel / weitere Autoren, Rolf Rüdiger Cichowski (Hrsg.), EW Medien - VERLAG, Frankfurt, 2017

Endverschlüsse

Endverschlüsse: zum Abschluss von Kabeln und deren Anschluss an andere Betriebsmittel. Der Endverschluss bildet den Übergang vom Kabel an eine Sammelschiene, einen Transformator, eine Schaltanlage oder zur Freileitung. Sie werden für die unterschiedliche Verwendung im Innenraum oder im Freien hergestellt.

Für Endverschlüsse in Freiluftanlagen gelten besondere, höhere Anforderungen nach DIN VDE 0101 und DIN VDE 0670-1000.

Bild E 3: Endverschluss für Freiluftanlagen

Niederspannungskunststoffkabel: In Innenräumen sind keine Endverschlüsse erforderlich, es sei denn, es ist mit Wasser durch Überflutung zu rechnen, dann sollten die Kabelzwickel mit Schrumpf-Aufteilkappe abgedeckt werden.

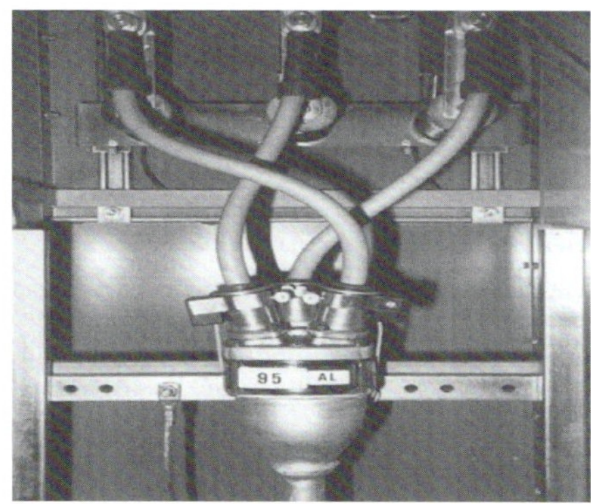

Bild E 4: Innenraum-Übergangsendverschluss

Papierisolierte Niederspannungskabel mit Blei- oder Aluminiummantel: Schrumpfendverschlüsse

Einadrige kunststoffisolierte Mittelspannungskabel: Aufschiebe- und Schrumpftechnik

Dreiadrige 10-kV-Kunststoffkabel: Aufschiebe- oder Schrumpftechnik; wichtig: Aufschiebekörper müssen hohlraumfrei an der Isolierhülle anliegen.

Gürtelkabel: druckfeste Innenraum-Kleinendverschlüsse; Montage: auf den Metallmantel wird ein Stahlgehäuse gelötet, die Adern werden mit Isolierschläuchen abgedeckt; das Endverschlussgehäuse hat einen Sichtring zur Kontrolle des Massestandes.

Endverschlüsse für Gürtel- und Dreimantelkabel: auch in Schrumpftechnik; als Endverschlussgehäuse durchsichtiges Kunststoffgehäuse, gefüllt mit Ölisoliermasse

Endverschlüsse von Hochspannungskabeln: unabhängig von der Kabelbauart äußerlich gleiche Ausführungsarten:

- Freiluft-Endverschlüsse mit einem Isolator aus Porzellan oder aus glasfaserverstärktem Kunststoff mit Silikonschirmen
- Transformator-Endverschlüsse mit einem Isolator aus Gießharz zum Einbau in Transformatoren
- Schaltanlagen-Endverschlüsse mit einem Isolator aus Gießharz zum Einbau in SF6-isolierten Schaltanlagen

Endverschlüsse in nicht begehbaren Kleinstationen: Hier gelten nicht die Innenraumbedingungen, d.h. es müssen Mittelspannungs-Endverschlüsse in diesen Anlagen für erschwerte Bedingungen eingebaut werden (nach DIN VDE 0278-629).

Schrumpfendverschlüsse: Der Schrumpfschlauch deckt den Kabelschuh bis zur Anschlusslasche ab.

Aufschiebeendverschlüsse: Die Abdeckung des Kabelschuhs wird mit einer Aufschiebe-Kabelschuhabdeckung erreicht.

Endverschlüsse in kunststoffisolierten Kabeln: müssen an das Wärmedehnungsverhalten des → *Dielektrikums* angepasst werden; durch vorgefertigte Feldsteuerelemente die Leiter

DIN VDE 0101-1 Starkstromanlagen mit Wechselspannungen über 1 kV, Allgemeine Bestimmungen

DIN VDE 0278-629 Prüfanforderungen für Kabelgarnituren für Starkstromanlagen mit einer Nennspannung von 3,6 / 6 kV bis 20,8 / 36 kV

Kabelhandbuch, 9. Auflage, Mario Kliesch / Frank Merschel / weitere Autoren, Rolf Rüdiger Cichowski (Hrsg.), EW Medien – VERLAG, Frankfurt, 2017

→ *Deflektoren*
→ *Dielektrikum von Kabeln*

Energie, erneuerbare

Erneuerbare Energien: auch regenerative Energien; Energien aus Quellen, die

- sich kurzfristig von selbst erneuern
- deren Nutzung nicht zu Erschöpfung der Quelle beiträgt
- die unendlich lange zur Verfügung stehen

Anteil der erneuerbaren Energie in Deutschland: etwa 32 % (2015) an der installierten Engpassleistung aller Kraftwerke in Deutschland

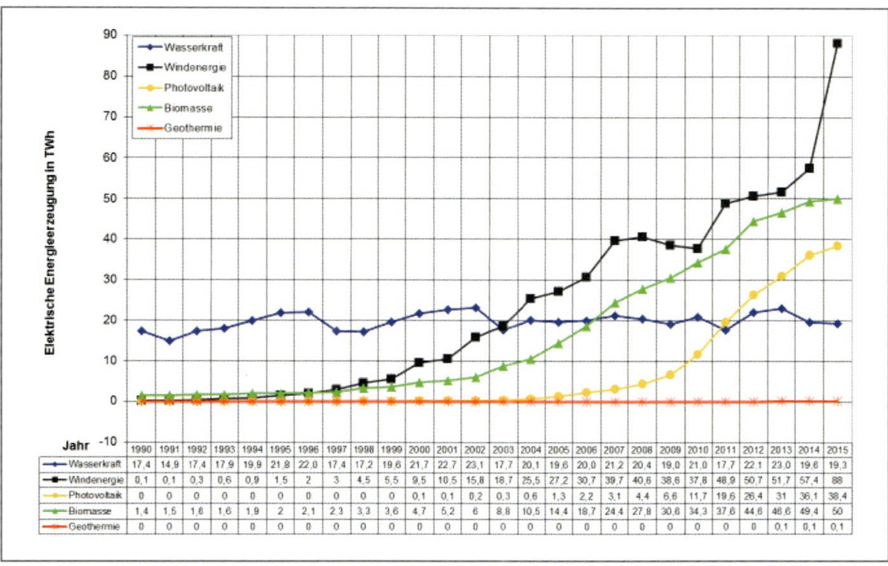

Jahr	1990	1991	1992	1993	1994	1995	1996	1997	1998	1999	2000	2001	2002
Wasserkraft	17,4	14,9	17,4	17,9	19,9	21,8	22,0	17,4	17,2	19,6	21,7	22,7	23,1
Windenergie	0,1	0,1	0,3	0,6	0,9	1,5	2	3	4,5	5,5	9,5	10,5	15,8
Photovoltaik	0	0	0	0	0	0	0	0	0	0	0,1	0,1	0,2
Biomasse	1,4	1,5	1,6	1,6	1,9	2	2,1	2,3	3,3	3,6	4,7	5,2	6
Geothermie	0	0	0	0	0	0	0	0	0	0	0	0	0

Jahr	2003	2004	2005	2006	2007	2008	2009	2010	2011	2012	2013	2014	2015
Wasserkraft	17,7	20,1	19,6	20,0	21,2	20,4	19,0	21,0	17,7	22,1	23,0	19,6	19,3
Windenergie	18,7	25,5	27,2	30,7	39,7	40,6	38,6	37,8	48,9	50,7	51,7	57,4	88
Photovoltaik	0,3	0,6	1,3	2,2	3,1	4,4	6,6	11,7	19,6	26,4	31	36,1	38,4
Biomasse	8,8	10,5	14,4	18,7	24,4	27,8	30,6	34,3	37,6	44,6	46,6	49,4	50
Geothermie	0	0	0	0	0	0	0	0	0	0	0,1	0,1	0,1

Bild E 5: Erneuerbare Energieanlagen (in MW

Vorteil: Auf die Kernkraftwerkstechnik kann zukünftig zunehmend mit dem Ausbau der erneuerbaren Energien verzichtet werden.

Nachteile: Die Zuverlässigkeit der Stromversorgung und der ökonomische Aspekt treten in Deutschland durch die Förderung der Wind- und Photovoltaiktechnik in den Hintergrund.

Verstärkter Ausbau erfordert auch Veränderungen der Netze und der Anlagentechnik:

- Ausbau der Mittel- und Niederspannungsnetze zum Anschluss der dezentralen Einspeisungen aus den Erzeugungsanlagen der erneuerbaren Energien
- Maßnahmen in allen Netzebenen zur Sicherstellung der Spannungsqualität
- Ausbau von Leitsystemen smart meetering und smart grids zur Laststeuerung
- Veränderungen des Lastmanagements
- Ausbau der Hochspannungsnetze durch neue Techniken und Verfahrensweisen

Vorrangige Anteile der erneuerbaren Energien aus

- Windenergieanlagen: entweder mit Asynchrongeneratoren oder mit Synchrongeneratoren mit selbstgeführtem, seltener mit netzgeführtem Wechselrichter mit Gleichstrom- oder Gleichspannungszwischenkreis ausgerüstet
- Photovoltaikanlagen: entweder Kleinanlagen auf Hausdächern, deren Leistung über den Hausanschluss ins Niederspannungsnetz eingespeist wird oder Großanlagen mit mehreren MW, die über eigene Transformatoren an das Mittelspannungsnetz angeschlossen sind. Die auf der Gleichspannungsebene erzeugte Elektroenergie wird durch Wechselrichter in die Netzfrequenz umgewandelt.

Merke: Zum Anschluss von Erzeugungsanlagen erneuerbarer Energien wird meist Leistungselektronik (Umrichter) benötigt.

Netzanschluss von EEG Anlagen, 2. Auflage, Jürgen Schlabbach / Frank Fischer, Buchreihe Anlagentechnik, Rolf Rüdiger Cichowski (Hrsg.), EW Medien - VERLAG, Frankfurt, 2016

Energie-Contracting

Dienstleistungskonzept, das darauf abzielt, die Effizienz bei der Energienutzung in allen Verbrauchsbereichen zu verbessern und Energie einzusparen. Dabei übernimmt ein Dienstleister - der Contractor - den Betrieb der Energieversorgung für das bzw. die Gebäude seines Auftraggebers.

Energieeffizienz

Energieeffizienz: Indikator für das Ausmaß der durch den Einsatz einer festgelegten Energiemenge erzielten Wirkung, der sich in sogenannten Wirkungsgraden ausdrücken lässt. Wirkungsgrade beschreiben das Verhältnis zwischen der Menge an verfügbar gemachter Energie (beispielsweise einer Kilowattstunde Strom) und der Menge der dazu eingesetzten

Energie (beispielsweise der eingesetzten Kohle- oder Gaseinheiten). Die Energieeffizienz zu steigern ist ein wichtiges bundespolitisches und unternehmerisches Ziel. Das Verfahren oder ein Vorgang sind dann effizient, wenn ein vorgegebener Nutzen mit minimalem Energieaufwand erreicht werden kann.

Auch im Bereich der Anlagentechnik von elektrischen Verteilungsnetzen wird zukünftig die effiziente Nutzung einzelner Betriebsmittel, Anlagenteile, Verfahren und Funktionen für die Bereitstellung der Elektrizität immer wichtiger. Einige Schlagworte sollen beispielhaft die Effizienzbemühungen der Netzbetreiber verdeutlichen:

- moderne Stromrichtertechnik als Bindeglied zwischen Stromerzeugern, Speicher und Lasten im Verteilungsnetz
- Entwicklung von Betriebsmitteln, die die neuen Anforderungen intelligenter Netze unterstützen
- Einsatz energieeffizienter Komponenten und die spätere Arbeitsweise im Betrieb
- Einsatz neuer Informations- und Kommunikationstechniken
- technische und wirtschaftliche Netzintegration von neuen dezentralen Technologien
- automatische Optimierung von Schaltzeitpunkten in Abhängigkeit der Lasten und Netzmodellbetrachtungen, wie Reduzierung von Spitzenlasten
- Strom, Wasser und Wärme
- neue Verfahren der Netzregelung und Weiterentwicklung des Netzschutzes

Energieleitungsausbaugesetz

Energieleitungsausbaugesetz: das EnLAG ist ein Gesetz zur Beschleunigung des Ausbaus des Höchstspannungsnetzes. Ziele des Gesetzes:

- Ausbau des Anteils erneuerbarer Energien an der Stromerzeugung
- Straffung der Planungs- und Genehmigungsverfahren für Leitungsvorhaben der Übertragungsnetze in Deutschland und
- Förderung der dezentralen Stromerzeugung

Energieversorgungsanlagen

Die Übertragung des Stroms vom Kraftwerk bis zum Kunden erfolgt auf verschiedenen Spannungsebenen, vom Hochspannungsnetz (von 110 kV – 380 kV), über die Mittelspannungsnetze (10 kV – 60 kV) zu den Niederspannungsnetzen (0,4 kV) und dann in die Kundenanlagen. Dies ist der „normale Weg", es ist auch möglich, dass Kunden aus dem Hoch- und Mittelspannungsnetz versorgt werden. Die Aufteilung in verschiedenen Spannungsebenen wird durchgeführt, um möglichst wenig Verluste bei der Stromübertragung und Verteilung zu erhalten, damit die Stromversorgung auch wirtschaftlich angeboten werden kann. Diese klassische Ausrichtung (vom Kraftwerk zum Kunden über verschiedene Netzebenen) hat sich mit der Energiewende durch die Einspeisung vieler regenerativer Energien in die verschiedenen Netzebenen verändert, so dass man heute von einer dezentralen Stromeinspeisung sprechen kann. Dadurch ändern sich auch die Anforderungen an elektrische Anlagen und Betriebsmittel innerhalb der Verteilungsnetze der Netzbetreiber.

→ *Elektrische Anlagen für Verteilungsnetze*

Energiewende

Mit der Energiewende soll der Weg in eine umweltverträgliche Stromversorgung geschafft werden. Die Energieversorgung wird in Deutschland grundlegend umgestellt, von nuklearen und fossilen Brennstoffen, hin zu → *Erneuerbaren Energien*. Im Jahr 2017 werden bereits fast ein Drittel des Stroms aus Wind, Sonne, Wasser und Biomasse gewonnen.

Definition der Energiewende	Als Energiewende wird der Übergang von der nicht-nachhaltigen Nutzung von fossilen Energieträgern sowie der Kernenergie zu einer nachhaltigen Energieversorgung mittels → *erneuerbarer Energien* bezeichnet
Ziel und Gründe der Energiewende	• die von der konventionellen Energiewirtschaft verursachten ökologischen, gesellschaftlichen und gesundheitlichen Probleme sollen minimiert • globale Erwärmung verringert • Nutzung der fossilen Energieträger rückgängig • die Gefahr der Kernenergie verringert werden
Sektoren der Energiewende	Strom, Wärme und Mobilität
Wesentliche Elemente der Energiewende	• Ausbau der erneuerbaren Energien • Aufbau von Energiespeichern • Steigerung der Energieeffizienz • Realisierung von Energiesparmaßnahmen • Veränderung der Konsumgewohnheiten
Energiewende ist mehr als der Stromsektor	Stromsektor umfasst nur etwa 20 % des Energieverbrauchs in Deutschland

Tabelle E 2: Energiewende

Energiewirtschaftsgesetz (EnWG)

EnWG: enthält grundlegende Regelungen zum Recht der leitungsgebundenen Energie, d.h. die Anlagentechnik der Verteilungsnetze der Netzbetreiber ist inbegriffen.

Zweck des Energiewirtschaftsgesetzes ist eine möglichst sichere, preisgünstige, verbraucherfreundliche, effiziente und umweltverträgliche leitungsgebundene Versorgung der Allgemeinheit mit Elektrizität und Gas. Nach § 49 des EnWG sind Energieanlagen so zu errichten und zu betreiben, dass die technische Sicherheit gewährleistet ist. Explizit genannt sind → *anerkannte Regeln der Technik*, d.h. für die Anlagentechnik gelten die technischen Regeln des Verbandes der Elektrotechnik Elektronik Informationstechnik e.V. VDE.

Inhalt: Regelung des diskriminierungsfreien Netzzugangs, Trennung des Netzbereiches von den anderen Unternehmensbereichen, behördliche Genehmigung der Netzentgelte, Regelung der Netzzugangsbedingungen im Strommarkt

Zusätzliche Verordnungen, wie

- Stromnetzzugangsverordnung (StromNZV)
- Stromnetzentgeltverordnung (StromNEV)
- Anreizregulierungsverordnung (ARegV)
- Konzessionsabgabenverordnung (KAV)
- Niederspannungsanschlussverordnung (NAV)
- Stromgrundversorgungsverordnung (StromGVV)
- Messzugangsverordnung (MessZV)

runden die Anforderungen des EnWG ab. Die Errichtung und der Betrieb der Anlagentechnik der Verteilungsnetze für die öffentliche Stromversorgung liegt in der Verantwortung der Netzbetreiber, so auch für die → *Instandhaltung der Anlagentechnik*, also alle Maßnahmen die durchgeführt werden zum Erhalt der technischen Anlagen und Betriebsmittel unter den Anforderungen des EnWG.

EPDM

EPDM: (Ethylen-Propylen-Dien-modifiziert) ist ein vernetzter gummielastischer Werkstoff (Eleastomere). Bei Kunststoffkabeln haben sich konfektionierte Endverschlusskörper mit einvulkanisiertem Feldsteuertrichter bewährt. Als Materialien werden im Mittelspannungsbereich Silikonkautschuk und EPDM verwandt. EPDM wird heißvernetzt (Heißvernetzung bei etwa 110 °C). Die Kriechstromfestigkeit ist gut, aber in Deutschland hat sich in der Garniturentechnik Silikonkautschuk durchgesetzt.

Merke: die Endverschlusstechnologie für Kabel höherer Spannungsebenen ist abhängig vom Kabeltyp. Bei Kunststoffkabeln werden Endverschlüsse aus Eleastomere, EPDM mit integriertem Feldsteuertrichter aus leitfähigem Kunststoff eingesetzt.

→ *Aufschiebetechnik*
→ *Deflektor*

Kabelhandbuch, 9. Auflage, Mario Kliesch / Frank Merschel / weitere Autoren, Rolf Rüdiger Cichowski (Hrsg.), EW Medien – VERLAG, Frankfurt, 2017

Epoxidharze

Epoxidharz: gehört zur Gruppe der Duroplaste, wird als Isolierwerkstoff in der Kabel- und Leitungstechnik genutzt. Es besteht aus einer Harz- und einer Härterkomponente, die vor ihrer Verwendung vermischt werden. Epoxidharze sind exotherm vernetzte Reaktionsharze und können bei Raumtemperatur ausgehärtet werden. Sie kommen allerdings kaum noch in der Starkstromgarniturentechnik vor, da sie gegenüber den Polyurethansystemen, PUR-Gießharzen einige technische Nachteile aufweisen und teurer sind als PUR-Gießharze. Die Harze isolieren Leiter und Anschlusselemente in den Verbindungsstellen und schützen vor mechanischen Beanspruchungen und Feuchtigkeit.

Erder

Ein Erder besteht aus leitfähigem Material und ist unmittelbar in Erde oder in ein mit Erde verbundenes Fundament eingebracht. Kennzeichnend für den Erder ist eine gute elektrische Verbindung mit der Erde.

Elektrisch unabhängige Erder sind in bestimmten Abständen voneinander anzubringen. Die Abstände sind dabei so groß, dass der höchste Strom, der durch einen Erder fließen kann, das Potential der weiteren Erder nicht beeinflusst. Unterteilung der Erder nach der Funktion:

Wirkungen der Erder:
Verringerung der Spannungsbeanspruchung von elektrischen Betriebsmitteln (atmosphärische Überspannungen / Spannungsbegrenzung der Außenleiter bei Erdschluss)
TN-System: Begrenzung der Fehlerspannung am PEN-Leiter auf möglichst niedrige Werte im Fehlerfall
TT-System: Vergrößerung des Erdschlussstroms zur Erleichterung der Abschaltung der Schutzeinrichtungen in Verbraucheranlagen

Tabelle E 3: Wirkungen der Erder

Unterteilung der Erder nach der Funktion:
Betriebserder: für Erdungen, die aus betrieblichen Gründen notwendig sind(Punkt des Betriebsstromkreises geerdet)
Betriebserder erden im TN-System den PEN-Leiter, im TT-System den Sternpunkt des Transformators
Schutzerder*: für Erdungen, die zu Schutzzwecken errichtet werden in Anlagen mit Nennspannungen von mehr als 1000V. Die Erdung eines nicht zum Betriebsstromkreis gehörenden leitfähigen Teils zum Schutz von Personen gegen zu hohe Berührungsspannungen.
Funktionserdung: zu anderen Zwecken als die der elektrischen Sicherheit

*Anmerkung: hier die Schutzerdung nicht zu verwechseln mit dem Begriff Schutzerdung beim Schutz gegen elektrischen Schlag

Tabelle E 4: Unterteilung der Erder nach der Funktion

→ Erdungsanlagen

Lexikon der Installationstechnik, 4. Auflage, VDE-Schriftenreihe 52, Rolf Rüdiger Cichowski / Anjo Cichowski, VDE Verlag, Berlin und Offenbach, 2013

Kenngrößen für die Elektrofachkraft, 3. Auflage, VDE-Schriftenreihe 59, Rolf Rüdiger Cichowski, VDE Verlag Berlin und Offenbach, 2017

Erdungsanlagen, 2. Auflage, Thomas Niemand / Andreas Schröder, Buchreihe Anlagentechnik, Hrsg. Rolf Rüdiger Cichowski, EW -VERLAG Frankfurt a. M. und VDE VERLAG, Berlin und Offenbach, 2016

Erdschluss

Erdschluss: eine leitende Verbindung eines aktiven Teils mit Erde oder geerdeten Teilen, die durch einen Fehler entstanden ist. Erdschlüsse treten in Netzen mit isoliert betriebenen Sternpunkten ein. Entsteht infolge eines Isolationsfehlers zwischen einem Leiter und Erde ein Schluss, so kann sich mangels einer Rückleitung zum Sternpunkt der Einspeisung kein Kurzschlussstrom bilden, sondern es fließt nur ein sehr kleiner kapazitiver Erdfehlerstrom. Dieser Erdschluss lässt die Sternspannung des betroffenen Leiters auf sehr kleine Werte zusammenbrechen, es kommt zur sogenannten Sternpunktverlagerung. Während der Fehlerzeit führt die Sternpunktverlagerung zu einer Überbeanspruchung der beiden nicht fehlerhaften Phasen innerhalb des Netzes. Dadurch können → *Doppelerdschlüsse* entstehen, also Fehler an örtlich getrennten Stellen im Netz.

Merke: Nach DIN VDE 0100 ist der Erdschluss eine durch einen Fehler entstandene leitende Verbindung eines Außenleiters oder eines betriebsmäßig isolierten Neutralleiters mit Erde oder geerdeten Teilen. Die leitende Verbindung kann sich auch durch einen Lichtbogen bilden.

DIN EN 60909-0 (VDE 0102) Kurzschlussströme in Drehstromnetzen, Berechnung der Ströme

Kurzschlussstromberechnung, 2. Auflage Jürgen Schlabbach, Buchreihe Anlagentechnik, Hrsg. Rolf Rüdiger Cichowski, EW Medien VERLAG, 2014

Erdschlussschutz

Grundprinzipien des Netzschutzes: Genauigkeit und Selektivität / Schnelligkeit / Empfindlichkeit / Zuverlässigkeit und Sicherheit gilt auch beim Erdschlussschutz. Der im Erdschlussfall an der Fehlerstelle gegen Erde abfließende Strom findet mehrere Pfade vor, auf denen ein Strom von der Erde zurück in die Phasenleiter des Netzes fließen kann. Diese verschiedenen Wege und ihre Bedeutung für das Erdschlussgeschehen sind stark abhängig von der Art des Netzes und der Sternpunktbehandlung.

Starr geerdetes Netz: Es schließt sich der Stromkreis über die geerdeten Transformatorsternpunkte; der Erdkurzschlussstrom ist etwa gleich groß, wie der dreipolige Kurzschlussstrom.

Netz mit isoliertem Sternpunkt: Der Fehlerstrom verteilt sich auf alle Abgänge und fließt in den beiden gesunden Außenleitern über deren Leiter-Erde-Kapazität zur Erdschlussstelle zurück.

Erdschlusslöschung (häufigste Art der Sternpunktbehandlung in Netzen in Mitteleuropa): Zum Schließen des Fehlerstromkreises steht zusätzlich zu den Leiter-Erde-Kapazitäten der Abgänge ein Parallelpfad über die Erdschlusslöschspulen (Petersenspulen) zur Verfügung, die entweder direkt an die Transformatorsternpunkte oder an Sternpunktbildner angeschlossen sind. Es überlagert sich zu den kapazitiven Fehlerstromanteilen ein aus den Erdschlusslöschspulen stammender, induktiver Fehlerstrom. An der Erdschlussstelle können sich beide Ströme weitgehend kompensieren, so dass der resultierende Fehlerstrom an der Fehlerstelle sehr klein wird. Grundsätzlich kann das Netz mit diesem Fehler für eine bestimmte Zeit weiter betrieben werden. Dennoch muss der Erdschlussort möglichst schnell geortet und das erdschlussbetroffene Betriebsmittel freigeschaltet werden. Der kleine Erdschlussreststrom bereitet bei der Erdschlusserfassung in gelöschten Netzen große Schwierigkeiten, so dass eine Vielzahl von unterschiedlichen Verfahren zur Erdschlusserfassung entwickelt worden sind. Details dazu unter folgender Literaturangabe zu finden:

Walter Schossig, Erdschlussprobleme; Literaturzusammenstellung, VDE Thüringen, AK Netzschutztechnik, Gotha, 2001

Erdschlussortungsmethoden in verschiedenen Netzen: Jegliche Erdschlussortung basiert auf der Auswertung von Summenstrom und / oder Verlagerungsspannung. Diese sind durch verschiedene Nullimpedanzen von Netz zu Netz unterschiedlich, daher müssen geeignete Erdschlussortungsverfahren netzspezifisch ausgewählt werden, d.h. die entsprechenden Schutzeinrichtungen sind sehr vielfältig.

Wichtiger **Hinweis** des Netzschutzspezialisten Walter Schossig: Wegen der Verschiedenheit der Netze, ihrer Betriebsweisen, der Verteilung der Nullimpedanzen sind genaue Untersuchungen und Nachrechnungen der vorgesehenen Erdschlussortungsmethoden nötig. Wer ohne Erdschlussengineering einen Erdschlussschutz einstellt, handelt unvorsichtig!

Netzschutztechnik, 6. Auflage, Walter Schossig / Thomas Schossig, Buchreihe Anlagentechnik, Rolf Rüdiger Cichowski (Hrsg.), EW Medien – VERLAG, Frankfurt, 2017

Kurzschlussstromberechnung, 2. Auflage Jürgen Schlabbach, Buchreihe Anlagentechnik, Hrsg. Rolf Rüdiger Cichowski, EW Medien VERLAG, 2014

Sternpunktbehandlung, Jürgen Schlabbach, Buchreihe Anlagentechnik, Rolf Rüdiger Cichowski (Hrsg.), EW Medien – VERLAG, Frankfurt, 2002

Erdschlussspulenschutz

Erdschlussspulenschutz: Zum Erfassen von inneren Fehlern werden Erdschlussspulen mit einem Buchholzschutz ausgerüstet. Buchholzschutz: Transformatorenschutz. Wirkungsweise: in die Ölleitung zwischen Ölkessel und Ausdehnungsgefäß des Transformators bzw.

Erdschlussspule ist ein eingebauter Schwimmer, der bei entstehenden Gasblasen oder eine starke Gasströmung im Ölkessel eine Warneinrichtung zum Ansprechen bringt bzw. das Gerät abschaltet. Bei einem Fehler, wie Windungsschluss oder Auslaufen des Öls. Der Buchholzschutz nutzt zwei Kriterien für evt. innere Fehler der Erdschlussspule. Zum einen die Bildung von Zersetzungsgasen bei örtlicher Überhitzung oder stromschwachen Lichtbögen und zum anderen die Strömungsgeschwindigkeit des Öls bei stromstarken Fehlern, die große Gasmengen erzeugen. Abschaltung innerer Fehler durch ein Buchholzrelais in ca. 100 msec.

Transformatoren, 2. Auflage, Rudolf Janus / Hermann Nagel; Buchreihe Anlagentechnik, Rolf Rüdiger Cichowski (Hrsg.), EW Medien – VERLAG, Frankfurt, 2005

Erdungen im Freileitungsnetz

Erdungen bei Freileitungen im Mittel- und Niederspannungsnetz sind zu errichten bei:

- Maststationen
- Masten aus Stahl und Stahlbeton mit Isolatoren
- Masten aus Stahl und stahlbeton mit Luftkabeln
- Mastschalter
- Kabelaufführungsmasten
- Maste mit Überspannungsableitern
- Freileitungsmaste an Orten mit hoher Aufenthaltswahrscheinlichkeit von Personen

Details zu den Erdungen:

Erdungsanlagen, 2. Auflage, Thomas Niemand / Andreas Schröder, Buchreihe Anlagentechnik, Hrsg. Rolf Rüdiger Cichowski, EW VERLAG, Frankfurt, VDE VERLAG Berlin und Offenbach, 2016

Erdungsanlage

Erdungsanlage: Die örtlich abgegrenzte Gesamtheit miteinander leitend verbundener Erder oder in gleicher Weise wirkender Metallteile und Erdungsleitungen; Metallteile können sein: Mastfüße, Kabelmetallmäntel, Bewehrungen.

Merke: Eine Erdungsanlage besteht aus: Erdern, mit Erdern verbundenen Metallteilen, Erdungsleitungen.

Aufgabe einer Erdungsanlage: bei bestimmten Betriebszuständen (z.B. im Fehlerfall) einen Stromübergang aus dem Leiter in das Erdreich zu ermöglichen. Sie verhindern gefährliche Berührungsspannungen zwischen der geerdeten Anlage und dem Erdreich. Zur Vermeidung von Potentialverschleppungen müssen Niederspannungsanlagen einen Mindestabstand zu Hochspannungsmastfundamenten aufweisen.

Kriterien für die sachgerechte Errichtung:

- die richtige Auswahl der Bemessung der Werkstoffe
- Schutz gegen äußere Einflüsse und Korrosion
- der Ausbreitungswiderstand muss den Erfordernissen des Schutzes und der Funktion der Anlage entsprechen
- Fehler- und Ableitströme dürfen keine Gefahr für die Umgebung verursachen
- eine elektrisch gut leitende Verbindung muss hergestellt werden

Schutzerdung: Erdung eines nicht zum Betriebsstromkreis gehörenden leitfähigen Teils zum Schutz von Personen gegen zu hohe Berührungsspannungen. Alle nicht zum Stromkreis gehörenden leitfähigen Teile von Betriebsmitteln, metallene Konstruktionsteile in Kraftwerken,

Umspannstationen und in Schaltanlagen sollen an die Erdungsanlage angeschlossen sein. Dadurch wird verhindert, dass ein Über- oder Durchschlag der elektrischen Isolierung oder auch nur Kriechströme zu gefährlichen Berührungsspannungen führen.

Betriebserdung: Erdung eines Punktes des Betriebsstromes, die für den ordnungsgemäßen Betrieb von Geräten oder Anlagen erforderlich ist. Man unterscheidet:

- unmittelbare Betriebserdung: außer der Erdungsimpedanz keine weiteren Widerstände
- mittelbare Betriebserdung: zusätzliche ohmsche, induktive oder kapazitive Widerstände

Offene Erdung: Verbindung aktiver Teile einer elektrischen Anlage oder eines Betriebsmittels über eine Überspannungs-Schutzeinrichtung mit dem Erder.

	Schutzerdung	**Betriebserdung**	**Offene Erdung**	**Blitzschutz-erdung**
Aufgabe der Erdung	Schutz von Mensch und Tier gegen zu hohe Berührungs-spannungen	Betriebsführung mit den Aufgaben: • Verminderung der Isolationsbeanspruchung • Ansprechen des Schutzes • Erdschluß-löschung • Meßaufgaben	Schutz von Betriebsmitteln und Anlagen durch Überspannungs-schutzeinrichtungen (Ableiter)	Schutz von Anlagen gegen rückwärtige Überschläge
Erdungs-festpunkte	<u>nicht</u> zum Betriebsstrom-kreis gehörende Anlagenteile • Maste • Schaltgerüste • metallene Umhüllungen	Teile des Betriebsstrom-kreises • Sternpunkt des Transformators	<u>nicht</u> zum Betriebsstrom-kreis gehörende Anlagenteile • Verbindung aktiver Teile über Ableiter mit Erde	<u>nicht</u> zum Betriebsstrom-kreis gehörende Anlagenteile • leitfähige Gebäudeteile

Tabelle E 5: Erdung und ihre Aufgaben

Erdungsanlagen in Hochspannungsstationen: In Anlagen der Spannungsebenen 110 kV / 220 kV und 380 kV wird ein Erdungsmaschennetz aufgebaut. Da die Sternpunkterdung unterschiedlich sein kann, sollte grundsätzlich die Erdungsanlage für ein Netz mit starrer Sternpunkterdung ausgelegt werden, da die starre Erdung des Trafos eine besonders niederohmige Auslegung der Erdungsanlage erfordert. Montagehinweise zum Erdungsmaschennetz: Erder und Erdungsleitung Cu-Seil mit einem Querschnitt von 120 mm2; Verlegung eines Außenrings ca. 0,8 m unter der Erdoberfläche, ein weiterer Ring um alle Gebäude und alle Quer- und Längsverbindungen ca. 0,6 m; Verbindungsstellen mit Pressabzweigklemmen. Weitere Details: siehe Literatur zu Erdungsanlagen.

Erdungsanlagen in Netzstationen: Jede Station muss einen eigenen Erder haben. Bei Stationen aus armiertem Beton sollte ein Steuererder vorgesehen werden, als Ring im Abstand von ca. 1 m um die Station (ca. 0,5 m tief). Vorhandene Fundamenterder müssen angeschlossen werden. Oder Verwendung von Tiefenerdern oder Oberflächenerder (2 Strahlen von je 30 m Länge und einem Winkel von ca. 180°.

Erdungsanlagen in Freileitungsnetzen: Der Mastwerkstoff ist für die Erdungsanlage entscheidend:

- Maststationen: Unabhängig von Mastwerkstoff ist eine Maststation auf jeden Fall zu erden; rings um die Station in einem Abstand von 1 m und in einer Tiefe von 0,5 m ein Steuererder aus verzinktem Bandstahl hochkant im Erdreich verlegen
- Freileitungsmaste: aus Stahl, aus Stahlbeton, aus Stahl mit Luftkabeln
- Mastschalter
- Kabelaufführungsmaste
- Maste mit Überspannungsableiter

Merke: als Erder sind nicht erlaubt:

- Bewehrungen von Spannbeton (Anmerkung: es könnten unzulässig hohe mechanische Beanspruchungen auftreten)
- Rohrleitungen aus Metall für brennbare Flüssigkeiten oder Gase und Heizungsrohre (Anmerkung: wegen der oft elektrisch schlechten Leitfähigkeit und der Möglichkeit einer Unterbrechung)
- Wasserrohre (Anmerkung: früher durften sie benutzt werden, aber nur in Abstimmung mit dem Wassernetzbetreiber, aber aufgrund des organisatorischen Aufwandes nicht zu empfehlen; Nutzung der Wasserverbrauchsleitungen von Gebäuden, nur nach Überbrückung des Wasserzählers)
- in Wasser eingetauchte Metallteile (Anmerkung: Gefahr der Austrocknung des Wassers; außerdem gefahr für Personen durch elektrisches Feld)
- Erdermaterial für Oberflächenerder : Stahl mit Bleimantel oder Kupfer mit Bleimantel (Anmerkung: aus Gründen des Umweltschutzes soll Blei als Material im Erdreich nicht mehr verwendet werden)

Weitere Details siehe Literatur zu Erdungsanlagen.

DIN VDE 0141 Erdungen für spezielle Starkstromanlagen mit Nennspannungen über 1 kV

Erdungsanlagen,2. Auflage Thomas Niemand / Andreas Schröder; Buchreihe Anlagentechnik, Rolf Rüdiger Cichowski (Hrsg.), EW Medien - VERLAG, Frankfurt, 2016

Erdungsanlagen, Begriffe

Eine elektrisch leitfähige Verbindung zwischen elektrischen Anlagen, Betriebsmitteln und Leitungen mit dem Erdboden ist eine wichtige Voraussetzung für die Wirksamkeit der Schutzmaßnahmen. Miteinander leitend verbundene Erder und / oder Metallteile, die wie Erder wirken und ihre zugehörigen Erdungsleiter werden insgesamt als Erdungsanlage bezeichnet.

Zur schnellen Übersicht sind einige Begriffe in der Tabelle Begriffe Erdungsanlagen, die im Zusammenhang mit Erdungsanlagen stehen, kurz erläutert.

Begriffe	Erläuterungen
Erde	Die Erde ist ein leitender Stoff, dessen elektrisches Potential außerhalb des Einflussbereichs von Erdern null ist. Dies wird als Bezugserde bezeichnet. Wird über den Erder einer Erdungsanlage oder andere leitfähige Teile ein Strom in die Erde geleitet, erhält die Erde in diesem Bereich ein von null abweichendes Potential. An der Erdoberfläche entsteht dann gegenüber der Bezugserde das Erdoberflächenpotential. Die dabei auftretende Spannung zwischen Erder und Bezugserde wird als Erdungsspannung bezeichnet. Erde ist die Bezeichnung als Ort, wie auch für die Erde als Stoff, z.B. Bodenart, Lehm, Sand, Stein.
Erder	Ein Erder besteht aus leitfähigem Material und ist unmittelbar in Erde oder in ein mit Erde verbundenes Fundament eingebracht. Kennzeichnend für den Erder ist eine gute elektrische Verbindung mit der Erde.
Erdernetz	Der Teil einer Erdungsanlage, der die Erder und ihre Verbindungen untereinander umfasst
Erdreich	Unter dem Begriff Erdreich wird die Erde als Stoff verstanden, d. h. die unterschiedlichen möglichen Bodenarten wie Gestein, Lehm, Sand, Kies.
Erderwerkstoff	Werkstoffe, aus denen die Erder hergestellt sind, müssen mechanische Festigkeit aufweisen, thermische Belastungen widerstehen, korrosionsbeständig sein.
Erdung	Alle Maßnahmen, die zum Erden getroffen werden, und alle dazu erforderlichen Betriebsmittel werden in der Gesamtheit als Erdung bezeichnet. Die Erdung ist eine elektrisch leitfähige Verbindung zwischen elektrischen Anlagen und Leitungen zum Schutz gegen Gefährdungen durch zu hohe Berührungsspannungen.
Erdungsleiter	Der Erdungsleiter (auch „Erdungsleitung") ist ein Schutzleiter, der die Haupterdungsklemme oder -schiene mit dem Erder verbindet. Schutzerdungsleiter: Leiter dienen der Erdung eines Netzpunkts, eines Betriebsmittels oder einer Anlage zum Zweck der elektrischen Sicherheit
Erdungsstrom	Der Erdungsstrom ist der gesamte über die Erdungsimpedanz in die Erde fließende Strom. Er ist ein Teil des Erdfehlerstroms und beeinflusst die Potentialanhebung der Erdungsanlage gegenüber der Bezugserde.
Erdungswiderstand	Der Erdungswiderstand besteht aus dem Widerstand der Erdungsleitung und dem Ausbreitungswiderstand.
Ausbreitungswiderstand	Widerstand der Erde zwischen dem Erder und der Bezugerde, also der dazwischen liegenden Erde.

Tabelle E 6: Begriffe Erdungsanlagen – ***kurz gefasst***

Erdungsschalter

Erdungsschalter: ist ein → *Trennschalter* der zum Erden zuvor spannungsfrei geschalteter Anlagenteile eingesetzt wird. Häufig sind Erdungsschalter mit Trennschaltern in einem Erdungstrennschalter kombiniert. Sie müssen hohe Anforderungen erfüllen:

- Kontakte dürfen beim Einschalten infolge kapazitiver Ladeströme nicht verschweißen
- bei Vereisung müssen die Losbrechkräfte den Eispanzer aufbrechen
- müssen erdbebensicher sein

Ereignisorientierte Instandhaltung

Ereignisorentierte Instandhaltung: Es werden erst Maßnahmen zur Instandhaltung (Inspektion, Wartung, Instandsetzung) durch die Netzbetreiber ergriffen, wenn Fehler eingetreten sind.

→ *Instandhaltung*

Erneuerbare Energien

Erneuerbare Energien sind Energieträger, die fast unerschöpflich zur Verfügung stehen bzw. sich verhältnismäßig schnell erneuern im Gegensatz zu fossilen Energiequellen. Die Nutzung der Erneuerbaren Energien ist nach der Energiewende in Deutschlag kräftig vorangetrieben worden. Nach Angaben des BMWi ist die Stromversorgung in Deutschland Jahr für Jahr „grüner" geworden, d.h. der Beitrag der erneuerbaren Energien wächst beständig. Im Jahr 2016 haben die erneuerbaren Energiequellen bereits 29 Prozent zur Bruttostromerzeugung (insgesamt in Deutschland erzeugte Strommenge) beigetragen. Die wachsende Bedeutung von erneuerbaren Energien im Strombereich ist wesentlich nach Aussage des BMWi auf das Erneuerbare-Energien-Gesetz (EEG) zurückzuführen. Seit der Einführung des EEG ist der Anteil der erneuerbaren Energien am Bruttostromverbrauch (insgesamt in Deutschland verbrauchte elektrische Energie) von rund sechs Prozent im Jahr 2000 nach vorläufigen Angaben auf 31,7 Prozent im Jahr 2016 gestiegen. Bis zum Jahr 2025 sollen 40 bis 45 Prozent des in Deutschland verbrauchten Stroms aus erneuerbaren Energien stammen.

Die Energieträger der Energiewende: Wind- und Sonnenenergie sind die wichtigsten erneuerbaren Energieträger. Daneben leisten Biomasse und Wasserkraft einen wertvollen Beitrag zur nachhaltigen Energieversorgung.

Art der Erneuerbaren Energie	Angaben nach Bundesministerium für Wirtschaft, BMWi
Windenergie	spielt eine tragende Rolle beim Ausbau der erneuerbaren Energien. An Land und auf See hat sie mittlerweile einen Anteil von rund 12 Prozent an der deutschen Stromerzeugung. Ende 2016 waren in Deutschland 4.108 Megawatt (MW) Offshore-Windleistung am Netz. Bis zum Jahr 2030 soll nach den Plänen der Bundesregierung eine Leistung von 15.000 MW am Netz sein.
Sonnenenergie	in Photovoltaikanlagen wandeln Solarzellen die Sonnenstrahlen direkt in Strom um. Neue Solaranlagen gehören heute zu den günstigsten Erneuerbare-Energien-Technologien. Mehr als 1,5 Millionen Photovoltaikanlagen stellten Ende 2016 mit rund 41 Gigawatt Leistung den zweitgrößten Anteil der Stromerzeugungssysteme.
Biomasse	wird in fester, flüssiger und gasförmiger Form zur Strom- und Wärmeerzeugung und zur Herstellung von Biokraftstoffen genutzt. Fast 60 Prozent der gesamten Endenergie aus erneuerbaren Energiequellen wurde 2016 durch die verschiedenen energetisch genutzten Biomassen bereitgestellt.
Weitere Erneuerbare Energien	Wasserkraft, Geothermie

Tabelle E 7: wichtige Arten der Erneuerbaren Energien

Trotz dieser gewaltigen Veränderungen in der Elektrizitätswirtschaft haben sich die Grundprinzipien für die Bevölkerung, den Handel, das Gewerbe und die Industrie nicht geändert, denn es wird weiterhin verlangt, dass die Stromversorgung in Deutschland sicher, zuverlässig, umweltverträglich und preiswert sein soll. Die Bundesnetzagentur, BNetzA macht die Aussage, dass die Netzstabilität und die → Versorgungszuverlässigkeit weiterhin gewährleistet sind, denn ein maßgeblicher Einfluss der Energiewende und der steigenden dezentralen Erzeugungsleistung und damit ein negativer Einfluss (Erhöhung der durchschnittlichen Unterbrechungsdauer) auf die Versorgungssicherheit sei bis heute nicht erkennbar.

Dennoch macht sich der verstärkte Ausbau der Nutzung erneuerbarer Energien auf die Netze bemerkbar und es sind nach Prof. Jürgen Schlabbach / Prof. Frank Fischer verschiedenste Maßnahmen durchzuführen:

- Ausbaukosten im Hoch- und Höchstspannungsnetz zur Anbindung der Windparks bzw. Windkraftwerke in Nord- und Ostsee an die Verbraucherzentren im Süden Deutschlands
- Ausbau der Mittel- und Niederspannungsnetze zum Anschluss der dezentralen Einspeisungen insbesondere aus PV-Anlagen und Biogasanlagen in diese Netzebenen

- Maßnahmen in allen Netzebenen zur Energiespeicherung der durch das stochastische Verhalten von PV-Anlagen und Windenergieanlagen stark fluktuierende Elektroenergieerzeugung
- Investitionen in Leitsysteme Smart Metering und Smart Grids zur Laststeuerung
- Kosten durch das gezielte Abschalten von industriellen Lasten zum Zwecke des Lastmanagements
- Kostenüberwälzung der EEG-Anlagen und anderer Zusatzkosten von energieintensiven Industriekunden auf Haushaltskunden

Netzanschluss von EEG-Anlagen; Jürgen Schlabbach / Frank Fischer, Buchreihe Anlagentechnik, Hrsg. Rolf Rüdiger Cichowski, EW-VERLAG und VDE VERLAG Berlin und Offenbach, 2016

→ *Energiewende*
→ *Energie, erneuerbare*

Errichter

Der Errichter für das Errichten (Projektierung und Bau) elektrischer Anlagen und Betriebsmittel ist im elektrotechnischen Sinne eine Fachkraft (→ *Elektrofachkraft*), da von ihm das sorgfältige Errichten unter Beachtung der einschlägigen Errichtungsbestimmungen (DIN VDE-Bestimmungen) gefordert wird. Der Errichter hat nicht nur die Arbeiten sorgfältig auszuführen, sondern muss auch die Auswahl und Verwendung von geeigneten Materialien

verantworten. Elektrische Anlagen und Betriebsmittel müssen den Europäischen Normen (EN oder HD) oder nationalen Normen entsprechen. Auch mit den IEC-Normen sollte sich der Errichter auskennen. Die Elektrofachkraft muss elektrische Anlagen so errichten, dass keine schädigenden Einflüsse auf andere Betriebsmittel hervorgerufen werden oder die Stromversorgung im normalen Betrieb beeinträchtigt wird. Außerdem müssen elektrische Anlagen vom Errichter vor der ersten Inbetriebnahme geprüft werden (Erstprüfung).

Nicht nur Arbeiten „vor Ort" an der Baustelle erfordert die Qualifikation im elektrotechnischen Sinne, sondern auch für die Bereiche Planung, Organisation und Leitung im sicherheitstechnischen Bereich sind Elektrofachkräfte oder elektrotechnisch unterwiesene Personen einzusetzen.

→ *Elektrotechnisch unterwiesene Person*
→ *Elektotechnischer Laie*

DIN VDE 0105-100 Betrieb von elektrischen Anlagen, Allgemeine Festlegungen

DGUV V3 Unfallverhütungsvorschriften Elekrische Anlagen und Betreibsmittel

DIN VDE 1000-10 Anforderungen an die im Bereich der Elektrotechnik tätigen Personen

Ersatzstromversorgungsanlagen

Ersatzstromversorgungsanlagen sind netzunabhängige Stromversorgungsanlagen. Sie übernehmen die elektrische Energieversorgung von Netzteilen, Verbraucheranlagen oder einzelnen Verbrauchsmitteln nach dem Ausfall oder der Abschaltung der normalen Stromversorgung. Auch bei Nichtvorhandensein einer netzabhängigen Stromversorgung kann die Ersatzstromversorgungsanlage eingesetzt werden. Sie besteht aus dem Ersatzstromerzeuger (z. B. durch Kraftmaschinen angetriebene Generatoren, Batterien) und den zugehörigen Schaltanlagen und Hilfseinrichtungen. Die Anwendung erfolgt dort, wo elektrische Anlagen und Betriebsmittel in Verbraucheranlagen bei Ausfall der Stromversorgung aus dem öffentlichen Netz aus wichtigen Gründen weiter betrieben werden müssen oder wenn aus dem öffentlichen Verteilungsnetz keine Versorgungsmöglichkeit besteht. Wird die benötigte Energiemenge aus dem öffentlichen Netz nicht zur Verfügung gestellt, weil der Ort an dem elektrische Energie benötigt wird, zu weit entfernt von der nächsten Anschlussmöglichkeit liegt oder es sich um wechselnde Einsatzorte handelt, dann ist es möglich die elektrische Energie durch Ersatzstromaggregate zu erzeugen. Ein Ersatzstromerzeuger setzt sich zusammen aus: Energiequelle, Generator, Schalt- und Steuereinrichtungen, Hilfseinrichtungen. Als Energiequelle werden Verbrennungsmotoren, Turbinen oder Elektromotoren eingesetzt.

Basisschutz und Schutzart: Schutz gegen direktes Berühren und Schutz gegen das Eindringen von Fremdkörpern und Feuchtigkeit müssen Ersatzstromerzeuger innerhalb von Gebäuden mindestens der Schutzart IP43 und im Freien der Schutzart IP54 entsprechen.

Voraussetzung für die Anwendung von TN-oder TT-System ist:	Fehlerstrom-Schutzeinrichtung(RCD) mit einem Bemessungsdifferenzstrom 30mA; je nach Einsatz der Verbrauchsmittel verschiedene Typen RCDs einsetzen. RCD direkt am Generator installieren, ansonsten Verbindungsleitung Generator und RCD kurz- und erdschlusssicher verlegen; außerdem muss der Generatorsternpunkt oder ein Außenleiter geerdet werden mit einem Erdausbreitungswiderstand von möglichst unter 50 Ohm.(Anmerkung: gilt nur, wenn RCD mit 30mA eingesetzt wird, ansonsten nach DIN VDE 0100-410 mit wesentlich geringerem Erdausbreitungswiderstand)
Vorteil TN- oder TT-System:	die Anzahl der durch Ersatzstromerzeuger versorgten Betriebs- und Verbrauchsmittel ist nicht beschränkt
Nachteil TN- oder TT-System:	die erforderlichen Erder
Besonderheit bei Anwendung des TT-Systems:	zusätzlicher Anlagenerder muss errichtet werden, mit dem die Körper der Betriebs- bzw. Verbrauchsmittel über den Schutzleiter geerdet werden.
Vorteil des IT-Systems	beim ersten Fehler muss nicht automatisch abgeschaltet werden, aber unter der Voraussetzung, dass eine akustische oder optische Meldung auslöst, die auch überwacht wird. Tritt ein zweiter Fehler ein, so muss auf jeden Fall automatisch abgeschaltet werden (durch Überstrom- oder Fehlerstrom-Schutzeinrichtungen, RCDs)

Tabelle E 8: Schutz durch automatische Abschaltung der Stromversorgung bei Ersatzstromversorgungsanlagen

Schutztrennung bei Ersatzstromerzeugern:

- Nach DIN VDE 0100-410 darf bei der Anwendung der Schutztrennung nur ein Verbrauchsmittel an einen Trenntransformator oder an eine Sekundärwicklung eines Transformators angeschlossen werden, dies gilt auch bei Ersatzstromerzeugern.
- ein nachgeschalteter Verteiler mit mehreren Steckvorrichtungen ist nicht erlaubt.

Merke: Für die Schutzmaßnahme Schutztrennung bei Ersatzstromerzeugern ist keine Erdung des Stromerzeugers oder der Verbrauchsgeräte erforderlich, daher ist auch für elektrotechnische Laien diese Schutzmaßnahmen gut einzusetzen. Aber es ist wichtig, darauf hinzuweisen, dass der Anschluss von mehreren Verbrauchsmitteln nicht zulässig ist, auch dann nicht, wenn der Ersatzstromerzeuger z.B. zwei Steckvorrichtungen enthält. Ausnahmen: siehe Schutztrennung mit mehreren Verbrauchsmitteln

Schutztrennung mit mehreren Verbrauchsmitteln: in der Praxis kann es immer wieder vorkommen, dass die Schutztrennung angewendet werden soll, obwohl nicht nur ein Verbrauchsmittel, sondern mehrere Verbrauchsmittel angeschlossen werden sollen. Dazu erforderliche Voraussetzungen bzw. Bedingungen:

- nach DIN VDE 0100-410 ist dies zulässig, wenn ausschließlich die Anlagen durch Elektrofachkräfte oder elektrotechnisch unterwiesene Personen betrieben und überwacht werden. Diese Voraussetzung lässt sich häufig schwer bzw. nicht erfüllen.

Schutz durch Kleinspannung SELV oder PELV:

- Vorteil: die Anwendung der Kleinspannung bietet einen sehr guten Schutz für den Basis (mindestens Schutzart IP2X oder IPXXB) – und Fehlerschutz
- Nachteil: kann nur bei relativ geringen Leistungen angewendet werden

Tipps für die Projektierung, vor Einsatz der Anlage:

- Klärung der Maßnahme zum Schutz gegen elektrischen Schlag bei dem einzusetzenden Ersatzstromerzeuger
- Feststellung der Anzahl der Verbrauchsmittel, die versorgt werden müssen
- Berücksichtigung der Verwendung von ohmschen, induktiven oder elektronischen Verbrauchsmitteln und damit die Anforderungen an die Qualität und Stabilität der Ausgangsspannung und der Frequenz der Ersatzstromerzeuger
- Klärung des Aufstellungsortes von Ersatzstromerzeuger mit Verbrennungsmotoren(gut belüftet)
- Berücksichtigung der Herstellerangaben für den jeweiligen Einsatz der Ersatzstromerzeuger
- Klärung der Erdungsverhältnisse in Abhängigkeit der angewendeten Schutzmaßnahme
- Abschätzung der Gefahrenpotentiale durch den Unternehmer (Nutzung durch Elektrofachkraft oder elektrotechnische Laien)

Projektierung von Ersatzstromaggregaten, Andreas Rosa; VDE-Schriftenreihe 122, VDE Verlag Offenbach und Berlin, 2. Auflage 2013

Erzeugungsanlagen am Niederspannungsnetz

Die Anzahl der am Niederspannungsnetz angeschlossenen Erzeugungsanlagen ist in den vergangen Jahren stark gestiegen und wird zukünftig weiterhin anwachsen. Um die Sicherheit und Zuverlässigkeit des Verteilungsnetzes auch mit einem wachsenden Anteil der dezentralen Erzeugungsanlagen nicht zu gefährden, sind Mindestanforderungen für die technischen Anlagen erforderlich, die in der VDE – Anwendungsregel (VDE-AR-N 4105) seit 2011 enthalten sind.

Eine Überarbeitung dieser Regeln enthält notwendige Weiterentwicklungen der technischen Mindestanforderungen und dient gleichzeitig der Umsetzung verbindlicher europäischer Vorgaben des ENTSO-EU Network Codes „Requirements for Generators (RfG)". Der Entwurf der Anwendungsregeln

E VDE-AR-N 4105 „Erzeugungsanlagen am Niederspannungsnetz" enthält wesentliche Neuerungen:

- Dynamische Netzunterstützung: neue Erzeugungsanlagen müssen künftig bei kurzzeitigen Spannungseinbrüchen oder Spannungserhöhungen am Netz bleiben und es stützen
- Einspeisung von Blindleistung: die in Hoch- und Mittelspannungsnetzen bewährte Einspeisung von Blindleistung in Abhängigkeit von der Spannung, die so genannte Q / (U)-Regelung wird je nach örtlichen Gegebenheiten auch in Niederspannungsnetzen umgesetzt. Somit können mehr Erzeugungsanlagen an ein vorhandenes Verteilungsnetz angeschlossen werden
- Wirkleistungsabgabe bei Unterfrequenz(im Netz gebt es zu wenig Erzeugungsleistung bei gleichzeitig zu hohem Verbrauch): wenn Leistung im System fehlt, sollen Erzeugungsanlagen und Speicher künftig verstärkt einspeisen und so das System stützen

Kurz zusammengefasst:

- Die Systemrelevanz der Erzeugungsanlagen in der untersten Spannungsebene Niederspannung nimmt weiter zu. Daher müssen künftig neu errichtete Erzeugungsanlagen das Netz bei Störungen stützen
- Höhere Anforderungen an dezentrale Erzeugungsanlagen sorgen für die Integration künftiger Erzeugungsleistungen mit neuen netzstützenden Eigenschaften
- Die Anwendungsregel VDE-AR-N 4105 bildet zusammen mit der TAR Niederspannung (E VDE-AR-N 4100) ein neues Basisregelwerk und setzt europäische Regeln für das Niederspannungsnetz um
- Den größten Anteil von Erzeugungsanlagen in der Niederspannung machen Photovoltaikanlagen (viele in Privathaushalten), Blockheizkraftwerke, Wasserkraftanlagen, Kleinwindenergieanlagen und Brennstoffzellen aus

→ *TAR Niederspannung (E VDE-AR-N 4100)*

Extrusion

Extrusion: Bei Kabeln mit Kunststoffisolierungen werden mit sog. Extrudern die Kunststoffisolierungen auf die Kabeladern aufgebracht. In der Extrusionsanlage werden die innere Leitschicht, die Isolierung und die äußere Leitschicht in einem Arbeitsgang aufgetragen. Nach der Extrusion wird dann das aufgeschmolzene, thermoplastische Polyethylen (PE) der Isolierung in VPE umgewandelt. Dies geschieht in Form von Wärmestrahlung. Die Zuführung zur Extrusion erfolgt in einem geschlossenen Rohrsystem. Die hohen Anforderungen an die Materialien werden durch zusätzliche Maßnahmen (Filter, Magnetabscheider, Windsichter) vor der Extrusion unterstützt, damit äußerste Sauberkeit und Präzision bei der Herstellung der Kabel erreicht wird.

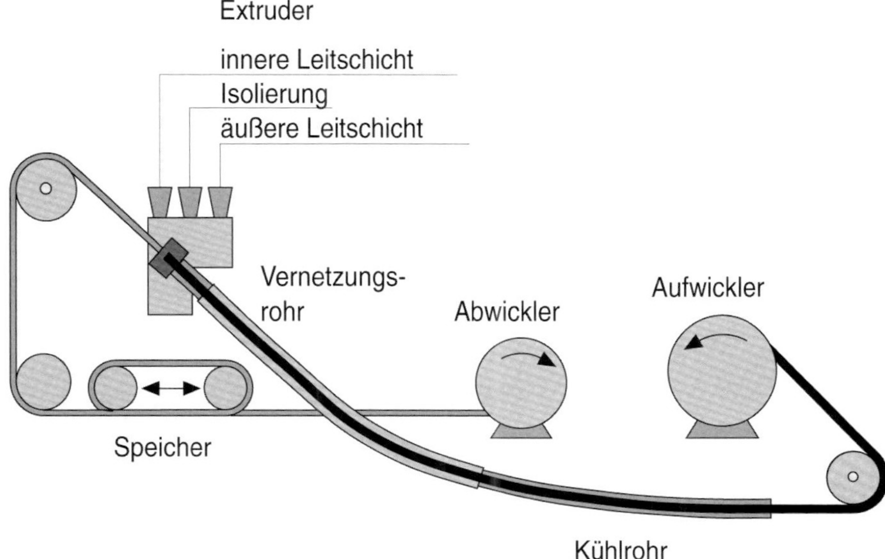

Bild E 6: Prinzip der Extrusion

Starkstromkabelanlagen, 2. Auflage, Mario Kliesch / Frank Merschel, Buchreihe Anlagentechnik, Rolf Rüdiger Cichowski (Hrsg.); EW Medien – VERLAG, Frankfurt, 2010

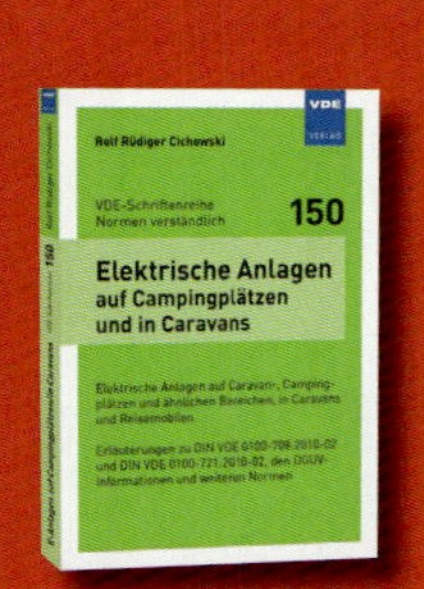

Elektrische Anlagen auf Campingplätzen und in Caravans

Elektrische Anlagen auf Caravan-, Campingplätzen und ähnlichen Bereichen, in Caravans und Reisemobilen

VDE-Schriftenreihe – Normen verständlich Band 150

Rolf Rüdiger Cichowski, 2016,
222 Seiten, DIN A5, Broschur,
ISBN 978-3-8007-4151-9,
E-Book: ISBN 978-3-8007-4152-6

Kenngrößen für die Elektrofachkraft

Normenübersichten, Tabellen und Tipps

VDE-Schriftenreihe – Normen verständlich Band 59

Rolf Rüdiger Cichowski,
3., neu bearbeitete und erweiterte Auflage 2017,
284 Seiten, DIN A5, Broschur,
ISBN 978-3-8007-4438-1,
E-Book: ISBN 978-3-8007-4439-8

Der rote Faden durch die Gruppe 700 der DIN VDE 0100

Errichten elektrischer Anlagen in Betriebsstätten, Räumen und Anlagen besonderer Art

VDE-Schriftenreihe – Normen verständlich Band 168

Rolf Rüdiger Cichowski, 2016,
322 Seiten, DIN A5, Broschur
ISBN 978-3-8007-4287-5,
E-Book: ISBN 978-3-8007-4288-2

Informationen erhalten Sie unter www.vde-Verlag.de und www.cichowski.de.

Fabrikfertige Stationen

Fabrikfertige Stationen, kurz Fertigstationen: Fabrikfertige Stationen werden bei den Herstellern gefertigt und nicht am Einsatzort, es sind typgeprüfte Anlagen mit einem Gehäuse, das Transformatoren, Nieder- und Mittelspannungsanlagen, Verbindungen und Hilfseinrichtungen für die Stromverteilung vom Mittelspannungsnetz ins Niederspannungsnetz enthält. Da sie oft an öffentlich zugänglichen Orten stehen, müssen der Personenschutz und der Schutz für das Bedienungspersonal sichergestellt sein. Es muss sich um eine geeignete Konstruktion, einen geeigneten Aufbau des Gehäuses und typgeprüfte Bauteile handeln. Eine bestandene Störlichtbogenprüfung muss der Hersteller nachweisen. Folgende Hauptbauteile umfasst eine Fertigstation:

- Gehäuse
- Transformatoren
- Mittel- und Niederspannungsanlagen
- Hilfseinrichtungen und Hilfsstromkreise

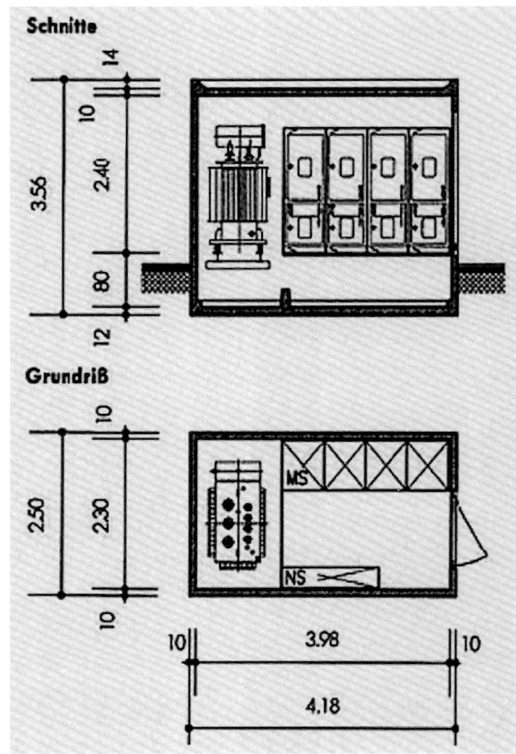

Bild F 1: Fabrikfertige Station, Grundriss

→ *Netzstationen*
→ *Einbaustationen*
→ *begehbare Stationen*

DIN EN 62271-202 (VDE 0671-202) HochspannungsSchaltgeräte und Schaltanlagen, Fabrikfertige Stationen für Hochspannung / Niederspannung

Netzstationen, 2. Auflage, IlloFrank Primus, Buchreihe Anlagentechnik, Rolf Rüdiger Cichowski (Hrsg.), EW Medien - VERLAG, Frankfurt, 2014

Fehlerarten in Kabelnetzen

In elektrischen Anlagen können trotz richtiger Auswahl der Betriebsmittel und einer sorgfältigen Errichtung der Anlagen und Betriebsmittel Fehler durch Isolationsschäden entstehen, die dann in Form von Körperschluss, Kurzschluss, Leiterschluss oder Erdschluss eintreten. Die Arten der Fehler und ihre entsprechende Berechnung der Höhe der Kurzschlussströme sind in DIN VDE 0102 geregelt.

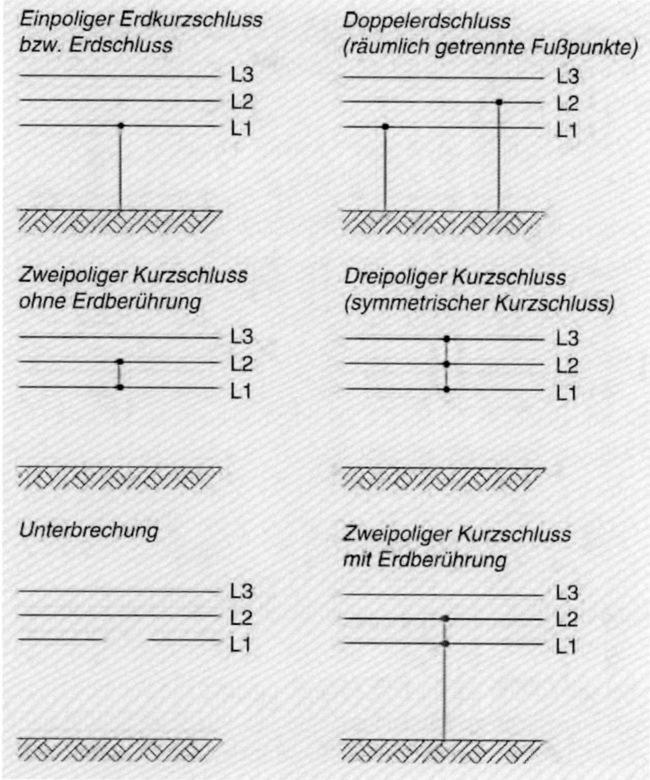

Bild F 2: Schematische Darstellung der Fehlerarten

In Netzen sind folgende Fehlerarten möglich:

- → *Erdschluss* (gelöschtes oder isoliert betriebenes Netz) / Erdkurzschluss (geerdetes Netz): ist die leitende Verbindung eines Außenleiters mit Erdpotential
- → *Doppelerdschluss:* umfassen zwei Erdschlüsse auf unterschiedlichen Außenleitern mit räumlich getrennten Fußpunkten
- → *Kurzschluss:* eine galvanisch hoch- oder niederohmige Verbindung von zwei oder mehreren Außenleitern an der Fehlerstelle
- Unterbrechung: die Trennung eines Leiters oder mehrerer Leiter, z.B. durch mechanische Einwirkung oder Abbrand

Kabelfehler:

- Parallele Fehler: Verbindung zwischen zwei oder mehreren Leitern oder Leiter und Schirm; der Isolationswiderstand kann sehr niederohmig, aber auch sehr hochohmig sein (möglich sind: Leiter-Leiter und Leiter-Schirm-Fehler / Durchschlagsfehler / Feuchte Fehler). Feuchte Fehler sind während der → *Fehlerortung* am schwierigsten zu bearbeitende Fehler.
- Fehler in Längsrichtung: sind Leiter teilweise abgebrannt, so handelt es sich um Längsfehler; sehr hochohmig bzw. unendlich groß
- Erdfühlige Fehler: Fehler zwischen Metallschirm und Erdreich an Kunststoffkabeln bzw. Fehler zwischen Leiter und Erdreich bei Niederspannungskabeln ohne Metallschirm und Armierung

Kabelhandbuch, 9. Auflage, Mario Kliesch / Frank Merschel / weitere Autoren, Rolf Rüdiger Cichowski (Hrsg.), EW Medien - VERLAG, Frankfurt, 2017

Fehlerortung an Energiekabeln, Frank Arnold / Peter Herpertz, Buchreihe Anlagentechnik, Rolf Rüdiger Cichowski (Hrsg.), EW Medien - VERLAG, Frankfurt, 2013

Fehlerklärungszeit

Fehlerklärungszeit: Zeit vom Auftreten eines Fehlers bis zur Unterbrechung des Fehlerstroms. An Schutzsysteme werden folgende Anforderungen gestellt:

- Selektivität
- Zuverlässigkeit
- Empfindlichkeit
- Wirtschaftlichkeit
- Schnelligkeit, d.h. die Unterbrechung der Stromversorgung muss im Fehlerfall möglichst schnell geschehen.

Um den Schadensumfang bei einer Störung möglichst gering zu halten, soll der Schutz sehr schnell arbeiten. **Merke:** so schnell wie nötig bzw. technisch möglich. Im Hochspannungsnetz: Fehlerabschaltungen von etwa 50 ms bis 150 ms; im 110 kV-Netz etwa 200 ms; im Mittelspannungsnetz etwa 100 ms bis 1 s. Bild *Fehlerklärungszeiten* in Netzen zeigt zulässige Zeiten in verschiedenen Spannungsebenen.

Schutzbereich		Hauptschutz	Reserve-schutz	Schalter-versageschutz
110 kV-Leitung und -Anlage		120 ms / 400 ms *	2 s **	
110 kV-SF_6-Anlage ***	< 40 kA	0,2 s	0,5 s	
	≥ 40 kA	0,1 s	0,2 s	
MS-Leitung und -Anlage		1 s	2 s	
110 kV- / MS-Trafo		150 ms	2 s ***	300 ms
MS- / 0,4 kV-Trafo		300 ms	2 s	

* zur Überstaffelung von Kupplungen kann 600 ms erforderlich sein
** durch Laufzeitadditionen kann diese überschritten werden
*** soweit nicht anders vereinbart

Tabelle F 1: Fehlerklärungszeiten in Hoch- und Mittelspannungsnetzen

Netzschutztechnik, 6. Auflage, Walter Schossig / Thomas Schossig, Buchreihe Anlagentechnik, Rolf Rüdiger Cichowski (Hrsg.), EW Medien - VERLAG, Frankfurt, 2017

Fehlerlichtbogen-Schutzeinrichtungen, AFDD

Fehlerlichtbogen-Schutzeinrichtung, AFDD: bisher wurde die Fehlerlichtbogen-Schutzeinrichtung auch Störlichtbogen-Schutzeinrichtung oder Brandschalter genannt, jetzt nach DIN VDE 0665-10: Fehlerlichtbogen-Schutzeinrichtung, AFDD (**a**rc **f**ault **d**etection **d**evice): nach DIN VDE 0100-420:2016-02 ist eine AFDD dazu vorgesehen, die Auswirkungen von Lichtbögen zu reduzieren, indem der Lichtbogen erkannt und eine Abschaltung des Stromkreises erfolgt. Sie sollte installiert werden, wenn

- besondere Anforderungen an den Brandschutz bestehen
- von der elektrischen Anlage eine hohe Verfügbarkeit erwartet wird

→ Schutz gegen thermische Auswirkungen

Kenngrößen für die Elektrofachkraft, 3. Auflage, VDE -Schriftenreihe 59, Rolf Rüdiger Cichowski, VDE VERLAG Berlin und Offenbach, 2017

Lexikon der Installationstechnik, 4. Auflage, Schriftenreihe 52, Rolf Rüdiger Cichowski / Anjo Cichowski, VDE Verlag, Berlin und Offenbach, 2013

Die vorschriftsmäßige Elektroinstallation, 21. Auflage, Hösl / Ayx / Busch, VDE VERLAG Berlin und Offenbach, 2016

Fehlerortung

Mit Hilfe unterschiedlicher Verfahren können Fehler an Energiekabeln, die im Erdreich unsichtbar gelegt sind, festgestellt werden. Kabel und die zugehörige Garniturentechnik erreichen eine hohe Betriebszuverlässigkeit, aber dennoch sind Versorgungsunterbrechungen nicht ganz auszuschließen und dann müssen die Fehler möglichst zügig gefunden werden. Wenn Kabelstörungen durch Baumaßnahmen verursacht sind, ist häufig eine aufwändige Fehlerortung nicht erforderlich, weil die Arbeiten durch z.B. Dritte (Tiefbauunternehmen) schnell zu identifizieren sind. Bei anderen Fehlern ist dies nicht immer so einfach.

Fehlerursachen:

- Herstellungsfehler
- Transportschäden
- Fehler bei unsachgemäßer Kabellegung
- Montagefehler
- Mechanische Beschädigungen
- Korrosionsschäden
- Thermische Überbeanspruchung
- Überspannungen
- Alterung

Fehlerortungsschritte:

Lfd. Nr.	Schritte der Fehlerortung	Anwendung	Verfahren
1	Kontrolle	Fehlersuche durch Feststellung von Baumaßnahmen auf der Kabeltrasse	Mit Hilfe des Planwerkes des Netzbetreibers
2	Messtechnische Kontrolle	Isolationswiderstand und Durchgang des Kabels messen; Messergebnisse bestimmen die Fehlerart	• Untersuchung auf Erd- und Kurzschluss • Untersuchung auf Unterbrechung
3	Brennen	bei hochohmigen Fehlern an papierisolierten Kabeln Verkohlen der Isolierung, also brennen	Verfahren wird nur noch selten eingesetzt
4	Vororten	Die Entfernung der Fehlerstelle vom Kabelanfang (Anschlusspunkt) wird bestimmt und ins Planwerk übertragen.	• Reflexionsverfahren • Messverfahren für hochohmige Fehler, wie Lichtbogen-Stoßverfahren, Stromimpuls-Verfahren, Spannungsgekoppeltes Ausschwingverfahren
5	Kabelortung	genauer Kabelverlauf im Bereich der vorgeorteten Fehlerstelle wird bestimmt	Planwerk
6	Nachortung	Fehlerort wird punktgenau bestimmt und markiert	• Tonfrequenzverfahren • Stoßspannungsverfahren • Ortung von Mantelfehlern mit Schrittspannungsverfahren

Tabelle F 2: Fehlerortungsschritte

Details zur Kabelortung und damit zur Kabeltrassensuche, zur Kabelauslese und zur Fehlerortung in:

Fehlerortung an Energiekabeln, Frank Arnold / Peter Herpertz, Buchreihe Anlagentechnik, Rolf Rüdiger Cichowski (Hrsg.), EW Medien - VERLAG, Frankfurt, 2013

Bei allen Messungen zur Fehlerortung sind dringend die Sicherheitsregeln nach DIN VDE 0104 und 0105 einzuhalten.

DIN EN 50191 (VDE 0104) Errichten und Betreiben elektrischer Prüfanlagen DIN EN 50110 (VDE 0105) Betrieb von elektrischen Anlagen

Fehlerschutz

Fehlerschutz: Schutz von Personen und Nutztieren vor Gefahren des elektrischen Stroms. Bei ordnungsgemäßem Betrieb, aber auch im Fehlerfall dürfen keine Schädigungen aus einer Berührung mit Körpern oder fremden leitfähigen Teilen entstehen.

Eine Schutzmaßnahme gegen elektrischen Schlag besteht immer aus

- einer Kombination aus zwei unabhängigen Schutzvorkehrungen, dem Basisschutz (Schutz gegen direktes Berühren) und dem Fehlerschutz (Schutz bei indirektem Berühren) oder
- einer verstärkten Schutzvorkehrung, wie verstärkte Isolierung der Betriebsmittel.

Übersicht der Schutzmaßnahmen nach DIN VDE 0100-410:

- automatische Abschaltung der Stromversorgung
- doppelte oder verstärkte Isolierung
- Schutztrennung mit nur einem Verbrauchsmittel
- Schutz durch Kleinspannung
- zusätzlicher Schutz durch Fehlerstrom-Schutzeinrichtung (RCDs) und zusätzlicher Schutzpotentialausgleich

Anforderungen an den Fehlerschutz (Schutz bei indirektem Berühren):

- Schutzerdung und Schutzpotentialausgleich
- automatische Abschaltung im Fehlerfall
- zusätzlicher Schutz für Endstromkreise für den Außenbereich und Steckdosen

Weitere Details:

Lexikon der Installationstechnik, 4. Auflage, Schriftenreihe 52, Rolf Rüdiger Cichowski / Anjo Cichowski, VDE VERLAG Berlin und Offenbach, 2013

DIN VDE 0100-410 Errichten von Niederspannungsanlagen, Schutzmaßnahmen

Kenngrößen für die Elektrofachkraft, 3. Auflage, Schriftenreihe 59, Rolf Rüdiger Cichowski, VDE VERLAG, Berlin und Offenbach, 2017

Fehlerspannung

Fehlerspannung: Spannung zwischen einer Fehlerstelle und der Bezugerde bei einem Isolationsfehler oder die Spannung, die bei einem Körperschluss auftritt zwischen Körpern, Körpern und fremden leitfähigen Teilen und Körpern und der Bezugserde oder kurz gefasst: Fehlerspannung ist die Spannung zwischen einem spannungsführendem Körper und der Bezugserde.

Lexikon der Installationstechnik, 4. Auflage, VDE-Schriftenreihe 52, Rolf Rüdiger Cichowski / Anjo Cichowski, VDE VERLAG, Berlin und Offenbach, 2013

DIN VDE 0100-410 Errichten von Niederspannungsanlagen, Schutzmaßnahmen

Fehlerstrom-Schutzeinrichtungen (RCDs)

Fehlerstrom-Schutzeinrichtungen (RCDs): – frühere Bezeichnung FI – Schalter, heute international gültige Bezeichnung für alle Arten von Fehlerschutzschaltern, RCD: Residual Current protective Device.

Wirkungsweise: Die Summe der Ströme im Stromwandler ist bei ungestörtem Betrieb des Betriebsmittels gleich Null. Wenn allerdings ein Fehlerstrom zum PE fließt ist die Summe ungleich Null, somit fließt auch ein Strom durch die Sekundärwicklung des Wandlers. Erreicht der Fehlerstrom den Bemessungsdifferenzstrom, also den Auslösestrom, so wird der entsprechende Stromkreis abgeschaltet.

Der Vorteil, dass schon bei geringen Fehlerströmen abgeschaltet werden kann, wird in vielen elektrischen Anlagen genutzt und in den Normen der Gruppe 700 von DIN VDE 0100, Errichten von Niederspannungsanlagen werden die Fehlerstrom-Schutzeinrichtungen (RCDs) auch gefordert.

Lexikon der Installationstechnik, 4. Auflage, VDE -Schriftenreihe 52, Rolf Rüdiger Cichowski / Anjo Cichowski, VDE VERLAG, Berlin und Offenbach, 2013

Kenngrößen für die Elektrofachkraft, 3. Auflage, VDE-Schriftenreihe 59, Rolf Rüdiger Cichowski, VDE VERLAG, Berlin und Offenbach, 2017

DIN VDE 0100-410 Errichten von Niederspannungsanlagen, Schutzmaßnahmen

DIN VDE 0100-530 Errichten von Niederspannungsanlagen, Auswahl und Errichtung elektrischer Betriebsmittel, Schalt und Steuergeräte

Feldsteuerung

Feldsteuerung: Bestandteil der Garnituren; an Mittel- und Hochspannungskabeln erforderlich (bei Niederspannungskabeln nicht); Aufgabe der Feldsteuerung: über der Aderisolierung werden Mittelspannungskabel mit einer leitfähigen Schicht oder einem Metallmantel versehen, dadurch tritt ein radialhomogenes elektrisches Feld auf, die Äquipotentialflächen stellen konzentrische Zylinder dar. Am Kabelende, an der Absetzstelle der äußeren Leitschicht wird die Symmetrie gestört und das Feld wird inhomogen. Dadurch besteht die Gefahr von Entladungen und Überschlägen über die freiliegende Ader. Die Elemente der Feldsteuerung haben die Aufgabe die maximalen Feldstärken auf unkritische Werte abzubauen.

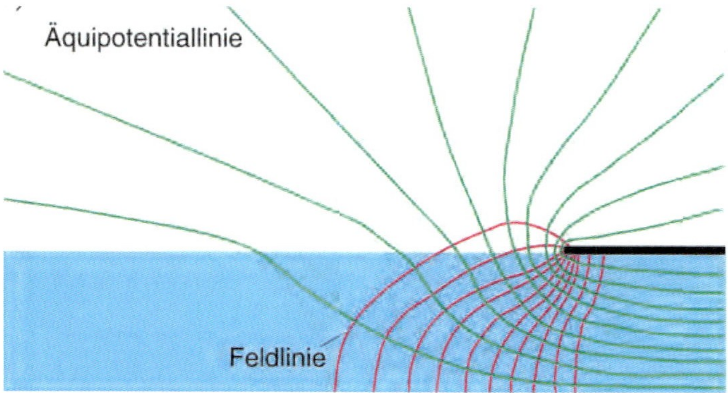

Bild F 3: Ohne Feldsteuerung

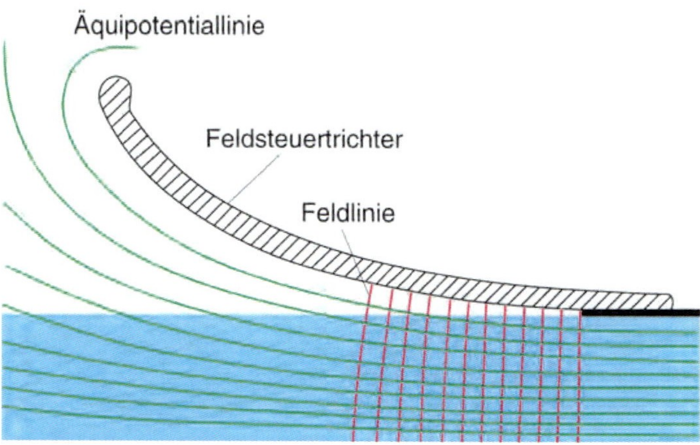

Bild F 4: Mit Feldsteuerung

Elektrisches Feld an der Absetzstelle

Drei Feldsteuerungsmethoden (nur wirksam, wenn eine hohlraumfreie Verbindung der verwendeten Materialien untereinander und mit der Kabelader gewährleistet ist):

- Kapazitive Feldsteuerung: kapazitive Steuerung über ein Feldsteuerelement, das z.B. in den Isolierkörper einer → *Aufschiebgarnitur* integriert ist; es wird ein homogenes Feld durch ein trichterförmiges Erweitern der Feldbegrenzung erreicht, durch Wickeln einer Keule aus isolierenden Bändern, durch einen Deflektor, der mit festem oder flüssigem Isolierstoff ausgefüllt ist, durch konfektionierte Endverschlüsse mit einem vulkanisierten Feldsteuerungstrichter bei Kunststoffkabeln oder durch Kondensatorwicklungen bei Hochspannungskabeln

- Ohmsche oder resistive Feldsteuerung: Über einen Teil der Leiterisolierung werden halbleitende Bänder gewickelt (oder Verwendung von Schrumpfschläuchen), über die kapazitive Ableitströme fließen und so einen kontinuierlichen Spannungsverlauf erzwingen
- Refraktive Feldsteuerung: beruht auf der Ablenkung der Feldlinien beim Übergang auf einen Stoff mit anderer Dielektrizitätszahl. (→ *Dielektrikum*)

Die Methoden lassen sich auch kombinieren, z.B. Kombination aus resistiver und refraktiver Feldsteuerung.

Kabelhandbuch, 9. Auflage, Mario Kliesch / Frank Merschel / weitere Autoren, Rolf Rüdiger Cichowski (Hrsg.), EW Medien - VERLAG, Frankfurt, 2017

Starkstromkabelanlagen, 2. Auflage, Mario Kliesch / Frank Merschel, Buchreihe Anlagentechnik, Rolf Rüdiger Cichowski (Hrsg.), EW Medien - VERLAG, Frankfurt, 2010

Feuchte Fehler

Ist Wasser in ein Kabel eingedrungen, so kann es zu Durchschlägen an der Eindringstelle, oder aber an anderen Stellen führen. Bei mehradrigen Kabeln sind dann in der Regel alle Leiter betroffen. Der Fehlerwiderstand liegt bei einigen kΩ. Außerdem treten an der Fehlerstelle Impedanz-Änderungen auf. In Abhängigkeit vom Kabelaufbau können die Fehler punktförmig oder auch flächenmäßig auftreten. Dieser Kabelfehler ist durch eine Fehlerortung schwer zu identifizieren, da die feuchten Fehler während der Messung häufig ihre Charakterisierung ändern, so dass eine Bestimmung durch die Fehlerortung schwierig wird.

→ *Fehlerortung*

Fehlerortung an Energiekabeln, Frank Arnold / Peter Herpertz, Buchreihe Anlagentechnik, Rolf Rüdiger Cichowski (Hrsg.), EW Medien - VERLAG, Frankfurt, 2013

Kabelhandbuch, 9. Auflage, Mario Kliesch / Frank Merschel / weitere Autoren, Rolf Rüdiger Cichowski (Hrsg.), EW Medien - VERLAG, Frankfurt, 2017

Flicker

Flicker: subjektiver Eindruck von Leuchtdichteschwankungen von Glühlampen oder Leuchtstofflampen; hervorgerufen werden diese Empfindungen durch Lichtreize mit zeitlicher Schwankung der Leuchtdichte oder der spektralen Verteilung. Die Flicker gehören zu den Netzrückwirkungen auf die leitungsgebundene Stromversorgung im Frequenzbereich bis etwa 2,5 kHz, wie Spannungsänderungen, Spannungsänderungsverläufe, Spannungsschwankungen, Spannungsunsymmetrien oder Oberschwingungsspannungen.

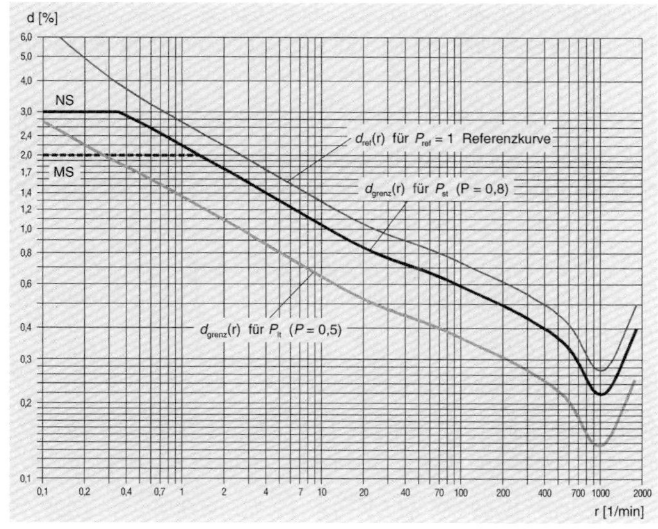

Bild F 5: Verträglichkeitspegel für periodische, rechteckförmige Spannungsänderungen nach IEC 61000-2-2: Flickergrenzkurve

Bei den Leuchtdichteschwankungen handelt es sich um sehr subjektiv, von Mensch zu Mensch unterschiedlich, wahrgenommene Störungen. Zur Erfassung der Störauswirkungen muss die gesamte Wirkungskette bestehend aus

- Spannungsänderung (Amplitude, Kurvenform, Häufigkeit)
- Lampencharakteristik (Werte ermittelt für Leuchtdichteschwankungen an einer Doppelwendelglühlampe 230V / 60W)
- Wahrnehmung im menschlichen Auge
- Verarbeitung des Sehempfindens im Gehirn

mit berücksichtigt werden. Zur Beurteilung der Störwirkungen wurden mit Hilfe von Versuchspersonen Flickergrenzkurven ermittelt. (siehe Bild Flickergrenzkurve)

Ursache für Flicker: Spannungsschwankungen, falls sie im flickerrelevanten Frequenzbereich liegen, wobei die Art der Laständerungen und deren Häufigkeit bzw. Wiederholungsrate wichtig sind. Flicker können auch durch Oberschwingungen oder durch Zwischenharmonische verursacht werden.

Flickerrelevante Vorgänge: Frequenzbereich > 0 Hz bis etwa 35 Hz; Spannungsamplituden bis etwa 4 %; höherfrequente, gepulste Frequenzen, wie bei Rundsteuersignalen können ebenfalls Flicker verursachen.

Ein Flickerwert $P_{st} = 1$ (siehe Bild Flickergrenzkurve) bedeutet eine gewisse Wahrscheinlickeit für die Wahrnehmung durch den Menschen. Dieser Wert sollte bei Zusammenwirken aller Spannungsänderungen im Netz nicht überschritten werden. Die Anlage eines einzelnen Verbrauchers darf den Kurzzeitflickeremissionswert $P_{st} = 0{,}8$ und den Langzeitwert $P_{lt} = 0{,}5$ nicht überschreiten. Details siehe:

Technische Regeln zur Beurteilung von Netzrückwirkungen. VDN Richtlinie, 2007

Merke: Ein Überschreiten der Grenzwerte sagt noch nichts über die tatsächliche Störwirkung aus, da die Empfindung sehr subjektiv beurteilt werden muss. Entscheidend ist inwieweit sich ein Kunde gestört fühlt.

Erzeugungsanlagen zum Anschluss an das Niederspannungsnetz sind hinsichtlich der Flickerwirkungen gemäß DIN VDE 0838-3 und DIN VDE 0838-11 auf ihre Netzverträglichkeit durch Konformitätserklärung des Herstellers oder durch Prüfung einer akkreditierten Prüfstelle zu bewerten.

DIN EN 6100033 (VDE 0838-3) Elektromagnetische Verträglichkeit (EMV) Grenzwerte; Begrenzung von Spannungsänderungen, Spannungsschwankungen und Flicker in öffentlichen Niederspannungs Versorgungsnetzen

DIN EN 61000311 (VDE 0838-11) Elektromagnetische Verträglichkeit (EMV) Grenzwerte

Netzrückwirkungen, 3. Auflage, Walter Hormann / Wolfgang Just / Jürgen Schlabbach, Buchreihe An lagentechnik, Rolf Rüdiger Cichowski (Hrsg.), EW Medien - VERLAG, Frankfurt, 2008

Power Quality, Schlabbach / Mombauer, VDESR 127, VDE VERLAG Berlin und Offenbach, 2008

Netzanschluss von EEGAnlagen, 2. Auflage, Jürgen Schlabbach / Frank Fischer, Buchreihe Anlagentechnik, Rolf Rüdiger Cichow ski (Hrsg.), EW Medien - VERLAG, Frankfurt, 2016

Freileitung

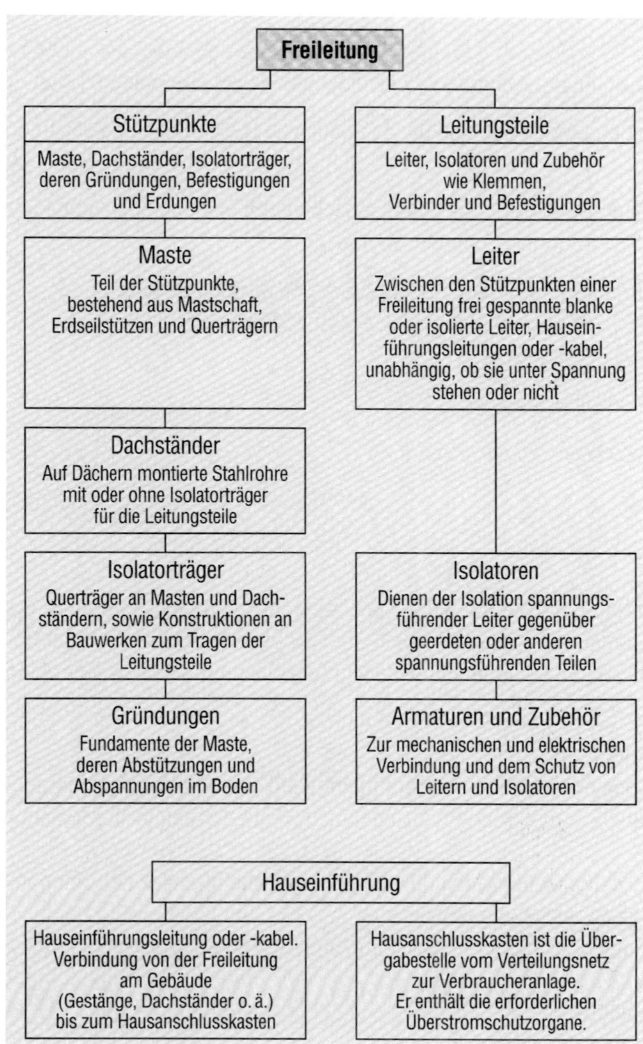

Bild F 6: Bestandteile der Freileitung

Freileitung:

- Mittelspannung, nach DIN VDE 0210: ist die Gesamtheit einer Anlage zur oberirdischen Fortleitung von elektrischer Energie, bestehend aus Stützpunkten und Leitungsteilen; umfassen Masten, Gründungen und Erdungen, Leiter und Isolatoren
- Niederspannung nach DIN VDE 0100-200: elektrische Anlage zur Stromversorgung im Freien, bestehend aus Stützpunkten, Dachständern, Leitern, Isolatoren und Zubehör

Bauteile: Müssen so ausgewählt und beschaffen sein, dass sie betriebssicher verwendet werden können.

Allgemeine Grundsätze: möglichst unauffällig in die Region eingepasst, möglichst gradlinige Leitungsführung, damit wenig Abzweig- und Winkelpunkte, wegen der Wirtschaftlichkeit, Einsatz genormter Bauteile

Umweltschutztechnik: Vogelschutzmaßnahmen Arten der Leiter: blanke und isolierte Leiter

Trend: Rückgang des Freileitungsbestandes und des Neubaus von Freileitungen, da der Trend zur Verkabelung besteht

Spannungsebenen: Freileitungen gibt es für alle Spannungsebenen vom Niederspannungsnetz über Mittelspnnungsnetze bis hin zu Hochspannungsnetzen.

Freileitung, 2. Auflage, Peter Niemeyer / Andreas Grohs, Buchreihe Anlagentechnik, Rolf Rüdiger Cichowski (Hrsg.), EW Medien – VERLAG, Frankfurt, 2008 (Hinweis: 3. Auflage erscheint 1. Quartal 2018)

DIN EN 50341 (VDE 0210) Freileitungen über AC 45 kV

VDE 0211 Bau von StarkstromFreileitungen bis 1000 V

Fundamenterder

Fundamenterder: ist ein Erder einer besonderen Ausführungsform, er ist entweder in Beton eingebettet oder ins Erdreich verlegt (nach DIN VDE 0100-540) und vom Erdreich umschlossen. Fundamenterder werden in die Außenfundamente von Gebäuden als geschlossener Ring eingelegt.

Aufgaben der Fundamenterder:

- einen erhöhten Schutz gegen gefährliche Körperströme zu bieten durch den Anschluss des Fundamenterders an die Haupterdungsschiene und den Potentialausgleich wirksam zu machen
- gilt als Bestandteil der elektrischen Anlage und erfüllt wesentliche Sicherheitsfunktionen
- Anschluss an die Blitzschutzanlagen der Gebäude
- Verringerung des Gesamtwiderstandes und Unterstützung des PEN-Leiters in TN-Systemen
- Erdungsaufgabe im TT-System
- Abschirmung für informationstechnische Anlagen

Werkstoff und Ausführung: Bandstahl mindestens 30 mm × 3,5 mm oder 25 × 4 mm oder Rundstahl mindestens 10 mm Durchmesser; Werkstoff aus verzinktem oder unverzinktem Stahl, durch Einbettung in Beton korrosionsbeständig.

Ausführung im unbewehrten Fundament: Abstandshalter stellen sicher, dass der Stahl beim Einbringen des Betons mindestens 5 cm über der Fundamentsohle zu liegen kommt, so dass er allseitig von Beton umhüllt wird und damit dann gegen Korrosion geschützt ist.

Ausführung im bewehrten Fundament: Der Stahl wird auf die untere Bewehrungsanlage gelegt und zur Lagefixierung mit der Bewehrung verrödelt.

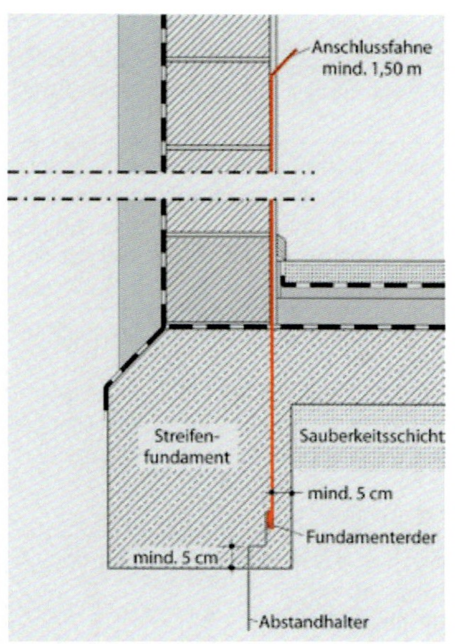

Bild F 7: Ausführung eines Fundamenterders in bewehrtem Fundament (rechts)

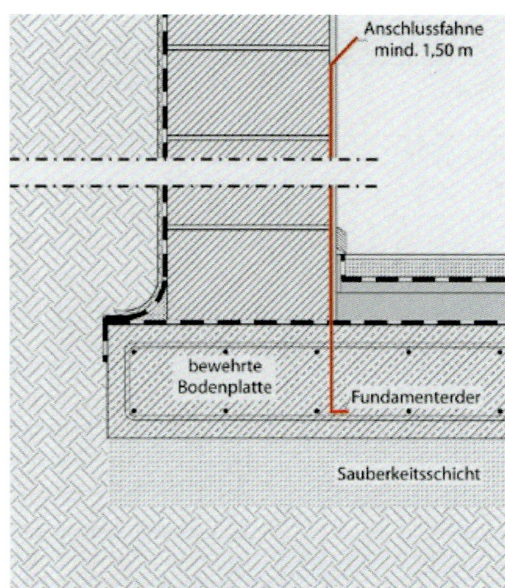

Bild F 8: Ausführung eines Fundamenterders in unbewehrtem Fundament (links)

Merke: Wird ein Fundamenterder auch als Blitzschutzerder eingesetzt, ist für jede Ableitung der Blitzschutzanlage eine Anschlussfahne nach außen zu führen.

Verbindungsstellen: Schweiß-, Schraub- und Klemmverbindungen sind möglich, in der Praxis hat sich die Keilverbindung bewährt

Anschlussfahnen: etwa 30 cm über dem Kellerfußboden herausführen

Widerstandwerte für Fundamenterder: 1 Ohm bis 10 Ohm, je nach Bodenart

Fundamenterder	nach DIN 18014:2014-03
Begriff	Leitfähiges Teil, das im Beton eines Gebäudefundamentes als geschlossener Ring eingebettet ist
Aufgabe	Soll die Wirkung des Schutzpotentialausgleichs in einem Gebäude unterstützen und wirksam gestalten und kann gleichzeitig für weitere Erdungsaufgaben herangezogen werden, z.B. im TT-System mit Schutz durch Fehlerstrom-Schutzeinrichtung(RCD) oder in Blitzschutz-, Antennen- und informationstechnischen Anlagen
Anforderungen	ist im elektrischen Kontakt mit der Erde und wird über die Haupterdungsschiene mit der elektrischen Anlage verbunden, um • die Erfüllung der Schutzmaßnahmen der elektrischen Anlage zu unterstützen • Erdfehlerströme und Schutzleiterströme zur Erde abführen zu können ohne thermische oder elektromechanische Beanspruchungen oder elektrischen Schlag entstehen zu lassen • Funktionsanforderungen geeignet zu erfüllen
Anordnung	• der Bandstahl ist als geschlossener Ring in Bereich der Außenmauern des Gebäudes unterhalb der Isolierschicht zu verlegen • Dehnfugen mit Dehnungsbändern überbrücken • Je nach Größe der Fläche sind Querverbindungen zu erstellen (Maschenweite von 20x20 m nicht überschreiten)
Werkstoff	Blanker oder verzinkter Stahl als Bandmaterial in 30 mm x 3,5 mm oder Rundstahl mit mindestens 10 mm Durchmesser(besondere Anforderungen: nichtrostender Stahl oder Kupfer)
Anschlussfahne	des Bandstahls bis in den Hausanschlussraum führen (mind. eine Länge von 1,5 m in den Raum hinein)
Verbindungsstellen	• gut leitende Verbindungen und Abzweige durch geeignete Klemmen, Schrauben oder durch Schweißen herstellen • Keilverbindungen unzulässig
Dokumentation	Pläne und / oder Fotografien und Ergebnisse der Durchgangsmessungen protokollieren
Ausführung	vom Bauherrn, Architekten oder Fachplaner zu veranlassen und von Elektrofachkraft die Arbeiten überwachen

Tabelle: F 3: Fundamenterder ***kurz gefasst***

Lexikon der Installationstechnik, 4. Auflage, Schriftenreihe 52, Rolf Rüdiger Cichowski / Anjo Cichowski, VDE VERLAG Berlin und Offenbach, 2013

ABC der Elektroinstallation, 15. Auflage, Hans Schultke / Michael Fuchs, EW Medien und Kongresse, 2012

DIN VDE 0100-540 Errichten von Niederspannungsanlagen, Auswahl und Errichtung elektrischer Be triebsmittel

DIN VDE 0100-410 Errichten von Niederspannungsanlagen, Schutzmaßnahmen, Schutz gegen elek trischen Schlag

Funktionskleinspannung

Funktionskleinspannung: Schutzmaßnahme bei Stromkreisen mit Nennspannungen bis 50 V Wechselspannung bzw. 120 V Gleichspannung; die Funktionsspannung ist anzuwenden, wenn Kleinspannungsstromkreise gefordert werden und aus Funktionsgründen, wie bei Mess- und Steuerstromkreisen oder im Fernmeldebereich auf die Erdung aktiver Teile oder auf die Erdung der Körper nicht verzichtet werden kann. Bei der Funktionskleinspannung ist noch zu unterscheiden:

- Funktionskleinspannung **mit** sicherer Trennung zu den Stromkreisen höherer Spannung: PELV: Der Sekundärkreis wird entweder geerdet und / oder Betriebsmittel werden geerdet. Ein Schutz gegen direktes Berühren kann erforderlich sein.
- Funktionskleinspannung **ohne** sichere Trennung zu den Stromkreisen höherer Spannung: FELV: Wenn nicht alle Bedingungen der Schutzmaßnahmen SELV oder PELV erfüllt sind, kann FELV angewendet werden. Wichtig: alle FELV-Stromkreise und FELV-Betriebsmittel haben keine direkte Verbindung zum einspeisenden System und müssen mindestens eine Basisisolierung zu Systemen höherer Spannung haben.

Begriffe PELV (**P**rotection **E**xtra-**L**ow **V**oltage) und FELV (**F**unctional **E**xtra-**L**ow **V**oltage): international gebräuchlich

VDE 0100 und die Praxis, 16. Auflage, Gerhard Kiefer / Herbert Schmolke, VDE VERLAG Berlin und Offenbach, 2017

Lexikon der Installationstechnik, 4. Auflage, Schriftenreihe 52, Rolf Rüdiger Cichowski / Anjo Cichowski, VDE VERLAG Berlin und Offenbach, 2013

Funktionsprüfungen

Funktionsprüfungen: die Funktionen der elektrischen Anlagen und Betriebsmittel müssen überprüft werden, dies gilt für einzelne Baugruppe, für Kombinationen von Schalt- und Steuergeräten, Antrieben, Steuerungen und Verriegelungen. Dabei muss festgestellt werden, ob die jeweiligen Anforderungen erfüllt werden und ob richtig errichtet, eingebaut, eingestellt und betrieben wird. Insbesondere sind die technischen Schutzmaßnahmen, wie Einrichtungen im Notfall, zu prüfen. Nach dem Abschluss aller Montagearbeiten muss vor Ort eine umfassende Funktionsprüfung durchgeführt werden, dies gilt insbesondere für den Netzschutz in elektrischen Anlagen. Dabei werden bewusst unzulässige Schalthandlungen veranlasst, um deren Sperrung durch den Schaltfehlerschutz zu prüfen. Nach einer Instandsetzung eines Betriebsmittels ist die Funktionsprüfung notwendig, um festzustellen, ob bei dem Betrieb des instand gesetzten Gerätes keine Unfallgefahr besteht.

VDE 0100 und die Praxis, 16. Auflage, Gerhard Kiefer / Herbert Schmolke; VDE VERLAG Berlin und Offenbach, 2017

Lexikon der Installationstechnik, 4. Auflage, Schriftenreihe 52, Rolf Rüdiger Cichowski / Anjo Cichowski, VDE VERLAG Berlin und Offenbach, 2013

Netzschutztechnik, 6. Auflage, Walter Schossig / Thomas Schossig; Buchreihe Anlagentechnik, Rolf Rüdiger Cichowski (Hrsg.), EW Medien – VERLAG, Frankfurt, 2017

Ganzbereichssicherungen (g)

Ganzbereichssicherungen: können alle Überströme vom kleinsten Schmelzstrom bis zum Ausschaltvermögen ausschalten. Sie können als alleinige Schutzelemente eingesetzt werden.

→ *Sicherungen*
→ *Teilbereichssicherungen*
→ *HH-Sicherungen*
→ *NH-Sicherungen*

Sicherungshandbuch, Herbert Bessei, Hrsg. die Deutschen Hersteller von NH / HH -Sicherungseinsätzen

Garnituren

Kabelgarnituren in Verteilungsnetzen im Nieder- und Mittelspannungsbereich: zum Verbinden und Abschließen der Kabel. Die Garnituren müssen sich in Funktion, Qualität und Lebensdauer an die Kabel anpassen, damit die gesamte Kabelanlage (Kabel und Garnituren) den gleichen, hohen technischen Standard erreicht. Dies ist deshalb besonders schwierig, weil die Garnituren im Gegensatz zur Kabelherstellung durch Montagefirmen vor Ort auf der Baustelle hergestellt werden. Außerdem hat sich der Wechsel von papier- zu kunststoffisolierten Kabeln in den vergangen Jahren stark entwickelt und bei Kunststoffkabeln und den Garnituren ist die qualitativ hohe Ausführung der Montagen ganz besonders wichtig. Daher haben sich Anfang der 90er Jahre Qualitätsmanagementmethoden auch bei den Montageunternehmen durchgesetzt. Außerdem geht der Trend im Mittelspannungsbereich seit einiger Zeit zu vorgefertigten Garnituren, die das Fehlerrisiko bei der Montage vermindern. Fabrikfertige Garnituren in → *Aufschiebetechnik* setzen aufeinander abgestimmte Maße, Toleranzen und entsprechende Montageverfahren voraus.

Zu den Garnituren zählen:

- Muffen: dienen zum Verbinden von Kabeln, zur Herstellung von Abzweigen oder Übergängen zu anderen Konstruktionen
- spannungsfeste Endkappen: schließen Kabel ab, um statische Entladungen über den PE-Außenmantel bei der Kabellegung zu vermeiden
- Endverschlüsse: schließen das Ende eines Kabels ab und stellen die Verbindung von dem Kabel zu einem anderen Betriebsmittel her, wie zu einer Schaltanlage oder einer Freileitung
- Kabelsteckteile: dienen zum Anschluss von Kabeln an Anlagen und Geräte mit genormten Geräteanschlussteilen

Muffen werden unterschieden:

- Endmuffen: Kabel ohne Verbindung zu anderen Anlageteilen spannungsfest abschließen
- Verbindungsmuffen: Kabel gleicher Bauart verbinden
- Übergangsmuffen: Kabel ungleicher Bauart verbinden

- Abzweigmuffen: Abzweige von Kabeln gleicher oder ungleicher Bauart herstellen
- Reparaturmuffen: werden bei im Netz vorhandenen beschädigten Kabelanlagen zur Wiederherstellung eingesetzt

Grundelemente der Garnituren: Leiterverbindung, Isolierung und Schutzhülle und ggf. Schirmung und Feldsteuerung

Anforderungen an Garnituren:

- Gewährleistung betriebssicherer Leiterverbindungen
- Gewährleistung eines ausreichenden Isolationsniveaus
- Kurzschlussfestigkeit
- Beherrschung der mechanischen und thermischen Beanspruchungen
- Berücksichtigung der Umgebungseinflüsse, wie Feuchtigkeit, Korrosion, UV-Strahlung, Schmutz

Eine wichtige Aufgabe für Garnituren ist die Verhinderung des Eindringens von Feuchtigkeit. Feuchtigkeit verschlechtert die Isoliereigenschaften des → *Dielektrikums* ganz erheblich, daher muss dringend Feuchtigkeit verhindert werden. Außerdem kann Feuchtigkeit Korrosion verursachen und zu Kurzschlüssen im Verbindungsbereich z.B. einer Muffe führen. Daher sind bei der Auswahl der Isolierstoffe deren technische Eigenschaften zu beachten.

Elektrisch	**Chemisch**	**Thermisch**	**Mechanisch**
Durchschlag-festigkeit	Wasseraufnahme	Wärme-beständigkeit	Druckfestigkeit
Oberflächen-widerstand	Wetterbeständigkeit	Brennbarkeit	Zugfestigkeit
Spezifischer Isolationswiderstand	Ozonbeständigkeit	Wärmeleitfähigkeit	Biegefestigkeit
Dielektrizitäts-konstante	Chemikalien-beständigkeit	Ausdehnungs-koeffizient	Elastizitätsmodul
Kriechstrom-festigkeit	Lunkerbildung		
	Haftbarkeitauf anderen Werkstoffen		
	Zersetzungsprodukte im Lichtbogen		
	Sonstige Alterungs-verhalten		

Tabelle G 1: Technische Eigenschaften bei der Auswahl von Isolierstoffen

Kabelhandbuch, 9. Auflage, Mario Kliesch / Frank Merschel / weitere Autoren, Rolf Rüdiger Cichowski (Hrsg.), EW Medien - VERLAG, Frankfurt, 2017

Starkstromkabelanlagen, 2. Auflage, Mario Kliesch / Frank Merschel, Buchreihe Anlagentechnik, Rolf Rüdiger Cichowski (Hrsg.), EW Medien - VERLAG, Frankfurt, 2010

Gasaußendruckkabel

Gasaußendruckkabel: Hochspannungskabel, die in ein Stahlrohr eingezogen werden und bei denen durch das Gas von außen über den Bleimantel Druck auf die Isolierung ausgeübt wird. Durch diesen hohen Druck auf die Isolierung entstehen keine Hohlräume und somit sind Teilentladungen verhindert. Diese Kabel gehören zur Gruppe der thermisch stabilen Kabel, weil bei allen zulässigen Belastungen durch den Druck das Glimmen (also Teilentladungen) verhindert werden und ein Anstieg des Verlustfaktors unterbleibt.

Aufbau: Die mit hochviskosem Isolieröl getränkte Papierisolierung ist durch einen Bleimantel vom Druckmittel Gas getrennt. Das bewehrte Kabel wird in ein korrosionsgeschütztes Stahlrohr eingezogen, das mit Stickstoff bis zu einem Druck von 1,6 MPa gefüllt wird. Die Leiter haben zur besseren Druckaufnahme eine ovale Form. Über jeder Ader befindet sich ein Bleimantel mit darüber liegender Druckschutzbandage, die eine übermäßige Dehnung des Bleimantels bei starken Druckschwankungen verhindern soll. Die Adern sind entweder verseilt und haben eine gemeinsame Stahl-Flachdrahtbewehrung oder sind unverseilt und haben Gleitdrähte auf jeder Ader. Der Endverschlussinnenraum ist evakuiert und mit hochviskosem Kabelöl gefüllt. Das Endverschlussdielektrikum ist gas dicht vom Stickstoff der Stahlrohrleitung getrennt. Der Volumenausgleich zwischen dem Stickstoff in der Rohrleitung und dem Kabelöl im Endverschluss erfolgt bei Lastwechseln in einem getrennten Druckausgleichsgefäß. Wegen des hohen Drucks im → *Dielektrikum* und der exakten Trennung zwischen Stickstoff und Isolieröl kann die Wickelkeule des Endverschlusses klein bemessen werden.

→ *Gasinnendruckkabel*

Zulässige Biegeradien für Gasaußendruckkabel: 4 m

Bild G 1: Gasaußendruckkabel

1 mehrdrähtiger Leiter aus Kupfer
2 innere Leitschicht (Rußpapier)
3 massegetränkte Papierisolierung
4 äußere Leitschicht (Höchstädterfolie und Rußpapier)
5 Bleimantel
6 Korrosionsschutz
7 unmagnetische Druckschutzbandage
8 Zwickelfüllung und Polster
9 Bewehrung (Einziehhilfe)
10 Stahlrohr
11 Schutzhülle (PE)

DIN VDE 0276-635 Prüfungen an Gasaußendruckkabeln und Garnituren für Wechselspannungen bis einschließlich 275 kV

Starkstromkabelanlagen, 2. Auflage, Mario Kliesch / Frank Merschel, Buchreihe Anlagentechnik, Rolf Rüdiger Cichowski (Hrsg.), EW Medien - VERLAG, Frankfurt, 2010

Gasinnendruckkabel

Gasinnendruckkabel: sind Hochspannungskabel, die in ein Stahlrohr eingezogen werden und bei denen das Gas (meist Stickstoff) unter Druck in die Papierisolierung eindringt. Das Gas bildet somit einen Bestandsteil der Isolierung. Diese Kabel gehören zur Gruppe der thermisch stabilen Kabel, weil bei allen zulässigen Belastungen durch den Druck das Glimmen (also Teilentladungen) verhindert werden und ein Anstieg des Verlustfaktors unterbleibt.

Aufbau: Bei dieser Kabelausführung wird üblicherweise die Papierisolierung mit hochviskoser Masse getränkt. Die geschirmten Adern sind verseilt und liegen in einem Stahlrohr. Das im Stahlrohr vorhandene Gas steht unter einem Druck bis zu 1,6 MPa. Es diffundiert in die Papierisolierung ein und ist somit Bestandteil der Isolierung. Einadrige Gasinnendruckkabel haben einen Aluminiummantel, der auch der Druckaufnahme dient. Über dem Aluminiummantel befindet sich eine Schutzhülle mit eingebetteter Schicht, darüber ein Kunststoffmantel. Dreiadrige Kabel haben keinen Metallmantel über der Einzelader. Als Druckrohr haben sie entweder einen Aluminiummantel oder sie werden in Stahl-Druckrohre eingezogen. Die Adern sind entweder unverseilt und haben je einen Gleitdraht oder sie sind verseilt und haben eine gemeinsame Bewehrung aus Stahlflachdrähten. Bei beiden Ausführungsarten dringt der Stickstoff in die Hohlräume und ist damit Bestandteil der Isolierung. Die Isolierung wird mit ölimprägniertem Papier gewickelt. Um Luft und Feuchtigkeit zu entfernen, wird der Endverschluss evakuiert und mit hochviskosem Kabelöl gefüllt. Das Kabelöl steht direkt mit dem Stickstoffgas des Kabels in Verbindung. Volumenänderungen des Isolieröls bei Lastwechseln werden über ein Gaspolster in der Kopfarmatur ausgeglichen.

→ *Gasaußendruckkabel*

Zulässige Biegeradien für Gasinnendruckkabel: 4 m

Bild G 2: Gasinnendruckkabel

1 mehrdrähtiger Leiter aus Kupfer
2 innere Leitschicht (Rußpapier)
3 massegetränkte Papierisolierung
4 äußere Leitschicht (Höchstädterfolie und Rußpapier)
5 Querleitwendel (Kupferband)
6 Polster
7 Bewehrung (Einziehhilfe)
8 Stahlrohr
9 Schutzhülle (PE)

DIN VDE 0276-634 Prüfungen an Gasinnendruckkabeln und Garnituren für Wechselspannungen bis einschließlich 275 kV

Starkstromkabelanlagen, 2. Auflage, Mario Kliesch / Frank Merschel, Buchreihe Anlagentechnik, Rolf Rüdiger Cichowski (Hrsg.), EW Medien – VERLAG, Frankfurt, 2010

Gasisolierte Leitungen (GIL)

Die Energiewende, dezentrale Stromerzeuger, die in Nieder- und Mittelspannungsnetze einspeisen, hohe Leistungen, die über lange Entfernungen innerhalb Deutschlands transportiert werden müssen, erfordern auch in der Kabel- und Leitungstechnik immer stärker neue Entwicklungen und Technologien. Die gasisolierte Leitung ist eine neue Kabeltechnologie für Höchstspannung, die in Deutschland in Musterstrecken eingebaut wird.

Aufbau der gasisolierten Leitung: koaxiale Aluminiumrohrleiter, die aus einem inneren Leiterrohr und einem äußerem Mantelrohr bestehen. Der Innenleiter führt Höchstspannungspotential und ist gegen den geerdeten Mantel mit Gießharzstützern abgegrenzt. Als Isoliermedium wird ein unter Druck stehendes Gasgemisch, Schwefelhexaflourid (SF_6) und Stickstoff eingesetzt. Die sehr guten dielektrischen Eigenschaften erfordern nur einen relativ geringen Isolationsabstand, so dass der Außendurchmesser einer 380-kV gasisolierten Leitung nur rund 500 mm beträgt.

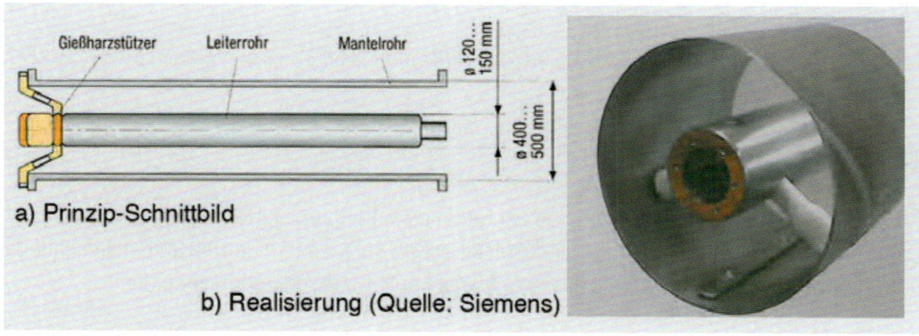

Bild G 3: Gasisolierte Leitung (GIL)

Vorteile der gasisolierten Leitung:

- elektrische Verluste entsprechen etwa denen eines Kabels und somit nur etwa ein Drittel der Verluste einer Freileitung
- gegenüber Isoliermedium VPE eine höhere elektrische Festigkeit
- die thermische Grenzleistung liegt deutlich höher als bei einem VPE-isolierten Kabels, in etwa bei der Grenzleistung einer Freileitung
- geringere Betriebskapazität im Vergleich zu Feststoff isolierten Kabeln, dadurch wesentlich kleinere Ladeströme und damit eine Verringerung von Abständen für Kompensationseinrichtungen

Kabelhandbuch, 9. Auflage, Mario Kliesch / Frank Merschel / weitere Autoren, Rolf Rüdiger Cichowski (Hrsg.), EW Medien – VERLAG, Frankfurt, 2017

Gasisolierte Schaltanlagen

Gekapselte, gasisolierte Schaltanlagen werden in allen Spannungsebenen eingesetzt. Bei begrenztem Raum und hohen Anforderungen an Verschmutzungsunempfindlichkeit und auch Klimaunempfindlichkeit, werden druckgasisolierte Schaltanlagen seit vielen Jahren in die Netze eingebaut. Als Isoliergas dient SF_6 (Schwefelhexafluorid), das auf Grund seiner bereits bei Atmosphärendruck eine etwa dreifach höhere dielektrische Festigkeit besitzt als Luft. SF_6 ist ein chemisch stabiles, nicht toxisches, farb- und geruchloses Gas. Als Treibhausgas eingestuft, bedarf es jedoch eines sorgfältigen Umgangs, vor allem für die Wiederaufbereitung bzw. Entsorgung. Es findet in gasisolierten Schaltanlagen, in Schaltern, Wandlern, Transformatoren ihre Anwendung. Schaltanlagen sind nach dem Baukostenprinzip aus modularen Komponenten aufgebaut, die Schaltfelder sind etwa, je nach Spannungsebene, ein bis fünf Meter breit. Der Druck liegt etwa bei drei bis 6 bar.

Betriebsmittel und Auswirkungen der elektrischen Energietechnik, Jürgen Schlabbach, VDEVerlag Berlin und Offenbach, 1984

Gasisolierte metallgekapselte Leistungsschalteranlagen bis 36 kV, VDEWVerlag, Frankfurt, 2004

Gebäudestation

Gebäudestation: eine Netzstation, die in ein Gebäude eingebaut ist; Gebäude: ein Bauwerk mit Dach, das mindestens einen Raum, für die elektrischen Anlagen und Betriebsmittel umschließt, betreten werden kann und zum Schutz von Menschen, Nutztieren und Sachen dient.

→ *Einbaustation*
→ *Netzstation*
→ *begehbare Station*
→ *fabrikfertige Station*

Netzstationen, 2. Auflage, IlloFrank Primus, Buchreihe Anlagentechnik, Rolf Rüdiger Cichowski (Hrsg.), EW Medien und Kongresse Verlag; 2014

Gefährdungsbeurteilungen

Gefährdungsbeurteilungen: Arbeiten an elektrischen Anlagen und Betriebsmitteln können mit Unfall- und Gesundheitsrisiken verbunden sein. Jeder Unternehmer, ob Netzbetreiber oder Dienstleister, die in Netzen der Netzbetreiber arbeiten, die Führungskräfte und jeder Mitarbeiter muss dafür Sorge tragen, dass die Risiken, die mit diesen Arbeiten verbunden sind, so gering wie möglich gehalten werden. Nach dem Arbeitsschutzgesetz (ArbSchG) in Verbindung mit der Betriebssicherheitsverordnung (BetrSichV) ist vor Beginn der Arbeiten eine Gefährdungsbeurteilung durchzuführen. Die Technischen Regeln für Betriebssicherheit (TRBS) 1111 beschreiben den grundsätzlichen Ablauf der Ermittlung und Bewertung von Gefährdungen sowie entsprechend notwendige und geeignete Maßnahmen.

Einfache Darstellung der Struktur zur Vorgehensweise:

- Erfassung der Betriebsorganisation und der Sicherheitsorganisation des jeweiligen Betriebes: Struktur / Arbeitsbereiche / Werkstätten / Tätigkeiten
- Erfassung und Analyse möglicher Gefährdungen: elektrische Gefährdungen / mechanische Gefährdungen/ Gefährdungen durch Tiefbauarbeiten / Gefährdung durch Gefahrstoffe / ....
- Bewertung der Gefährdungen und Festlegung von Maßnahmen gegen Gefährdungen
- Maßnahmen auf Wirksamkeit überprüfen
- Dokumentation der Gefährdungsbeurteilung

Gleichzeitigkeitsfaktor

Die Grundlage für die Projektierung von Versorgungsnetzen ist für Netzbetreiber u.a der Leistungsbedarf, der sich orientiert an dem Leistungsbedarf der einzelnen Kundenanlagen, an dem Leistungsbedarf einer Gruppe von Kunden und deren unterschiedlichen Verbaucherverhaltens. Der Leistungsbedarf wird ermittelt aus der Summe der installierten Leistung (bekannt durch die Anschlusswerte) und dem Gleichzeitigkeitsfaktor, der berücksichtigt, dass nicht alle Verbrauchsmittel, Betriebsmittel und elektrischen Anlagen gleichzeitig eingeschaltet sind oder mit Volllast betrieben werden. Der Gleichzeitigkeitsfaktor g ist das Verhältnis der an einer Stelle des Netzes bzw. der elektrischen Anlage gleichzeitig in Anspruch genommenen Leistungen zu der hinter dieser Stelle installierten Leistung.

$$P_{max} = g \cdot P_{inst}$$

P_{max} gleichzeitig in Anspruch genommene maximale Leistung, Leistungsbedarf
P_{inst} installierte Leistung (Summe der Anschlusswerte)
g Gleichzeitigkeitsfaktor ($0 < g$ ″ 1)

Art der elektrischen Versorgung	Gleichzeitigkeitsfaktor *g*
Öffentliche Gebäude	
• Hotels	0,6 bis 0,8
• kleine Büros	0,5 bis 0,7
• große Büros	0,7 bis 0,8
• Ladengeschäfte	0,5 bis 0,7
• Kaufhäuser	0,7 bis 0,9
• Schulen	0,6 bis 0,7
• Krankenhäuser	0,5 bis 0,75
• Versammlungsräume	0,6 bis 0,8
Maschinenbau	0,25
Papier- und Zellstofffabriken	0,5 bis 0,7
Chemische Industrie	0,5 bis 0,7
Zementwerke	0,8 bis 0,9
Nahrungsmittel-Industrie	0,7 bis 0,9
Bergbau	0,8 bis 1
• Aufbereitung	1
• Untertage	0,8 bis 0,9
Hütten- und Stahlindustrie	bis 0,8
Hilfsantriebe	1
Verkehrsanlagen (z.B.: Rolltreppen, Tunnelbelüftung)	1
Beleuchtung Straßentunnel	1
Sicherheitsstromversorgung	
g ist in industriellen Bereichen abhängig von der Anzahl der Reservebetriebe	

Tabelle G 2: Gleichzeitigkeitsfaktor g

Systematische Netzplanung, Hermann Nagel, Buchreihe Anlagentechnik, Rolf Rüdiger Cichowski (Hrsg.), VWEW Frankfurt, 1994

Grundlast

Permanent benötigte Leistung in einem Energieversorgungssystem. Die Grundlast der Stromversorgung decken in Deutschland noch weitestgehend konventionelle Energieträger. Mit Hilfe eines Smart Grid könnten regenerative Energien, deren Produktion Schwankungen unterliegt, eher grundlastfähig werden und die Abhängigkeit von fossilen Brennstoffen verringern.

Gründungen

Gründungen: Fundamente der Maste, deren Abstützungen und Abspannungen im Boden; sie sind Teile der Stützpunkte einer Freileitung. Ihre Aufgabe ist es, die auf die Maste einwirkenden Belastungen mit ausreichender Sicherheit in den Baugrund einzuleiten und gleichzeitig den Mast vor kritischen Bewegungen des Baugrundes zu schützen. Die Sohle einer Gründung muss grundsätzlich in frostfreier Tiefe, mindestens aber 0,8 m unter der Geländeoberfläche liegen, um Verformungen und Verlagerungen von Gründungen durch Kälte / Frost zu vermeiden. Nachweis der Standsicherheit und die Berechnung und Ausführung von Gründungen:

- DIN EN 50341-1; DIN VDE 0210-1
- DIN EN 50341-3-4; DIN VDE 0210-3 und 4
- EN DIN 50423-1; DIN VDE 0201-10
- EN DIN 50423-3-4; DIN VDE 0201-12

Baugrunderkundung: für die Gründungsart, die Gründungstiefe und die Fundamentmasse muss der Bodenaufbau unterhalb der Gründungssohle bekannt sein. Dies kann durch ausführliche Untersuchungen des Bodenaufbaus oder wenn die örtlichen Gegebenheiten des Bodens bekannt sind, lässt sich eine aufwändige Untersuchung umgehen. Allerdings sind genaue Bodenuntersuchungen unumgänglich bei

- Dämmen und Aufschüttungen
- bei nicht tragfähigen Böden, wie Torf, Moorerde oder Schlamm
- starkem Grundwasservorkommen

Der Baugrund ist vor Ort unterschiedlich, wie gewachsener Boden, Fels, geschütteter Boden.

Boden- und Felsklassen werden unterschieden in verschiedene Bodenklassen nach DIN 18300: VOB Vergabe- und Vertragsordnung für Bauleistungen / Allgemeine Technische Vertragsbedingungen; Erdarbeiten

Arten der Gründungen: Für Maste in Niederspannungs- und Mittelspannungsnetzen kommen überwiegend Kompaktgründungen in Betracht. Bei ihnen ist der Mastschaft in einem einzelnen Fundamentkörper verankert. Arten der Kompaktgründungen:

- Einblockgründungen
- Plattengründungen
- Schwellen-Plattengründungen
- Einpfahlgründungen
- Holzmastgründungen

Holzmastgründungen: Werden für den Freileitungsbau genormte Masten nach DIN verwendet, so ist ein statischer Einzelnachweis über die Gründung nicht erforderlich. Es gilt die Faustregel für die Gründung in mittleren und guten Böden: 1/6 der Mastlänge oder mindestens 1,6 m tief im Erdreich gründen. Erhöhung der Standsicherheit durch Rundhölzer oder Holzschwellen.

Merke: das Einbetonieren von Holzmasten ist nicht zulässig!

Ein wichtiger Bestandteil der Gründungen für Freileitungen ist der Werkstoff Beton. Details hierzu in:

Freileitung, 2. Auflage, Peter Niemeyer / Andreas Grohs, Buchreihe Anlagentechnik, Rolf Rüdiger Cichowski (Hrsg.), EW Medien – VERLAG, Frankfurt, 2008 (Hinweis: 3. Auflage erscheint 1. Qualtal 2018)

Gürtelkabel

Gürtelkabel: mehradrige Nieder- und Mittelspannungskabel, die über den verseilten, isolierten Adern eine gemeinsame zusätzliche Umwicklung aus Isolierpapier und darüber einen Metallmantel mit Schutzhülle haben. Die Isolierung aus gewickelten Papierstreifen, die mit einer zähflüssigen, isolierenden Flüssigkeit (Masse) getränkt und mit einer gemeinsamen Papierisolierung (Gürtel) umwickelt sind. Die Papierisolierung ist elektrisch sehr hochwertig, sie muss jedoch durch einen wasserdichten Mantel aus Blei gegen Feuchtigkeit geschützt werden. Daher haben sie einen Metallmantel. Zum Schutz gegen mechanische Beschädigungen ist der weiche Bleimantel mit bitumengetränkten Faserstofflagen und einer darüber liegenden Stahlbewehrung umgeben, die seinerseits durch einen PVC-Mantel vor chemischen Einflüssen geschützt wird. Anwendung findet das Gürtelkabel bei Verlegung in Erde, wenn ein erhöhter Korrosionsschutz erforderlich ist.

Bild G 4: Gürtelkabel

1 mehrdrähtiger Leiter aus Aluminium
2 massegetränkte Papierisolierung
3 Gürtelisolierung
4 Bleimantel
5 innere Schutzhülle
6 Stahlbandbewehrung
7 äußere Schutzhülle aus Faserstoffen

Für Gürtelkabel haben sich mit Kabelimprägniermasse gefüllte Dreileiter-Endverschlüsse durchgesetzt.

Montagehinweise: In einem Metallgehäuse werden die Kabeladern aufgeteilt und durch flexible Isolierschläuche an die Anschlussstellen geführt. Um einen evtl. Massebedarf der Kabel auszugleichen, kann Imprägniermasse nachgefüllt werden. Damit eine Nachtränkung gewährleistet ist, dürfen die Zwickel und die Zwischenräume Ader-Mantel nicht dicht gewickelt werden. Zur Vereinfachung der Wartung sind die Endverschlussgehäuse mit Sichtringen zur Massestandskontrolle und mit Einfüllstutzen versehen.

Maximal zulässige Höhenunterschiede für Gürtelkabel bei senkrechter Anordnung: bei bis zu 6 kV Nennspannung: max. Höhenunterschied: 50 Meter

Starkstromkabelanlagen, 2. Auflage, Mario Kliesch / Frank Merschel, Buchreihe Anlagentechnik, Rolf Rüdiger Cichowski (Hrsg.), EW Medien - VERLAG, Frankfurt, 2010

Hausanschluss

Hausanschluss: verbindet über die Hausanschlussleitung das Verteilungsnetz des Netzbetreibers mit der Kundenanlage. Das Hausanschlusskabel endet:

- im Hausanschlussraum: in Wohngebäuden mit mehr als fünf Wohneinheiten ist ein Hausanschlussraum (DIN 18012) vorzusehen; muss über allgemein zugängliche Räume bzw. Zugänge direkt von außen erreichbar sein; der Raum muss an einer Außenwand angrenzen; Strom- und Telekommunikationseinrichtungen nicht an der gleichen Wand, wie Wasser, Gas oder Fernwärme; sie dürfen nicht als Lager- oder Durchgangsräume genutzt werden. Mindestabmessungen: Länge: 2 m; Höhe: 2 m; Breite: 1,5 bis 1,8 m
- an der Hausanschlusswand: für bis zu vier Wohnungseinheiten ist die Unterbringung aller Betriebseinrichtungen für Strom, Gas, Wasser, Telekommunikation möglich; muss an einer Außenwand des Gebäudes angrenzen; Wände müssen frei zugänglich sein und nicht durch Gegenstände versperrt sein
- Hausanschlussnische: eine platzsparende Anschlussmöglichkeit für nicht unterkellerte Gebäude oder Fertighäuser; in einer durch eine Tür verschließbaren Nische lassen sich die Betriebseinrichtungen unterbringen (Rohbau-Richtmaß: b: 87,5 cm; t: 25 cm; h: 2 m)

Merke: Hausanschlusskomponenten: Netzanschluss, wie Hausanschlussmuffe, Hausanschlussleitung, Hauseinführung (Wanddurchführung), Hauseinführungsleitung (evt. Schutzrohr), Hausanschlusskasten mit Sicherungen.

Hausanschlusskabel, Hausanschlussleitung (Freileitung): Verbindung zwischen Verteilungsnetz und Hauseinführung

Für Hausanschlusskabel gelten folgende Anforderungen:	
Mindestquerschnitt des Hausanschlusskabels	ist abhängig vom Bemessungsstrom der Überstrom-Schutzeinrichtung im Hausanschlusskasten. Empfohlene Bemessungsströme in A der Überstromschutzeinrichtungen für verschiedene Kabeltypen und unterschiedliche Bemessungsquerschnitte in mm2 können der Literatur Schriftenreihe 59 entnommen werden.
Verlegung der Hausanschlusskabel	• müssen auf nicht brennbaren Materialien / Baustoffen verlegt werden. Wenn dies aus örtlichen Gegebenheit nicht möglich ist, muss als Unterlage eine lichtbogenfeste Fiber-Silikatplatte(oder gleichwertige Unterlage) von mindestens 30 cm Breite und 2 cm Dicke benutzt werden oder die Verlegung des Hausanschlusskabels wird mit einem Luftabstand von mindestens 15 cm auf Halteschellen mit Isolierstoffeinlage errichtet. Eine weitere Alternative ist es, dass das Kabel nach DIN VDE 0100-430 gegen Kurzschluss geschützt ist. Diese wichtigen Anforderungen an die Verlegung des Hausanschlusskabels sollen die Gefahren verhindern, die bei einem Lichtbogenkurzschluss des Kabels entstehen könnten. • Hausanschlusskabel dürfen nicht durch explosionsgefährdete Räume geführt werden oder in ihnen münden • Hausanschlusskabel müssen in einem Schutzrohr mit einem wasserdichten Abschluss des Kabels und mit Gefälle in das Gebäude verlegt werden
Abzweigung mehrerer Hauptleitungen vom HAK	• Gehen mehrere Hauptleitungen von einem Hausanschlusskasten ab und ist die Summe der Nennströme der Überstrom-Einrichtungen dieser abgehenden Hauptleitungen gleich oder kleiner als der Nennstrom für das Hausanschlussskabel zulässigen Überstrom-Schutzeinrichtung(für Schutz gegen Überlast), so gilt das Hausanschlusskabel bei Überlast als geschützt.

Tabelle H 1: Anforderungen an Hausanschlusskabel

Hausanschlusskasten: Übergabestelle vom Verteilungsnetz zur Verbraucheranlage; ist Bestandteil des Stromversorgungsnetzes, also Netzbetreiber zuständig; die Abgangsklemmen hinter der Schutzeinrichtung sind die Grenze zur Verbraucheranlage. (nach DIN VDE 0660-505 und DIN 43627)

Für Hausanschlusskästen gelten folgende Anforderungen:	
Anbringungs-ort	• Der Hausanschlusskasten muss bei der Errichtung an leicht zugänglicher Stelle installiert werden und er muss auch während der gesamten Betriebszeit leicht zugänglich bleiben. Abstimmung der Planer, Errichter, NB und Kunde. Hausanschlusskästen dürfen nicht auf brennbaren Baustoffen angebracht werden, ist dies aus örtlichen Gegebenheiten nicht zu vermeiden, müssen zwei Bedingungen eingehalten werden. Der Hausanschlusskasten muss auf eine lichtbogenfeste Unterlage (z.B. eine 2 cm dicke Fiber-Silikatplatte) montiert werden oder alle in den Hausanschlusskasten eingeführten Kabel und Leitungen sind bei Kurzschluss geschützt. • Hausanschlusskästen dürfen nicht in feuer- oder explosionsgefährdeten Bereichen montiert werden, ist dies aus örtlichen Gegebenheiten nicht zu vermeiden: in feuergefährdeten Bereichen, alle eingeführten Kabel und Leitungen müssen bei Überlast und Kurzschluss geschützt sein; in explosionsgefährdeten Bereichen, muss der Hausanschlusskasten nach DIN VDE 0170 / DIN VDE 0171 ausgeführt sein.
Schutzart	Die Schutzart ist entsprechend der Art des Raumes bzw. der Installationsstelle anzupassen
DIN 18012	Die Anforderungen müssen nach DIN 18012 beachtet werden

Tabelle H 2: Anforderungen an Hausanschlusskästen

Merke: Freileitungsanschluss: Anschlussplatz (Hauswand / Dachständer) ist mit Netzbetreiber abzustimmen

Anforderungen nach DIN VDE 0211 an den Freileitungsnetzanschluss

Hauseinführung: besteht aus der Hauseinführungsleitung und dem Hausanschlusskasten. Die Leitung bzw. das Kabel müssen so ausgewählt und errichtet sein, dass bei einem Lichtbogenkurzschluss die Leitung ausbrennen kann ohne eine Ausweitung des Brandes zu verursachen.

Wandanschluss

Nur folgende Leitungen und Kabel (oder baugleiche)sind zulässig:

- Mantelleitungen NYM
- Kabel NYY und NAYY, N2XY und NA2XY
- Leitungen NFA2X und NFYW
- H07V (nur außerhalb des Handbereichs)

Auf nicht feuerbeständigen Wänden(z.B. Holz, Fachwerk oder ähnliche Materialien)

Mantelleitungen: Montage auf mind. 30 cm breiten lichtbogenfesten Unterlagen(z.B. 2 cm dicke Fiber-Silikatplatte) und Aderleitungen, z.B. isolierte Freileitungseile: Befestigungsabstand mind. 3 cm der Leitungen untereinander und zur Wand. Außerdem seitlicher Abstand von den Leitungen zu leicht entzündlichen Stoffen von mind. 60cm.

Wanddurchführung

Bei feuerbeständigen Wänden:

- Mantelleitungen und Kabel können ohne zusätzlichen Schutz verlegt werden
- Aderleitungen H07V oder gleichwertige Ausführungen in Rohren aus Kunststoff oder Keramik führen. Leitungen der Bauarten NFYW und NFA2X können gemeinsam durch ein Rohr führen(Rohre so montieren, dass sie nach außen Gefälle aufweisen)

Bei nicht feuerbeständigen Wänden:

- Mantelleitungen, Leitungen NFA2X, NFYW oder Kabel NYY, NAYY und NA2XY sind lichtbogenfest zu ummanteln
- Aderleitungen einzeln in nicht flammausbreitenden Elektroinstallationsrohren durch die Wand führen

Auf Fachwerkwänden, hinter denen sich keine leichtentzündliche Stoffe befinden:

- Leitungen und Kabel dürfen nicht entlang der Fachwerkbalken verlegt werden. Es ist nur Überkreuzen zulässig

lichtbogenfeste Trennung: Werkstoff, z.B. Fiber-Silikat oder Keramik; Wanddicke mind. 12 mm

Dachständer

Zulässige Leitungs- und Kabelbauarten bei Dachständeranschlüssen:

Leitungen	NFA2X / NFYW / H07V
Mantelleitungen	NYM
Dachständerleitungen	NYDY
Kabel der Bauarten	NYY und NAYY / N2XY und NA2XY

Dachständeranschlüsse

Normalausführung N (Schutzart IP 40) Bedingungen: muss in trockenen Räumen münden, darf nicht durch feuergefährdete Räume geführt werden oder nicht darin münden, Maßnahmen gegen Kondenswasser treffen, durchdrungene Dachhaut muss unter harter Bedachung bestehen, Dachständerrohr darf oberhalb des HAK nur auf etwa Balkenbreite auf Holz aufliegen

Sonderausführung S (Schutzart IP 54) Bedingungen: wenn Bedingungen für N nicht erfüllt werden können, z.B. in Wohngebäuden mit He-u und Strohlagen, wenn diese nicht durch eine Mauer vom Wohnteil getrennt sind

Eine Verbindung von Dachständern und mit ihnen leitend verbundene Anlagenteile mit Teilen der Erdungsanlage ist nicht zulässig. Bei Einbeziehung des Dachständerrohres in eine Blitzschutzanlage muss die Verbindung über eine allseitig geschlossene Schutzfunkenstrecke hergestellt werden.

HAK

- an leicht zugänglichen Stellen installieren
- in feuergefährdeten oder explosionsgefährdeten Bereichen / Räumen dürfen sie auf keinen Fall angebracht werden
- die Gehäuse dürfen nicht mit geerdeten Teilen verbunden werden
- Montage auf brennbaren Baustoffen vermeiden, ansonsten lichtbogenfeste Unterlage
- Anbringungsorte: unterhalb der Dachhaut am Dachständerrohr als Dachständeranschlüsse / auf der Innenseite von Haus-Außenwänden bei Wand- und Giebelanschlüssen / in Erd- oder Kellergeschossräumen oder in bzw. vor Hauswänden als Kabelanschluss

Abstände der Leitungen zu baulichen Anlagen

Abstände von isolierten Freileitungsseilen oder isolierten Leitungen:
- keine Abstände vorgeschrieben

Abstände von blanken Leitern zu Bauwerksteilen:
- Dachneigung >15 ° 0,4 m
- Dachneigung <15 °, nach oben 2,5 m, nach unten und seitlich 1,25 m (Maße auch bei Ausbauten, Fenstern und Laufstegen)

Abstände von Schornsteinen:
- Oberhalb 2,5 m
- Seitlich 0,8 - 1,2 m

Abstände von Antennen, Blitzschutzanlagen, Sirenen: (Isolierte Leitungen: kein Abstand)
- Antennen und Sirenen 0,2 - 1,0 m
- Blitzschutzanlagen 0,4 m (zwischen Leiter der Freileitung und Blitzschutzanlage und 0,5 m (bei Dachständern und Blitzschutzanlage)

Tabelle H 3: Anforderungen an Freileitungshausanschlüsse

Starkstromkabelanlagen, 2. Auflage, Mario Kliesch / Frank Merschel, Buchreihe Anlagentechnik, Rolf Rüdiger Cichowski (Hrsg.), EW Medien - VERLAG, Frankfurt, 2010

Freileitung, 2. Auflage, Peter Niemeyer / Andreas Grohs, Buchreihe Anlagentechnik, Rolf Rüdiger Ci chowski (Hrsg.), EW Medien - VERLAG, Frankfurt, 2008 (Hinweis: 3. Auflage erscheint 1. Qualtal 2018)

Kenngrößen für die Elektrofachkraft, VDE - Schriftenreihe 59, Rolf Rüdiger Cichowski, VDE VERLAG Berlin und Offenbach, 2017

Lexikon der Installationstechnik, 4. Auflage, Schriftenreihe 52, Rolf Rüdiger Cichowski / Anjo Cichowski, VDE VERLAG Berlin und Offenbach, 2013

DIN VDE 0100-732 Errichten von Starkstromanlagen mit Nennspannungen bis 1000V; Hausanschlüsse in öffentlichen Kabelnetzen

DIN VDE 0660-505 NiederspannungsSchaltgerätekombinationen; Bestimmungen für Hausanschlusskästen mit Sicherungskästen

Hausanschlusskasten

→ *Hausanschluss*

Hausanschlussmuffe

Hausanschlussmuffe: ist im Prinzip eine Abzweigmuffe. Abzweigmuffen: zweigen von einem Kabel ein anderes Kabel ab; ist möglich bei unterschiedlichen Leiterquerschnitten und Kabelisolationsarten. Wird ein Kabel abgezweigt, kann der durchgehende Leiter geschnitten und der abzweigende Leiter mit speziellen Verbindern angeschlossen werden. Die Standardanwendung ist die Abzweigung von einem ungeschnittenem, durchgehenden Leiter auf einen Abzweigleiter mit Hilfe einer → *Abzweigklemme*. Diese Vorgehensweise mit den entsprechenden Garnituren wird gemäß ihrer Anwendung als Hausanschlussmuffen bezeichnet. Hausanschlussmuffen:

- T-Muffen: Form der Muffe: es zweigt der Abzweig rechtwinklig zum durchgehenden Kabel ab
- Y-Muffen: Form der Muffe: liegt die Achse des Abzweiges im Muffenbereich etwa parallel zur Achse des durchgehenden Kabels; daher geringerer Platzbedarf in der Kabeltrasse

Hausanschlussmuffen mit einem Kunststoffgehäuse (früher Metallgehäuse) für Kabel bis 1 kV sind in DIN 47630 genormt; die Abzweigklemmen nach DIN 47658. Kunststoffkabel sind mit → *PUR-Gießharz* gefüllt. Für die Leiterverbindungen werden Mehrfachklemmen verwendet (Bild).

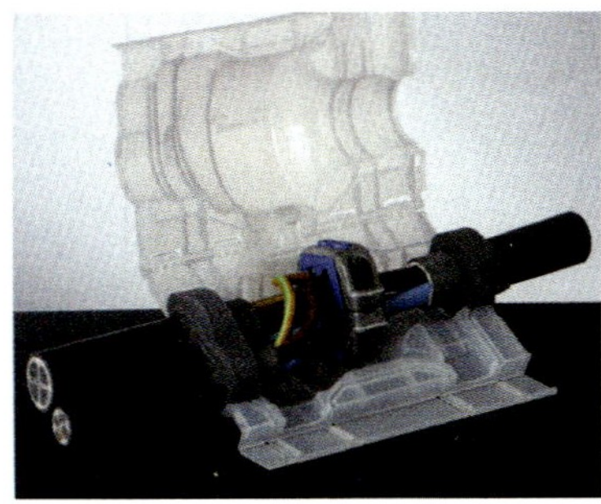

Bild H 4: Hausanschlussmuffe mit PUR-Gießharz

Der wichtigste Anwendungsbereich der Gießharze in der Kabelgarniturentechnik liegt im Bereich der Hausanschlussmuffen für kunststoffisolierte Kabel. Während bei PVC-isolierten und ummantelten Niederspannungskabeln, wie N(A)YY, keine besonderen Maßnahmen erforderlich sind, empfiehlt sich bei Kabeln mit PE-Mantel, wie N(A)2X2Y, eine Oberflächenbehandlung des Mantels, um die Haftung der Vergussmasse zu verbessern. Die Mehrfachklemme speziell in der Hausanschlussmuffe hat sich seit Jahren bewährt, denn sie ermöglichen die Herstellung von Anschlüssen unter Spannung.

Montagehinweise: Nach der Entfernung des Kabelmantels an der herzustellenden Verbindungsstelle wird die Mehrfachklemme auf die isolierten Leiter des Durchgangskabels montiert. Nach dem Anschluss der Adern des Abzweig Kabels wird durch Anziehen der Schrauben die Leiterisolierung des Hauptkabels durchstoßen.

Starkstromkabelanlagen, 2. Auflage, Mario Kliesch / Frank Merschel, Buchreihe Anlagentechnik, Rolf Rüdiger Cichowski (Hrsg.), EW Medien – VERLAG, Frankfurt, 2010

Hauseinführung

→ *Hausanschluss*

HGÜ-Kabel

→ *Hochspannungsgleichstromübertragung*

HH-Sicherung

→ *Hochspannungssicherung*

Hochspannungsgleichstromübertragung

Hochspannungsgleichstromübertragung: es wird Drehstrom gleichgerichtet, dann über weite Strecken übertragen und anschließend wieder zurück in Drehstrom umgewandelt. Die Gleich- bzw. Wechselrichtung an den Enden der Übertragungsstrecke erfolgt in Umrichterstationen. Für die Übertragung können Kabel oder auch Freileitungen verwendet werden. (hohe Leistungen: Freileitungen) Ein wichtiger Vorteil bei der Gleichstromübertragung ist es, dass keine Blindleistung benötigt wird, so dass eine Wirkleistungsübertragung möglich ist. Die HGÜ eignet sich besonders für die Übertragung großer Leistungen über weite Strecken, größer als etwa 600-800 km.

Kabel für Hochspannungsgleichstromübertragung: Kabel mit Kunststoffisolierung im Allgemeinen und VPE-isolierte Kabel im Speziellen können auch für höhere Spannungen eingesetzt werden.

Kabelhandbuch, 9. Auflage, Mario Kliesch / Frank Merschel / weitere Autoren, Rolf Rüdiger Cichowski (Hrsg.), EW Medien - VERLAG, Frankfurt, 2017

Hochspannungskabel

Kabel für Spannungen gleich und höher 110 kV; Bauarten: in Netzen werden noch Gasdruckkabel und Niederdruck-Ölkabel betrieben, bei Neuanlagen werden fast ausschließlich VPE-isolierte einadrige Kabel eingesetzt.

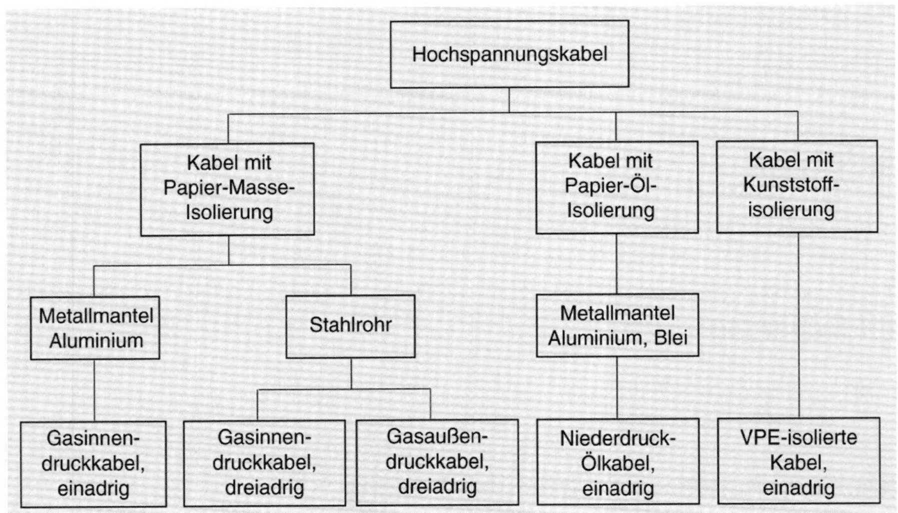

Bild H 5: Bauarten der Hochspannungskabel

Niederdruckölkabel: als Isolierung Papier-Öl-Dielektrikum (→ *Dielektrikum*); die Tränkmasse ist sehr niederviskos. Eine Hohlraumbildung wird verhindert durch ein Öldruck von etwa 1,5 bis 8 bar. Bei Erwärmung innerhalb des Kabels dehnt sich das Öl aus und strömt je nach Kabelbauart im Hohlleiter (einadriges Kabel) oder in den Zwickeln (dreiadriges Kabel) in Längsrichtung zu den Ausgleichsgefäßen, bei Abkühlung strömt es wieder zurück. Der Öldruck wird überwacht, damit Abweichungen vom normalen Betriebszustand zu erkennen sind. Sind Höhenunterschiede im Zuge der Kabelstrecke zu überwinden, müssen Sperrmuffen eingesetzt werden, deren Aufgaben es sind, die Kabelstrecke in mehrere Ölspeiseabschnitte zu unterteilen und den Dynamischen Druckanstieg im Falle eines Kurzschlusses zu begrenzen.(DIN VDE 0276-633 bis 400 kV)

Zu den weiteren Bauarten siehe:

→ *Gasaußendruckkabel*
→ *Gasinnendruckkabel*

Hochspannungskabel mit Kunststoffisolierung: werden seit etwa 40 Jahren in Netzen eingesetzt, die Isolierung besteht aus VPE; im Gegensatz zu den früher verwendeten PE eine höhere Belastbarkeit; grundsätzlich Längs- und Querwasserdicht; (DIN VDE 0276-632)

Vorteile gegenüber Öl- und Gasdruckkabeln:

- Geringere dielektrische Verluste
- Geringere Ladeleistung
- Geringeres Gewicht, einfachere Legung und vereinfachte Montage
- Wartungsfreier Betrieb

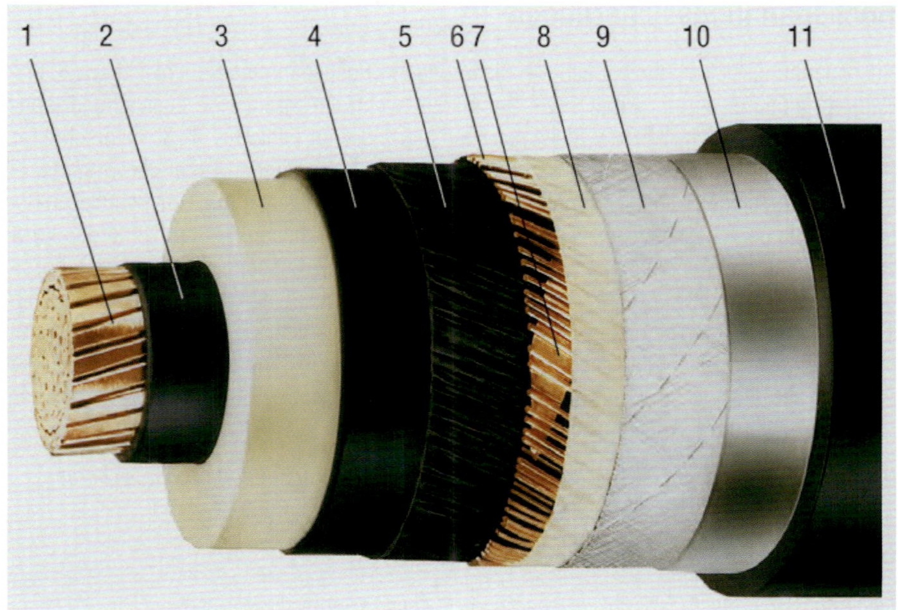

Bild H 6: Hochspannungskabel mit Kunststoffisolierung

1 mehrdrähtiger Leiter aus Kupfer
2 innere Leitschicht (extrudiert)
3 VPE-Isolierung
4 äußere Leitschicht (extrudiert)
5 leitfähige Polsterung
6 Schirm aus Kupfer
7 Querleitwendel aus Kupfer
8 Quellvlies
9 Polster
10, 11 Schichtenmantel, bestehend aus luminiumfolie (10) und einem PE-Mantel (11)

Starkstromkabelanlagen, 2. Auflage, Mario Kliesch / Frank Merschel, Buchreihe Anlagentechnik, Rolf Rüdiger Cichowski (Hrsg.), EW Medien – VERLAG, Frankfurt, 2010

Hochspannungsschalter

Hochspannungsschalter: werden nach ihrem jeweiligen Verwendungszeck unterschieden, z.B. → *Trennschalter*, → *Lasttrennschalter* und → *Leistungsschalter*. Die Hochspannungsschalter werden nach ihrer Bemessungsspannung und ihrem Schaltvermögen unter Berücksichtigung der Schutzart ausgewählt. Sie können mit Handantrieb, mit elektromotorischem Antrieb oder mit Federspeicherantrieb ausgerüstet sein.

→ *Schaltgeräte*
→ *Trenner*
→ *Lasttrennschalter*
→ *Leistungsschalter*

Hochspannungssicherungen

Hochspannungssicherungen: auch HH-Sicherungen (Hochspannungs-Hochleistungs-Sicherungen) genannt; unterbrechen einen Stromkreis, wenn ein Strom eine ausreichend lange Zeit einen bestimmten Wert (Mindestausschaltstrom, der im Fehlerfall fließt) überschreitet. Der Ausschaltvorgang wird durch das Durchschmelzen eines dünnen Leiters bewirkt, der in der Sicherung eingebaut ist. Vorrangiger Einsatz als Teilbereichssicherung zum Schutz von Betriebsmitteln bei Kurzschlüssen, wie Transformatoren. Die HH-Sicherung übernimmt den Kurzschlussschutz des Transformators und die NH-Sicherung (Niederspannungs-Hochleistungssicherung) den selektiven Schutz der abgehenden Leitung. Die Sicherungseinsätze sollten nur im stromlosen Zustand eingesetzt oder herausgenommen werden. Die HH-Sicherungen bestehen aus einem Porzellangehäuse, in dem der Schmelzeinsatz in Sand eingebettet ist. Der Sand dient im Falle des Abschmelzens als Löschmedium. Im Gegensatz zu Leistungsschaltern haben Sicherungen eine sehr kurze Abschaltzeit.

DIN EN 60282-1 (VDE 0670-4)   Hochspannungssicherungen, Strombegrenzende Sicherung

→ Sicherungen
→ NH-Sicherungen

Sicherungs-Handbuch, Starkstromsicherungen,5. Auflage,Herbert Bessei,
Hrsg. NH / HH-Recycling e.V., 2011

Hochtemperatur-Supraleiter (HTS)

Supraleiter: Materiealien, deren elektrischer Widerstand beim Unterschreiten der Sprungtemperatur (einer sehr tiefen Minustemperatur, z.B. –140 °C) auf null abfällt; Magnetfelder werden verdrängt, d.h. das Innere des Materials bleibt feldfei. Diesen Vorteil nutzen die Hochtemperatur-Supraleiter in Stromnetzen. In Verteilungsnetzen wird überwiegend Kupfer als Leitermaterial eingesetzt. Der Widerstand des Kupfers ist jedoch nicht zu vernachlässigen, die Verlustleistung steigt mit dem Quadrat des Stromes an, d.h. die verursachten Verluste sind beachtlich. Supraleitende Betriebsmittel wie Hochenergiekabel für die Mittelspannungsebene könnten die Verluste in städtischen Verteilungsnetzen um etwa 60 % reduzieren.

Vorteile der supraleitenden Kabel:

- sehr geringer Widerstand,
- dadurch kann viel elektrische Leistung bei vergleichsweise niedriger Spannung verteilt werden
- bereits im Mittelspannungsbereich könnten höhere Leistungen übertragen werden
- Kosten für höhere Spannungsebenen ließen sich einsparen
- geringer Platzbedarf
- niedriges Gewicht
- Vermeidung elektrischer und magnetischer Felder
- absolut neutrale thermische Verhalten
- völlig neue Netzkonzepte ließen sich entwickeln

Nachteil:
- das Kabel befindet sich erst in der Entwicklungsphase (erste Testerfahrungen: innogy)

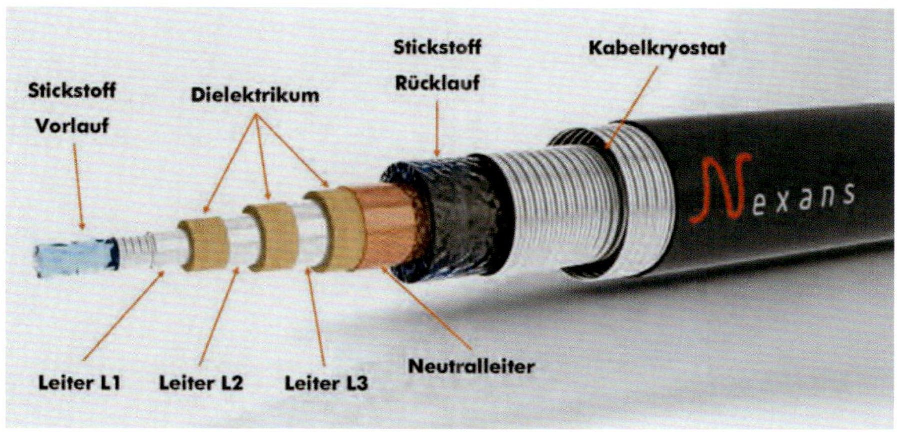

Bild H 7: Mögliches Design eines 10 KV-HTS-Kabels

Kabelhandbuch, 9. Auflage, Mario Kliesch / Frank Merschel / weitere Autoren, Rolf Rüdiger Cichowski (Hrsg.), EW Medien – VERLAG, Frankfurt, 2017

Holzmaste

Ein wichtiger Bestandteil für den Bau einer Freileitung sind die Masten; Holzmasten haben im Freileitungsbau eine lange Tradition und erfüllen die an sie gestellten Anforderungen im Bereich der Nieder- und Mittelspannung in technischer und wirtschaftlicher Hinsicht in hervorragender Weise.

Vorteile der Holzmaste: Holz ist ein hochelastischer Werkstoff. Maste aus Holz weisen bei Biegebeanspruchungen hohe Auslenkungen auf, ohne zu brechen. Bei Torsionsbeanspruchung zeigen sie sich sehr weich und setzen nur geringen Widerstand entgegen, Verdrehungen werden bis zu 90° ohne Bruch aufgenommen. Durch die gute Elastizität besteht zwischen statischer und dynamischer Tragfähigkeit kein nennenswerter Unterschied. Außerdem ist der Holzmast im Gegensatz zu den Betonmasten und den Stahlmasten eine preiswertere Lösung.

Nachteil der Holzmasten: ihre Anwendung ist bei Einfachmasten auf eine maximale Mastlänge von ca. 16 Metern begrenzt.

Einfachmaste: bis zu 16 m Gesamtlänge

Maste mit Ankern und Streben: um zusätzliche Zugkräfte abzufangen ist der Einsatz von Abspannungen und Abstützungen erforderlich.

Maste mit Streben: an der Seite des Mastes, an der die Kraft wirkt, kann ein zweiter, kleinerer Holzmast als Strebe angebracht werden; Strebenausladung: ein Fünftel der Gesamtlänge bei etwa 0,6 bis 0,8 m unterhalb der Mastspitze; mit Stahlbolzen angeschraubt.

Maste mit Anker: ein in das Erdreich eingebauter Ankerklotz aus Beton mit Stahlseil, oder Eingrabanker mit Holzschwelle, oder ein Rundholz.

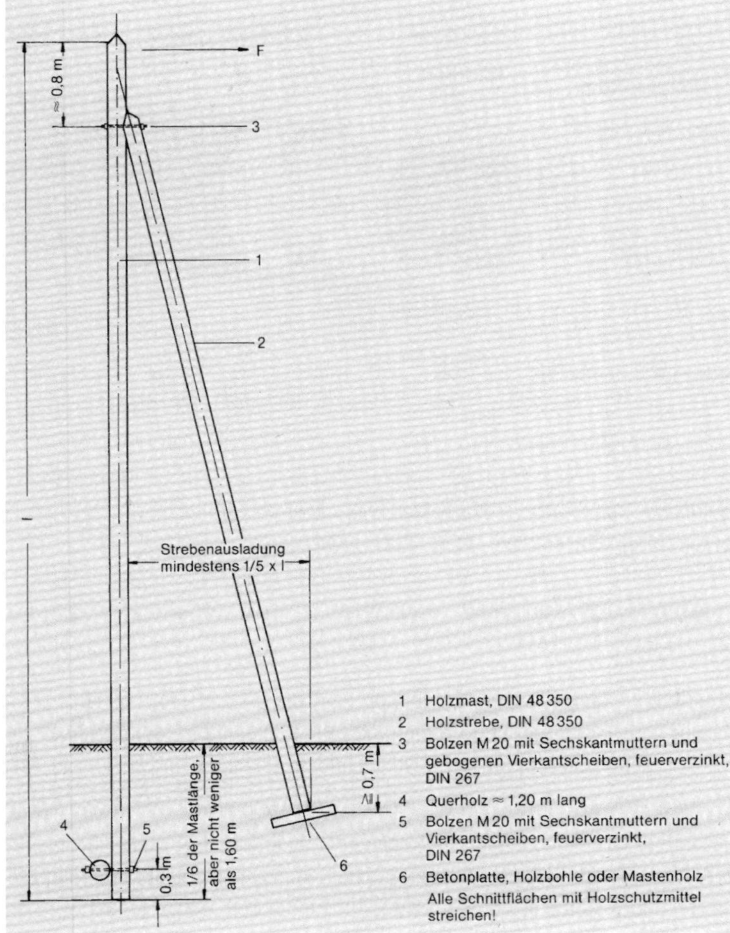

Bild H 8: A-Mast

Doppelmaste: wenn die Nutzzüge für einen Einzelmast nicht ausreichend sind, kann ein Doppelmast gesetzt werden; sie bestehen aus zwei Einzelmasten, die durch Dübel und Bolzen miteinander verbunden sind; Maste 8 bis 11 m: 4x verdübeln; Maste 12 bis 14 m: 5x verdübeln; Maste 15 bis 16 m: 6x verdübeln

A-Maste: reichen auch die Doppelmaste nicht für die auftretenden Zugspannungen aus, so können für Winkel- und Abspannpunkte A-Maste eingesetzt werden. A-Maste werden als fertig konfektionierte Bausätze hergestellt und an die Baustelle geliefert; Befestigungsteile aus Stahl; die Querriegel in der Mastmitte können aus Holz oder aus Stahl sein.

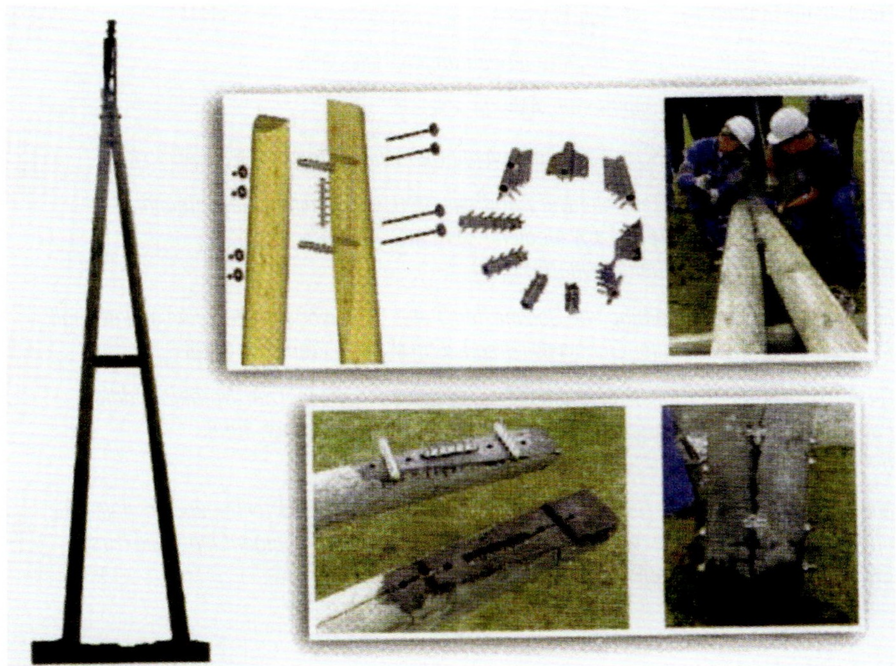

Bild H 9: System A-Mast

Holzmastsystem mit Verbindungstechnik: in Zusammenarbeit mit Herstellen und Anwendern wurde ein Mastsystem (induo-System) entwickelt, bei dem an Holzmasten mit definierten Festigkeitswerten Traversen mit speziellen Verbindungsbeschlägen befestigt sind. Mit diesen Beschlägen ist es auch möglich A- und Doppelmaste auf sichere und statisch vollständig nachweisbare Weise zu verbinden. In Abhängigkeit von Holzart und Masttyp lassen sich gegenüber den bisher üblichen Methoden größere Belastbarkeiten erzielen.

Leimholzmaste: da Holzmaste als Nachteil die begrenzte Länge aufweisen (16 m) sind Leimholzmaste entwickelt worden, die fabrikationstechnisch hergestellt werden können und in jeder beliebiger Größe lieferbar sind. Sie werden aus künstlich getrockneten und wetterfest verleimten Brettschichten produziert. Diese Holzmaste stecken noch in der Entwicklung, Details unter www.induo.de und Literaturhinweise.

Holzschutz: Holzmaste sind wirkungsvoll gegen Fäulnis und Insektenbefall zu schützen, wenn sie länger als drei Jahre verwendet werden sollen. Die Holzschutzmittel sind Produkte mit biologisch wirksamen Stoffen zur Abwehr von holzzerstörenden Schädlingen.

Vermeiden von Absturzgefahren: Maste dürfen nur bestiegen werden, wenn ihre Standsicherheit gewährleistet ist. Holzmaste, die älter als zwei Jahre sind oder länger als drei Monate eingebaut waren, müssen gegen Umstürzen gesichert werden, bevor auf ihnen gearbeitet wird.

Normen für Holzmaste:

DIN 48350 Fernmelde und Starkstromfreileitungen, Holzmaste

DIN 48351 Starkstromfreileitungen, AMaste

DIN EN 50341-1 (VDE 0210-1) Freileitungen mit Nennspannungen über 45 AC 45 kV

Freileitung, 2. Auflage, Peter Niemeyer / Andreas Grohs; Buchreihe Anlagentechnik, Rolf Rüdiger Cichowski (Hrsg.), EW Medien – VERLAG, Frankfurt, 2008 (Hinweis: 3. Auflage erscheint 1. Quartal 2018)

Erstschutz und Instandhaltung von Holzmasten, Peter Niemeyer, Buchreihe Anlagentechnik, Jahrbuch 2008, Rolf Rüdiger Cichowski (Hrsg.), VWEWVerlag Frankfurt, 2008

Qualifizierung von Holzmastkonstruktionen in Mittelspannungsnetzen, Norbert Seddig, Paul Reichartz, Alfons Morfeld, Buchreihe Anlagentechnik, Jahrbuch 2008, Rolf Rüdiger Cichowski (Hrsg.), VWEW Verlag, Frankfurt, 2008

Mit dem induoSystem die Herausforderungen beim Ausbau der Verteilungsnetze meistern, Alfons Morfeld, Buchreihe Anlagentechnik, Jahrbuch 2012, Rolf Rüdiger Cichowski (Hrsg.), EW Medien – VERLAG, Frankfurt, 2012

Hybride Netze

Die → *Energiewende* verlangt durch die → *Erneuerbaren Energien* von den Netzbetreibern erhebliche Anstrengungen und die Bewältigung vieler neuer Anforderungen, so ist z.B. die Übertragung der Energie vom Norden zum Süden über Stromleitungen ein bisher nicht vollständig geklärtes Problem. Die geplanten Stromtrassen stehen ständig in der Öffentlichkeit in der Diskussion, obwohl es unbestritten notwendig ist, die durch die Windkraft produzierte Energie in den Süden transportieren zu müssen. Die Übertragung des Stroms über weite Entfernungen wird zurzeit ausnahmslos über Drehstrom durchgeführt. Diese Übertragung hat sich seit Jahrzehnten bewährt, aber diese Übertragung hat auch einen großen Nachteil und zwar den, dass bei längeren Strecken, die der Strom zurücklegt, mit deutlichen Verlusten gerechnet werden muss. Daher wird zurzeit an einem neuen Ansatz geforscht, die Kombination von Drehstrom und Gleichstrom, hybride Stromnetze also. Leitungen, die Gleichstrom übertragen haben den Vorteil, dass diese Hochspannungsgleichstromübertragung(HGÜ) fast ohne Verluste Strom über tausende von Kilometer leiten kann. Aber auch dabei gibt es ein Problem, nämlich die hohen Kosten für die Konverterstationen, die den Gleichstrom in Drehstrom und später wieder rückumwandeln müssen.

Durch ein hybrides Übertragungsnetz, bei dem ein Teil der Leitungen mit Gleichstrom betrieben wird, lässt sich die Übertragungskapazität der Leiter um mindestens 30 bis 50 Prozent steigern. Jedoch müssen zu diesem System noch viele Untersuchungen der Rahmenbedingungen durchgeführt werden.

Innenmuffen

Innenmuffen: werden eingesetzt für Verbindungsmuffen von papierisolierten Kabeln bei Nennspannungen > 1 kV. Die Innenmuffe kann aus den Materialien Blei oder Stahl bestehen. Sie wird mit Ölisoliermasse gefüllt. Wandert ein Teil dieser Masse in das Kabel ab, entsteht in der Muffe ein Unterdruck und die Innenmuffen aus Blei können in dieser Situation einfallen, während Stahlinnenmuffen formstabil bleiben. Auch bei Übergangsmuffen werden Innenmuffen verwendet, so z.B. wenn ein Kunststoffkabel mit einem papierisoliertem Mittelspannungskabel verbunden werden muss. Bei der Anpassung an das papierisolierte Kabel wird eine mit Ölisoliermasse gefüllte Innenmuffe verwendet und die Kunststoffkabelseite wird entsprechend abgedichtet. Die Muffe entspricht dann in ihrem Aufbau einer Verbindungsmuffe für Massekabel und wird daher auch als nasse Muffe bezeichnet. Der Begriff trockene Muffe meint, dass bei der Anpassung an das kunststoffisolierte Kabel die Massekabelseite mit Schrumpfteilen oder Kunststoffbändern abgedichtet wird.

Merke: die Innenmuffe stellt einen zusätzlichen Feuchtigkeitsschutz in der Muffe dar und ist mit Kabelimprägniermasse gefüllt. Innenmuffen werden aus Metallguss oder Kunststoff gefertigt.

Starkstromkabelanlagen, 2. Auflage, Mario Kliesch / Frank Merschel, Buchreihe Anlagentechnik, Rolf Rüdiger Cichowski (Hrsg.), EW Medien - VERLAG, Frankfurt, 2010

Kabelhandbuch, 9. Auflage, Mario Kliesch / Frank Merschel / weitere Autoren, Rolf Rüdiger Cichowski (Hrsg.), EW Medien - VERLAG, Frankfurt, 2017

Innenraumschaltanlage

Innenraumschaltanlage: → *Schaltanlagen* sind zentrale Knotenpunkte in Verteilungsnetzen. Man unterscheidet Freiluft- und Innenraumschaltanlagen. Schaltanlagen innerhalb von Gebäuden können wie Freiluftschaltanlagen mit elektrischen Anlagen und Betriebsmitteln konzipiert sein, die überwiegend Luft als Isoliermedium verwenden. Diese Anlagen werden als klassische Innenraumschaltanlagen bezeichnet. Steht für die Schaltanlage nur ein geringes Raumangebot zur Verfügung, so geht man zur gekapselten, mit SF_6 druckgasisolierten Schaltanlage über. Vorteile dieser Schaltanlagen:

- wesentlich geringerer Raumbedarf
- hohe Betriebssicherheit gegen Umwelteinflüsse
- optimaler Personenschutz
- lange Wartungsintervalle

→ *Schaltanlagen*

Instandhaltung elektrischer Anlagen und Betriebsmittel

Instandhaltung: der Oberbegriff für die Instandhaltungsaufgaben Inspektion, Wartung, Instandsetzung und Verbesserung. Die Instandhaltung der elektrischen Anlagen und Betriebsmittel hat große Bedeutung:

- zunehmende Automatisierung
- erhöhte Anforderungen an die Verfügbarkeit der Elektrizität und damit an alle Betriebsmittel
- steigende Verkettung der Anlagen zur integrierten Anlagentechnik
- Verbesserung des Personen- und Sachschutzes
- Anforderungen an die Arbeitssicherheit
- verschärfter Umweltschutz

Instandhaltung:

- **Inspektion:** Maßnahmen zur Feststellung und Beurteilung des Ist-Zustandes Die Maßnahmen zur Inspektion beinhalten:
- Erstellen eines Plans zur Feststellung des Ist-Zustands der jeweiligen Anlage
- Angaben über Ort, Termin, Methode, Gerät und Maßnahmen
- Vorbereitung und Durchführung
- Durchführung, vorwiegend die quantitative Ermittlung bestimmter Größen
- Vorlage des Ergebnisses der Ist-Zustand Feststellung
- Auswertung der Ergebnisse zur Beurteilung des Ist-Zustands
- Ableitung der notwendigen Konsequenzen aufgrund der Beurteilung
- **Wartung:** Maßnahmen zur Bewahrung des Sollzustandes

Die Maßnahmen zur Wartung beinhalten:

- Erstellen eines Wartungsplans der jeweiligen Anlage
- Vorbereitung der Durchführung
- Durchführung
- Rückmeldung
- **Instandsetzung:** Maßnahmen zur Wiederherstellung des Sollzustandes

Die Maßnahmen zur Instandsetzung beinhalten:

- Auftrag, Auftragsdokumentation und Analyse des Auftragsinhalts
- Planung im Sinne des Aufzeigens und Bewertens alternativer Lösungen unter Berücksichtigung betrieblicher Forderungen
- Entscheidung für eine Lösung
- Vorbereitung der Durchführung, beinhaltend Kalkulation, Terminplanung, Abstimmung, Bereitstellung von Personal, Mitteln und Material, Erstellung von Arbeitsplänen
- Vorwegmaßnahmen wie Arbeitsplatzausrüstung, Schutz- und Sicherheitseinrichtungen usw.
- Überprüfen der Vorbereitung und der Vorwegmaßnahmen einschließlich der Freigabe zur Durchführung
- Durchführung
- Funktionsprüfung und Abnahme

- Fertigmeldung
- Auswertung einschließlich Dokumentation, Kostenaufschreibung, Aufzeigen und gegebenenfalls Einführen von Verbesserungen

Verbesserung/ Erneuerung:

Kombination aller technischen und administrativen Maßnahmen zur Steigerung der Funktionssicherheit von elektrischen Anlagen und Betriebsmitteln / Austausch der elektrischen Anlagen und / oder Betriebsmittel

Mehrere Einflüsse müssen bei der Entscheidung, Instandsetzung oder Verbesserung der Betrachtungseinheit, berücksichtigt, werden, z.B.:

- technische Gründe
- Verschleiß, Abnutzung, sich wiederholende Störungen, Schäden je nach Größe der Betrachtungseinheit
- wirtschaftliche Kriterien
- Kostenvergleich mehrerer Alternativen, Steuergesetzgebung, wirtschaftliche / technische Lebensdauer
- städteplanerische Kriterien
- Einfluss Dritter
- Gesetzgebung
- umweltbedingte Gründe
- technische Entwicklung

Weitere Instandhaltungsbegriffe nach DIN V VDE V 0109-1; Instandhaltung von Anlagen und Betriebsmitteln in elektrischen Versorgungsnetzen:

Vorbeugende Instandhaltung: Instandhaltung zur Verminderung der Ausfallwahrscheinlichkeit oder der Wahrscheinlichkeit einer eingeschränkten Funktionserfüllung der Anlage oder des Betriebsmittels; wird in festgelegten Funktionszyklen durchgeführt, ohne vorherige Zustandsermittlung.

Ereignisorientierte Instandhaltung: ausgeführt nach der Fehlererkennung; muss ohne Verzögerung durchgeführt werden.

Zustandsorientierte Instandhaltung: die aus der Zustandsermittlung der elektrischen Anlagen und Betriebsmittel entsteht.

Prioritätenorientierte Instandhaltung: berücksichtigt neben dem Zustand der Anlagen eine Priorisierung für Maßnahmen.

Anforderungen aus den anerkannten Regeln der Technik:

- Forderung DIN VDE 0105/DGUV V3: ordnungsgemäßer Zustand muss erhalten bleiben
- Mängel sobald als möglich, bei Gefahr unverzüglich beseitigen
- ordnungsgemäßer Zustand muss durch Elektrofachkraft überprüft werden
- Umfang der Prüfung: Stichproben, es ist kein fester Turnus verlangt

Aus der DIN VDE 0105 einige wichtige Positionen, die für die Instandhaltung maßgebend sind:

- Erhalten des ordnungsgemäßen Zustands
- Mängelbeseitigung
- Zustandsprüfung in angemessenen Zeiträumen
- Änderung der Betriebsbedingung
- Isolationszustand
- Prüfung von Auslösestrom, Auslösezeit
- Reinigung elektrischer Geräte und Betriebsmittel
- Isoliermittel, Löschmittelprüfung
- Wirksamkeit von Schutz und Überwachungseinrichtung

Erhalten des ordnungsgemäßen Zustands von Schutz- und Hilfsmitteln (Werkzeuge, Körperschutzmittel, Schutzvorrichtungen):

- wiederkehrende Prüfungen
- Prüffristen, Prüfungen, Prüfungsumfang
- Besichtigen
- Erproben
- Messen
- Sonstige Prüfungen
- Nachprüfung der Schutzbekleidung
- Nachprüfung der Einrichtungen zur Unfallverhütung

Beispiele für Tätigkeiten der Instandhaltungsaufgaben an elektrischen Anlagen und Betriebsmitteln:

Anmerkung: die nachfolgenden Tipps und Checklisten beruhen auf praktischen Erfahrungen mit Instandhaltungsaufgaben in Verteilungsnetzen und können in einzelnen Fällen eine subjektive Ansicht beinhalten. Ein objektiver und in Normen abgestimmter Auswahlkatalog für Maßnahmen bezogen auf die verschiedensten elektrischen Anlagen und Betriebsmittel der öffentlichen Verteilungsnetze ist in der Vornorm: DIN V VDE V 0109-2 Instandhaltung von Anlagen und Betriebsmittel in elektrischen Versorgungsnetzen; Zustandsfeststellung von Betriebsmitteln / Anlagen enthalten.

Inspektion: Freileitung

Die Freileitungsnetze, bestehend aus Stützpunkten, deren Gründungen und Erdungen sowie den Leitungsseilen und Isolatoren, sind ständig den Umwelteinflüssen ausgesetzt. Es ist somit erforderlich, dass alle Netzteile durch regelmäßige Inspektionen auf ihre Funktionstüchtigkeit hin beurteilt werden. Diese Beurteilung muss sich in erster Linie auf eine Inaugenscheinnahme, also eine Sichtkontrolle einzelner Elemente, beschränken. Dabei wird besonders auf Gehölzaufwuchs im Bereich der Leitungen und auf die nach DIN VDE 0211 erforderlicher Seilabstände zu neu errichteten Gebäuden, Geräten oder Straßen geachtet. Tabelle nach Bild Muster einer Inspektions-Checkliste für Leitungen und Tabelle nach Bild Muster einer Inspektionsliste für Gittermaststationen beinhalten als Muster Inspektionslisten für Freileitungen / Gittermast Stationen, die natürlich in Abhängigkeit der regionalen Verhältnisse und der Spannungsebene variiert werden können.

Anlagenteil	Inspektion
Trassenraum	bedenkliche Annäherung der Seile zu Gebäuden, Verkehrswegen, Sportflächen, Leitungen, Bäumen und Fernmeldeleitungen
Masten allgemein	Veränderungen der Eingrabtiefe, Risse und Absplittungen, angebrachte Fremdkörper, Beschädigungen am Fundament
Holzmasten	Beschädigung, Fäulnis an der Erd- / Luftzone
Betonmasten	Risse, Abplatzungen
Stahlgittermasten	Beschädigungen, Rost, Anstrich
blanke Seile	Beschädigung, Korrosion, gleichmäßiger Durchhang, Bodenabstand
isolierte Leitung	Beschädigung, Bodenabstand, Isolation
Seilträger	Beschädigung, Befestigung, Rostbildung
Isolatoren	mechanische Beschädigung, Korrosion
Schäkel- und Isotrenner	Funktion der Messerkontakte, Beschädigung der Isolatoren
Erdungsanlage	Befestigung, Klemmverbindungen, Schutzleiste
Anlagenteil	Inspektion
Ableiter	Korrosion, Beschädigung, Betriebszustand
Kabelaufführung	Befestigung, Korrosion

Tabelle I 1: Muster einer Inspektions-Checkliste für Leitungen

Anlagenteil	Inspektion
Grundstück	Zugänglichkeit, Umzäunung
Gittermast	Beschädigung, Anstrich, Rostbildung, Schließung, Leiterfunktion, Beschriftung
Erdungsanlage	Korrosion, Klemmverbindungen, Messung des Erdübergangswiderstands
Niederspannungs-verteilung	Zustand und Dimensionierung der NH-Sicherungen, Kontaktdruck der NH-Unterteile, Fettung, Korrosion
Umspanner	Anschlüsse, Isolatoren, Ölstand, Dichtigkeit, Anstrich
Sicherungstrenn-Streckenschalter	Funktionstüchtigkeit des Antriebs, Beschädigung und Befestigung der Isolatoren, Anpressdruck der Kontakte, Nenngröße und Anpressdruck der HH-Sicherungen
Ableiter	Korrosion, Porzellanschäden, Betriebszustand
Isolatoren	Korrosion, mechanische Beanspruchung, Überschläge

Tabelle I 2: Muster einer Inspektionsliste für Gittermaststationen

Wartung: Freileitung

Die Wartungsarbeiten der Freileitungsanlagen ergeben sich größtenteils aus den Ergebnissen der vorausgegangenen Inspektionen. Durch die Wartungsarbeiten werden die festgestellten Mängel meist direkt vor Ort abgestellt. Beispiele dieser Arbeiten können sein:

- Säubern der Maststandorte
- Nachpflege der Holzmasten
- Korrosionsschutz
- Entfernen von Fremdkörpern an Masten und aus Seilen
- Befestigen von Erdungsleitungen / Schutzrohren für Kabelaufführungen
- Beseitigen von Ästen und Bäumen bei unzulässiger Näherung zu Leiterseilen
- Auswechseln defekter Sicherungen

Instandsetzung: Freileitung

Anlässe für die Instandsetzungsarbeiten können Schädigungsprozesse, wie Verschleiß, Korrosion, Materialalterung sein, oder sie sind durch Umgebungs- und Fremdkörpereinflüsse verursacht. Die Instandsetzung setzt nicht unbedingt die Inspektion und / oder die Wartung der Anlage voraus, sondern kann aufgrund geplanter Maßnahmen durchgeführt werden. Meist ist unter der Instandsetzung an Freileitungen der Austausch von Bauteilen (Verbesserung) zu verstehen, wie das Auswechseln von Isolatoren, Masten, Seilen oder das Erneuern von Klemmen, Verbindern und Fundamenten.

Inspektion: Kabel

Die Inspektion der Kabelanlagen umfasst alle über dem Erdreich angeordneten Bauelemente. Bei der Begehung der Kabeltrassen ist auf folgende Schwerpunkte zu achten:

- Geländeveränderungen
- Überbauung der Kabeltrasse
- Überschüttungen der Kabeltrasse durch Erdmassen
- Freispülungen

Zur Überwachung betriebsgealterter Kabelanlagen vor Ort werden Spannungsprüfungen mit unterschiedlichen Spannungsarten, -höhe und Prüfzeiten eingesetzt. Ziel dieser Prüfungen ist es, Schwachstellen an der Isolierung aufzufinden und gegebenenfalls äußere Beschädigungen des Mantels zu ermitteln, Die Prüfungen werden nach Abschluss von Arbeiten an Kabelanlagen, in Verbindung mit Störungen oder auch in regelmäßigen Abständen, durchgeführt.

Die letztgenannten Wiederholungsprüfungen sind zumindest bei kunststoffisolierten Kabeln umstritten, weil in Abhängigkeit von der Höhe der Prüfspannung möglicherweise Schwachstellen nicht erkannt werden, oder die Prüfung zu einer Vorschädigung des Kabels führen kann.

Bei wiederholt auftretenden „inneren Fehlern" auf der Kabelstrecke muss die Frage beantwortet werden, ob der Zustand des Kabels noch einen zuverlässigen Betrieb erwarten lässt. Neben der Spannungsprüfung können vor Ort weitere Messungen (Teilentladungsverhalten, Verlustfaktor) zur Bewertung des Kabels beitragen. Darüber hinaus sind Laboruntersuchungen an repräsentativen Kabelstücken erforderlich, die unter anderem Auskunft geben über

Durchschlagspannungen und Water-tree-Strukturen in der Isolierung bei kunststoffisolierten Mittelspannungskabeln.

Kriterien zur Beurteilung der Restlebensdauer:
- Hersteller
- Herstelldatum, Verlegedatum
- Einsatzort, Betriebsweise
- Häufigkeit, Art und Ursache von Störungen
- Ergebnisse von Spannungsprüfungen
- Höhe der Durchschlagsspannung
- Feuchtigkeit in der Isolierung und den Leitschichten
- Teilentladungen TE, Verlustfaktor
- Water-tree-Strukturen und Häufigkeit
- Netztechnische Bedeutung der Kabelstrecke
- Zukünftige Netzkonzeption
- Ersatzinvestitionen, Kostenreduzierung durch Mitverlegung

Als Ergebnis einer solchen Beurteilung wird die Beantwortung der Frage erwartet, ob die zu Störungen neigende Kabelstrecke ausgewechselt werden muss. Die Inspektion durch weitere elektrische Prüfungen wird der Anwender individuell nach seinen Bedürfnissen, den technischen Anforderungen und seinen Möglichkeiten durchführen. Die Inspektion der Kabelverteilerschränke beinhaltet die Überprüfung des baulichen Zustands der Sockel, der Gehäuse, der Schließbarkeit der Schlösser und die Überprüfung des elektrotechnischen Teils, wie Kontakte und Befestigungen. Bei Massekabel sind die Endverschlüsse zu überprüfen.

Wartung: Kabel

Zu den Wartungsarbeiten an Kabelanlagen zählen:
- Reinigen der Kabel auf Kabelbühnen, z.B. wenn Staubansammlung vermieden werden muss
- Beseitigen von mechanischen Beschädigungen
- Befestigen der Kabel an Aufführungen
- Isoliermasse nachfüllen bei Massekabelendverschlüssen

Der Umfang der Wartungsarbeiten an Kabelanlagen ist relativ gering. Dies ist sicher ein Vorteil des Betriebsmittels Kabel innerhalb der Gesamtheit aller notwendigen elektrischen Anlagen und Betriebsmittel. Die Zuverlässigkeit der Kabelanlage wird daher von der Wartung kaum beeinflusst. Sie hängt hauptsächlich von der technischen Ausführung der Anlage ab.

Instandsetzung: Kabel

Die Instandsetzung der Kabelanlage kann notwendig werden aufgrund der Ergebnisse von Inspektion / Wartung oder durch den Ausfall bzw. die Störung eines Bauelements der Gesamtanlage, wie Muffen, Kabelverteilerschränke, das Kabel selbst oder Garnituren.

Inspektion: Schaltanlagen

Die Instandhaltungsarbeiten an Schaltanlagen können sehr umfangreich sein. Außerdem ist die Varianten- und Typenvielfalt sehr groß.

Zu empfehlen sind jedoch vorbereitete Checklisten als Formularvordruck. Die Vorteile der Checklisten sind:

- schnelle Erledigung der Arbeit
- vollzählige Auflistung aller Tätigkeiten (Vergessen einzelner Details wird weitestgehend verhindert)
- objektive Bearbeitung (Gefahr einer individuellen Betrachtungsweise wird möglichst ausgeschlossen)

Wartung: Schaltanlagen

Einen großen Anteil der Wartungsarbeiten nehmen die Einhaltung bzw. die Reparatur der Bausubstanz in Anspruch, wie Putzarbeiten, Ausbessern des Gebäudes, Befestigen von Gittern und Rosten, Fetten von Schlössern und Scharnieren.

Die Wartung der elektrotechnischen Anlagen ist vor allem durch die Reinigung gekennzeichnet. Weitere Arbeiten können anfallen, wie:

- Nachbessern der Erdungsanlage
- Ausbessern des Korrosionsschutzes
- Auffüllen von Isolieröl
- Herstellen der Funktionstüchtigkeit der Beleuchtungsanlage
- Durchführen von Funktionsschaltungen
- Durchführen von Funktionsprüfungen der Schutztechnik

Zusätzliche Arbeiten sind natürlich im Einzelfall abhängig von betrieblichen Notwendigkeiten und den Besonderheiten der Anlage.

Instandsetzung: Schaltanlagen

Die Instandsetzungsarbeiten sind abhängig von den Inspektionsergebnissen und weiteren Einflussfaktoren, wie Gesetze, Normen und weiteren Umwelt- und Umfeldeinflüssen. Sie können sich je nach Notwendigkeit auf einzelne Betriebsmittel, Einzelkomponenten der Betriebsmittel, aber auch auf die gesamte Schaltanlage oder das Gebäude beziehen. Aus technischen und wirtschaftlichen Gründen ist dabei der Grenzbereich Instandsetzung / Verbesserung / Erneuerung zu beachten.

DIN V VDE V 0109-1 Instandhaltung von Anlagen und Betriebsmittel in elektrischen Versorgungsnetzen; Systemaspekte und Verfahren

DIN V VDE V 0109-2 Instandhaltung von Anlagen und Betriebsmittel in elektrischen Versorgungsnetzen; Zustandsfeststellung von Betriebsmitteln / Anlagen Warnecke, H. J.: Instandhaltung Grundlagen. Köln: Verlag TÜV Rheinland GmbH

Brocker, H.: Wie gut ist Ihre Instandhaltung? Köln: Verlag TÜV Rheinland GmbH

Schriftenreihe Deutsches Komitee Instandhaltung e.V. Instandhaltung und moderne Technologien. Köln: Verlag TÜV Rheinland GmbH

Lapp, H.: Instandhaltung von elektrischen Anlagen. München: Pflaum Verlag

Spanneberg, H.: Instandhaltung von Anlagen der Elektroenergieversorgung. Leipzig: VEB Deutscher Verlag für Grundstoffindustrie

Krefter, K.H. (Hrsg.): Prüfungen zur Beurteilung von Kabelanlagen in Mittelspannungsnetzen. Frankfurt am Main: VWEWVerlag

Technische Richtlinie für Instandhaltung von Betriebsmitteln und Anlagen in Elektrizitätsversorgungsnetzen vom VDN aus 11/2006

Integrierte Schutz- und Steuereinheit

In der integrierten Schutz- und Steuereinheit sind die Funktionen für den Schutz und die Steuerung in einer Einheit vereint. Die Konfigurierung dient der Festlegung, welche der integrierten Zusatzfunktionen aktiviert sind und welche Relaisschnittstellen zur Anlage benutzt werden.

Einsatzorte	Mittelspannungsebenen und einfache Hochspannungsanlagen von Verteilungsnetzen für Leitungsschutzeinrichtungen, wie Überstrom-, Zeit- und Distanzschutz werden Zusatzfunktionen zur Steuerungstechnik integriert
Arbeitsweise	Neben dem Schutz werden Steuerung, Verriegelung und Überwachung wahrgenommen. Neben dem digitalen Schutz werden in einem LC-Display Prozess- und Geräteinformationen grafisch angezeigt. In unmittelbare Nähe des Displays befinden sich die Tasten für die Steuerung der Schaltgeräte
Vorteile	• geringerer Platzbedarf, weniger hardware und damit geringere Investitionen • weniger Schnittstellenprobleme • Vereinfachung der Prüfung, wenn das Personal für den Schutz und die Steuerung zuständig ist • nur ein Kern beim Stromwandler nötig • Menüs führen durch den Bedienbaum, damit entfallen Adressenkenntnisse für das Personal • frei belegbare Funktionstasten
Nachteile	in der Praxis sind keine Nachteile bekannt geworden, dadurch sind die Kombinationsgeräte zum Standard in der Mittelspannung

Tabelle I 3: Integrierte Schutz- und Steuereinheit

Netzschutztechnik, 6. Auflage, Walter Schossig, Thomas Schossig, Buchreihe Anlagentechnik; Rolf Rüdiger Cichowski (Hrsg.) EW Medien – VERLAG, Frankfurt, 2017

Intelligente Messsysteme

Die Zeit der „alten" Stromzähler ist fast vorbei. Beginnend ab 2017 bis 2032 werden durch Beschluss des Gesetzgebers alle Stromkunden in Deutschland ein neues Messgerät erhalten. Das Messstellenbetriebsgesetz, MsbG (am 02.09.2016 in Kraft getreten) gilt als zentrales Gesetz für das Messwesen und es definiert u.a. zwei wesentliche Begriffe

→ *Intelligente Messsysteme*
→ *Moderne Messeinrichtungen*

Intelligente Messsysteme sind ein wichtiger Baustein für den zukünftigen Aufbau von intelligenten Netzen und für das Gelingen der Energiewende notwendig.

Definition Intelligente Messsysteme, I.M.	nach § 2, Nr. 7 MsbG: eine über ein Smart-Meter-Gateway in ein Kommunikationsnetz eingebundene Messeinrichtung zur Erfassung elektrischer Energie, das den tatsächlichen Energieverbrauch und die tatsächliche Nutzungszeit widerspiegelt. Wichtig sind die Gewährleistung des Datenschutzes, der Datensicherheit und Interoperabilität in Schutzprofilen und Technischen Richtlinien.
Definition Moderne Messeinrichtungen	nach §2 Nr.15 MsbG: Messstellen sind zumindest mit modernen Messeinrichtungen auszustatten, die den tatsächlichen Elektrizitätsverbrauch und die tatsächliche Nutzungszeit widerspiegelt. Moderne Messsysteme verfügen nicht über eine eigene Kommunikationseinheit, d.h. die in der Messeinrichtung gespeicherten Daten werden nicht an Dritte übertragen; es muss aber durch Umrüstung grundsätzlich möglich sein.
Besonderheit I.M. Gegenüber Moderne Messsysteme	liegt in der durch das Smart Meter Gateway durchgeführten Kommunikation mit dem Messstellenbetreiber, dem Netzbetreiber, sowie Messeinrichtungen und Anlagen, die auch eine Fernsteuerung ermöglicht, d.h. Intelligente Messsysteme verfügen über eine Kommunikationseinheit.
Aufgabe der neuen Messeinrichtungen	• der Anschlussnutzer soll durch die stärkere Visualisierung des Energieverbrauchs für das optimierte Energieverbrauchsverhalten sensibilisiert werden • Weiterentwicklung von Zeit- und lastvariablen Strom Tarifen durch Netzbetreiber
Wer erhält neue Messeinrichtungen?	alle Stromkunden bis zum Jahr2032; auch Betreiber von Anlagen zur Stromerzeugung aus erneuerbaren Energien und Kraft-Wärme-Kopplung
Ab wann werden Intelligente Messsysteme eingesetzt?	• Stromkunden mit einem Jahresverbrauch von **mehr als 6.000 kWh** • Betreiber von Anlagen zur Stromerzeugung aus erneuerbaren Energien und Kraft-Wärme-Kopplung mit einer **Leistung ab 7 kW**
Wann moderne Messsysteme?	• Stromkunden mit einem Jahresverbrauch von **weniger als 6.000 kWh** • Betreiber von Anlagen zur Stromerzeugung aus erneuerbaren Energien und Kraft-Wärme-Kopplung mit einer Leistung **kleiner 7 kW**
Was speichern moderne Messsysteme?	• aktuelle Stromverbräuche • tages-,wochen-,monats- und jahresbezogene Stromverbrauchswerte für die jeweils letzten 24 Monate

Tabelle I 4: Intelligente Messsysteme

→ Moderne Messeinrichtungen
→ Smart Metering
→ Smart home
→ Smart Grid
→ Smart Billing

Handbuch Elektrizitätsmesstechnik, 3. Auflage, Arzberger / Kahmann / Zayer (Hrsg.) EW Medien - VERLAG, Frankfurt, VDE VERLAG Berlin und Offenbach, 2017

iONS

→ Automatisierte Ortnetzstation

IP-Schutzarten (IP-Code)

Die IP-Schutzarten geben den Umfang des Schutzes eines elektrischen Betriebsmittels über sein entsprechendes Gehäuse an. Der Umfang des Schutzes bzw. die Anforderungen an den Schutz werden durch ein Bezeichnungssystem, den IP-Code, klassifiziert. Zu dem Code sind Angaben enthalten zum Berührungsschutz, Fremdkörperschutz und Wasserschutz.

Das Kurzzeichen, das den Grad des Schutzes erkennen lässt, besteht aus den Kennbuchstaben IP (International Protection) und den daran angefügten Kennziffern. Während die Kennbuchstaben stets gleichbleibend sind, ändern sich die Kennziffern in Abhängigkeit von den jeweiligen Anforderungen an den Schutz.

Die Schutzarten legen Anforderungen fest für den:

- Berührungsschutz
- Schutz von Personen gegen Zugang zu gefährlichen Teilen
- Fremdkörperschutz
- Schutz des Betriebsmittels gegen Eindringen von festen Fremdkörpern
- Wasserschutz
- Schutz der Betriebsmittel gegen schädliche Einwirkungen durch das Eindringen von Wasser

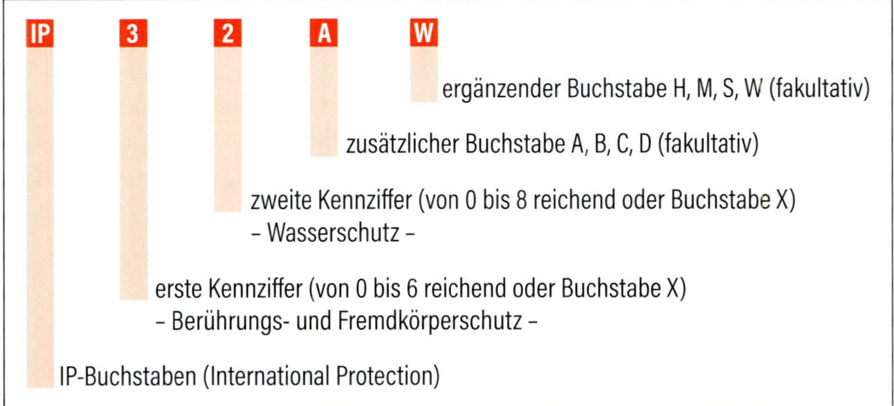

Bild I 1: Beispiel zum IP-Code

Die Bedeutung der Kennziffern kann der Tabelle I 5 entnommen werden. Die erste Kennziffer stellt die Anforderungen an den Schutz des Gehäuses dar, und zwar in welcher Weise Personen Schutz gegen den Zugang zu gefährlichen Teilen geboten wird. Der Schutz muss sicherstellen, dass Teile des menschlichen Körpers weder direkt noch indirekt mit einem Gegenstand Zugang zu gefährlichen Stellen des jeweiligen elektrischen Betriebsmittels erhalten.

Kenn-ziffer (Schutz-grad)	erste Ziffer		zweite Ziffer
	Berührungsschutz	**Fremdkörperschutz**	**Wasserschutz**
0	kein besonderer Schutz	kein besonderer Schutz	kein besonderer Schutz
1	geschützt gegen den Zugang zu gefährlichen Teilen mit dem Handrücken	geschützt gegen feste Fremdkörper 50 mm Durchmesser und größerer	geschützt gegen Tropfwasser
2	geschützt gegen den Zugang zu gefährlichen Teilen mit einem Finger	geschützt gegen feste Fremdkörper 12,5 mm Durchmesser und größerer	geschützt gegen Tropfwasser, wenn das Gehäuse bis zu 15° geneigt ist
3	geschützt gegen den Zugang zu gefährlichen Teilen mit einem Werkzeug	geschützt gegen feste Fremdkörper 2,5 mm Durchmesser und größerer	geschützt gegen Sprühwasser
4	geschützt gegen den Zugang zu gefährlichen Teilen mit einem Draht	geschützt gegen feste Fremdkörper 1,0 mm Durchmesser und größerer	geschützt gegen Spritzwasser
5	geschützt gegen den Zugang zu gefährlichen Teilen mit einem Draht	staubgeschützt	geschützt gegen Strahlwasser
6	geschützt gegen den Zugang zu gefährlichen Teilen mit einem Draht	staubgeschützt	geschützt gegen starkes Strahlwasser
7			geschützt gegen die Wirkungen beim zeitweiligen Untertauchen in Wasser
8			geschützt gegen die Wirkungen beim dauernden Untertauchen in Wasser

Tabelle I 5: IP-Schutzarten

Gleichzeitig gibt die erste Ziffer den Grad der Anforderung wieder, inwieweit das Gehäuse dem Betriebsmittel Schutz gegen das Eindringen von festen Fremdkörpern gewährt. Zusammenfassend bezeichnet die erste Kennziffer den Schutzgrad gegen den Zugang zu gefährlichen Teilen und gegen feste Fremdkörper (frühere Bezeichnung aus der DIN 40050: Berührungs- und Fremdkörperschutz)

Die zweite Kennziffer bezeichnet den Schutzgrad gegen Wasser. Schädliche Einwirkungen durch das Eindringen von Wasser sollen verhindert werden.

Die Kennziffern können nach DIN VDE 0470-1 „Schutzarten durch Gehäuse (IP-Code)" noch durch die Verwendung weiterer Buchstaben ergänzt werden.

Der zusätzliche Buchstabe hat eine Bedeutung für den Schutz von Personen und macht eine Aussage über den Schutz gegen den Zugang zu gefährlichen Teilen.

Buchstabe A Handrücken
Buchstabe B Finger
Buchstabe C Werkzeug
Buchstabe D Draht

Der ergänzende Buchstabe hat eine Bedeutung für den Schutz des Betriebsmittels und gibt ergänzende Informationen.

Buchstabe H Hochspannungsgeräte
Buchstabe M Wasserprüfung während des Betriebs
Buchstabe S Wasserprüfung bei Stillstand
Buchstabe W Wetterbedingungen

Für die Anwendung des IP-Kurzzeichens weitere Hinweise:
Unterschied der Kennziffer „0" bzw. „X":
0 bedeutet kein besonderer Schutzgrad gefordert
X bedeutet der Schutzgrad ist freigestellt

Beispiel:
IPX3 bedeutet: Berührungs- und Fremdkörperschutz ist freigestellt Wasserschutz: geschützt gegen Sprühwasser
IP5X bedeutet: Berührungs- und Fremdkörperschutz; geschützt gegen den Zugang mit einem Draht/staubgeschützt; Wasserschutz ist freigestellt

Staubgeschützt (Kennziffer 5) bedeutet:
Staub darf nur in so begrenztem Umfang eindringen, dass ein zufriedenstellender Betrieb des Geräts gewährleistet ist und die Sicherheit nicht beeinträchtigt wird.

Wasserschutz:
Bis zur Kennziffer 6 bedeutet, dass auch die Anforderungen für alle niedrigen Kennziffern erfüllt sind, z. B. IPX6 erfüllt gleichzeitig IPX1/IPX2/IPX3/IPX4/ IPX5.
Dies gilt aber nicht bei IPX7 oder IPX8, d. h. IPX8 erfüllt nicht gleichzeitig die Forderung nach IPX4 oder IPX6. Soll beides bei dem jeweiligen Gerät erreicht werden, so müssen auch beide Bezeichnungen verwendet werden, also eine Doppel-Kennzeichnung: z. B. IPX6/IPX8.

Zusätzliche und/oder ergänzende Buchstaben dürfen ersatzlos entfallen. Werden mehrere zusätzliche bzw. ergänzende Buchstaben verwendet, so gilt die alphabetische Reihenfolge. Die genannten Schutzarten gelten für Betriebsmittel und auch für elektrische Anlagen.

Art der Betriebsmittel	Schutzart
Motoren	• IP02 für staubarme, trockene Luft in abgeschlossenen Räumen • IP12,IP21, IP22 für staubarme Luft und Tropfwasser • IP23 für Staubarme Luft mit Spritzwasser • IP44, IP54, IP55 für staubige Luft und Spritzwasser aus allen Richtungen • IP56 für staubige Luft und Gefahr vorübergehender Überflutung
Schaltgeräte	werden in verschiedenen Schutzarten hergestellt, so dass sich immer die richtige Schutzart auswählen lässt
Installationsgeräte	IP00,IP30,IP31,IP54 und IP68
Leuchten	IP23, IP44, IP55 und IP 65

Tabelle I 6: Beispiele von Schutzarten für verschiedene Betriebsmittel

Je nach Notwendigkeit variieren die Forderungen an die jeweiligen Schutzgrade. Abdeckungen und Umhüllungen in der Elektroinstallation sind grundsätzlich nach der Schutzart IP2X auszulegen. Horizontale Oberflächen, die eine Anlage nach oben hin abdecken, müssen jedoch mindestens der Schutzart IP4X genügen. Das bedeutet, Einführungen von Leitungen dürfen nach Fertigstellung der Anlage ebenfalls keine größeren Spalten bzw. Löcher als 1 mm aufweisen.

Abdeckungen und Umhüllungen dürfen nur mit entsprechendem Werkzeug (oder Schlüsseln) entfernt werden können, oder es muss sichergestellt sein, dass vor dem Entfernen das Abschalten der Spannung an allen aktiven Teilen zwangsweise erfolgt. Eine weitere Ausnahme von der „Werkzeug-Forderung" ist dann zulässig, wenn nach Entfernen der Abdeckung sich dort eine weitere „Zwischen-Abdeckung" wenigstens der Schutzart IP2X befindet.

Für trockene Räume reicht normalerweise die Schutzart IP2X aus. Für Betriebsmittel und für elektrische Anlagen in Betriebsstätten und Räumen besonderer Art sind Schutzarten teilweise für den speziellen Fall gesondert festgelegt.

Kenngrößen für die Elektrofachkraft, 3. Auflage, VDE -Schriftenreihe 59, Rolf Rüdiger Cichowski, VDE VERLAG Berlin und Offenbach, 2017

Der rote Faden durch die Gruppe 700 der DIN VDE 0100, VDE-Schriftenreihe 168, Rolf Rüdiger Cichowski, VDE VERLAG Berlin und Offenbach, 2016

Die vorschriftsmäßige Elektroinstallation, 21. Auflage, Hösl / Ayx / Busch, VDE VERLAG Berlin und Offenbach, 2016

Isolationsüberwachung

Isolationsüberwachung: ist eine dauerhafte Einrichtung, es wird ständig der Isolationswiderstand der elektrischen Anlage gegen Erde gemessen und durch ein optisches und akustisches Signal angezeigt.

Anwendungsgebiete in ungeerdeten IT-Systemen: in medizinisch genutzten Räumen, auf Schiffen, in der Industrie, im Bergbau.

Aufgabe der Isolationsüberwachungsgeräte: die Unterschreitung eines zuvor eingestellten Mindestwertes des Isolationswiederstandes der Anlage akustisch und optisch zu melden.

Arbeitsweise: die Isolationsüberwachungseinrichtungen arbeiten mit 24 V Gleichspannung, die der Wechselspannung des Netzes überlagert wird. Der eingestellte Mindestwert (Ansprechwert von 2 kOhm bis 60 kOhm). In medizinisch genutzten Räumen ist minimal der Grenzwert von 50 kOhm zulässig. Wichtig: das optische Signal darf nicht abschaltbar sein; nur das akustische Signal kann rückgestellt werden.

Vorteil: bei einem IT-System muss bei einem ersten Körperschluss nicht abgeschaltet werden, weil die Außenleiter und eventuell auch der Neutralleiter im ungestörten Betriebsfall gegen Erde isoliert ist, d.h. es ist im Fall eines Körperschlusses noch keine Gefahr gegeben. Durch die Isolationsüberwachung wird der Fehler jedoch gemeldet und der Betreiber der Anlage kann den Fehler beheben.

Isolationsüberwachungsgeräte müssen symetrische (wenn sich der Isolationswiderstand in der Anlage annähernd gleichmäßig ändert) und unsysmetrische (wenn sich der Isolationswiderstand der Anlage in einem Leiter stärker verringert, als in den übrigen Leitern) Isolationsverschlechterungen erkennen.

DIN VDE 0100-410 Errichten von Niederspannungsanlagen, Schutzmaßnahmen

DIN VDE 0100-540 Errichten von Niederspannungsanlagen, Auswahl und Errichtung elektrischer Betriebsmittel

DIN EN 61557-8 (VDE 0413-8) Isolationsüberwachungsgeräte für ITSysteme

DIN VDE 0100 richtig angewandt, VDE Schriftenreihe 106, Herbert Schmolke, VDE Verlag Berlin und Offenbach, 2013

Isolatoren

Isolatoren: Bauelement zur mechanischen Fixierung eines spannungsführenden Teiles; dienen der Isolation spannungsführender Leiter gegenüber geerdeten oder anderen spannungsführenden Teilen. Außerdem müssen sie die mechanischen Belastungen, die von den Leitern ausgehen, übernehmen und dies in ihrer definierten Lage sicher halten. Anforderungen:

- gutes Isoliervermögen häufig bei ungünstigen Betriebsbedingungen, wie Wärme, Kälte, Nebel, Regen, Eis, Verschmutzung
- hohe mechanische Festigkeit bei wechselnder Belastung, wie Zugspannungen, Wind, Eis

Werkstoffe für Isolatoren: keramische Materialien, wie Glas, Porzellan, auch Kunststoff und glasfaserverstärkter Kunststoff; Kombinationen der Werkstoffe sind ebenfalls möglich

Bauformen von Isolatoren:

- Stützenisolatoren: für Niederspannungs- und Mittelspannungsfreileitungsnetze bis etwa 35 kV
- Hängeisolatoren: ab etwa 35 kV Hängeisolatoren; ihr Volumen und Gewicht sind geringer als Stützenisolatoren, daher wirtschaftlicher und sie kommen zum Einsatz

Isolatoren für Niederspannungsfreileitungsnetze: bewährte Typen siehe Bild

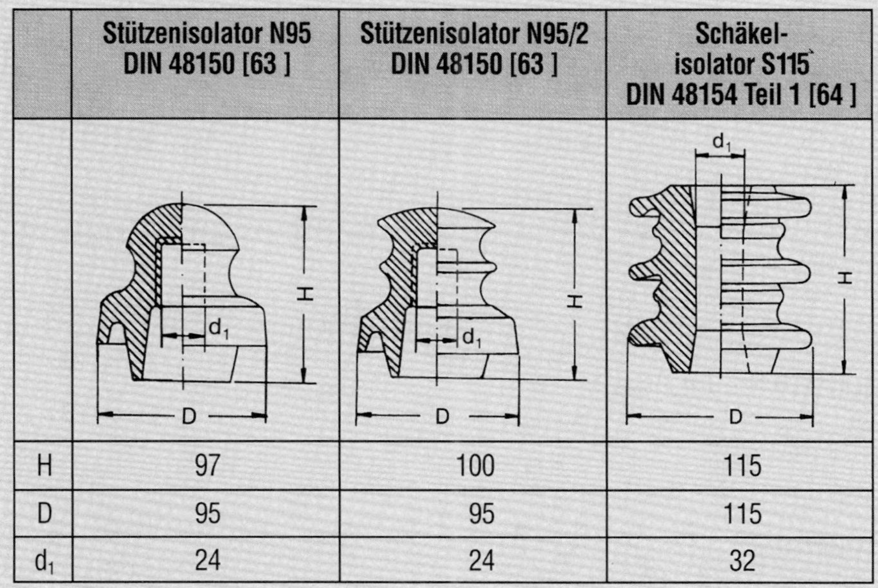

	Stützenisolator N95 DIN 48150 [63]	**Stützenisolator N95/2 DIN 48150 [63]**	**Schäkel-isolator S115 DIN 48154 Teil 1 [64]**
H	97	100	115
D	95	95	115
d_1	24	24	32

Bild I 2: Schäkel- und Stützenisolatoren für Niederspannung

Isolatoren für Mittelspannungsfreileitungen:

- Stützenisolatoren: Mittelbundisolatoren und Längsbundisolatoren
- Kettenisolatoren: Vollkernisolatoren, Langstabisolatoren, Glaskappenisolatoren

Isolatorklassen: nach DIN EN 60383-1 VDE 0446-1 werden Isolatoren in zwei Klassen unterteilt:

Klasse A: Isolatoren: die Länge des kürzesten Durchschlagweges durch festen Isolierstoff beträgt mindestens die Hälfte der Schlagweite; für Freileitungen mit geerdeten Bauteilen wie Holzmaste mit geerdeten Querträgern und Stahlbeton, sowie Stahlmaste

Klasse B: Isolatoren: die Länge des kürzesten Durchschlagweges durch festen Isolierstoff beträgt weniger als die Hälfte der Schlagweite; für Freileitungen mit Holzmasten mit nicht geerdeten Querträgern

Freileitung, 2. Auflage, Peter Niemeyer / Andreas Grohs, Buchreihe Anlagentechnik, Rolf Rüdiger Cichowski (Hrsg.), VWEW EnergieVerlag, 2008 (Hinweis: 3. Auflage erscheint 1. Quartal 2018)

Isolatorketten

Isolatorketten: als Abspann- oder Hängeisolatoren üblich. Werden kettenförmig in seriellen und parallelen Anordnungen kombiniert und sind mechanisch und elektrisch an die Anlagenanforderungen anpassbar. Sie sind als Langstab-, Vollkern-, Glaskappen-, und Verbundisolatoren gebräuchlich (siehe Bild)

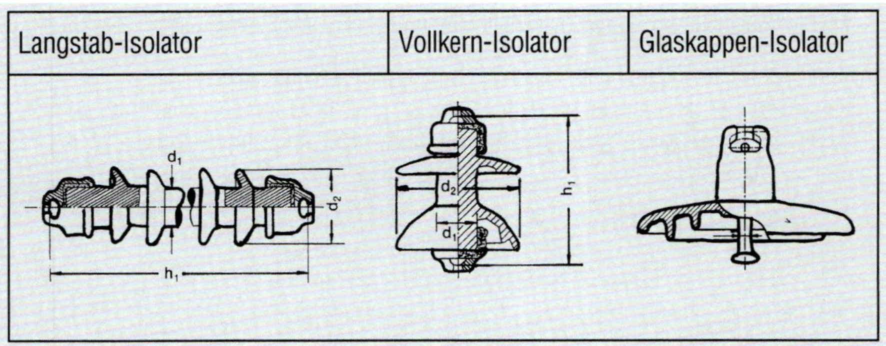

Bild I 3: Kettenisolatoren

Isolierte Freileitungen

→ *Leitungen mit isolierten Leitern*

Isolierung

Isolierung: kann aus einem festem, gasförmigen oder flüssigem Medium bestehen; in der Elektrotechnik der Schutz der stromführenden Teile gegen Berührung und gegenüber den umgebenen Teilen; Isoliermittel / Isolierstoff ist ein nicht oder nur schwach leitfähiges Material, das den Stromfluss zwischen spannungsführenden und nicht Spannung führenden leitfähigen Teilen verhindern soll; Personen, Nutztiere und Sachen können dadurch geschützt werden. Elektrische Isolierstoffe haben einen sehr hohen spezifischen Widerstand, eine hohe elektrische Durchschlagfestigkeit und sind unempfindlich gegen Feuchtigkeit. Isolationswiderstand: Widerstand zwischen den Leitern untereinander und gegenüber dem

Erdpotential. Die Qualität eines elektrischen Betriebsmittels wird in hohem Maße durch die Qualität der Isolierung bestimmt.

Arten der Isolierung:

- Die Basisisolierung: Isolierung unter Spannung stehender Teile zum grundlegenden Schutz gegen direktes Berühren. Die Basisisolierung ist nicht ohne weiteres mit der Betriebsisolierung gleichzusetzen.

- Betriebsisolierung: die für die Reihenspannung der Betriebsmittel bemessene Isolierung aktiver Teile gegeneinander und gegen Körper. Die Betriebsisolierung muss nicht, aber kann den Anforderungen der Basisisolierung entsprechen. Beispiel: Lacke, Faserstoffumhüllungen reichen möglicherweise als Betriebsisolierung aus, sind aber als Basisisolierung ungeeignet.
- Zusätzliche Isolierung: ist eine unabhängige Isolierung zusätzlich zur Basisisolierung, die den Schutz bei indirektem Berühren (Fehlerschutz) im Falle eines Versagens der Basisisolierung sicherstellt. Für sie gelten dieselben Anforderungen wie für die Basisisolierung.
- Doppelte Isolierung: ist die Isolierung, die aus Basisisolierung und zusätzlicher Isolierung besteht. Sie muss so bemessen sein, dass bei Ausfall eines Teils der Isolierung (Basisisolierung oder zusätzliche Isolierung) der verbleibende Teil der Isolierung die volle Isolierfähigkeit zur Folge hat.
- Verstärkte Isolierung: ist eine einzige Isolierung aktiver Teile, die unter vorgegebenen Bedingungen denselben Schutz gegen elektrischen Schlag bietet wie eine doppelte Isolierung. Das heißt nicht, dass sie aus einlagigem (homogenem) Material bestehen muss. Auch mehrere Lagen sind möglich, die aber nicht einzeln als zusätzliche Isolierung oder Basisisolierung geprüft werden können.
- Schutzisolierung: ist eine Schutzmaßnahme zum Schutz gegen elektrischen Schlag, die durch eine zusätzliche Isolierung zur Basisisolierung oder durch eine verstärkte Isolierung das Auftreten gefährlicher Spannungen an den berührbaren Teilen elektrischer Betriebsmittel infolge eines Fehlers in der einfachen Basisisolierung verhindert. Die Schutzisolierung wird unmittelbar und ausschließlich durch die Ausführung der Betriebsmittel sichergestellt.
- Funktionsisolierung: eine Schutzmaßnahme zwischen leitenden Teilen, die nur für die bestimmungsgemäße Funktion der Betriebsmittel notwendig ist.

DIN VDE 0100-200 Errichten von Niederspannungsanlagen, Begriffe

DIN VDE 0100 richtig angewandt, VDE Schriftenreihe 106, 7. Auflage, Herbert Schmolke, VDEVerlag Berlin und Offenbach, 2016

Isolierwerkstoffe

Isolierstoffe: haben einen sehr hohen elektrischen Widerstand, bei Nennspannung fließt kein nennenswerter Strom. Sie werden zur Isolierung von elektrischen Betriebsmitteln eingesetzt. Eigenschaften, die die Isolierstoffe kennzeichnen:

- spezifischer Widerstand
- Oberflächenwiderstand
- Durchschlagsfestigkeit
- Kriechstromfestigkeit
- Lichtbogenfestigkeit
- Dielektrizitätskonstante
- Dielektrischer Verlustfaktor

Isolierstoffe von Kabeln

Isolierung: wird gekennzeichnet durch das Material (Papier oder Kunststoff) und die Form und Konstruktion des Isolierungsaufbaus. Die Isolierung wird auch als → *Dielektrikum* bezeichnet. Eigenschaften der Werkstoffe siehe Bild

Material	Einheit	Papier/ Öl	PVC	PE	VPE	EPR
Spez. Widerstand	Ωcm	10^{15}	10^{11}–10^{14}	10^{7}	10^{16}	10^{15}
Verlustfaktor tan δ	10^{-3}	3-9	< 80	< 0,4	< 0,4	5
Permittivitätszahl εr	-	3,5	3-5	2,3	2,3	3
Verlustzahl εr tan δ	10^{-3}	10-30	240-400	0,9	0,9	15
Beständigkeit gegen TE *	-	sehr gut	gut	mäßig	mäßig	gut
Druckbeständigkeit *	-	sehr gut	mäßig	sehr gut	sehr gut	gut
* stark von Prüfanordnung abhängig						

Tabelle I 7: Eigenschaften der Isolierwerkstoffe

Papierisolierung: besteht aus Papierbändern mit Tränk- oder / und Imprägniermittel;

- niedrige Viskosität: zähflüssig: Massekabel im Nieder- und Mittelspannungsbereich
- hohe Viskosität: dünnflüssig: Ölkabel im Hochspannungsbereich

Vorteil der Papierisolierung: geschichtete Isolierung ist eine Schottung und Fehlstellen werden abgedeckt

Nachteil der Papierisolierung: Empfindlichkeit gegen Feuchtigkeit

PVC-Isolierung: ein chemisches Gemisch mit verschiedensten Zusätzen, dadurch in den Eigenschaften variierbar, aber auf Grund der elektrischen Eigenschaften nur für Spannungen bis 10 kV einsetzbar

Vorteile PVC-Isolierung: hohe Alterungsbeständigkeit, homogene Isolierung, einfache Herstellung und Montage

Nachteile PVC-Isolierung: dielektrischen Verluste, Spannungsbegrenzung

PE-Isolierung: bessere Materialeigenschaften, z.B. höhere Spannungsfestigkeit und dielektrische Eigenschaften

Vorteil PE-Isolierung: höhere Unempfindlichkeit gegen Feuchtigkeit gegenüber Papier

VPE-Isolierung: noch bessere Eigenschaften gegenüber PE, Stand der Technik bei den Isolierwerkstoffen

DIN VDE 0303-13 Prüfung von Isolierstoffen, Dielektrische Eigenschaften fester Isolierstoffe im Frequenzbereich 8,2 GHz bis 12,5 GHz

DIN EN 60464-1 (VDE 0360-1) Elektroisolierlacke, Begriffe und allgemeine Anforderungen

IT-System

Die Stromquelle ist gegen Erde isoliert und die Körper sind über einen Schutzleiter mit dem Erder der Anlage verbunden.

Die aktiven Teile sind von Erde getrennt oder Verbindung über eine Impedanz zur Erde

Schutzeinrichtungen: Schmelzsicherungen, Leitungsschutzschalter, Isolationsüberwachungseinrichtung

Abschaltbedingungen: $R_A \cdot I_d \leq U_L$; Abschaltung mit N-Leiter: U = 400 V: 0,8 s; Abschaltung ohne N-Leiter: U = 400 V : 0,4 s.

Erster Fehler: Fehleranzeige durch Meldung oder Abschaltung(I_d = Fehlerstrom); Zweiter Fehler: Abschaltung durch Überstromschutzeinrichtung

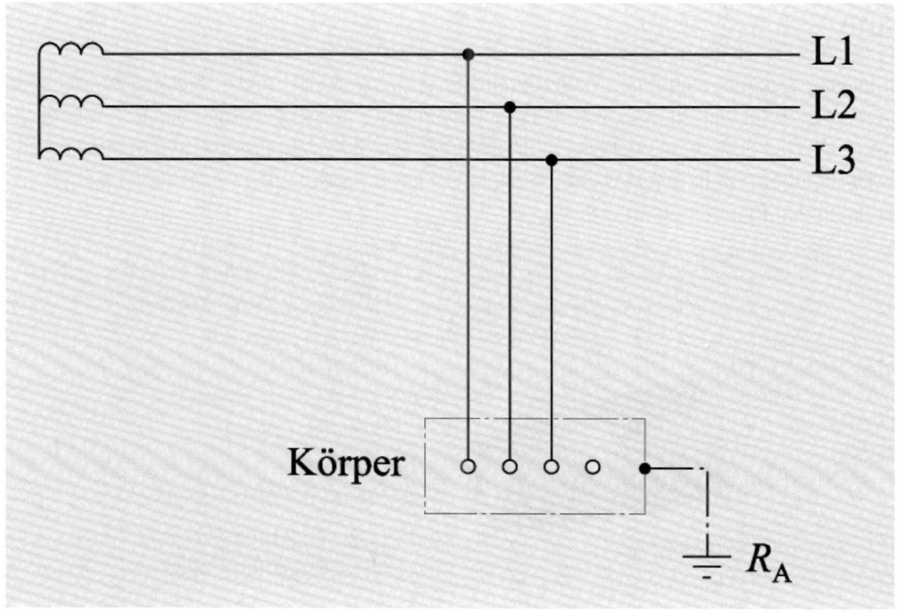

Bild I 4: IT-System

Kenngrößen für die Elektrofachkraft, 3. Auflage, VDE -Schriftenreihe 59, Rolf Rüdiger Cichowski, VDE VERLAG Berlin und Offenbach, 2017

Joulesches Gesetz

In der Anlagentechnik spielt das Joulesche Gesetz, die Energieumwandlung von elektrischer Energie in Wärmeenergie, eine große Rolle:

$Q = I^2 R t$

Q Wärmemenge
I Stromstärke
R Widerstand
t Zeit

Die Wärmemenge ist das Produkt aus dem Quadrat der Stromstärke, dem Widerstand und der Zeit, während der Strom proportional fließt. Diese Umwandlung von elektrischer Energie in Wärmeenergie kann in der Anlagentechnik erwünscht sein, ist meist jedoch unerwünscht, z.B. die Erwärmung der Anlagenteile, wie Klemmen, Kontaktstellen, Wicklungen oder Kabel und Leitungen.

Jute

Jutefaser: zeichnet sich durch hohe Dehnfestigkeit aus, als Naturfaser biologisch abbaubar, in der Elektrotechnik zur Kabelherstellung verwendet; schon in den Anfängen der Kabeltechnik wurde die äußere Schutzhülle von Kabeln aus getränkter Jutefaser als wärmebeständige Isolierung hergestellt. Die klassischen papierisolierten Kabel haben in der Regel Mäntel aus bitumenimprägnierten Jutefasern.

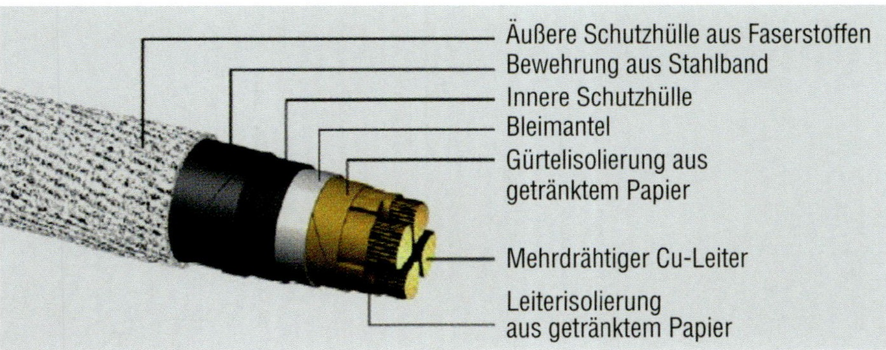

Bild J 1: Aufbau NKBA Niederspannungskabel

Diese papierisolierten Niederspannungskabel werden in Deutschland nicht mehr hergestellt, die äußere Jute-Schutzhülle ist durch PVC als Mantelwerkstoff ersetzt worden. Jedoch sind sie auf Grund ihrer langen Lebensdauer noch in Verteilungsnetzen in großer Anzahl in Betrieb.

Kabel

Kabel sind wichtige Betriebsmittel innerhalb der Anlagentechnik für Verteilungsnetze. Sie dienen der Verteilung elektrischer Energie über weite Strecken. Diese wichtige Aufgabe erfüllen sie über lange Zeiträume (technische Lebensdauer > 30 Jahren; oft auch 50 Jahre), sie sind in der Versorgung zuverlässig, ohne Personen und Sachen zu gefährden und nahezu wartungsfrei.

Kabel unterscheiden sich von Leitungen dadurch, dass sie

- für die Legung im Erdreich zugelassen und
- nur für die ortsfeste Legung geeignet sind
- sie haben vorzugsweise einen Mantel aus Kunststoff (spannungsabhängig)
- für alle Spannungsebenen in Verteilungsnetzen verwendet werden, wie Hochspannung: 110 kV; Mittelspannung: 10 kV bis 30 kV ; Niederspannung: 0,4 kV

Zulässige Spannungen von Kabeln können der Tabelle entnommen werden.

Nennspannungen[1] des Kabels U_0 / U in kV	Höchste Spannung U_m bei Drehstromsystemen U_m in kV	Nennspannungen des Netzes U_N der Außsenleiter in			Bemessungs-Blitzstoßspannung U_p in kV
		Drehstromsystemen $U_N = \sqrt{3}\, U_0$ in kV	Einphasensystemen		
			beide Außenleiter isoliert $U_N = 2\, U_0$ in kV	ein Außenleiter geerdet $U_N = U_0$ in kV	
0,6 / 1	1,2	1	1,2	0,6	20[2]
3,6 / 6	7,2	6	7,2	3,6	60
6 / 10	12	10	12	6	75
12 / 20	24	20	24		125
18 / 30	36	30	36		170
64 / 110	123	110	123		550
230 / 400	420	400	420		1 425

1) Auswahl der gängisten Spannungsebenen, darüber hinaus gibt es noch weitere Spannungsebenen, z.B. U_0 = 5,8; 11,6; 17,3 kV
2) bei Typprüfungen an Kabelgarnituren nach DIN VDE 0278-393 verwendet, bei Leiterquerschnitten < 50 mm2, jedoch nur 8 kV

Tabelle K 1: Zulässige Spannungen für Kabel
U_0 = Spannung zwischen einem Außenleiter und metallener Umhüllung oder Erde
U = Spannung zwischen den Außenleitern
U_m = Höchste, dauernd zulässige Betriebsspannung
U_N = Nennspannung des Netzes

Kabelhandbuch, 9. Auflage, Mario Kliesch / Frank Merschel / weitere Autoren, Rolf Rüdiger Cichowski (Hrsg.); EW Medien - VERLAG, Frankfurt, 2017

Aufbau der Kabel

Der grundsätzliche Aufbau von Kabeln ist im Bild dargestellt

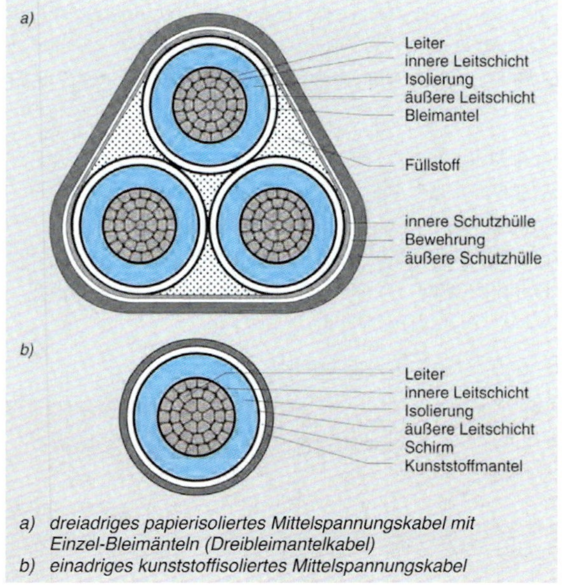

Bild K 1: Aufbau von Starkstromkabeln

→ Leiter
→ Armierung
→ Aufschiebetechnik
→ Dielektrikum
→ Garnituren
→ Gasaußendruckkabel
→ Gasinnendruckkabel
→ Gürtelkabel
→ Kabelbauarten
→ Kabelbezeichnungen
→ Konzentrische Leiter
→ Mantel
→ Massekabel
→ Muffen
→ Endverschlüsse

Starkstromkabelanlagen, 2. Auflage, Mario Kliesch / Frank Merschel, Buchreihe Anlagentechnik, Rolf Rüdiger Cichowski (Hrsg.), EW Medien – VERLAG, Frankfurt, 2010

Kabelhandbuch, 9. Auflage, Mario Kliesch / Frank Merschel / weitere Autoren, Rolf Rüdiger Cichowski (Hrsg.), EW Medien – VERLAG, Frankfurt, 2017

Kabel und Leitungen für die Straßenbeleuchtung

Kabelnetz: vorzugsweise kunststoffisolierte Kabeltypen der Bauarten NYY, NYCWY und für die Zuleitung zur Leuchte im Mast Kunststoffmantelleitungen NYM oder SYM. Die NYCWY- und NY-CY-Kabel besitzen im Gegensatz zum NYY-Kabel einen metallischen Mantel, der als Neutralleiter oder PEN-Leiter verwendet werden kann. Kabel und Kunststoffmantelleitungen entsprechen auf Grund ihrer Bauart und Spannungsfestigkeit den Schutzmaßnahmen der Schutzklasse II. Die Dimensionierung des Leiterquerschnittes ist durch den Spannungsfall und die Kabellänge vorgegeben, denn die Belastung im Netz durch die Beleuchtung ist gering. Zum Schutz gegen mechanische Beschädigungen sind → *Kabelabdeckungen* bzw. durch eine Kennzeichnung mit Trassenwarnbändern erforderlich.

Der Anschluss der Leuchtstelle kann durch Einschleifen des jeweiligen Kabels oder über eine Abzweigmuffe vom Netzkabel erfolgen.

Freileitungsnetz: bei der Mitbenutzung einer Freileitung für die Straßenbeleuchtung sind zwei zusätzliche Leiter erforderlich. Es können blanke Leiter auf → *Isolatoren* oder mitgeführte Adern im isolierten Freileitungsseil sein. Müssen für die Straßenbeleuchtung gesonderte Freileitungen errichtet werden, so werden isolierte Leitungen der Bauart NFA2X verwendet.

Straßenbeleuchtung, 2. Auflage, Lothar Höhne / Heinz Georg Schröter, Buchreihe Anlagentechnik, Rolf Rüdiger Cichowski (Hrsg.), VWEWVerlag, Frankfurt, 2002

Kabelabdeckung

Kabelabdeckung: Bauteil zum Schutz vor Beschädigungen von Kabeln und / oder zum Schutz von Personen; bei Erdarbeiten in der Nähe eines gelegten Kabels kann die Kabelabdeckung warnen und zugleich vor Beschädigung schützen. Sie bestehen meist aus dem Material Kunststoff, aber auch Kunststoffbänder sind möglich.

Kabelanlage

→ *Kabel*

Kabelanschlussmuffe

→ *Muffen*

Kabelauslese

Vor einer Kabelmontage besteht oft die Notwendigkeit die Erkennung des richtigen Kabels zu ermitteln. Diese Kabelauslese ist sehr häufig aufgrund von Plänen nicht eindeutig möglich. Daher sind Messverfahren entwickelt mit deren Hilfe eine eindeutige Zuordnung des jeweiligen Kabels möglich wird.

- Kabelauslese mit Gleichstromimpulsen
- Kabelauslese mit Tonfrequenz
- Phasenbestimmung an Mittelspannungskabeln

Details zu den Messverfahren:

Kabelhandbuch, 9. Auflage, Mario Kliesch /Frank Merschel / weitere Autoren, Rolf Rüdiger Cichowski (Hrsg.); EW Medien - Verlag, Frankfurt, 2017

Fehlerortung an Energiekabeln, Frank Arnhold / Peter Herpertz, Buchreihe Anlagentechnik, Hrsg. Rolf Rüdiger Cichowski, EW VERLAG, Frankfurt, VDE VERLAG Berlin und Offenbach, 2013

Kabelbauarten

Älteste Bauart aus etwa 1850: Guttapercha Kabel: Isolierung aus Naturkautschuk

Entwicklung: papierisolierte Massekabel mit Kupferleiter ab etwa 1900; kunststoffisolierte Kabel ab etwa 1950

Bauarten: Anzahl der verschiedenen Bauarten durch die unterschiedlichen Anwendungsfälle sehr hoch, angestrebtes Ziel ist die Reduzierung der Vielfalt.

- Papierisolierte Kabel: die runden oder sektorförmigen Leiter sind einzeln mit mehreren Lagen Kabelpapier isoliert, miteinander rund verseilt und mit einer Gürtelisolierung aus mehreren Papierlagen umgeben (→ *Gürtelkabel*), darüber sind der Bleimantel als innere Schutzhülle und eine Stahlbewehrung und äußere → *Jute-Schutzhülle* angeordnet; diese Kabel werden nicht mehr hergestellt, sind jedoch auf Grund der hohen technischen Lebensdauer noch in vielen Netzen zu finden. → *Gasinnendruckkabel* → *Gasaußendruckkabel*
- PVC-isolierte Kabel: die runden oder sektorförmigen Leiter sind einzeln mit einem PVC-Kunststoff isoliert, miteinander verseilt und mit einer Gummi-Füllmasse rund umspritzt, darüber dann der PVC-Kunststoffmantel; in höheren Spannungsebenen nicht verwendet, da der dielektrische Verlustfaktor zu hoch

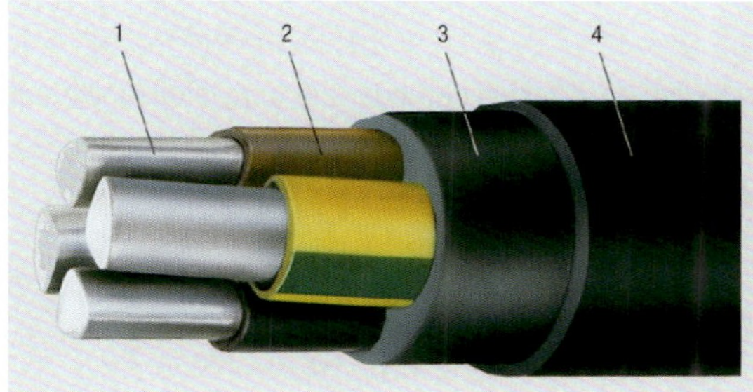

1 eindrähtiger Sektorleiter aus Aluminium
2 PVC-Isolierung
3 gemeinsame Aderumhüllung
4 PVC-Außenmantel

Bild K 2: 1-KV-Kunststoffkabel NAYY-J

- PE-isolierte Kabel: im Niederspannungsbereich nicht üblich; im Mittelspannungsbereich kurze Verwendung in der 70-er Jahren, danach ersetzt durch VPE-isolierte Kabel
- VPE-isolierte Kabel: auf die runden ein- oder mehrdrähtigen Leiter werden durch ein Dreifachextrusionsverfahren die innere Leitschicht, die Isolierung und die äußere Leitschicht aufgebracht, danach folgen die leitfähige Polsterung, der Schirm aus Kupfer, eine Trennschicht und der Außenmantel (Werkstoff: PE oder PVC)

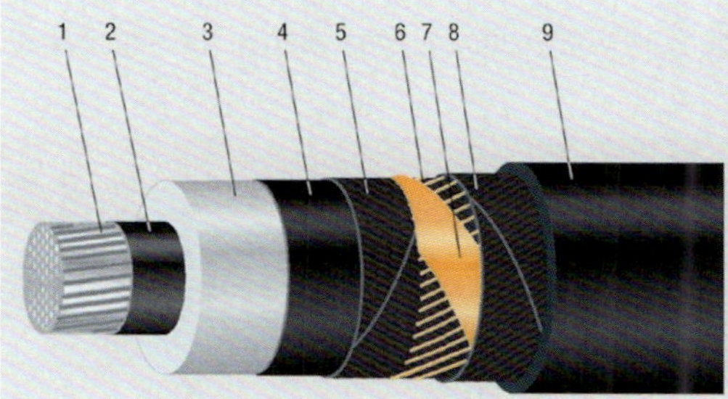

1 mehrdrähtiger Leiter aus Aluminium
2 innere Leitschicht
3 VPE-Isolierung
4 äußere Leitschicht
5 leitfähige Polsterung
6 Schirm aus Kupfer
7 Querleitwendel aus Kupfer
8 Trennschicht
9 PE-Außenmantel

Bild K 3: Kunststoffkabel NA2XS2Y für Mittelspannung

- Kabel für besondere Anwendungen: es sind Kabel entwickelt, die besondere Eigenschaften aufweisen für besondere Einsatzgebiete, wie verminderte Brandfortleitung, Halogenfreiheit, stark verminderte Rauchentwicklung oder → *Baueinsatzkabel*

Starkstromkabelanlagen, 2. Auflage, Mario Kliesch / Frank Merschel, Buchreihe Anlagentechnik, Rolf Rüdiger Cichowski (Hrsg.), EW Medien – VERLAG, Frankfurt, 2010

Kabelhandbuch, 9. Auflage, Mario Kliesch / Frank Merschel / weitere Autoren, Rolf Rüdiger Cichowski (Hrsg.), EW Medien – VERLAG, Frankfurt, 2017

Kabelbezeichnungen

Kabel Kennzeichen: durch Papierkennstreifen oder Textilfaden oder bei Kunststoffkabeln auf dem Außenmantel

- Herstellerzeichen oder Logo, Fertigungsstätte
- VDE-Kabel-Kennzeichen
- Kabeltyp Kurzzeichen
- Herstellerjahr
- Längenmarkierung
- Mittelspannungskabel: Codierung zur Rückverfolgbarkeit

Kurzzeichen: nach DIN VDE 0276 werden Kabel mit Hilfe von folgenden Angaben beschrieben und können somit identifiziert werden:

- Bauartkurzzeichen entsprechend dem Aufbau
- Aderzahl und Nennquerschnitt
- Leiterform und Leiterart
- Schirmquerschnitt Nennspannung

Das Bauartkurzzeichen: ausgehend vom Leiter, der Reihe nach die Kurzzeichen für die wesentlichen Aufbauelemente; Kabel nach den DIN VDE Bestimmungen werden mit einem N als ersten Buchstaben gekennzeichnet.

Kurz-zeichen	Bedeutung	Bezeichnungs-beispiele
A	äußere Schutzhülle aus Faserstoffen	NAKBA
A	Leiter aus Aluminium	NAKBA
B	Bewehrung aus Stahlband	NAKBA
C	konzentrischer Leiter aus Kupfer	NYCY
CW	wellenförmig aufgebrachter konzentrischer Leiter aus Kupfer (Ceander-Leiter)	NYCWY
D	Druckschutzbandage	NÖKUDEY
E	eindrähtiger Leiter	4 × 16 RE
E	Mehrmantelkabel	NAEKEBA
E	Schutzhülle je Ader mit eingebetteter Schicht aus Elastomerband oder Kunststofffolien	NAEKEBA
F	Bewehrung aus Stahlflachdraht	NIVFSt2Y
(F)	längswasserdicht	NA2XS(F)2Y
(FL)	längs- und querwasserdicht mit Al-Schichtenmantel	N2XS(FL)2Y
(FB)	längs- und querwasserdicht mit Cu-Schichtenmantel	N2XS(FB)2Y
GL	Gleitdrähte aus unmagnetischem Werkstoff	ÖIGLUSt2Y
H	Schirmung bei Höchstädterkabel	NHKRA
I	Gasinnendruckkabel	NIVFSt2Y
-J	Kabel mit grün-gelbem Schutzleiter	NAYY-J
K	Bleimantel	NAKBA
KL	gepresster, glatter Aluminiummantel	NAKLEY
KLD	gepresster, gewellter Aluminiummantel	AÖKLDEY

Kurz-zeichen	Bedeutung	Bezeichnungs-beispiele
M	mehrdrähtiger Leiter	1 × 95 RM
N	Normkabel nach DIN VDE	NA2XS2Y
-0	Kabel ohne grün-gelben Schutzleiter	NAYY-O
Ö	Ölkabel	NÖKUDEY
P	Gasaußendruckkabel	NPKDVFSt2Y
R	Leiter mit kreisförmigem Querschnitt	1 × 95 RM
R	Bewehrung aus Stahlrunddrähten	NHKRA
S	Schirm aus Kupfer	NA2XS2Y
S	Leiter mit sektorförmigem Querschnitt	3 × 50 SM
St	Stahlrohr	NPAKDVFSt2Y
U	unmagnetisch	NÖKUDEY
V	verdichteter Leiter	1 × 500 RM / V
V	verseilte Adern	NPKDVFSt2Y
2X	Isolierung aus VPE	NA2XS2Y
Y	Isolierung aus PVC	NAYY-J
Y	Mantel oder Schutzhülle aus PVC	NAYY-J
2Y	Isolierung aus PE	NA2YSY
2Y	Mantel oder Schutzhülle aus PE	NA2XS2Y

Tabelle K 2: Die wichtigsten Kurzzeichen für Kabel

Aderkennzeichnung: Niederspannung nach DIN VDE 0293: einadrige Kabel schwarz oder grün-gelb, mehradrige Kabel siehe Bild → *Adernfarben von Kabeln*; Mittelspannungskabel: Adern sind nicht farblich gekennzeichnet

Mantelfarben nach DIN VDE 0271; DIN VDE 0272; DIN VDE 0276 für PVC- und PE-Mäntel:

Isolierung	Nennspannung	besonderer Einsatz	PVC-Mantel	PE-Mantel
PVC	0,6 / 1 kV		schwarz	–
PVC	0,6 / 1 kV	Bergbau unter Tage (BuT)	gelb	–
PVC	0,6 / 1 kV	Eigensichere Anlage in explosionsgefährdeten Betriebstätten	hellblau	–
PVC	>0,6 / 1 kV		rot *	–
VE	0,6 / 1 kV		schwarz	schwarz
VE	>0,6 / 1 kV		rot *	schwarz
* Rote PVC-Mäntel können sich im Erdreich durch chemische Einflüsse schwarz färben!				

Tabelle K 3: Mantelfarben

Kabeldurchführungen

Kabeldurchführungen sind spezielle Konstruktionen in Außenwänden von Bauwerken der Verteilungsnetze, wie Umspannwerksgebäude, Schalthäuser, Netzstationen etc., die unterhalb des Erdniveaus dafür sorgen, dass Netzkabel und Kabel der Informationstechnologie geschützt, wasser- sowie öldicht in die Bauwerke eingeführt werden können. Verschiedene Hersteller haben dafür geeignete Spezialprodukte entwickelt, die nicht nur ein Eindringen von Druckwasser, sondern auch von Kleintieren, Wurzeln etc. und ein Auslaufen von Transformatorenöl ins Erdreich verhindern.

Als Beispiel sei hier das von der Firma Hauff-Technik entwickelte System HSI 150 genannt, das aus Einbetonierteilen, sogenannten Einfach- und Doppeldichtpackungen, und aus einer Vielzahl von Ergänzungsbauteilen zum Abdichten aller eingesetzten Kabeltypen besteht. Passend zu den wasserdicht einbetonierten Dichtpackungen gibt es Systemdeckel für die Warm- und Kaltschrumpftechnik. In dieselben Einbetonierteile lassen sich die Kabel auch mittels eines fein auf Kabeldurchmesser abgestimmten Gummipresstechniksystems oder bei Kabeln der Informationstechnik mit Hilfe des Gel-Presstechniksystems SEGMENTO abdichten. Für das nachträgliche Anbringen von Kabeldurchführungen in Bauwerken stehen den Einbetonierteilen entsprechende gas- und wasserdichte Anbauflansche HSI 150 DFK für 150 mm Kernbohrungen zur Verfügung, bei denen sämtliche erwähnten Ergänzungsbauteile einsetzbar sind.

Bild K 4: Einbetonierbare Einfachdichtpackung HSI 150-K (links) und Doppeldichtpackung HSI 150-2K (rechts), jeweils mit System-Verschlussdeckel (Foto: Fa. Hauff)

Manchmal müssen Wand- und Deckendurchführungen zum Zwecke des Brandschutzes durch geeignete Schutzvorrichtungen geschlossen werden. Sind einzelne Kabel durch Wände und Decken hindurchzuführen, müssen diese mit nicht brennbaren, formbeständigen Baustoffen umschlossen werden, wie Zementmörtel oder Beton. Mineralfasern müssen eine Schmelztemperatur von mindestens 1000 °C aufweisen. Lufträume zwischen den Kabelbündelungen sollten vermieden oder Kabelschottungen eingesetzt werden.

Kabeldurchführungen sind in Außenwänden von Netzstationen spezielle Konstruktionen, die unterhalb des Erdniveaus dafür sorgen, dass das Netzkabel geschützt und wasserdicht in die Station eingeführt werden kann und die das Eindringen von Kleintieren verhindern helfen.

Bild K 5: Ausführungsbeispiele: links: mit geteilten Systemdeckeln HSI 150-DG abgedichtete Netzkabel, rechts: mit SEGMENTO abgedichtete IT-Kabel (Foto: Fa. Hauff)

Bild K 6: Anbauflansch HSI 150 DFK (Foto: Fa. Hauff)

Hausanschlussleitung: für den → *Hausanschluss* in der Gebäudeaußenwand sind notwendige Schutzrohre für den Durchbruch vorzusehen. Wird die Hausanschlussleitung durch eine Keller-Außenwand gelegt, so ist eine Mindesttiefe unter der Geländeoberfläche von 1 m einzuhalten. Stand der Technik sind heute standardisierte und geprüfte Mehrspartenhauseinführungen mit Leerrohrsystemen, die neben Sicherheit und Langlebigkeit zusätzlich Vorteile im Bauablauf und bei Austausch der Nachbelegung von Leitungen bieten. In den Mauerdurchbruch muss bauseitig ein vom Netzbetreiber zu beziehendes Schutzrohr gas- und wasserdicht eingesetzt werden. Die Dichtigkeit ist zu überprüfen. Fabrikfertige Mehrsparten-Hauseinführungen haben in der Regel Dichtigkeitszertifikate. Es können z.B. für den Mehrspartenanschluss auch vorgefertigte Schutzrohre (Bild) eingesetzt werden.

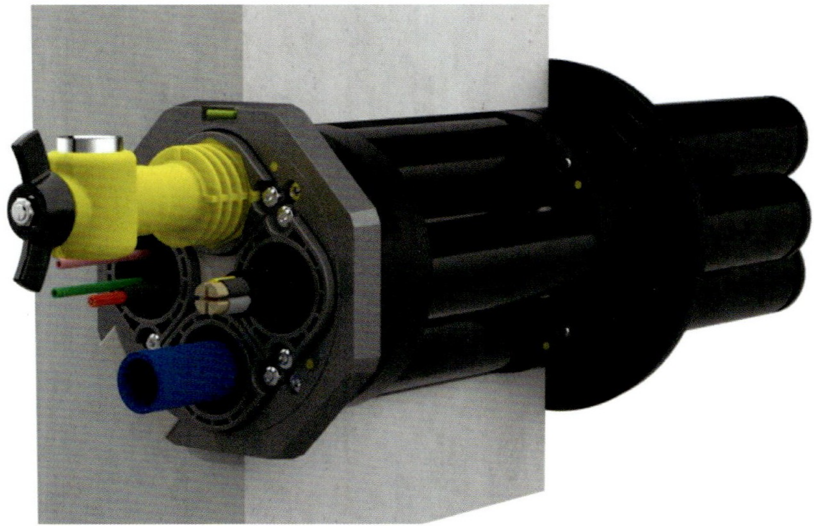

Bild K 7 : Mehrsparten-Hauseinführung (Foto: Fa. Hauff)

ABC der Elektroinstallation, 15. Auflage, Hans Schultke / Michael Fuchs, EW Medien - VERLAG, Frankfurt, 2012

DIN VDE 0100-520 (VDE 0100-520) Errichten von Niederspannungsanlagen, Kabel und Leitungsanlagen

Kabelfehler

An Energiekabeln sind folgende → *Fehlerarten* möglich:

- Erdkurzschluss (Erdschluss)
- Kurzschluss
- Unterbrechung

Vor der → *Fehlerortung* muss die Art des Fehlers festgestellt werden, denn bei Erd- und Kurzschlüssen sind häufig Übergangswiderstände festzustellen, die eine Fehlerortung erschweren. Bei den modernen Messverfahren, wie Impulsechoverfahren werden anstelle der früheren Widerstandsmessungen elektrische Impulse gesendet, die dann durch eine Reflexion an Muffen, Durchschlagstellen und Kabelende eine Aussage zur Entfernung der Fehlerstellen machen können. Für die punktgenaue Ortung wird meist noch ein Stoßspannungsverfahren eingesetzt.

Fehlerortung an Energiekabeln, Frank Arnold / Peter Herpertz, Buchreihe Anlagentechnik, Rolf Rüdiger Cichowski (Hrsg.), EW Medien - VERLAG, Frankfurt, 2013

Kabelfehlerortung

→ *Fehlerortung*

Fehlerortung an Energiekabeln, Frank Arnold / Peter Herpertz, Buchreihe Anlagentechnik, Rolf Rüdiger Cichowski (Hrsg.), EW Medien - VERLAG, Frankfurt, 2013

Kabelfertigung

Bei der Herstellung von Kabeln und Leitungen sind eine Vielzahl komplexer Fertigungsschritte und eine große Anzahl von Technologien und Maschinen erforderlich. Die Forderung nach einer sehr hohen Qualität über große Kabellängen hinweg erhöht die Anforderungen an den Fertigungsprozess. Exzellentes Fachwissen ist bei der Herstellung von Kabeln erforderlich.

Die Leiter aus Kupfer oder aus Aluminium werden entweder eindrähtig rund bzw. sektorförmig oder mehrdrähtig gefertigt. Verseilmaschinen erlauben eine Fertigung von Leitern unterschiedlicher Querschnitte, je nach Anforderungen der Kabelbauart. Die Herstellung der Isolierung papierisolierte Kabel werden durch Plattiermaschinen erledigt, die bis zu mehreren hundert Papierlagen in einem Arbeitsgang aufbringen können. Die anschließende Trocknung und die Tränkung mit hochviskoser Masse werden dann in Spezialkesseln unter Vakuum durchgeführt. Je nach Kabelbauart kommen unterschiedlichste Papiere zum Einsatz. Danach folgt für das Kabel noch die Fertigung der Mäntel, z.B. die Aufbringung eines Bleimantels mit einer Bleipresse.

Zur Herstellung von Kunststoffkabel werden Extruder verwendet, in denen das angelieferte Granulat aufgeschmolzen und um den einlaufenden Leiter gepresst wird. Die innere und äußere Leitschicht bei Mittel- und Hochspannungskabeln werden ebenfalls mit Extrudern hergestellt.

Starkstromkabelanlagen, 2. Auflage, Mario Kliesch / Frank Merschel, Buchreihe Anlagentechnik, Rolf Rüdiger Cichowski (Hrsg.), EW Medien - VERLAG, Frankfurt, 2010

Kabelgarnituren

→ *Garnituren*

Kabelgraben

Bei Nieder- und Mittelspannungskabeln ist der Platzbedarf für die Anordnung der Kabel im Graben entscheidend. Die Netzbetreiber definieren in der Regel Standardgräben und standardisierte Anordnungen in den Gräben, um Kosten und Projektierungsaufwand zu senken und die Abrechnung mit den Dienstleistungsunternehmen, die den Tiefbau und die Montage durchführen, zu vereinfachen.

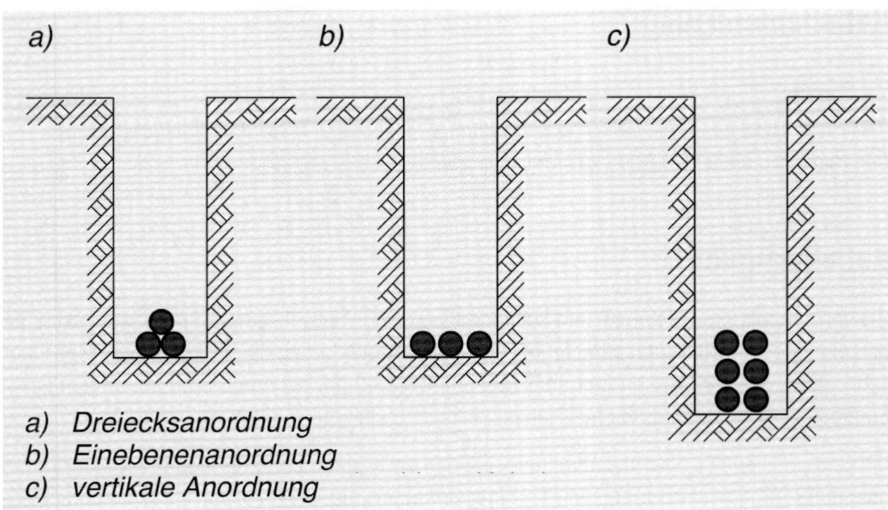

Bild K 8: Anordnung von einadrigen Kabeln

Kabelgraben: konventionelle Kabellegung mit Aushub eines Kabelgrabens und anschließendem Kabelzug. Die Mindestgrabenbreiten sind nach DIN 4124 zu beachten, richten sich nach Art und Anzahl der Kabel. DIN VDE 0276 empfiehlt: mindestens 60 cm unter Fahrbahnen von Straßen; mindestens 80 cm unter der Erdoberfläche; abweichende Tiefen sind möglich, z.B. bei Kabelkreuzungen, Wasserstraßen, Bahnanlagen.

Lichte Mindestbreite für Gräben ohne begehbaren Arbeitsraum:

Regellegetiefe in m	bis 0,7	0,7 bis 0,9	0,9 bis 1,0	1,0 bis 1,25
Lichte Grabenbreite in m	0,3	0,4	0,5	0,6

Bild *Grabenprofil* zeigt einen Standardgraben für die Belegung mit zwei Niederspannungskabeln und einem Straßenbeleuchtungskabel als Muster.

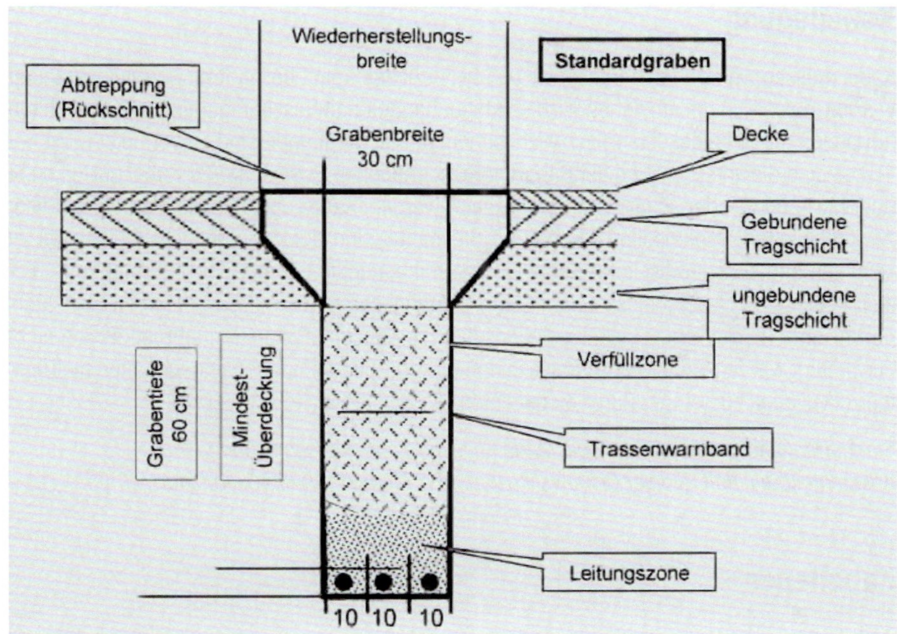

Bold K 9: Standard-Grabenprofil

Hinweise für Aufgrabungen:

- ZTVA-StB (Zusätzliche Technische Vertragsbedingungen und Richtlinien für Aufgrabungen in Verkehrsflächen)
- ZTV E StB (Zusätzliche Technische Vertragsbedingungen und Richtlinien für Erdarbeiten im Straßenbau)
- Allgemeine Bestimmungen für die Vergabe von Bauleistungen, Teile A, B, und C

Weitere Details:

Kabelhandbuch, 9. Auflage, Mario Kliesch / Frank Merschel / weitere Autoren, Rolf Rüdiger Cichowski (Hrsg.), EW Medien – VERLAG, Frankfurt, 2017

Kabelhausanschluss

→ *Hausanschluss*

Kabelisolierung

→ *Isolierung*

Kabellegung

Kabel müssen während des Transports und bei der Legung mit besonderer Sorgfalt behandelt werden, da es sich um ein hohes Wirtschaftsgut handelt und Beschädigungen zu Kabelfehlern führen, die hohe Folgekosten nach sich ziehen. Starke Biegungen sind zu vermeiden. Zu beachten sind die entsprechend der Bauart vorgeschriebenen → *Biegeradien*. Kabel dürfen nicht über harte und / oder scharfe Kanten gezogen werden. Kabelschnittstellen sind wasserdicht zu verschließen. Papierisolierte Kabel mit Bleimantel sind durch aufgelötete Bleikappen zu schützen und kunststoffisolierte Kabel werden mit verklebten oder aufgeschrumpften Kunststoff-Endkappen zu verschlossen. Auf einen ordnungsgemäßen → *Kabelgraben* ist zu achten. Bei verrohrten Strecken ist sicherzustellen, dass die Kabelmäntel an der Rohreinführung nicht beschädigt werden. Außerdem sind die in den DIN VDE-Bestimmungen angegebenen niedrigsten zulässigen Legetemperaturen zu beachten.

Starkstromkabelanlagen, 2. Auflage, Mario Kliesch / Frank Merschel, Buchreihe Anlagentechnik, Rolf Rüdiger Cichowski (Hrsg.), EW Medien - VERLAG, Frankfurt, 2010

Kabelleiter

→ *Leiter*

Kabelmantel

→ *Mantel*

Kabelmontagen

An die Kabelmontage, also die Montage der Garnituren sind hohe Qualitätsanforderungen zu stellen. Das Kabel wird während der Herstellung durch Qualitätsmaßnahmen mit Hilfe von Qualitätsmanagementmethoden überwacht, so dass der Netzbetreiber von hoher Qualität des gelieferten Kabels ausgehen kann. Bei dem Transport und bei der Kabellegung muss ebenfalls mit großer Sorgfalt vorgegangen werden, damit sich nicht bei diesen Vorgängen Fehler einschleichen und später zu Kabelfehlern führen. Bei den → *Garnituren* handelt es sich teilweise um eine komplizierte Technologie, so dass die Montageunternehmen nach den Montageanleitungen der Hersteller vorgehen sollten. Die Schulung und die ständige Qualifizierung der Monteure sind unumgänglich. Mitte der 90-er Jahre hat sich bei den Netzbetreibern die Wichtigkeit von Überwachungsmaßnahmen durchgesetzt. Bewährt haben sich stichprobenartige Montagekontrollen vor Ort. Durch ein regelmäßiges Qualitätsaudit mit nachvollziehbarer persönlicher Monteurkennzeichnung an jeder Kabelgarnitur kann das Qualitätsbewusstsein weiter gefördert werden. (Anmerkung: Pionier 1992 war Rolf Rüdiger Cichowski, bei dem damaligen Netzbetreiber MEAG AG, Halle / Saale). Viele Tiefbau- und Montagefirmen haben danach eigene Qualitätsmanagementsysteme eingeführt. In diesem Zusammenhang sei auf die Gütegemeinschaft

Leitungstiefbau und Kabelleitungstiefbau hingewiesen, die die einheitliche und überprüfbare Qualität aller im Leitungsbau anfallenden Arbeiten fördert. (www.kabelleitungstiefbau.de)

Kabelhandbuch, 9. Auflage, Mario Kliesch / Frank Merschel / weitere Autoren, Rolf Rüdiger Cichowski (Hrsg.), EW Medien - VERLAG, Frankfurt, 2017

Anwenderorientierte Qualitätssicherung, Rolf Rüdiger Cichowski, VDE VERLAG Berlin und Offenbach, 1992

Kabelpflug

Außerhalb von geschlossenen Ortschaften und bei leichtem Erdboden können Kabel auch grabenlos gelegt werden und zwar mit einem sog. Kabelpflug. Das ist eine pflugartige Maschine, die einen Spalt in den Boden einbringt (ähnlich einem Pflug in der Landwirtschaft), in den das Kabel in den Boden (Erdreich) eingelegt wird. Der Bodenspalt schließt sich danach durch Verdrängung oder mit Hilfe zusätzlicher Vibration des Pflugschwertes. Tiefbauarbeiten sind nicht erforderlich.

Kabelhandbuch, 9. Auflage, Mario Kliesch / Frank Merschel / weitere Autoren, Rolf Rüdiger Cichowski (Hrsg.); EW Medien - VERLAG, Frankfurt, 2017

Kabelprüfung

Prüfungen an Kabeln mit der zugehörigen Garniturentechnik um:

- Montagefehler zu entdecken
- Isolations- und Mantelfehler festzustellen
- oder den Alterungszustand der Kabel zu beurteilen

Mantelprüfungen: eine einfache und zuverlässige Methode, um äußere Kabelbeschädigungen festzustellen. Verwendet wird Gleichspannung. Spannungsprüfungen: innere Fehler können mit einer Mantelprüfung nicht erkannt werden, d.h. es werden Spannungsprüfungen mit Gleichspannung, Wechselspannung mit 45 Hz bis 65 Hz oder Wechselspannung mit 0,1 Hz durchgeführt. Bei papierisolierten Kabeln wird seit Jahrzehnten die Gleichspannungsprüfung mit Erfolg angewendet, sie ist im Aufwand gering, aber dennoch zuverlässig. Verfahren zur Prüfung kunststoffisolierter Mittelspannungskabel: Prüfung mit 0,1 Hz-Wechselspannung und Prüfung mit Wechselspannung 45 Hz bis 65 Hz (Resonanzprüfanlage). Diese Prüfungen sind deshalb nicht zufriedenstellend, weil entweder das Kabel durchschlägt, also defekt ist oder das Kabel die Prüfung bestanden hat ohne durchzuschlagen. Weitergehende Aussagen sind zurzeit nicht zu machen, daher werden weitere Prüfungen entwickelt. Details vergleichende Prüfungen:

Vergleich verfügbarer Messverfahren zur Überprüfung der Einschaltbereitschaft von VPEMSKabeln, Borneburg, Diefenbach, Merschel, Kliesch, Keller, Rittinghaus, ew, Jg. 106 (2007)

Eigenschaften von Energiekabeln und deren Messung, 3. Auflage, Ekkehard Kuhnert / Fred Wiznerowicz, EW Medien - VERLAG, Frankfurt, 2012

Kabelschuh

Anschluss zur lösbaren stromführenden Verbindung der Leiter von Kabel und Leitungen mit anderen Anschlusselementen. Sie haben auf der einen Seite eine Anschlussstelle für die Aufnahme des Leiters, die je nach Art der Verbindung für eine Schraub-, Löt-, Schweiß- oder Pressverbindung geeignet ist, Auf der anderen Seite befindet sich eine Lasche mit einer Bohrung, durch die andere Anschlusselemente mit Anschlusselementen mit Hilfe einer Schraubverbindung angeschlossen und gelöst werden können. Kabelschuhe mit einem Schraubklemmanschluss (Klemmkabelschuhe, Zahnkabelschuhe) können je nach Leitermaterial und Leiterquerschnitt eine unterschiedliche Anzahl von Befestigungsschrauben haben. Kabelschuhe für den Anschluss von Kupfer- und Aluminiumleitern gibt es in unterschiedlicher Ausführungsart.

Bild K 10: Presskabelschuh

Kabeltransport

→ *Kabellegung*

Kabeltrasse

Kabeltrasse: ist die geografische und örtliche Strecke, in die zur Stromversorgung erforderliche Kabel ins Erdreich eingebracht werden. Bei der Projektierung der Kabelanlage sollte bereits die Wahl einer optimalen Kabeltrasse durchgeführt werden. Die Kabel sind möglichst im öffentlichen Verkehrsgrund zu legen, wie Gehwege, Radwege, Fahrbahnen, Plätze Grünanlagen. Es sollen möglichst wenig Privatgrundstücke in Anspruch genommen werden. Wenn die Trasse aus Sicht des Netzbetreibers festgelegt ist, muss sie auf jeden Fall mit zuständigen Stellen, wie Straßenbaulastträgern und Untere Naturschutzbehörde abgestimmt werden. Gesichtspunkte bei der Projektierung der Trasse:

- Grundstücksbeschaffenheit (Oberfläche, Boden, Nutzung)
- vorhandene und geplante Leitungsanlagen und Bauwerke
- topographische Verhältnisse
- zu kreuzende Verkehrswege bzw. Gewässer

DIN VDE 0276-1000 Starkstromkabel, Allgemeines

Starkstromkabelanlagen, 2. Auflage, Mario Kliesch / Frank Merschel, Buchreihe Anlagentechnik, Rolf Rüdiger Cichowski (Hrsg.), EW Medien – VERLAG, Frankfurt, 2010

Kabeltypen

→ *Kabelbauarten*

Kabelverteilerschrank

Kabelverteilerschrank: gekapselter und verschließbarer Schrank zur Unterbringung von elektrotechnischen Betriebsmitteln, die zur Verteilung des Stroms über Kabel in der Niederspannungsebene dienen. Sie enthalten für die einzelnen Kabelabgänge meistens NH-Sicherungen. Ihre Gehäuse sind im Freien meist aus Betonfertig- oder aus Kunststoffteilen.

→ *Baustromverteiler* können auch Zähler, Mess-, Schalt, und Steckvorrichtungen enthalten.
→ *Anschlussschränke im Freien*

Kabelwanne

Eine Kabelhalterung, die aus einer fortlaufenden Tragplatte mit hochgezogenen Kanten besteht. Die Kabelwanne hat üblicherweise keine Abdeckung.

DIN VDE 0100-200 (VDE 0100-200)   Errichten von Niederspannungsanlagen, Begriffe

Kabelzug

Kabelzug: ist das Abspulen der Kabel von der Spule und das Legen in den offenen Kabelgraben. Das Kabel wird stets von oben von der Spule abgezogen. Beim Abziehen darf sich die Spule nicht zu schnell drehen, denn läuft die Spule schneller als das Kabel gezogen wird, besteht die Gefahr, dass das Kabel gestaucht und geknickt wird. Möglichkeiten des Kabelzugs:

- Legen von Hand und Abziehen von der Spule: hoher Personalbedarf, daher nur bei kurzen Längen wirtschaftlich
- Legen von Hand vom fahrenden Kabelwagen: Achtung das Kabel kann sich verdrehen, daher nur bei entsprechend örtlichen Gegebenheiten sinnvoll einsetzbar
- Maschineller Kabelzug: mit einer Winde ist ohne Schädigung des Kabels nur möglich, wenn die auftretende Zugkraft die zulässige Zugkraft nicht überschreitet. Die Winde muss daher einige Bedingungen erfüllen

Details zum Kabelzug:

Starkstromkabelanlagen, 2. Auflage, Mario Kliesch / Frank Merschel, Buchreihe Anlagentechnik, Rolf Rüdiger Cichowski (Hrsg.), EW Medien - VERLAG, Frankfurt, 2010

Kaltschrumpftechnik

Das Material der Kabelgarnitur ist seitens der Herstellung im Werk vorgespannt, d.h. die aus z.B. Silikonkautschuk hergestellten Muffen werden im vorgedehnten Zustand auf einer Stützwendel oder einem Rohr geliefert. Der Anwender zieht während der Montage auf der Baustelle ein Stützwendel oder ein Stützrohr heraus, dadurch entspannt sich das vorgedehnte Material und es wird mit einem bleibenden radialem Anpressdruck auf das Kabel aufgeschrumpft.

Vorteil dieser Technik: bei der Verarbeitung vor Ort ist keine Wärmezufuhr erforderlich, dadurch werden evtl. Gefahren auf der Baustelle durch die offene Gasflamme und den Transport der Gasflasche gemindert.

→ *Warmschrumpftechnik*

Kapselung

Kapselung: Schutzmaßnahmen durch Schutzvorrichtungen; die Schutzmaßnahmen müssen so ausgewählt, angebracht werden, dass ausreichender Schutz gegen zu erwartende elektrische und mechanische Beanspruchung besteht. Die Ausführung und Prüfung druckfest gekapselter Gehäuse sind in Gesetzen, wie im Anhang zu der Verordnung über elektrische Anlagen in explosionsgefährdeten Räumen und den zugehörigen Normen und Bestimmungen, festgelegt.

DIN VDE 0100-410 Errichten von Niederspannungsanlagen, Schutz gegen elektrischen Schlag

DIN VDE 0100-731 Errichten von Starkstromanlagen mit Nennspannungen bis 1000 V, Elektrische Betriebsstätten und abgeschlossene elektrische Betriebs stätten

DIN VDE 0105-100 Betrieb von elektrischen Anlagen, Allgemeine Festlegungen

→ *Abstände*

Klemmen

→ *Abzweigklemmen*
→ *Abspannklemmen*
→ *Abzweige*

Kombi-Wandler

Im Kombi-Wandler sind Spannungs- und Stromwandler in einem Gerät vereinigt und ihr Aufbau ist fast identisch zur Konstriktion der Strom- und Spannungswandler. Sie werden in Hochspannungsschaltanlagen eingesetzt und übertragen hohe Spannungen und Ströme in standardisierte, äquivalente Werte für Zähler, Mess- und Schutzgeräte.

Vorteile der Kombi-Wandler:
- reduzierte Transportkosten durch die halbe Anzahl Geräte verglichen mit Einzelwandlern
- geringerer Platzbedarf, da nur eine Standfläche benötigt wird
- geringerer Materialaufwand, da eine reduzierte Anzahl von Traggestellen und Leitungsverbindungen benötigt wird
- geringerer Installationsaufwand, da statt zwei Geräten nur eines installiert werden muss

→ *Messwandler*
→ *Stromwandler*
→ *Spannungswandler*
→ *Summenstromwandler*

Netzschutztechnik,6.Auflage, Walter Schossig Thomas Schossig, Buchreihe Anlagentechnik; Rolf Rüdiger Cichowski (Hrsg.) EW Medien - VERLAG, Frankfurt, 2017

Kompaktstation

Kompaktstation: nicht begehbare Kabelstation, die von außen bedienbar ist (je nach Typ von verschiedenen Seiten) und eine Bauhöhe (über Erdreich) von 1,45 m bis 1,6 m hat.

Anlass zur Entwicklung: durch das geringere Volumen dieser Stationsart ist die Beschaffung von Stellflächen leichter, denn durch die Höhe über Erdreich wird diese Bauform nicht als Gebäude wahrgenommen und es lassen sich Stationen auch in Großstädten auf z.B. Bürgersteigen installieren. Außerdem ist durch das geringere Gewicht ein einfacherer Transport und einfachere Aufstellung am Einsatzort möglich. Erste Kompaktstationen sind bereits Anfang der 60er Jahre von den Netzbetreibern aufgestellt worden.

Kompaktstationsbautypen: Unterscheidung ist gekennzeichnet durch die Art und Weise, wie die Mittelspannungsanlage und die Niederspannungsanlage zum Transformator angeordnet sind und welche Möglichkeiten sich dadurch für die Anzahl der Mittelspannungsschaltfelder und die Anzahl der Niederspannungsabgänge ergeben. Gleichzeitig folgen daraus die Zugangsseiten zur Station.

Typ I: einseitige Zugänglichkeit
Typ II: zweiseitige Zugänglichkeit
Typ III: dreiseitige Zugänglichkeit
Typ IV: allseitige Zugänglichkeit

Der älteste Kompaktstationsbautyp (bezeichnet als Bürgersteigstation) ist eine Station des Typ III, die heute noch in den meisten Großstädten zu finden ist. Sie hat eine weitere Besonderheit, eine schmale Station mit einer Breite von 1,1 m bis 1,45 m.

Bild K 11: Fabrikfertige Stahlblech-Kompaktstation, Typ III, Foto SGB

Für Kompaktstationen werden für die Gehäuse verschiedene Materialien verwendet: Beton, Stahl und Kunststoff. Die jeweiligen Hersteller haben mit ihren Bauformen in den letzten Jahrzehnten gute Erfahrungen gesammelt, so dass die verschiedenen Typen und Bauformen erfolgreich in die Verteilungsnetze integriert werden.

Ausführliche Details in:

Netzstationen, IlloFrank Primus, 2. Auflage, Buchreihe Anlagentechnik, Rolf Rüdiger Cichowski (Hrsg.), EW Medien – VERLAG, Frankfurt, 2014

Kompensation

→ *Blindleistungskompensation*

Kondensatorschutz

Kondensatoren bzw. Kondensatorbatterien werden zur Kompensation der von den Lasten im Netz aufgenommenen → *Blindleistung* (→ *Blindleistungskompensation*) eingesetzt. Sie sollen die Qualität des Netzes verbessern. Ein Kondensator besteht aus einem Gehäuse mit isolierten Anschlussklemmen. Es gibt Kondensatoren ohne inneren Schutz und Kondensatoren mit innerem Schutz, bei denen jeder Einzelkondensator mit einer Sicherung versehen ist. Infolge

Überspannungen, Resonanzerscheinungen und Oberschwingungen kann es zu thermischen Überlastungen der Kondensatoren kommen. Als Schutz dagegen sind thermische Überstromzeitrelais mit Kurzschlussschnellauslöser geeignet. In der Niederspannung können auch Sicherungen zum Einsatz kommen. Diese müssen eine träge Kennlinie aufweisen, weil beim Einschalten und beim Parallelschalten von Kondensatoren Stromstöße eintreten können. Hochspannungssicherungen eignen sich als Kurzschlussschutz, bieten aber keinen ausreichenden Schutz gegen Überströme. Daher empfiehlt es sich für Kondensatoren Batterien über 300 kvar thermische Sekundärrelais einzusetzen. Schutz gegen innere Fehler: kurzzeitige Überspannungen oder auch durch Materialschäden bzw. Alterung kann es zu Wicklungsdurchschlägen kommen. Zur Erfassung derartiger Fehler sind üblich:

- Aufbauchungsschutz
- Asymmetrieschutz Details in:

Netzschutztechnik, 6. Auflage, Walter Schossig / Thomas Schossig, Buchreihe Anlagentechnik, Rolf Rüdiger Cichowski (Hrsg.), EW Medien - VERLAG, Frankfurt, 2017

Blindleistungskompensation, 3. Auflage, Christian Dresel / Martin GroßeGehling / Jürgen Reese / Jürgen Schlabbach, Buchreihe Anlagentechnik, Rolf Rüdiger Cichowski (Hrsg.), EW Medien - VERLAG, Frankfurt, 2017

Konzentrischer Leiter

Konzentischer Leiter: CEANDER-Leiter aus Kupfer, der über einen oder mehrere Leiter gewickelt ist und der als Schirm des Kabels dient. Der konzentrische Leiter in Niederspannungskabeln darf als Neutralleiter, als PE-Leiter oder als PEN-Leiter genutzt werden, jedoch nicht als Außenleiter. Diese Kabel aus thermoplastischem PVC und konzentrischen Leitern werden verwendet in Niederspannungsnetzen der Ortsnetze, für die Straßenbeleuchtung, in Industrie- und Schaltanlagen. Die Kabel werden auch als Steuerkabel zur Übertragung von Messwerten eingesetzt. Sie werden dann eingesetzt, wenn erhöhter mechanischer Schutz gefordert wird.

Vorteile:

- in trockenen Räumen sind keine Endverschlüsse erforderlich
- der wellenförmige konzentrische Leiter wird bei einer Abzweigung nicht geschnitten, somit können beliebig viel Kabelabzweigungen montiert werden

Zu beachten sind die Belastbarkeiten nach DIN VDE unter den festgelegten Betriebsbedingungen, die Häufung mit anderen Kabeln, fremde Wärmequellen, spezifischer Erdbodenwärmewiderstand und weitere Einflussmöglichkeiten.

DIN VDE 02983 Verwendung von Kabeln und isolierten Leitungen für Starkstromanlagen, Leitfaden für die Verwendung harmonisierter Starkstromleitungen.

Koppelkapazität

Koppelkapazität von Freileitungen: ein Maß für die Übertragung von Spannungen aus einer Leitung in eine anderen Leitung. Wird an einem Leiter gegenüber Erde eine Spannung angelegt, so baut sich ein elektrisches Feld auf, das in einem anderen Leiter eine Spannung influenziert. Die kapazitive Kopplung ist wegen der Dauerbeeinflussung im Betrieb von Bedeutung. Durch die Koppelkapazität werden in einem z.B. nichtgeerdeten, also isolierten betriebenen Stromkreis Spannungen influenziert, die bis zu 10 % der Leiter-Erdspannung erreichen können.

Leitungskopplung: Induktive und kapazitive Übertragung von Spannungen und Strömen von einer Leitung in eine andere Leitung. Bei der induktiven Kopplung sind insbesondere die Auswirkungen von Erdkurzschlüssen beachtenswert, so induziert z.B. ein Erdkurzschlussstrom von 10 kA über die Koppelinduktivität eine Spannung von 6 kV je km Parallelführung in die andere Leitung.

Leitungskapazität: Kapazität von Freileitungen oder Kabeln, die auch im Leerlauf einen Ladestrom hervorruft.

Das Magnetfeld im Nahbereich von DrehstromFreileitungen, H.J. Haubrich, Elektrizitätswirtschaft Nr. 18, S. 511-517, 1974

Freileitung, 2. Auflage, Peter Niemeyer / Andreas Grohs, Buchreihe Anlagentechnik, Rolf Rüdiger Cichowski (Hrsg.), VWEW Energieverlag, 2008 (Hinweis: 3. Auflage erscheint 1. Quartal 2018)

Körperschluss

Körper: sind im Bereich der Elektrotechnik berührbare, leitfähige Teile von elektrischen Betriebsmitteln, die unter normalen Bedingungen nicht unter Spannung stehen, im Fehlerfall aber Spannung annehmen können. Körper zählen somit als leitfähige Teile elektrischer Betriebsmittel, gehören jedoch nicht zu den aktiven Teilen. Eine durch einen Isolationsfehler entstandene leitende Verbindung zwischen aktiven Teilen und dem Körper wird als Körperschluss bezeichnet. Bei den Schutzmaßnahmen durch automatische Abschaltung führt der Körperschluss über den angeschlossenen Schutzleiter zum Kurzschluss (im TN-System) oder Erdschluss (im TT- oder IT-System), die eine Abschaltung des fehlerhaften Stromkreises bzw. eine Meldung (im IT-System) bewirken.

DIN EN 60909-0 (VDE 0102) Kurzschlussströme in Drehstromnetzen, Berechnung der Ströme

Kurzschlussstromberechnung, 2. Auflage, Jürgen Schlabbach, Buchreihe Anlagentechnik, Rolf Rüdiger Cichowski (Hrsg.), VWEWVerlag Frankfurt, 2014

Kunststoffmantel

→ *Mantel*

Kurzschlussarten

→ *Arten der Kurzschlüsse*

Kurzschlussschutz

Schutzeinrichtungen unterbrechen den Kurzschlussstrom, bevor für Leitungen, Kabel und Stromschienen sowie deren Umgebung eine schädliche Erwärmung oder schädliche mechanische Wirkungen hervorgerufen werden können. Damit Leitungen in ihrem gesamten Verlauf gegen Auswirkungen von Kurzschlussströmen geschützt sind, müssen Kurzschlussschutzeinrichtungen am Anfang der Leitung angeordnet sein. Für jede Stelle der elektrischen Anlage muss der entsprechende unbeeinflusste Kurzschlussstrom entweder durch Messung oder durch Berechnung ermittelt werden. (Anmerkung: der Wert des unbeeinflussten Kurzschlussstromes an dem Speisepunkt, kann bei dem Netzbetreiber erfragt werden).

Anordnung der Kurzschlussschutzeinrichtung:

- Einbau am Anfang des Stromkreises
- Einbau an allen Stellen, an denen die Kurzschlussbelastbarkeit gemindert wird, z. B. durch Verringerung des Leiterquerschnitts
- eine Kurzschlusseinrichtung muss an dem Punkt errichtet werden, wo z.B. durch eine Reduzierung des Querschnittes der Leiter eine belastungsreduzierende Maßnahme entsteht oder dort wo durch eine andere Änderung die Kurzschlussstrombelastbarkeit gemindert wird
- zwischen den belastungsreduzierenden Maßnahmen und der nachgeschalteten Kurzschlusseinrichtung dürfen sich keine Abzweige und Steckdosen befinden und die Leiter nicht länger als 3 m und nicht in der Nähe brennbarer Materialien errichtet sind.
- Achtung bei feuer- und explosionsgefährdeten Räumen(nicht zulässig) / Bereichen und bei Anforderungen für besondere Betriebsstätten und Räumen

Kenngrößen von Kurzschluss-Schutzeinrichtungen:

- Bemessungsausschaltvermögen der Kurzschluss-Schutzeinrichtung: darf nicht geringer sein, als der maximale Kurzschlussstrom am Einbauort
- (Ausnahme: Reduzierung des Ausschaltvermögens erlaubt, wenn eine übergeordnete Schutzeinrichtung eine Reduzierung der Durchlassenergie sicherstellt)
- Tritt ein Kurzschluss an einem beliebigen Punkt der Anlage auf, so muss sichergestellt sein, dass die Ströme in einer Zeit unterbrochen werden, bei der die Isolierung der Leiter nicht die erlaubte Grenztemperatur übersteigt.

- als Kurzschlussstrom ist immer der Strom bei vollkommenem Kurzschluss zu ermitteln, d. h., die Verbindung an der Fehlerstelle ist nahezu widerstandslos.
- der Kurzschlussstrom der zu schützenden Anlage wird bestimmt durch Rechnung nach DIN VDE 0102 / durch Netzmodelluntersuchungen / durch Messungen / nach Angaben des Netzbetreibers
- das Ausschaltvermögen der Schutzeinrichtung bei Kurzschluss muss mindestens dem größten Kurzschlussstrom an der Einbaustelle entsprechen, oder eine zweite vorgeschaltete Schutzeinrichtung muss den Kurzschlussschutz übernehmen (Backup-Schutz).
- die Ausschaltzeit (Zeit vom Auftreten des Kurzschlusses bis zur Abschaltung) darf nicht größer sein als die Zeit, in der die Leiter durch den Kurzschlussstrom auf die maximale Kurzschlusstemperatur (höchste am Leiter auftretende Temperatur bei Kurzschluss mit einer Kurzschlussdauer bis 5 s erwärmt werden, jedoch 5 s nicht überschreiten.

Tabelle K 4: Auslegung des Schutzes bei Kurzschluss - ***kurz gefasst***

Netzsystemtechnik, Planung und Projektierung von Netzen und Anlagen der Elektroenergieversorgung, Jürgen Schlabbach / Dieter Metz, VDE VERLAG Berlin und Offenbach, 2005

Kurzschlussstromberechnung, 2. Auflage, Jürgen Schlabbach, Buchreihe Anlagentechnik, Hrsg. Rolf Rüdiger Cichowski, EW VERLAG Frankfurt, VDE VERLAG Berlin und Offenbach, 2014

Kenngrößen für die Elektrofachkraft, 3. Auflage, VDE -Schriftenreihe 59, Rolf Rüdiger Cichowski, VDE VERLAG Berlin und Offenbach, 2017

Kurzschlussstromberechnungen

Bestimmung der Ströme, die im Fall eines Kurzschlusses im elektrischen Netz fließen werden.

Anwendungsbereich: Berechnung von Kurzschlussströmen in
- Niederspannungs-Drehstromnetzen
- Hochspannungs-Drehstromnetzen

bei Nennfrequenzen 50 Hz oder 60 Hz.

Zwei unterschiedliche große Kurzschlussströme sind zu berechnen:
- der größte Kurzschlussstrom, der die Leistungsfähigkeit oder die Bemessung der elektrischen Betriebsmittel bestimmt
- der kleinste Kurzschlussstrom, der beispielsweise für die Auswahl von Schutzeinrichtungen, wie Sicherungen und deren Einstellung und für die Überprüfung des Hochlaufs von Motoren verwendet wird

Definitionen der verschiedensten Begriffe, die im Zusammenhang mit Kurzschlüssen stehen:

DIN EN 60909-0 (VDE 0102) Kurzschlussströme in Drehstromnetzen, Berechnung der Ströme

Kurzschlussstromberechnung, 2. Auflage, Jürgen Schlabbach, Buchreihe Anlagentechnik, Rolf Rüdiger Cichowski (Hrsg.), EW Medien - VERLAG, Frankfurt, 2014

Kurzunterbrechung (KU)

Kurzunterbrechung: kurze Unterbrechung einer Freileitung, um beim Erdkurzschluss den Fehlerlichtbogen zum Erlöschen zu bringen und danach die Stromversorgung fortsetzen zu können. Ein UMZ-Relais (Unabhängiges Maximalstrom-Zeitrelais) besteht aus einer Kombination aus einem Überstromrelais mit einem Zeitrelais und hat die Aufgabe nach einer eingestellten Zeitverzögerung ein Auslösesignal für den korrespondieren Leistungsschalter zu geben. Das UMZ-Relais löst beispielsweise bei einem Strom, der das 1,2 fache des Betriebsstromes übersteigt, nach 0,8 s aus. Die wesentlich höheren Kurzschlussströme werden in kürzeren Zeiten abgeschaltet. Die Auslöseströme und die Auslösezeiten sind unabhängig voneinander einstellbar. UMZ-Relais kommen in Mittelspannungsnetzen zum Einsatz. Damit sind Kurzunterbrechungen (KU) bzw. automatische Wiedereinschaltungen (AEW) in Netzen praktisch umsetzbar. Mit dieser Funktion kann bei Überschlägen auf Freileitungen infolge von Blitz- und Schaltüberspannungen eine automatische Fehlerklärung durchgeführt werden. Die Leistungsschalter auf beiden Seiten des fehlerbehafteten Leitungsabschnittes werden aus und nach etwa 0,3 Sekunden wieder automatsch zugeschaltet. Sollte der Fehler dann noch bestehen, erfolgt die endgültige Abschaltung. Die KU hat den Vorteil, dass die Stromversorgung unter Umständen nicht endgültig abgeschaltet werden muss, weil z.B. Erdschlüsse durch Blitzeinschlag oder Wind initiiert werden und sofort nach dem Abschalten erlöschen können, so dass wieder zugeschaltet werden kann.

Lampen für die Straßenbeleuchtung

Lampen: dienen zur Umwandlung von elektrischer Energie in sichtbare Strahlung.

An Lampen für die Straßenbeleuchtung sind besondere Anforderungen zu stellen, denn die Wahl der zum Einsatz kommenden Lampenart wird beeinflusst von der Anlagenkonfiguration der Beleuchtungsanlage und den spezifischen Eigenschaften der Lampe selbst.

Auswahlkriterien für Lampen:
- hohe Lichtausbeute
- lange Lebensdauer
- möglichst konstanter Lichtstrom bei allgemein herrschenden Außentemperaturen
- möglichst geringer Lichtstromrückgang während der Lebensdauer
- Zündverhalten, Wiederzündung
- Anlaufzeit
- Lichtfarbe und Farbwiedergabe
- Abmessungen

Bei der Auswahl der Lampe sollte auch berücksichtigt werden, dass die Arbeiten für die Wartung der Lampen fast immer im Freien und unter erschwerten Bedingungen ausgeführt werden müssen, wie ungünstige Arbeitsstandorte im Straßenverkehr, schlechte Wetterbedingungen und Arbeiten an und in der Nähe spannungsführender Anlageteile.

In der Straßenbeleuchtung kann im Allgemeinen die volle Lebensdauer der Lampe nicht ausgenutzt werden. Aus wirtschaftlichen und lichttechnischen Gründen empfiehlt sich eine Auswechselung abhängig vom Lampentyp und Fabrikat nach etwa 2 bis 4 Jahren (Betriebsdauer von 8 000 – 16 000 Stunden). Danach ist der Lichtstrom auf etwa 70 % seines Nennwertes gesunken und eine Ausfallquote von ca. 10 % erreicht.

Die Entscheidung für eine bestimmte Lampenart und Zuordnung zum Einsatzort erfolgt in Abhängigkeit der Lichtausbeute, der Lebensdauer, der Lichtstromkonstanz, Art der Beleuchtungsanlage und dem Design:

Einsatzort	Lampenart	Anmerkungen
Straßen; Farbwiedergabe ist wichtig	Natriumdampf-Hochdrucklampen	hohes Beleuchtungsniveau und hohe Lichtpunkte
Straßen; Farbwiedergabe spielt keine große Rolle	Natriumdampf-Niederdrucklampen	Verfügen über die höchste Lichtausbeute
Wohnstraßen / Fußgängerzonen gute Farbwiedergabe und niedrige Lampenleistung	Leuchtstofflampen (Stab- oder Kompaktbauweise)	Starke Temperaturabhängigkeit

Tabelle L 1: Einsatzorte von Lampen für die Straßenbeleuchtung

Einsatztipp in Abhängigkeit der Leistung:

Leistungen ab 100 Watt: Vorwiegend Natriumdampf-Hochdrucklampen.

Leistungen bis 100 Watt: Sowohl Leuchtstofflampen als auch Natriumdampf- und Quecksilberdampf-Hochdrucklampen.

DIN VDE 0715 Lampen, Allgemein

Straßenbeleuchtung, 2. Auflage, Lothar Höhne / Heinz Georg Schröter, Buchreihe Anlagentechnik, Rolf Rüdiger Cichowski (Hrsg.), EW Medien - VERLAG, Frankfurt, 2002

Langzeitprüfungen

Langzeitprüfungen: Werden an Kabeln zur Erhöhung der Kabelqualität durchgeführt, sie dienen dazu, das Alterungsverhalten eines Kabels zu beurteilen. Um das Risiko von vorzeitigen Ausfällen bei VPE-isolierten Mittelspannungskabeln durch → *water-treeing* auszuschließen, ist seit 1992 die Langzeitprüfung vorgeschrieben. Es werden Kabel der Fertigung entnommen und dann über einen Zeitraum von zwei Jahren nach festgelegten Parametern beschleunigt gealtert.

DIN VDE 0276-620 StarkstromkabelEnergieverteilungskabel mit extrudierter Isolierung für Nennspannungen 3,6 / 6 kV

Eigenschaften von Energiekabeln und deren Messung, 3. Auflage, Ekkehard Kuhnert / Fred Wiznerowicz, EW Medien - VERLAG, Frankfurt 2012

Lasten

Die Auslastung der öffentlichen Versorgungsnetze wird unterteilt in:

- Spitzenlast: etwa ein Einsatz von 2 000 h/a
- Mittellast: etwa ein Einsatz von 2 000 h/a bis zu 5 000 h/a
- Grundlast: etwa Einsatz über 5 000 h/a bis 8 760 h/a

Lastfluss: Berechnung der Spannungs- und Stromverteilung innerhalb des Verteilungsnetzes. Das Netz besteht aus Betriebsmitteln, die ohmsche, induktive und kapazitive Wiederstände besitzen. Die übertragene Wirk- und Blindleistung teilt sich entsprechend dieser Widerstände auf und bildet einen Leistungsfluss, der zur Dimensionierung der Betriebsmittel und zur Beurteilung der Spannung an den Knotenpunkten des Netzes erforderlich ist.

Lastabwurf: Eine Notmaßnahme im Verbundnetz, um einen kompletten Netzzusammenbruch zu verhindern.

Lastgangkurve: Der zeitliche Verlauf einer in Anspruch genommenen Leistung (Wirkleistung) bezogen auf eine Verbrauchergruppe in einem bestimmten regionalen Gebiet.

Lastverteiler: Eine Einrichtung bei den Netzbetreibern zur Netzbetriebsführung, also zur Aufteilung der Netzlast; erfordert hoch qualifiziertes Personal, das u.a. den Kraftwerkseinsatz festlegt, die Leistungs- und Frequenzregelung überwacht, die Schaltung der Leitungen und Transformatoren durchführt, die Einhaltung der Spannungen überwacht und die Netzsicherheit überprüft.

Lastmanagement

Ein elektrisches Lastmanagement hat die Aufgabe, die Zu- und Abschaltung von Verbrauchern eines Betriebes so zu organisieren und zu optimieren, dass ein festgelegtes Maximum der elektrischen Leistung nicht überschritten und dennoch der Betriebsablauf nicht unterbrochen bzw. behindert wird. Diese Forderung kann durch das rechtzeitige Abschalten von Verbrauchern erreicht werden, wobei ein Lastmanagementsystem sinnvoller Weise meist nicht einzelne Verbraucher, sondern Verbrauchergruppen abschaltet. Diese müssen vor Inbetriebnahme vom Anwender festgelegt und konfiguriert werden.

Größere Energieverbraucher (z. B. Industriewerke) wurden auch früher schon extern gesteuert, um bei Bedarf Ungleichgewichte abzufangen. Die aktuelle Entwicklung, verstärkt auch kleinere Verbraucher in die Planung und Steuerung einzubeziehen, erreicht jetzt auch kleine Gewerbe- und Privatkunden. Über flexible Tarifmodelle und kurzfristige Preissignale soll auch bei diesen Stromkunden ein Bewusstsein für die Problematik geschaffen werden. Durch diese Anreize können auch diese Strommarktteilnehmer zu einer effizienten Energienutzung beitragen, auch wenn die Möglichkeiten des Einzelnen eher beschränkt sind. Der flexible Einsatz von elektrischen Verbrauchern und die Möglichkeit, ggf. auch kurzfristig das Lastverhalten zu beeinflussen, erlauben zudem eine bessere Steuerung des Stromverbrauchs bei Störungen oder sonstigen Problemen, so dass Lastmanagementsysteme künftige intelligente Stromnetze stabilisieren können und dadurch einen entscheidenden Beitrag zur Aufrechterhaltung der Versorgungssicherheit liefern.

Zukunftsorientiertes Lastmanagement optimiert Energiekosten, Bernhard Müller, etz 11 /2011
www.berg-energie.de

Lastschalter

Lastschalter: Schalten einzelne Betriebsmittel oder Anlageteile ein und aus. Lastschalter können Betriebsströme schalten und sind für eine hohe Schalthäufigkeit ausgelegt. Das Unterbrechen eines Kurzschlusses ist den Lastschaltern nicht möglich, da sie eine geringe Öffnungsgeschwindigkeit der Schaltkontakte haben, so dass der Lichtbogen eines Kurzschlusses stehen bleiben und der Schalter thermisch-mechanisch zerstört würde. Mittelspannungslastschalter beherrschen zwar den Lichtbogen des normalen Betriebsstroms, aber zum Abschalten eines Kurzschlusses benötigen sie ebenfalls einen vorgelagerten

→ *Leistungsschalter oder Sicherungen*
→ *Lasttrennschalter*
→ *Leistungsschalter*

Lasttrennschalter

Im Gegensatz zu → *Lastschaltern* gewährleisten Lasttrennschalter zusätzlich eine entsprechende Trennstrecke aus Luft-, Gas- oder Vakuum. Die Trennstrecke ist in Reihe mit den Schalterpolen geschaltet und dies verhindert ein mögliches Durch- bzw. Überschlagen der Isolation der geöffneten Pole. Aus Gründen des Personenschutzes sollten die Lasttrennschalter eine sichtbare Trennstrecke aufweisen, in SF_6-metallgekapselten Schaltanlagen ist dies nicht möglich, daher sind entsprechende Anzeigeeinrichtungen erlaubt. Lasttrennschalter mit höheren Schaltvermögen werden als Vakuum-Lasttrennschalter hergestellt.

→ *Leistungsschalter*

Legetiefe

→ *Kabelgraben*

Leistungsschalter

Leistungsschalter: Übernehmen die Funktion des betrieblichen Schaltens und das Ausschalten der Kurzschlussströme (also Lastschalter plus Sicherung). Bei einem Kurzschluss werden die Leistungsschalter über den Netzschutz ausgelöst und unterbrechen den Kurzschlussstrom nach 0,002 bis 0,1 s. Der maximal schaltbare Kurzschlussstrom ist abhängig vom Löschprinzip des Leistungsschalters (genaue Spezifikation der Schalter).

Niederspannungsleistungsschalter: Netzspannungen bis 1 kV; Betriebsströme je nach Baugröße Betriebsströme bis 6 300 A und Kurzschlussströme bis 300 kA. Besitzen sie einen integrierten Auslöser, werden sie als Leistungsselbstschalter bezeichnet, wie dem Leitungsschutzschalter (LS-Schalter oder Sicherungsautomat) Eine wichtige Variante des Niederspannungsleistungsschalters ist der häufig eingesetzte Fehlerstromschutzschalter (RCD), der zum Schutz des Menschen, der Nutztiere und der Sachwerte bei direktem oder indirektem Berühren spannungsführender Teile dient.

Mittel- und Hochspannungsleistungsschalter: Verwendung von Hilfsantrieben, nah oder ferngesteuert, besitzen separate Überstromauslöser, die über Stromwandler an Sammelschienen und -abzweige angekoppelt sind. Unterscheidung: Spannungsebene, Löschprinzip und Schaltmedium.

Mittelspannung: Ölarme Leistungsschalter, Vakuumschalter, SF_6-Schalter Hochspannung: SF_6-Schalter

→ *Lasttrennschalter*
→ *Lastschalter*

Leiter

Leiter: ist ein leitfähiges Teil, das innerhalb einer elektrischen Anlage und innerhalb von Betriebsmitteln Strom führt.

Arten von Leitern:

- Außenleiter(L1, L2, L3): verbindet die Stromquelle mit den Verbrauchern, geht aber nicht vom Mittel- oder Sternpunkt aus (Farbkennzeichnung: jede Farbe außer grün-gelb, grün, gelb oder mehrfarbig
- Neutralleiter (N): verbindet den Mittel- oder Sternpunkt der Stromquelle mit den Verbrauchern (Farbkennzeichnung: blau, auch andere Farbkennzeichnung möglich)
- Schutzleiter (PE): verbindet nach den Bedingungen der Schutzleiter-Schutzmaßnahmen mehrere der folgenden Teile untereinander: Körper elektrischer Betriebsmittel, fremde leitfähige Teile, Potentialausgleichsschiene, Haupterdungsklemme Haupterdungsschiene, Erder, geerdeter Punkt der Stromquelle oder künstlicher Sternpunkt (Farbkennzeichnung: grün-gelb)
- PEN-Leiter (PEN): erfüllt zugleich die Funktion des Neutralleiters und des Schutzleiters (Farbkennzeichnung: grün-gelb)
- Erdungsleiter: verbindet einen zu erdenden Anlageteil mit dem Erder (Farbkennzeichnung: grün-gelb, auch andere Kennzeichnung möglich)
- Potentialausgleichsleiter (PA): stellt den Potentialausgleich her (Farbkennzeichnung: grün-gelb, auch andere Kennzeichnung möglich)
- PEM-Leiter (PEM): erfüllt zugleich die Funktion eines Schutzerdungsleiters und eines Mittelleiters
- PEL-Leiter (PEL): erfüllt zugleich die Funktion eines Schutzerdungsleiters und eines Außenleiters
- Schutzpotentialausgleichleiter (PB): dient zur Herstellung des Schutzpotentialausgleichs
- Mittelleiter (M): ist mit dem Mittelpunkt elektrisch verbunden und in der Lage zur Verteilung des elektrischen Stroms beizutragen

Leiter in der Kabeltechnik: ein Leiter wird durch das Material, die Form, die Konstruktion und den Querschnitt charakterisiert. Er ist so zu bemessen, dass die Belastung im ungestörten Betrieb und die maximalen Fehlerströme im gestörten Betrieb ohne Überschreitung der zulässigen Temperaturen aufnehmen kann. Leiterwerkstoffe: Elektrolytkupfer und / oder Aluminium. Vorteil Aluminium: geringeres Gewicht und geringere Kosten gegenüber Kupfer. *Leiterformen*: (siehe Bild) Sektorförmige Leiter werden für Kabel deshalb verwendet, weil dadurch die Zwickelräume klein und der Materialaufwand geringer ist. Dies ist jedoch nur möglich bis 10 kV, aus Gründen der Feldsteuerung, → *Kabel*, Leiterquerschnitte: sind in Normen der Reihe DIN VDE 0276 festgelegt.

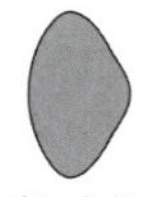

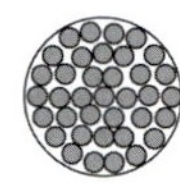

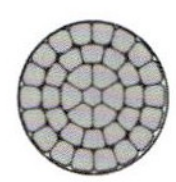

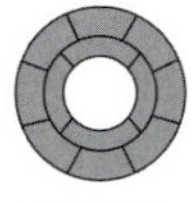

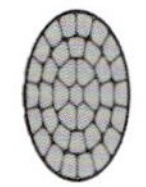

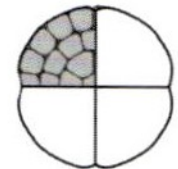

Bild L 1: Leiterformen bei Kabeln

Leiter in der Freileitungstechnik: sind → *Leiterseile*

VDE 0100 und die Praxis, 16. Auflage, Gerhard Kiefer / Herbert Schmolke, VDE VERLAG Berlin und Offenbach, 2017

Starkstromkabelanlagen, 2. Auflage, Mario Kliesch / Frank Merschel, Buchreihe Anlagentechnik, Rolf Rüdiger Cichowski (Hrsg.), EW Medien - VERLAG, Frankfurt, 2010

Freileitung, 2. Auflage, Peter Niemeyer / Andreas Grohs, Buchreihe Anlagentechnik, Rolf Rüdiger Cichowski (Hrsg.), VWEW Energieverlag, 2008
(Hinweis: 3. Auflage erscheint 1. Quartal 2018)

Kenngrößen für die Elektrofachkraft, 3. Auflage,VDE -Schriftenreihe 59, Rolf Rüdiger Cichowski, VDE VERLAG Berlin und Offenbach, 2017

Leiterquerschnitt

Querschnitt eines Leiters: Auswahl nach

- Strombelastbarkeit
- zulässigem Spannungsfall
- Schleifenimpedanz
- Zugfestigkeit (bei Freileitungen)
- chemische Beständigkeit (Korrosion)

Lexikon der Installationstechnik, 4. Auflage, Schriftenreihe 52, Rolf Rüdiger Cichowski / Anjo Cichowski, VDE VERLAG Berlin und Offenbach, 2013

Kenngrößen für die Elektrofachkraft, 3. Auflage,VDE -Schriftenreihe 59, Rolf Rüdiger Cichowski, VDE VERLAG Berlin und Offenbach, 2017

Leiterseile

Leiterseile: zwischen den Stützpunkten einer Freileitung frei gespannt. Sie können blank, umhüllt oder auch isoliert oder geerdet sein. Es dürfen grundsätzlich nur Leiter mit mindestens sieben Einzeldrähten verwendet werden. Einzelne Massivleiter sind als Leiter für Freileitungen unzulässig. Als Werkstoffe werden gut leitende Materialien verwendet, die außerdem günstige mechanische Eigenschaften besitzen. Allgemein üblich sind Verbundleiter aus Aluminium und Stahl. Sie bestehen aus einem Stahlseil als Kern und einem ein- oder mehrdrähtigen Mantel aus Aluminium oder Aldrey (eine Legierung aus Aluminium, Magnesium und Silicium; die Festigkeit von Aldreyseilen ist etwa doppelt so groß wie die von Reinaluminium).

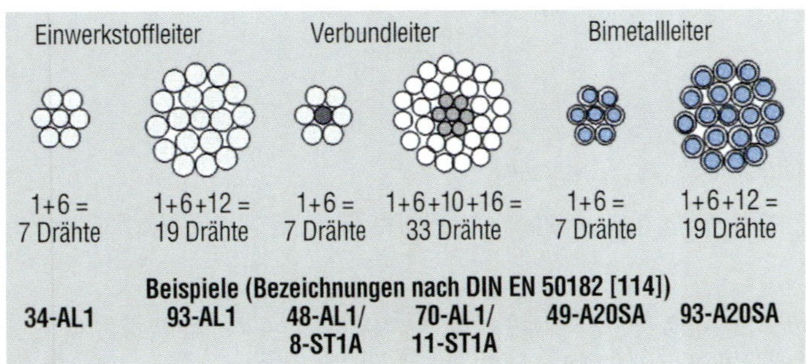

Bild L 2: Aufbau von Leitern aus verschiedenen Werkstoffen

Befestigung von Leiterseilen an Isolatoren im Mittelspannungsnetzen: sehr ausführliche Darstellungen in:

Freileitung, 2. Auflage, Peter Niemeyer / Andreas Grohs, Buchreihe Anlagentechnik, Rolf Rüdiger Cichowski (Hrsg.), VWEW Energieverlag, 2008 (Hinweis: 3. Auflage erscheint 1. Quartal 2018)

Kenngrößen für die Elektrofachkraft, 3. Auflage,VDE-Schriftenreihe 59, Rolf Rüdiger Cichowski, VDE VERLAG Berlin und Offenbach, 2017

→ *Leiter*
→ *Kabel*
→ *Abstände*

Leitertemperatur

Während des Betriebes von Kabel und Leitungen werden diese durch den elektrischen Strom erwärmt. Dabei wird nicht nur unmittelbar der Leiter erwärmt, sondern auch das umgebenes Material, die Isolierung. Die Isolierstoffe unterstehen bei der Erwärmung einem Alterungsprozess (→ *Alterung von Kabeln*), der die Isoliereigenschaften verschlechtert. Daher sind in den DIN VDE Normen maximal zulässige Leitertemperaturen festgelegt, die nicht überschritten werden sollten. Längere Überlastungen und dadurch hervorgerufene höhere Leitertemperaturen können die Lebensdauer von Kabeln und Leitungen erheblich verkürzen.

Kabelhandbuch, 9. Auflage, Mario Kliesch /Frank Merschel / weitere Autoren, Rolf Rüdiger Cichowski (Hrsg.); EW Medien - Verlag, Frankfurt, 2017

Kenngrößen für die Elektrofachkraft, 3. Auflage, VDE -Schriftenreihe 59, Rolf Rüdiger Cichowski, VDE VERLAG Berlin und Offenbach, 2017

Lexikon der Installationstechnik, 4. Auflage, Schriftenreihe 52, Rolf Rüdiger Cichowski / Anjo Cichowski, VDE Verlag, Berlin und Offenbach, 2013

Die vorschriftsmäßige Elektroinstallation, 21. Auflage, Hösl / Ayx / Busch, VDE VERLAG Berlin und Offenbach, 2016

Leitschichten

Leitschichten: Gehören zu den Aufbauelementen von → *Kabeln*. Sie haben die Aufgabe, bei Mittel- und Hochspannungskabeln das elektrische Feld an der Leiteroberfläche zu homogenisieren. Man unterscheidet zwischen der inneren und äußeren Leitschicht, dazwischen befindet sich die Isolierung. Die innere Leitschicht verhindert die Entstehung von Teilentladungen an der Grenzschicht zwischen Leiter und Isolierung. Außerdem mindert die innere Leitschicht die mechanische und thermische Beanspruchung der Isolierung bei Kurzschlüssen. Je nach Kabelkonstruktion besteht die Leitschicht aus Rußpapier bei papierisolierten Kabeln oder aus leitfähigem rußhaltigem Kunststoff. Die äußere Leitschicht wird über der Isolierung aufgebracht. Sie ist mit dem Schirm elektrisch verbunden. Durch die beiden Leitschichten wird der Isolierstoff elektrisch gleichmäßig belastet und es treten keine Feldstärkeüberhöhungen auf.

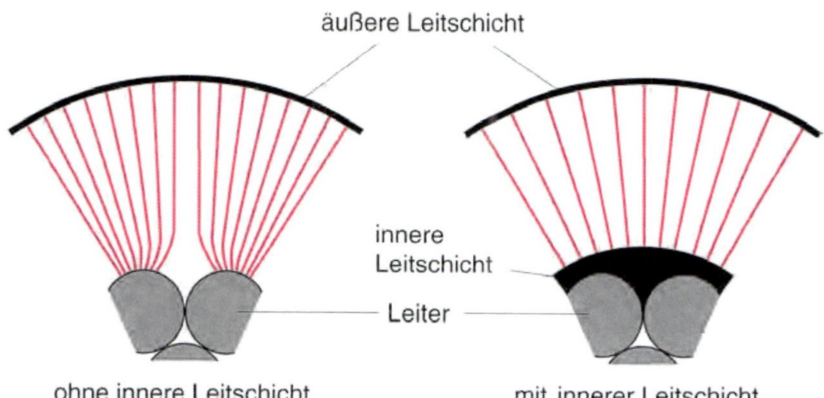

Bild L 3: Auswirkungen der inneren Leitschicht auf den Feldlinienverlauf

Entfernen der äußeren Leitschicht, Montagehinweise:

In älteren Mittelspannungskabeln sind graphitierte Leitschichten vorhanden, sie müssen mit chemischen Reinigungsmitteln völlig abgewaschen werden. Extrudierte äußere Leitschichten an Kunststoffkabeln werden mit einem speziellen Schälgerät entfernt. Die Leitschicht muss vollständig entfernt werden, dabei ist es besonders wichtig, dass das Schälmesser kanten- und riefenfrei ist, ansonsten könnten durch die Beschädigung der Isolierung Feldüberhöhungen entstehen, die dann zu Teilentladungen führen würden.

Starkstromkabelanlagen, 2. Auflage, Mario Kliesch / Frank Merschel, Buchreihe Anlagentechnik, Rolf Rüdiger Cichowski (Hrsg.), EW Medien - VERLAG, Frankfurt, 2010

Leitungen mit isolierten Leitern

Leitungen mit isolierten Leitern werden auch als isolierte Freileitungen bezeichnet. Der Unterbau der isolierten Freileitung entspricht in seiner Art und Ausführung der Bauweise der blanken Leitungen. Aber dort wo eine Trassenführung mit blanken Leitern nur schwer aus genehmigungsrechtlichen oder naturschutzbedingten Gründen durchzuführen ist, kann eine isolierte Freileitung eine optimale Lösung sein. Der Platzbedarf ist erheblich geringer. Eine Verlegung ins Erdreich ist nicht zulässig. VPE-isolierte Freileitungen gibt es als einzelne Leiter oder als Bündel mit vier Leitern verseilt (Niederspannungsnetze). Die für blanke Freileitungen erforderlichen → *Abstände* gelten nicht für isolierte Freileitungen. Auch zwischen den Leitern des Systems sind keine Abstände notwendig. Die Kosten für isolierte Freileitungen sind geringer als für herkömmliche Freileitungen mit blanken Leitern. Außerdem sind die finanziellen Aufwendungen für die Instandhaltung geringer, weil einige Störungen, wie bei blanken Leitern gar nicht auftreten können. Das Isoliermaterial ist VPE, also hohe elektrische und mechanische Festigkeiten. Positiv ist der breite Temperatur-Einsatzbereich: bis zu 40 °C ; montierbar bis -20 °C. Leiterendtemperatur 80 °C; Kurzschlussfall bis 130 °C. Vorrangiger Einsatz in Deutschland in Niederspannungsnetzen.

Merke: Für isolierte Freileitung gelten keine Abstände wie bei blanker Leitung, sind für die Schutzmaßnahme Schutzisolierung (Klasse II) geeignet.

→ Freileitungen
→ Abstände

Freileitung, 2. Auflage, Peter Niemeyer / Andreas Grohs, Buchreihe Anlagentechnik, Rolf Rüdiger Cichowski (Hrsg.), VWEW Energieverlag, 2008 (Hinweis: 3. Auflage erscheint 1. Quartal 2018)

Leitungskreuzungen

Immer wieder ist es erforderlich, dass seitens der Netzbetreiber bei der Planung, dem Bau und dem Betrieb von Leitungen Kreuzungen mit anderen Versorgungsträgern zu berücksichtigen sind. Die Stromnetzbetreiber sind häufig auf die Mitbenutzung und / oder Kreuzung von Bahngelände angewiesen. Um Planungsprozesse und Baumaßnahmen unterstützend beschleunigen zu können, hat FNN / VDE eine Richtlinie für Stromleitungskreuzungen erarbeitet und sie mit der Deutschen Bahn AG abgestimmt. Stromnetzbetreiber, Ingenieurbüros und Unternehmen der Deutschen Bahn AG profitieren von den dort vereinbarten eindeutigen Abläufen und Prozessen.

Eindeutige Regeln **kurz gefasst:**

- Regeln für den Bau, die Änderung, die Instandsetzung und die Beseitigung von Leitungskreuzungen sind definiert und eindeutig beschrieben
- Abläufe der Prozesse sind geregelt
- Fristen sind festgesetzt
- Ansprechpartner bei der Deutschen Bahn AG sind benannt und Abläufe dargestellt
- neueste Techniken sind entsprechend berücksichtigt
- die Regeln sind mit bahninternen Richtlinien und mit anderen Sparten, wie Gas und Wasser harmonisiert
- der technische Teil wurde ebenfalls angepasst und entspricht den realen Umsetzungsphasen einer Stromleitungskreuzung

VDE / FNN – Richtlinie für Stromleitungskreuzungen

Leitungsschutz

Der Einsatz, die Art und Weise der Schutzeinrichtungen für Leitungen sind abhängig von

- Netzfahrweise; Strahlennetz, Ringnetz oder Maschennetz
- Spannungsebene; Mittel- oder Niederspannung
- Erforderliche Selektivitätsabschnitte, Anzahl der Schutzeinrichtungen

Der Leitungsschutz wird als Kurzschlussschutz ausgelegt, das bedeutet er stellt in der Regel keinen Schutz gegen Überlast dar. Die über Wandler gewonnenen Messgrößen werden dem Relais zugeführt. Bei Überschreiten des eingestellten Schwellwertes wird das Relais angeregt. Im Mittelspannungsnetz wird die Überstromanregung, im Hochspannungsnetz wird eine Unterimpedanzanregung eingesetzt, weil hier (z.B. bei starrer Sternpunkterdung oder in Schwachlastzeiten) der Fehlerstrom Beträge annehmen kann, die unter dem des Nennstroms liegen.

Arten des Leitungsschutzes:

- → *Überstromzeitschutz*
- → *Überstromrichtungszeitschutz*
- → *Distanzschutz*
- → *Differenzialschutz*
- → *Automatische Wiedereinschaltung (AWE)*
- → *Integrierte Schutz- und Steuereinheit*

Netzschutztechnik, 6. Auflage, Walter Schossig / Thomas Schossig, Buchreihe Anlagentechnik, Rolf Rüdiger Cichowski (Hrsg.) EW Medien – VERLAG, Frankfurt, 2017

Leuchten für die Straßenbeleuchtung

Anforderungen an Leuchten:

- Lichttechnik: Auswahlkriterien der Leuchten sind ein hoher Leuchtenwirkungsgrad (Leuchte muss den Lichtstrom der Lampe optimal lenken), eine optimale Lichtverteilungskurve, zulässige Blendungsbegrenzungen, Begrenzung der Lichtemmission, Lampenbestückung, Korrosionsbeständigkeit, Design.
- Elektrotechnik: Die Leuchte nimmt die Lampe, die zugehörigen Fassungen, Zündgeräte auf und verbindet diese mit der Stromquelle. Die Schutzklassen I und II werden zur elektrischen Sicherheit eingesetzt.
- Bautechnik: Die Leuchte soll die lichttechnischen und elektrotechnischen Bauteile gegen Umwelteinflüsse schützen, wie Staub, Fremdkörper, Feuchtigkeit, mechanische Beanspruchungen und Vandalismus. Für die Gehäuse sind korrosionsbeständige Materialien, wie Aluminiumblech, Kunststoff, Aluminiumguss, nichtrostender Stahl zu verwenden.

Es wird unterschieden:

- Zweckleuchten: im Straßenraum für die Beleuchtung der Fahrstraßen.
- Gestalterische Leuchten: Fußgängerzonen und Wohngebiete. Anbringungsart am Leuchtenträger: Ansatz-, Aufsatz- und Seilleuchte.

Straßenbeleuchtung, 2. Auflage, Lothar Höhne / Heinz Georg Schröter; Buchreihe Anlagentechnik, Rolf Rüdiger Cichowski (Hrsg.), EW Medien – VERLAG, Frankfurt, 2002

Luftkabel

Für die Mittelspannung stehen VPE-isolierte Luftkabel (z.B. Typ A2XS2YT) zur Verfügung. Vorteile:

- Abstandsreduzierte Bauweise möglich.
- Gegenseitige Abstände der Leiter zueinander lassen sich reduzieren, damit lässt sich der Profilquerschnitt einer Freileitung erheblich reduzieren.
- Erdverlegung ist möglich.

Nachteile: hohes Eigengewicht, sodass es nicht möglich ist, vorhandene Stützpunkte von blanken Freileitungen mit unveränderten Spannweiten auf isolierte Freileitungen umzubauen, so wie es im Niederspannungsbereich durchgeführt wird. Daher hat sich dieses Luftkabel in der Praxis nicht durchgesetzt.

→ *Leitungen mit isolierten Leitern*

DIN EN 60228 VDE 0295 Leiter für Kabel und isolierte Leitungen

Freileitung, 2. Auflage, Peter Niemeyer / Andreas Grohs, Buchreihe Anlagentechnik, Rolf Rüdiger Cichowski (Hrsg.), VWEW Energieverlag, 2008
(Hinweis: 3. Auflage erscheint 1. Quartal 2018)

Mantel

Der Mantel ist ein Aufbauelement zum Schutz des Kabels gegen äußere Einflüsse, wie Feuchtigkeit, mechanische, thermische und chemische Einwirkungen. Die klassischen papierisolierten Kabel haben in der Regel Mäntel aus bitumenimprägnierter Jute. Kabel aktuelle Bauart haben Kunststoffmäntel. Je nach Bauart wird PVC oder PE als Mantelwerkstoff verwendet. Für Kabeln für besondere Anwendungen können auch spezielle Konstruktionen zum Einsatz kommen, wie Metallmäntel.

→ *Kabel*
→ *Kabelaufbau*
→ *Gürtelkabel*
→ *Kabelfertigung*
→ *Jute*

Mantelfarben

Die Farben sind abhängig von der Mantelisolierung, der Nennspannung und den Einsatzorten.

Isolierung	Nennspannung	besonderer Einsatz	PVC-Mantel	PE-Mantel
PVC	0,6/1 kV		schwarz	-
PVC	0,6/1 kV	Bergbau unter Tage (BuT)	gelb	-
PVC	0,6/1 kV	Eigensichere Anlage in explosions- gefährdeten Betriebsstätten	hellblau	-
PVC	>0,6/1 kV		rot*	-
PE	0,6/1 kV		schwarz	schwarz
PE	>0,6/1 kV		rot*	schwarz
* Rote PVC-Mäntel können sich im Erdreich durch chemische Einflüsse schwarz färben!				

Tabelle M 1: Mantelfarben

Mantelverluste

Mantelverluste: Stromabhängige Verluste entstehen beim Wechsel- und Drehstrombetrieb in metallenen Umhüllungen der Kabel, wie in Metallmäntel. Besonders wirken sich diese Verluste in Hochspannungskabeln aus. In metallenen Umhüllungen einadriger Kabel werden Spannungen induziert, deren Ströme Mantelverluste bewirken. Diese sind in ihrer Höhe abhängig vom Leiterstrom, der Legeanordnung, der Erdung und der Kabellänge und können erhebliche Werte annehmen. Mit steigendem Leiterquerschnitt und entsprechender Stromstärke nehmen die Mantelverluste zu, dadurch mindert sich auch die Belastbarkeit. Diese Verluste lassen sich durch die Legeanordnung, einseitige Erdung und Auskreuzen der Mäntel (→ *crossbonding*) verringern.

Starkstromkabelanlagen, 2. Auflage, Mario Kliesch / Frank Merschel, Buchreihe Anlagentechnik, Rolf Rüdiger Cichowski (Hrsg.), EW Medien – VERLAG, Frankfurt, 2010

Marktwächter Energie

Nach Ansicht der Verbraucherzentralen ist im Energiebereich die Marktaufsicht unzureichend, daher wird ab 2017 der Bundesverband der Verbraucherzentralen, VZBV mit ihren 16 Verbraucherzentralen in Deutschland damit beginnen eine systematische Auswertung von Verbraucherbeschwerden in den Segmenten Strom, Gas, Fernwärme und Heizkostenabrechnung durchzuführen, um damit ein sog. Frühwarnsystem über Fehlentwicklungen des Marktes zu erkennen.

Ziel des Marktwächter Energie	Es sollen Fehlentwicklungen im Energiebereich aufgezeigt werden, um die Verbraucher entsprechend beraten zu können
Verantwortliche Organisation	Verbraucherzentrale Bundesverband Deutschland (VZBV) und weitere Verbraucherberatungen regional vor Ort
Prinzip des Marktwächters Energie	Der Marktwächter arbeitet nach dem Prinzip: erkennen, informieren, handeln. Das Marktgeschehen wird ausgewertet und beobachtet und die Daten bilden dann Erkenntnisse für die entsprechende Beratung.
Handlungsfelder	Strom- und Gasmarkt, Fernwärme, Heizkostenabrechnung, Ablesedienste
Wem sollen die Erkenntnisse dienen?	In erster Linie den Verbrauchern, die z.B. vor Insolvenzen von Energieanbietern geschützt werden können, aber auch die Behörden und die Politik sollen davon profitieren.

Tabelle M 2: Marktwächter Energie ***kurz gefasst***

Maschenerder

Maschenerder: besteht aus einem Netz mit mehr oder weniger gleichmäßigen, rechteckigen Maschen

→ *Ausbreitungswiderstand*
→ *Oberflächenerder*
→ *Tiefenerder*
→ *Fundamenterder*
→ *Staberder*
→ *Ringerder*

Erdungsanlagen, 2. Auflage, Thomas Niemand / Andreas Schröder, Buchreihe Anlagentechnik, Hrsg. Rolf Rüdiger Cichowski, EW VERLAG, Frankfurt, VDE VERLAG Berlin und Offenbach, 2016

Maschennetz

Das Maschennetz ist eine der Gestaltungsformen von Netzen. Bei den Netzformen, also der Art und der Bauweise, und der damit verbundenen unterschiedlichen Betriebsfahrweisen der Netze wird unterschieden zwischen Strahlennetzen, Ringnetzen und Maschennetzen. Je nach Spannungsebenen, örtlichen Gegebenheiten, Anforderungen an die Versorgungszuverlässigkeit und Lastdichten ergeben sich andere Notwendigkeiten für den Aufbau (die Netzform) der Netze.

Maschennetz: Ist gekennzeichnet durch die Versorgung von mehreren Stationen aus, d.h. in einem Maschennetz kann jede Leitung ausfallen, ohne dass eine Versorgungsunterbrechung auftritt. Bei einem Kurzschluss bleiben die Auswirkungen auf einen kleinen Netzbereich beschränkt. Mit dem Maschennetz ist eine sehr hohe Versorgungszuverlässigkeit gewährleistet. Aber diesem Vorteil stehen auch Nachteile gegenüber. Die Investitionen für ein Maschennetz sind erheblich höher als für ein Strahlennetz. Außerdem ist der Netzschutz aufwändiger. Daher besteht die Tendenz die Maschennetze durch Strahlennetze abzulösen.

→ *Strahlennetz*: Ist ein Anschlussnetz, die Leitungen gehen strahlenförmig von einer Netzstation aus und haben untereinander keine weitere Verbindung.

→ *Ringnetz*: Die Leitungen gehen von einer Einspeisestelle aus und werden zu dieser wieder zurückgeführt. Ringnetze können geschlossen oder offen betrieben werden.

→ *Ringnetz*
→ *Strahlennetz*

Massekabel

Ein Kabel, dessen Leiter mit masse- und ölimprägniertem Papier zur Isolierung umgeben sind. Massekabel fanden ihre Anwendung in der Vergangenheit im Niederspannungs- und Mittelspannungsbereich. Die Kabelbauart Massekabel ist im Niederspannungsbereich schon vor etwa zwei Jahrzehnten von den Kunststoffkabeln verdrängt worden. Auch bei den Mittelspannungskabeln ist der Anteil der masse- und ölimprägnierten Papier- und Bleikabeln gegenüber den Kunststoffkabeln weit zurückgegangen.

Mastarten

→ *Maste*

Maste

Maste sind im Sinne von DIN VDE 0210 Stützpunkte für Leiterseile. Sie erfüllen die Aufgabe die spannungsführenden Seile in der notwendigen Höhe zu halten. Als Baumaterial verwendet man Holz (bis 30 kV), Beton (bis 110 kV) und Stahlgitter (bis 1500 kV). Für die Dimensionierung der Maste sind die Seilzugkräfte entscheidend. Wegen dieser verschiedenen Anwendungen werden folgende Mastarten unterschieden:

- Tragmaste: tragen die Leiter in geraden Streckenbereichen, übernehmen kaum Leiterzugkräfte, können daher gering dimensioniert sein
- Winkelmaste: übernehmen in Winkelpunkten die Aufgabe, Tragkräfte und resultierende Kräfte aufzunehmen. Anwendung: Leitungswinkel zwischen 160°und 180°
- Abspannmaste: werden für Abzweige eingesetzt; sie nehmen auch die in Leitungsrichtung unterschiedlich auftretenden Leiterzugkräfte auf und bilden in den Leitungszügen Festpunkte, die kaskadenartige Mastschäden verhindern
- Endmaste: Endpunkte einer Leitung, nehmen die gesamten einseitigen Leiterzugkräfte einer Freileitungsstrecke auf

DIN EN 50341-1 (VDE 0210-1)   Freileitungen über AC 45 kV, Gemeinsame Festlegungen

Freileitung, 2. Auflage, Peter Niemeyer / Andreas Grohs, Buchreihe Anlagentechnik, Rolf Rüdiger Cichowski (Hrsg.), VWEW Energieverlag, 2008 (Hinweis: 3. Auflage erscheint 1. Quartal 2018)

→ *Abspannmaste*
→ *Tragmaste*

Mastschalter

Mastschalter: Betriebsmittel zum Schließen und Unterbrechen des Stroms. Dieser Schalter befindet sich in einer Freileitungsstrecke auf einem Mast. Mastschalter können sowohl auf Holzmasten als auch auf Masten aus Stahl oder Stahlbeton angebracht sein. Auf Stahl- oder Stahlbetonmasten müssen sie geerdet sein, auf Holzmasten nicht.

Freileitung, 2. Auflage, Peter Niemeyer / Andreas Grohs, Buchreihe Anlagentechnik, Rolf Rüdiger Cichowski (Hrsg.), VWEW Energieverlag, 2008 (Hinweis: 3. Auflage erscheint 1. Quartal 2018)

Maststation

Maststation: ist die einfachste Form einer Netzstation (auch Ortnetzstation). Maststationen sind in Freileitungsnetzen eingebaut. Transformatoren, Sicherungen, Schalteinrichtungen sind direkt an den Leitungsmasten angebracht, diese können aus Holz, Beton oder Stahl sein.

Maststationen dienen der Versorgung mit elektrischem Strom in ländlichen, abgelegenen Gebieten, in denen nur einige wenige Kunden anzuschließen sind. Die Leistungsgröße der Transformatoren: 250 kVA sind üblich.

Bild M 1: Gittermaststation (Maststation auf einem Stahlmast)

Mastersatzstation: wird als Alternative zur Maststation eingesetzt; es ist eine → *Kompakt*station die in einem Betongehäuse eingebaut ist. Vorteile der Mastersatzstation:

- Bedienung durch Betriebspersonal ist ebenerdig möglich
- Eingebaute Ölauffangwannen erfüllen die Anforderungen des Gewässerschutzes
- Besteigen von Masten oder Einsatz von Steigerfahrzeugen ist nicht notwendig
- Die Leitungszu- und -abgänge erfolgen über Kabelaufführungen an den Freileitungsmasten

Bild M 2: Mastersatzstation

Maststationen in Wasserschutzgebieten: besondere Anforderungen durch das Wasserhaushaltsgesetz und DIN VDE 0101, d.h. es müssen Maßnahmen zum Schutz gegen Verschmutzung durch evtl. austretendes Transformatorenöl getroffen werden, wie Schutzgehäuse mit Ölauffangwanne für die Maststation, Mastersatzstation oder Einsatz von Gießharztransformatoren

Erdung von Maststationen: Unabhängig vom Mastwerkstoff sind die Maststationen zu erden.

→ *Vogelschutz*: Maststationen stellen für Vögel eine potentielle Gefahr dar, weil für bestimmte Großvogelarten Flügelspannweiten auftreten, die im Bereich der Isolatorenabstände der Mittelspannungsfreileitungen liegen und dies auch bei Maststationen. Daher ist erstmals ein Katalog für verbindliche technische Schutzmaßnahmen gemeinschaftlich von Netzbetreiber, Behörden und Naturschützern erarbeitet worden.

Montagehinweise: Bei Arbeiten an Maststationen sind die Transformatoren ober- und unterspannungsseitig kurzzuschließen und zu erden. Ist das wegen elektrisch nicht zugänglicher Anschlüsse nicht möglich, so muss an der nächstgelegenen Schaltstelle ober- und unterspannungsseitig geerdet und kurzgeschlossen werden.

→ *Vogelschutz* an Mittelspannungsfreileitungen; VDE-Anwendungsregel VDE-AR-N 4210-11

Freileitung, 2. Auflage, Peter Niemeyer / Andreas Grohs, Buchreihe Anlagentechnik, Rolf Rüdiger Cichowski (Hrsg.), VWEW Energieverlag, 2008 (Hinweis: 3. Auflage erscheint 1. Quartal 2018)

Mehrraumstation

Mehrraumstationen: Ortsnetzstationen mit mehreren, separat zugänglichen Räumen, in denen sich einzelne Bauteile in verschiedenen Schotträumen befinden, wie Transformatorenraum, Schaltanlagenraum, Niederspannungsraum. Sie gehören im engeren Sinne nicht mehr zu den Netzstationen. Es handelt sich um Schalthäuser. Mittelspannungsschalthäuser werden überwiegend auf einem meist abgezäunten Gelände einer 110 kV / 10 kV bis 36 kV-Umspannstation errichtet. Der Raumbedarf richtet sich im Wesentlichen nach den örtlichen elektrotechnischen Voraussetzungen und der Anzahl der benötigten Mittelspannungs-Schaltfelder (6 bis 40 möglich), der Sammelschienenkonzeption und dem Umfang zusätzlich im Gebäude unterzubringender Nebenanlagen, wie Eigenversorgung, Batterieanlagen, Ersatzstromversorgungsanlagen.

Netzstationen, IlloFrank Primus, 2. Auflage, Buchreihe Anlagentechnik, Rolf Rüdiger Cichowski (Hrsg.), EW Medien – VERLAG, Frankfurt,, 2014

Messende Relais

Messende Relais können für die Aufgaben der Schutztechnik eine gute Alternative sein. Als Schutzeinrichtungen für Leitungen, Generatoren, Transformatoren und Motoren werden zwar in der Regel digitale Schutzeinrichtungen eingesetzt, wie Distanz-, Überstromzeit- und Differenzialrelais, aber die messenden Relais (Tabelle M 3) sind eine kostengünstige Alternative für bestimmte Einsatzfälle.

Im Zusammenhang mit den messenden Relais soll auf eine Publikation des FNN hingewiesen werden und zwar stellt der „Leitfaden zum Einsatz von Schutzsystemen in elektrischen Netzen" eine Unterstützung für Planer, Errichter und Betreiber von Schutzsystemen von der Mittel- bis zur Höchstspannung dar. Der Leitfaden wurde auf der Grundlage der Erfahrungen von Netz- und Schutzsystembetreibern aus Österreich und Deutschland erarbeitet und er berücksichtigt die verschiedenen Netzfahrweisen, Netzarten und Rahmenbedingungen in den unterschiedlichen Spannungsebenen und Schutzsystemen. Die Leser können aus diesem Leitfaden Empfehlungen, Lösungsansätze und Erklärungen für Leitungs-, Transformator-, Kupplungs-, Anlagen- und Übergabeschutzsysteme sowie der Erdschlusserfassung entnehmen.

Anwendung	Relaisfunktion	Relaistyp	Zweck / Kurzbeschreibung
Erdschluss-erfassung	Überspannungs-Relais	UEw01	Netze mit isolierter oder kompensierter Sternpunkterdung müssen auf Erdschluss überwacht werden
Schaltfehler-schutz	Überspannungs-Relais	UOw10/11	Spannungsrelais überwacht Freigabe eines Erdungstrenners, damit keine Gefahr für das Personal entsteht
Nullstromzeit-schutz	Nullstromzeit-Relais	IOw70z	in niederohmig geerdeten Netzen kann zur selektiven Erdschlussortung ein Nullstromzeitschutz eingesetzt werden
Gestellschluss-schutz	Nullstromzeit-Relais	IOw70z	Durch Speisung eines Nullstromrelais wird ein schnellschaltender Anlagenschutz realisiert
Reserve- und Schalterversager-schutz	Überstromzeit-Relais	IOw70z	Beim Versagen des Leitungsschutzes (z.B. Distanzschutz) kann Überstromzeitrelais als Reserveschutz dienen
Siehe Details: Netzpraxis 6/2017, Seite 62-65 von Walter Schossig			

Tabelle M 3: Messende Relais

Netzschutztechnik,6.Auflage, Walter Schossig Thomas Schossig, Buchreihe Anlagentechnik; Rolf Rüdiger Cichowski (Hrsg.) EW Medien - VERLAG, Frankfurt, 2017

FNN-Leitfaden zum Einsatz von Schutzsystemen in elektrischen Netzen

Messstellenbetrieb für intelligente Messtechnik

Messstellenbetreiber sind zukünftig zuständig für den Einbau, die Wartung und den Betrieb intelligenter Messtechnik, wie moderne Messeinrichtungen und intelligente Messsysteme. Dabei handelt es sich in Deutschland um viele Millionen Messstellen, bei denen intelligente Messsysteme in den kommenden Jahren eingebaut werden müssen. Nach EnWG handelt es sich um Pflichteinbaufälle:

- Verbraucher mit mehr als 6.000kWh Jahresverbrauch
- Erzeugungsanlagen mit einer installierten Leistung größer als 7 kW
- steuerbare Verbrauchseinrichtungen, die nach § 14a EnWG ein reduziertes Netzentgelt in Anspruch nehmen

Zusätzlich zu den Pflichteinbaufällen können für weitere Zählpunkte optionale Einbauverpflichtungen entstehen bei Anlagen, wenn

- der Jahresverbrauch des Endkunden bei 6.000 kWh oder darunter liegt oder
- die installierte Anlagenleistung max. 7 kW beträgt.

Die Netzbetreiber, die die Grundzuständigkeit für modere Messeinrichtungen und intelligente Messsysteme nicht ausüben wollen, können diese auch nach dem Messstellenbetriebsgesetz auf andere Unternehmen übertragen. Nach einer Veröffentlichung der Bundesnetzagentur werden allerdings fast alle Netzbetreiber (annähernd 100%) den Messstellenbetrieb für intelligente Messtechnik in ihren jeweiligen Netzen übernehmen wollen.

www.bundesnetzagentur.de

Messung des Erdungswiderstands

Bei der Messung des Ausbreitungswiderstands bzw. der Erdungsimpedanz einzelner Erder und Erdungsanlagen soll hier zwischen Erdungsmessungen in kleineren und mittleren sowie in großen ausgedehnten Anlagen unterschieden werden. Für die Erdungsmessungen in kleineren und mittleren Anlagen bieten sich zwei Messverfahren an, das Strom-Spannungs-Messverfahren und das Kompensations-Messverfahren (Erdungsmessbrücke). Dagegen können die Erdungsmessungen in ausgedehnten Anlagen ausschließlich über das Strom-Spannungs-Messverfahren unter der Anwendung der Schwebungs- und Umpolmethode erfolgen.

Messung des Erdungswiderstands kleiner und mittlerer Anlagen: Bei den Erdungsspannungen muss unabhängig von dem Messverfahren ein Strom bekannter Größe und Frequenz über den Erder bzw. die Erdungsanlage eingeleitet werden. Damit ergibt sich ein Spannungsfall zwischen dem Erder und der Bezugserde (Erdungsspannung UE), sodass sich ein Erdungswiderstand unmittelbar ermitteln lässt. Durch den Einsatz von zusätzlichen Hilfserden lässt sich ein geschlossener Messstromkreis herstellen. Auch dieser Hilfserder weist in seiner Umgebung einen Potentialverlauf auf (Bild Potentialverlauf) zeigt die geometrische Anordnung Erder / Hilfserder mit dem zugehörigen Potentialverlauf. Abhängig von Abstand a stellt sich zwischen Erder und Hilfserder eine Zone konstanten Potentials ein, die als neutrale Zone bzw. als Bezugserde bekannt ist. Über diese drei Bezugsstellen werden die Erdungsmessungen durchgeführt.

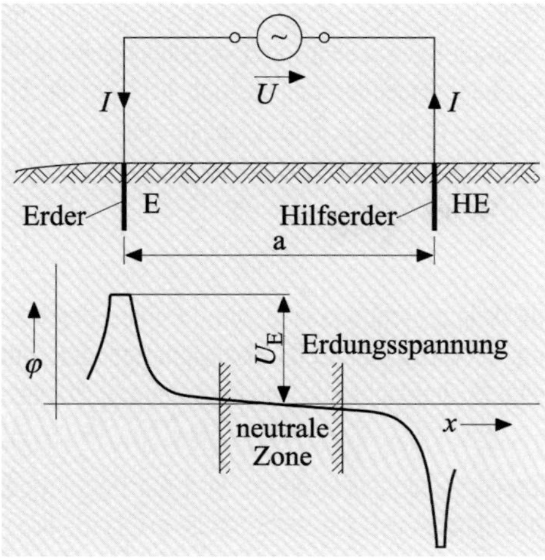

Bild M 3: Potentialverlauf auf der Erdoberfläche zwischen Erder und Hilfserder

Strom-Spannungs-Messverfahren: dieses Verfahren stellt ein übersichtliches Messverfahren dar (Bild Schaltung zur Messung der Erdungswiderstände).

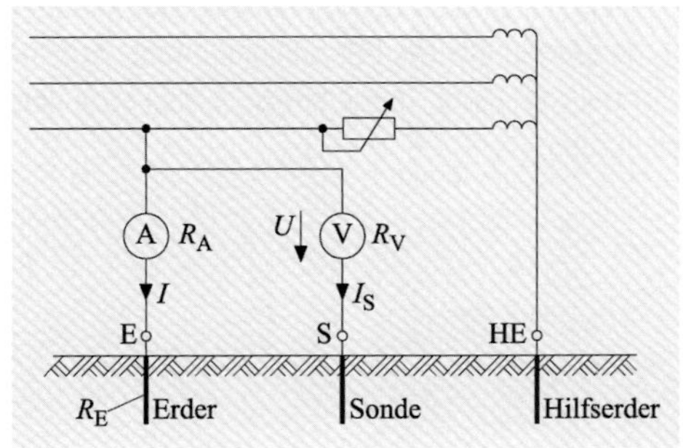

Bild M 4: Schaltung zur Messung der Erdungswiderstände nach dem Strom-Spannungs-Verfahren

Das Bild zeigt die Messanordnung zur Bestimmung des Erdungswiderstands. Eine Spannungsquelle, z.B. Netzspannung, wird zwischen Erder und Hilfserder angeschlossen, wobei die Strombegrenzung über einen vorgeschalteten Widerstand erfolgt. Mit der gemessenen Spannung zwischen Erder und Sonde, die in der neutralen Zone liegen muss, und mit dem in dem Erdreich fließenden Strom lässt sich der Ausbreitungswiderstand berechnen über die Bestimmungsgleichung.

$$R_E \approx \frac{U}{I} + \frac{I_S}{I} R_S$$

mit

R_S Widerstand der Sonde

I_S Strom durch die Sonde

Nach o.g. Gleichung ist der Erdungswiderstand R_E eine Funktion des Sondenwiderstands R_S. Unter der Annahme, dass der Ableitstrom I_S gegenüber dem Laststrom I verschwindend klein ist und der Innenwiderstand des Strommessers ebenfalls zu vernachlässigen ist, kann der Erdungswiderstand R_E direkt ermittelt werden über die Spannungs-Strom-Messungen.

$$R_E = \frac{U}{I}$$

Damit können bei der Messung von Erder- und Anlagenerdungswiderstand infolge der Ausgleichsströme Messfehler bis zu ± 5 % auftreten. Der Einsatz einer Gleichspannungsquelle zur Erdungsmessung ist wegen des Polarisationseffekts eingeschränkt; die Messdauer darf maximal 10 s betragen.

Kompensationsmessverfahren: Bei dem Kompensationsmessverfahren wird die Bedingung, dass der Strom im Sondenkreis gegenüber dem Erdstrom vernachlässigbar ist erfüllt, da beim Abgleichen der Messbrücke der Sondenstrom gegen null geht (Bild Grundschaltung der Erdungsmessbrücke). Der vom Wechelstromgenerator gelieferte Strom fließt über die Anordnung Übertrager (Primärseite) - Erder - Hilfserder.

Die Sekundärseite des Übertragers ist derart ausgeführt, dass an dem Abgleich-Potentiometer eine Spannung ansteht, die der Erdungsspannung entgegenwirkt. Der Schleifkontakt wird soweit verschoben, bis der Strommesser den Wert null zeigt, der Sondenkreis ist also stromlos. Damit ergeben sich folgende Bestimmungsgleichungen,

$$U_1 = R_1 \cdot I_1 = R_2 \cdot I_2 = U_2$$

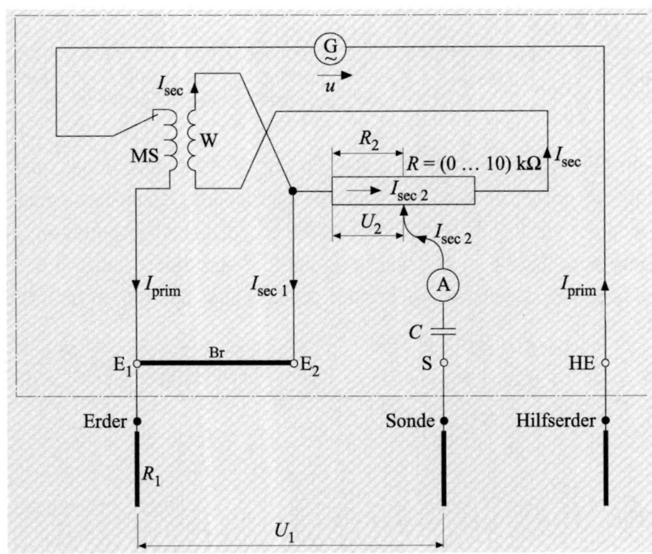

Bild M 5: Grundschaltung der Erdungsmessbrücke

$$R_1 = \frac{I_{\sec 2}}{I_{\text{prim}}} R_2 = \ddot{u}\, R_2$$

wobei $\ddot{u} = I_{sec}/I_{prim}$ das Übersetzungsverhältnis des Übertragers ist.

Aus o.g. Gleichung ergibt sich, dass der Erdungswiderstand proportional zu dem Anteil R_2 des Widerstands R ist. Durch Eichung des Widerstands R (z.B.: Überstreichung eines Messbereichs von 0,1 kW bis 10 kW) und durch die Veränderung des Übertrager-Übersetzungsverhältnisses $\ddot{u}$ (z.B. 0,1; 1; 10; 100) kann der Erdungswiderstand R_1 bestimmt werden. Die Widerstände von Sonden und Hilfserder werden die Messergebnisse nicht beeinflussen, sie vermindern aber die Messempfindlichkeit. Der Kondensator in dem Sondenkreis schützt das Anzeigeinstrument vor Störgleichstrom, der von fremden Störgleichspannungen verursacht wird. Auch der Einfluss der Störwechselströme im Erdreich auf das Messsystem wird durch die Gleichrichtereinheit ausgeschieden. Dieses Kompensations-Messverfahren arbeitet mit einer Frequenz im Bereich von 70 Hz bis 140 Hz und weist im Allgemeinen einen Fehler von weniger als 30 % auf. Damit sind die Anforderungen von DIN VDE 0413-5 erfüllt. Zum optimalen Einsatz dieses Messverfahrens und damit zur Vermeidung von Messfehlern sind abhängig von den unterschiedlichen Anforderungen die folgenden Messmethoden einzusetzen.

Linienmethode: Diese Messmethode ist bei der Messung von Einzelerdern mit geringer räumlicher Ausdehnung geeignet (Bild Grundschaltung der Erdungsmessbrücke). Dabei muss darauf geachtet werden, dass die Sonde in neutrales Erdreich ($\varphi = 0$), wie im Bild *Potentialverlauf* beispielhaft dargestellt ist, eingebracht wird. Hierbei ist Folgendes zu beachten:

- Stäbe für Sonde und Hilfserder, die Anschlussmöglichkeiten für Messleitungen bieten, müssen folgende Abmessungen aufweisen: Durchmesser ½Zoll bis 1 Zoll, Länge 0,5 m bis 0,8 m
- bei Tiefenerdern soll der räumliche Abstand für die Sonde im Bereich von 30 m bis 60 m und für den Hilfserder im Bereich von 60 m bis 100 m liegen
- bei einem Flächenerder soll bei einem mittleren Durchmesser D_m der Erdungsanlage der Sondenabstand etwa 2 D_m und der Abstand des Hilfserder etwa 3 D_m oder größer betragen

Winkelmethode: Diese Methode ist als 90°-Messmethode bekannt und kommt insbesondere bei räumlich größeren Erdern oder Erdungsanlagen zur Anwendung.

Bild Die *geometrische Anordnung* zeigt, dass Erder, Hilfserder und Sonde etwa in einem rechtwinkligen Dreieck angeordnet und die Messpunkte gleichmäßig um den Erder verteilt sind. Bei einem Abstand für Erder - Hilfserder von etwa 200 m ist der Bereich für die Sonde über den Wert 150 m bis 200 m zu wählen. Im homogenen Erdreich zeigt sich im abgeglichenen Zustand der Messbrücke bei Vertauschen der Leitungen von Sonde und Hilfserde keine Abweichung der Messergebnisse. Dabei ergibt sich ein Messfehler von etwa ± 10 %. Mit dieser Messmethode kann der gesamte Erdungswiderstand eines Ortsnetzes kleiner bis mittlerer Ausdehnung durch Mittelwertbildung von mehreren Einzelmessungen ermittelt werden; an mehreren Messstellen wird an der Peripherie des Netzes (nicht Ausläufer) gemessen. Dabei soll der Abstand der Messstellen, abhängig von der Größe des Netzes, im Bereich von 400 m bis 1 000 m liegen und möglichst gleichmäßig um das Netz verteilt sein.

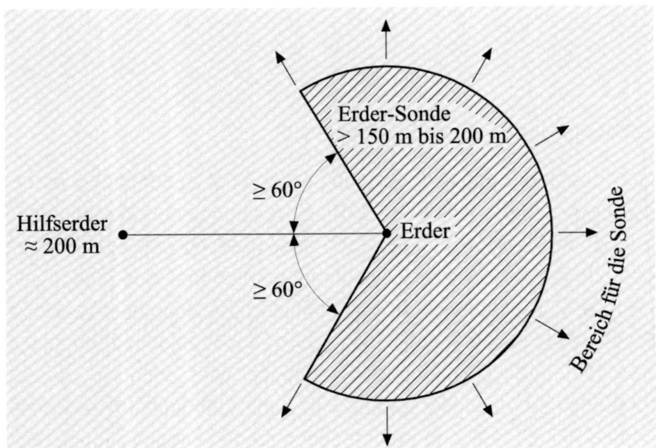

Bild M 6: Die geometrische Anordnung Erder – Hilfserder – Sonde bei der Winkelmethode zur Bestimmung des Erdungswiderstands

Sollen aber mit diesem Kompensationsmessverfahren einzelne Mastausbreitungswiderstände bei Freileitungen mit Erdseil – ohne Kettenleiter – ermittelt werden, so muss das Erdseil gegen den Mast isoliert werden; die Erdseilklemme ist hierbei zu öffnen, das Erdseil herauszuheben und eine isolierende Unterlage in der Klemme einzulegen. Diese Arbeit ist aufwändig, und es besteht dabei für das Personal durch die in Betrieb befindlichen Leitungen die erhöhte Gefahr, dass Berührungsspannungen zwischen Erdreich und dem Mast abgegriffen werden können.

Damit die Schutzwirkung der Erdungsanlage erhalten bleibt, sollen die Mastausbreitungswiderstände ohne Kettenleiter durch den Einsatz der sogenannten Hochfrequenz-Erdungsmessbrücke ermittelt werden.

Hochfrequenz-Erdungsmessbrücke: Dieses Messsystem arbeitet mit einer Frequenz 25 kHz. Dadurch verhält sich die Reaktanz (Scheinwiderstand) des Erdseiles hochohmig, sodass sie die Messung kaum beeinflusst. Das Erdseil kann damit in der Erdungsanlage angeschlossen bleiben. Die von einer Sonde abgegriffene Erderspannung wird einem hochohmigen Messverstärker zugeführt. Mit der Abstimmungsvorrichtung werden Kapazitäten parallel zur Mastausbreitungsimpedanz geschaltet, um ihren induktiven Anteil zu kompensieren und damit über das Anzeigeinstrument das Minimum der Mastausbreitungsimpedanz (Ohm'sche Anteil) anzuzeigen. In Bild Prinzipschaltung ist die Schaltung dieses Messverfahrens dargestellt. Dieses Messverfahren eignet sich auch zur Messung des Stoßerdungswiderstands bei Leitungen mit Nennspannung von 110 kV und mehr, und zur Überwachung von Erdungsmessanlagen.

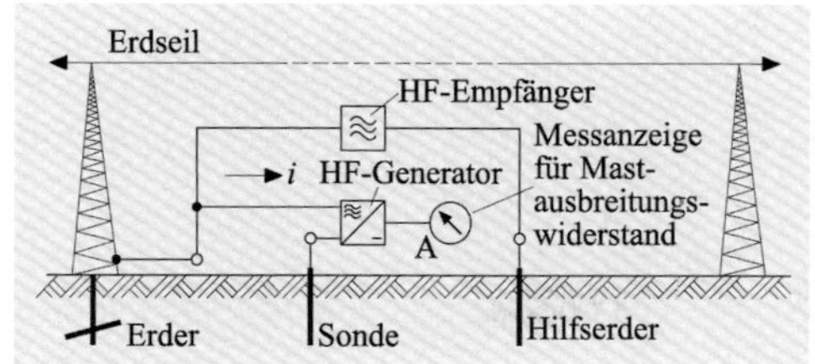

Bild M 7: Prinzipschaltung des HF-Erdungsmessgeräts für Erdungsmessungen an Freileitungen mit angeschlossenem Erdseil

Besondere Bedeutung hat dieses Verfahren bei Messungen an Freileitungen mit Luftkabeln. Gegenüber dem Niederfrequenz-Messverfahren werden hierbei die Erdungsimpedanzen im Bereich von 5 Ω bis 15 Ω ausreichend exakt erfasst. Bei Mastausbreitungswiderständen, die wesentlich höher als 15 Ω liegen, können mit Hochfrequenz-Messverfahren sehr niedrige Werte (etwa -50 %) gemessen werden.Diese Abweichungen lassen sich durch den nicht zu vernachlässigenden Einfluss des Erdseils und der Kapazität der Sondenleitungen erklären. Die Messung der Erdungsimpedanz von Masten mit ausgelegtem Erdseil und Kettenleiter durch die Erdungsmessbrücken mit erhöhten Frequenzen ist sehr eingeschränkt, da die induktiven Anteile der Erdungsimpedanz (Kettenleiterimpedanz) gegenüber der Messung mit Netzfrequenz zu höheren Werten führen wird. Auch die im Erdseil durch eigene oder fremde, parallel laufende Leitungssysteme induzierten Ströme können einen eindeutigen Abgleich verhindern. Zur Ermittlung der Erdungsimpedanz eines Mastes bei aufgelegtem Erdseil (einschließlich Kettenleiter) bietet sich das Strom-Spannungs-Messverfahren an.

Erdungsmessungen von größeren ausgedehnten Erdungsanlagen: In ausgedehnten Anlagen mit mehreren Spannungsebenen – wie es bei Kraftwerken und Umspannungsanlagen der Fall ist – liegen die einzelnen Schalteinheiten häufig weit auseinander. Hierbei entstehen durch Wechselströme aus den Nullleitern von Niederspannungsanlagen, aus Erdschlussspulen und durch kapazitive Unsymmetrien der Leitungen Störspannungen, die in ausgedehnten Anlagen stark ortsabhängig sind. Diese Störspannungen müssen bei der Messung des Ausbreitungswiderstands eliminiert werden. Hierfür bieten sich unter der Anwendung des Strom-Spannungs-Messverfahrens zwei Methoden an, die sogenannte Umpol- und die Schwebungsmethode.

Umpolmethode: Zur Messung der Erdungsspannung bzw. der Erdungsimpedanz wird ein Erdschluss über einen synchron zur Netzfrequenz arbeitenden Transformator (Spannungsquelle) simuliert. Bild *Prinzipschaltung zur Ermittlung der Impedanz* zeigt die Versuchsanordnung entsprechend DIN VDE 0141 zur Bestimmung der Erdungsimpedanz.

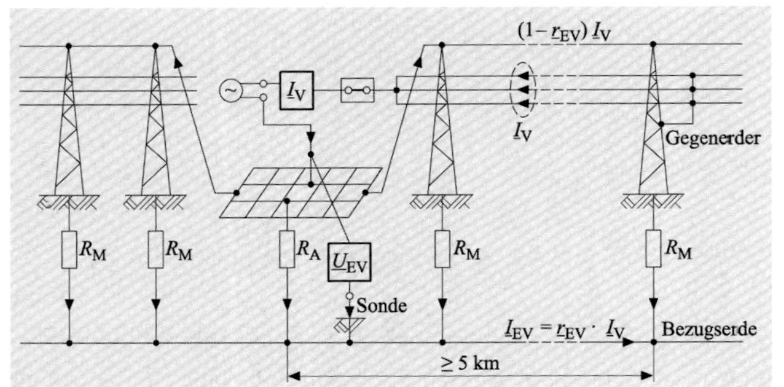

Bild M 8: Prinzipschaltung zur Ermittlung der Impedanz durch Strom-Spannungs-Messmethode (DIN VDE 0141)

Die Erdungsimpedanz ergibt sich damit aus

wobei der Erdungsstrom

$$\underline{Z} = \frac{\underline{U}_{EV}}{\underline{r}_{EV} \cdot \underline{I}_V}$$

über den Erdseil-Reduktionsfaktor rEV zu ermitteln ist.

$$\underline{I}_{EV} = \underline{r}_{EV} \cdot \underline{I}_V$$

Hierbei muss die Spannungsquelle (Transformator) zumindest 100 A liefern, damit eine Spannungsmessung erfolgen kann. Die hier der Messspannung überlagerte, zeitlich konstante Störspannung lässt sich durch Umpolen der Spannungsquellen eliminieren.

Zunächst werden die Spannungen U1 und U2 vor und nach der Umpolung gemessen. Anschließend folgt die Messung der Störspannung US bei abgeschalteten Spannungsquellen.

Aus diesen Messgrößen lässt sich die gesuchte Spannungsgröße UV ermitteln (Bild Eliminieren der 50-Hz-Störspannungen).

Aus diesem Bild können die beiden Bestimmungsgleichungen abgeleitet werden.

Durch Addition von o.g. Gleichungen lässt sich dann die durch den Versuchsstrom hervorgerufene Spannung berechnen:

$$U_1^2 = U_V^2 + U_S^2 - 2U_V \cdot U_S \cdot \cos\left(\check{s} - \alpha\right)$$

$$U_2^2 = U_V^2 + U_S^2 - 2U_V \cdot U_S \cdot \cos\,\alpha$$

$$U_V = \sqrt{\frac{U_1^2 + U_2^2}{2} - U_S^2}$$

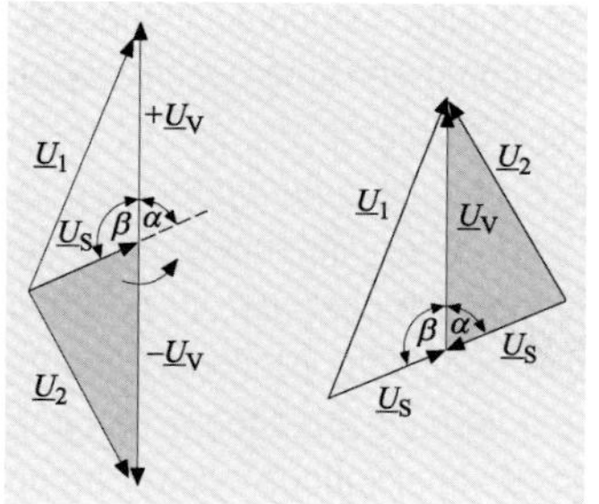

Bild M 9: Eliminieren der 50-Hz-Störspannungen durch Umpolen des Versuchsstroms (Zeigerdarstellung)
linkes Teilbild: Ursprüngliches Zeigerdiagramm der überlagerten Spannung.
rechtes Teilbild: Konstruktion des gesuchten effektiven Spannungswerts UV aus den ge- messenen Effektivwerten U, U, US (schraffierte Dreiecke um 180° gedreht).

Schwebungsmethode: Weisen die Störspannungen zeitlich starke Amplitudenschwankungen auf, so können diese erfasst werden, wenn die Freileitungen von einer Spannungsquelle eingespeist werden, deren Betriebsfrequenz die Bedingung erfüllt:

$$f_V = f_{Netz} \pm \Delta f$$

Diese Frequenzabweichung Δf darf maximal 1 Hz betragen, wie es z. B. bei einem Notstromaggregat der Fall ist. Damit rotiert der Vektor der Erdungsspannung gegenüber dem Vektor der Stoßspannung, sodass aus der Überlagerung der beiden Spannungen die Messanzeige zwischen einem Maximalwert U_{max} und einem Minimalwert U_{min} pendelt. Bild *Eliminieren der Störspannung US* zeigt die Vektordiagramme der Schwebungsmethode für zwei Grenzfälle der Erdungsspannung.

Danach lassen sich für die Erdungsspannung die folgenden Bestimmungsgleichungen ermitteln:

$$U_V = \frac{U_{max} + U_{min}}{2} \text{ für } U_V > U_S$$

Eliminieren der Störspannung US mit den Vektordiagrammen der Schwebungsmethode für zwei Grenzfälle der Erdungsspannung

linkes Teilbild:

$$|\underline{U}_V| \leq |\underline{U}_S|$$

rechtes Teilbild:

$$|\underline{U}_V| \geq |\underline{U}_S$$

$$U_V = \frac{U_{max} - U_{min}}{2} \text{ für } U_V < U_S$$

Die Störspannung soll hierbei bei abgeschalteter Spannungsquelle gemessen werden. Diese Schwebungsmethode kann nur angewendet werden, wenn der induktive Anteil der Erdungsimpedanz (z.B. Kettenleiterimpedanz) gegenüber dem Ohm'schen Anteil vernachlässigbar ist. Mit diesen Verfahren können auch die Potentialverteilungen an der Erdung innerhalb der gesamten Anlage ermittelt werden.

Messung des spezifischen Erdwiderstands: Das Erdreich weist im Allgemeinen einen inhomogenen Aufbau auf, der räumlich abhängig von den Witterungsverhältnissen einen wechselnden Feuchtigkeitsgehalt hat. Seine Kenngröße stellt der spezifische Erdwiderstand dar. Ist diese Größe bekannt, so lässt sich auf die Schichtung des Erdreichs und die Lage des Grundwasserspiegels schließen, sodass dadurch der Erdertyp (Band-, Stab- oder Plattenerder) und die günstigste Verlegungstiefe des Erders bestimmt werden können. Auch über den spezifischen Erdwiderstand lassen sich Aufschlüsse über die Aggressivität des Erdreichs ermitteln. Dadurch können die Ursachen von Korrosionsschäden geklärt und somit Vorbeugemaßnahmen getroffen werden. Zur Messung dieser Größe eignet sich vor allem das Kompensationsmessverfahren mit Viersonden-Methode nach *Wenner* (Bild *Messung des spezifischen Erdungswiderstands*).

Das Bild zeigt die vier Messsonden, die in einer Reihe und in gleichen Abständen a angeordnet und bis zu einer Einschlagtiefe von maximal $a/5$ in das Erdreich eingebracht sind. Über die Messsonden Erder, Hilfserder wird vom Messsystem (Messbrücke) ein Strom einer Frequenz zwischen 90 Hz und 110 Hz in das Erdreich eingeleitet. Die Spannung zwischen den inneren Messsonden wird auch dem Messsystem zugeführt, in dem über den Quotienten von Spannung und Strom der Widerstandswert gebildet und angezeigt wird. Die Abhängigkeit des spezifischen Erdwiderstands von der Einschlagtiefe y lässt sich über das elektrische Strömungsfeld an der Oberfläche ermitteln, das sich zwischen den beiden Halbkugelerdern aufgebaut hat. Zwischen den Messsonden Erder und Hilfserder kann über die Stromdichte G und den spezifischen Erdwiderstand r eine elektrische Feldstärke berechnet werden, und zwar für die Einschlagtiefe $y \leq a/20$.

$$E = \rho$$

$$G = \frac{\rho \cdot l}{2\check{s} \cdot \kappa^2}$$

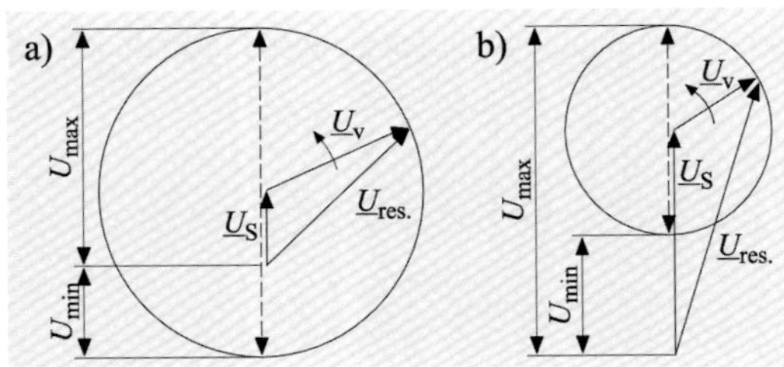

Bild M 10: Messung des spezifischen Erdungswiderstands mit dem Kompensationsmessverfahren nach Wenner

Mit der vorgenannten Gleichung ergibt sich die Spannung zwischen den inneren Messsonden

$$U = \int_x -E \cdot dx = -\frac{\rho \cdot l}{2\check{s}} \int_a^{2a} \frac{1}{\kappa^2} \cdot dx = \frac{\rho \cdot l}{2\check{s} \cdot a}$$

Mit dem gemessenen Widerstandswert $R = U/I$ folgt der spezifische Erdwiderstand zu

$$\rho = 2\check{s} \cdot a \cdot R$$

Damit kann über die Messung des Erdungswiderstands in den verschiedenen Schichten des Erdreichs der spezifische Erdwiderstand der jeweiligen Schichttiefe ermittelt werden.

DIN EN 61557-1 (VDE 0413-1) Geräte zum Prüfen, Messen oder Überwachen von Schutzmaßnahmen, Allgemeine Anforderungen

DIN VDE 0100-600 (VDE 0100-600) Errichten von Niederspannungsanlagen, Prüfungen

DIN EN 61557-5 (VDE 0413-5) Elektrische Sicherheit in Niederspannungsnetzen bis AC 1 000V und DC 1 500 V; Geräte zum Prüfen, Messen oder Überwachen von Schutzmaßnahmen; Erdungswiderstand

VDE 0100 und die Praxis, 16. Auflage, Gerhard Kiefer / Herbert Schmolke, VDE VERLAG Berlin und Offenbach, 2017

Messverfahren der Kabelfehlerortung

→ *Fehlerortung*

Messwandler

Als Messwandler werden in der Elektrotechnik Geräte bezeichnet, die zur Umwandlung von Strom, Spannung, Leistung, Leistungsfaktor und Energieverbrauch dienen, wenn die Messgröße direkt nicht verarbeitet oder übertragen werden kann, d.h. wenn eine elektrische Stromstärke oder Spannung zu groß ist, um mit den Messgeräten direkt gemessen zu werden. Die meisten Schutzeinrichtungen arbeiten mit über Wandler gewonnenen Strom- und Spannungswerten. Die Wandler haben

die Aufgabe:

- der Umwandlung hoher Strom- und Spannungsprimärgrößen in Werte, die sich messtechnisch weiterverarbeiten lassen und
- der galvanischen Trennung vom Hochspannungspotenzial zur gefahrlosen Weiterverarbeitung der Ströme und Spannungen in Mess- und Schutzeinrichtungen.

→ *Spannungswandler*
→ *Stromwandler*

Netzschutztechnik, 6.Auflage, Walter Schossig Thomas Schossig, Buchreihe Anlagentechnik; Rolf Rüdiger Cichowski (Hrsg.) EW Medien – VERLAG, Frankfurt, 2017

Metallmantel

→ *Mantel*
→ *Gürtelkabel*

Mindestabstände

→ *Abstände*

Mindestanforderungen im Leitungstiefbau

Für den Bau von zuverlässigen Niederspannungs- und Mittelspannungskabeln sind die Anforderungen an die Qualität der Leitungen, aber auch an die Montage- und Tiefbauarbeiten zur Verlegung der Leitungen seit Jahrzehnten gestellt. So hat z.B. der Autor dieses Lexikons Anfang der 1990 er Jahre in seinem Verantwortungsbereich als Leiter der Verteilungsnetze eines regionalen Netzbetreibers Qualitätssicherungsmaßnahmen für Montage- und Tiefbauarbeiten bei den entsprechenden, im Netz tätigen Dienstleistungsunternehmen eingeführt und auch kontrollieren lassen. Die Montagearbeiten an z.B. Kabeln und die Arbeiten des Tiefbaus verlangen hohe spezifische Fachkenntnisse. Außerdem sind die damit verbundenen Investitionen für die Netzbetreiber sehr hoch und die Beschädigung von Schäden aufwendig und ebenfalls sehr teuer.

Seit 2015 sind erstmals spartenübergreifende Mindestanforderungen an Unternehmen im Leitungstiefbau in Kraft. Für den Bereich Stromnetze war der FNN / VDE federführend tätig. Daneben wirkten die beiden regelsetzenden Verbände für Gas und Wasser (DVGW) sowie Fernwärme (AGFW) mit. Weitere Verbände aus den Bereichen Bau und Tiefbau und die Deutsche Telekom für den Bereich der Telekommunikationsnetze waren ebenfalls beteiligt.

VDE –AR-N 4220 Bauunternehmen im Leitungstiefbau-Mindestanforderungen:

- eine FNN / VDE Anwendungsregel an Bauunternehmen im Leitungstiefbau
- gleichlautende Anforderungen für die Sparten Strom, Gas, wasser, Fernwärme und Telekommunikation
- sie erleichtert als Anwendungsregel für Netzbetreiber in den verschiedenen Sparten die qualitative Ausführung und erhöht die Versorgungszuverlässigkeit.
- wird ergänzt durch die Anwendungsregel „Mindestanforderungen an Unternehmen in der Kabellegung (VDE-AR-N 4221), die nur für den Strombereich gilt.

Mindestanforderungen von Erzeugungsanlagen am Niederspannungsnetz

Die Anwendungsregel VDE-AR-N 4105 bildet zusammen mit der TAR Niederspannung(E VDE-AR-N 4100) ein neues Basisregelwerk und setzt europäische Regeln für das Niederspannungsnetz um

→ *Erzeugungsanlagen am Niederspannungsnetz*

Mindestdurchgangsbreite

Für den Aufbau von Innenanlagen müssen Mindestmaße eingehalten werden. Mindestmaße für Bedienungs- und Wartungsgänge :

- Die Zugänglichkeit für alle Betriebsmittel, einschließlich der Kabel und Leitungen muss nach DIN VDE 0100-510 gewährleistet sein. Die Bedienung, Instandhaltung, Inspektion, Wartung und der Zugang zu den Verbindungen muss leicht möglich sein.
- Die Mindestmaße für Breiten, Höhen und freie Durchgänge müssen das Bedienen, den Zugang in Notfällen, den Notausgang, den Transport der Betriebsmittel ermöglichen

Situation in Bedienungs- und Wartungsgängen	Breite des Gangs (mm)	freier Durchgang vor Bedienelementen (mm)	Mindestabstand von Bedienelementen und den aktiven Teilen auf der gegenüberliegenden Seite des Ganges (mm)	Höhe von aktiven Teilen über dem Fußboden (mm)
Ungeschützte aktive Teile auf einer Seite	900	700	-	2500
Ungeschützte aktive Teile auf beiden Seiten	1300	900	1100	2500

Tabelle M 4: Mindestdurchgangsbreite von Bedienungs-und Wartungsgängen

- Bereiche mit eingeschränktem Zugang müssen eindeutig (Warnhinweise; →*Sicherheitsschilder*) gekennzeichnet sein
- unberechtigte Personen dürfen in Bereichen mit eingeschränktem Zugang keinen Zutritt haben
- Türen für den Zugang zu geschlossenen elektrischen Betriebsstätten müssen eine leichte Flucht nach außen (ohne Schlüssel, also Panikschloss) ermöglichen
- Gänge, die länger als 10 m sind, müssen von beiden Seiten zugänglich sein; bereits bei Bedienungs- und Wartungsgängen von > 6 m in Bereichen mit eingeschränktem Zugang wird die Zugänglichkeit von beiden Seiten empfohlen.

→ *Zugangstüren*
→ *Sicherheitsschilder*

Mittelspannungsnetz

Dem Mittelspannungsnetz ist die 110-kV-Netzebene vorgelagert. Das Mittelspannungsnetz hat die Aufgabe, die aus dem 110-kV-Netz bezogene Leistung zu den Netzstationen (Ortsnetzstationen der öffentlichen Stromversorgung) und den Stationen der Sondervertragskunden (Kunden, die aus der Mittelspannung heraus versorgt werden) zu transportieren.

Mittelspannungsnetze: Spannungsebenen 10 kV und 20 kV, gelegentlich auch 30 kV in ländlichen Regionen. Die einfachste Netzform ist das → *Strahlennetz*; aus Mittelspannungsstichleitungen werden mehrere Ortnetzstationen versorgt. In der Ortnetzstation verwandelt dann ein Transformator die Spannung von 10 kV in Niederspannung und aus der Niederspannungsverteilung werden dann mehrere Kabel ins Niederspannungsnetz der jeweiligen Region eingespeist und die Wohneinheiten bzw. Gewerbebetriebe mit Strom aus der Niederspannung versorgt. Die Transformatoren der Ortsnetzstationen haben in der Regel eine Leistung von 100 bis 630 kVA. Abhängig von dieser Leistung und den regionalen Besonderheiten stehen Ortnetzstationen in Städten etwa in einem Abstand von 300-500 Metern. Die HH-Sicherung in der Station übernimmt den Kurzschlussschutz und die NH-Sicherung den selektiven Schutz der abgehenden Niederspannungsleitungen.

Die Zuverlässigkeit ist ein wichtiges Kriterium in der Stromversorgung: In Mittelspanungsnetzen liegt die Unterbrechungsdauer im Mittelwert bei etwa ein bis zwei Stunden; der Betriebsdienst des Netzbetreibers erhält Kenntnis von der Störung; lokalisiert die Störung und beseitigt vor Ort durch verschiedenste Maßnahmen (Umschaltungen) die Störung.

Mittelspannungs-Schaltanlage

Als Schaltanlage werden die an einer Stelle zusammengefassten elektrischen Betriebsmittel zur Verteilung, Steuerung oder Regelung des Stroms im Mittelspannungsbereich bezeichnet. Mittelspannungsschaltanlagen werden unterschieden nach dem

- Aufstellungsort: Innenraumschaltanlage oder Freiluftschaltanlage
- Bauform: offene Bauform (luftisoliert) oder gekapselte Bauform

Schaltgeräte von Mittelspannungsschaltanlagen sind auf Grund ihrer Baugröße und ihrer Hilfseinrichtungen sowie des Platzbedarfs für die Kabelanschlüsse in eigenen, voneinander abgeschotteten Schaltfeldern untergebracht, entweder mit einem → *Leistungsschalter* oder einem → *Lastschalter* mit Sicherungen für den Kurzschlussschutz. Alle Felder einer Mittelspannungsschaltanlage sind in Querrichtung durch Einfach- oder Doppelsammelschiene miteinander verbunden. Je nach notwendigen Anforderungen der Netzbetreiber stehen luftisolierte und SF_6-isolierte Anlagen zur Verfügung. Die ankommenden und abgehenden Mittelspannungskabel sind an den Enden mit Kabelendverschlüssen ausgerüstet. Die Auslösesignale müssen bei Mittelspannungsanlagen über Strom- und Spannungswandler und nachgeschalteten Schutzrelais erfolgen. In Netzstationen / Ortsnetzstationen handelt es sich bei den Mittelspannungsschaltanlagen um sog. Schaltanlagen der Sekundärverteilung. Die Abzweigströme sind bei diesen Anlagen auf 630 A begrenzt und werden mit luftisolierten oder SF_6-isolierten Lasttrennschaltern geschaltet. Für den Kurzschlussschutz wirken HH-Sicherung. Diese Lasttrennschalteranlagen werden in begehbaren und in nicht begehbaren Netzstationen untergebracht.

Die Netzbetreiber haben Technische Spezifikationen für die einzusetzenden Mittelspannung-Schaltanlagen erstellt und in der Norm für Schaltanlagen DIN EN 62271-200 ist der neueste Stand der Technik berücksichtigt.

Bemessungsspannung	24 kV
Bemessungs-Stehblitzstoßspannung • Leiter/Ende bzw Leiter/Leiter • Über die Trennstrecke	 125 kV 145 kV
Bemessungs-Stehwechselspannung • Leiter/Ende bzw Leiter/Leiter • Über die Trennstrecke	 50 kV 60 kV
Bemessungsfrequenz	50 Hz
Bemessungs-Betriebsstrom • Netzkabelabgang • Transformatorabgang	 630 A 200 A
Bemessungs-Kurzzeitstrom 1 s	20 kA
Bemessungs-Stoßstrom	50 kA
Bemessungs-Kabelausschaltstrom	60 A
Bemessungs-Transformatorausschaltstrom	40 A
Bemessungs-Erdschlussausschaltstrom	60 A
Prüfdauer der Störlichtbogenprüfung, Strom für Störlichtbogenprüfung	1 s 20 kA

Tabelle M 5: Bemessungsdaten von MS-Schaltanlagen in den technischen Spezifikationen für Netzstationen

Für begehbare Stationen, Übergabestationen, Schwerpunktstationen und Schalthäuser gibt es zahlreiche, standardisierte gas- bzw. SF_6-isolierten und luftisolierte Mittelspannungsanlagen.

Bild M 11: SF_6-MS-Schaltanlagen für Kompaktstationen

DIN EN 62271-200 (VDE 0671-200) HochspannungsSchaltgeräte und Schaltanlagen, Metallgekapselte WechselstromSchaltanlagen für Bemessungsspan nungen über 1 kV bis 52 kV

Netzstationen, 2. Auflage, IlloFrank Primus, Buchreihe Anlagentechnik, Rolf Rüdiger Cichowski (Hrsg.), EW Medien – VERLAG, Frankfurt, 2014

Mobile Kompakt-Transformatorenstation

Eine mobile Kompakt-Transformatorenstation kann dazu dienen, technisch normengerecht und schnell eine Mittelspannungsstation ins Netz zu integrieren, um vorübergehend die Versorgung mit elektrischer Energie vorzunehmen.

Anwendungsfälle	• Einsatz als schnelle Lösung für die Versorgung einer Baustelle mit elektrischer Energie durch eine Mittelspannungsstation • als Ersatzstation im Störungsfall • als Ersatzstation während des Umbaus einer vorhandenen Ortsnetzstation
Einbau ins Netz	Zur Einbindung in die Freileitung verfügt die Transformatorenstation über einen klappbaren Aufsatzrahmen mit flexiblen Trossenkabeln
Einbauweise	• Einbau unterhalb der Freileitung • Errichtung der Schutz-Betriebserde • Aufklappen des Aufsatzrahmens und Fixierung an vier festen Stellen • Die Phasenseile (Freileitung ist abgeschaltet und geerdet) mittels Zugisolatoren mit der Station verbinden und an Stromschienen anschließen
Vorteile	• Schneller Einbau ins Netz • Anwenderfreundlichkeit durch leichte Handhabung und Bedienung • Normenkonforme Ausführung (IEC 62271-202 und Störlichtbogenqualifikation IAC A und B mit 20kA) • Leichter Transport durch schmale Bauweise

Tabelle M 6: Mobile Kompakt-Transformatorenstation ***kurz gefasst***

Moderne Messeinrichtungen

Die Zeit der „alten" Stromzähler ist fast vorbei. Beginnend ab 2017 bis 2032 werden durch Beschluss des Gesetzgebers alle Stromkunden in Deutschland ein neues Messgerät erhalten. Das Messstellenbetriebsgesetz, MsbG (am 02.09.2016 in Kraft getreten) gilt als zentrales Gesetz für das Messwesen und es definiert zwei wesentliche Begriffe

- Moderne Messeinrichtungen

→ *Intelligente Messsysteme*

Moderne Messsysteme sind ein wichtiger Baustein für den zukünftigen Aufbau von intelligenten Netzen und für das Gelingen der Energiewende notwendig.

Definition Moderne Messeinrichtungen	nach §2 Nr.15 MsbG: Messstellen sind zumindest mit modernen Messeinrichtungen auszustatten, die den tatsächlichen Elektrizitätsverbrauch und die tatsächliche Nutzungszeit widerspiegelt. Moderne Messsysteme verfügen nicht über eine eigene Kommunikationseinheit, d.h. die in der Messeinrichtung gespeicherten Daten werden nicht an Dritte übertragen; es muss aber durch Umrüstung grundsätzlich möglich sein.
Definition Intelligente Messsysteme, I.M.	nach § 2, Nr. 7 MsbG: eine über ein Smart-Meter-Gateway in ein Kommunikationsnetz eingebundene Messeinrichtung zur Erfassung elektrischer Energie, das den tatsächlichen Energieverbrauch und die tatsächliche Nutzungszeit widerspiegelt. Wichtig sind die Gewährleistung des Datenschutzes, der Datensicherheit und Interoperabilität in Schutzprofilen und Technischen Richtlinien.
Besonderheit Moderne Messsysteme gegenüber I.M.	Sie müssen im Gegensatz zu I.M. nicht über eine Kommunikationseinheit verfügen, d.h. die Stromverbrauchswerte werden zwar gespeichert, aber nicht an Dritte übertragen
Aufgabe der neuen Messeinrichtungen	• der Anschlussnutzer soll durch die stärkere Visualisierung des Energieverbrauchs für das optimierte Energieverbrauchsverhalten sensibilisiert werden • Weiterentwicklung von Zeit- und lastvariablen Strom Tarifen durch Netzbetreiber
Wer erhält neue Messeinrichtungen?	alle Stromkunden bis zum Jahr2032; auch Betreiber von Anlagen zur Stromerzeugung aus erneuerbaren Energien und Kraft-Wärme-Kopplung
Ab wann werden Intelligente Messsysteme eingesetzt?	• Stromkunden mit einem Jahresverbrauch von mehr als 6.000 kWh • Betreiber von Anlagen zur Stromerzeugung aus erneuerbaren Energien und Kraft-Wärme-Kopplung mit einer Leistung ab 7 kW
Wann moderne Messsysteme?	• Stromkunden mit einem Jahresverbrauch von weniger als 6.000 kWh • Betreiber von Anlagen zur Stromerzeugung aus erneuerbaren Energien und Kraft-Wärme-Kopplung mit einer Leistung kleiner 7 kW
Was speichern moderne Messsysteme?	• aktuelle Stromverbräuche • tages-,wochen-,monats- und jahresbezogene Stromverbrauchswerte für die jeweils letzten 24 Monate

Tabelle M 7: Moderne Messsysteme

→ *Intelligente Messsysteme*
→ *Smart Metering*
→ *Smart home*
→ *Smart Grid*
→ *Smart Billing*

Handbuch Elektrizitätsmesstechnik, 3. Auflage, Arzberger / Kahmann / Zayer (Hrsg.) EW Medien - VERLAG, Frankfurt, VDE VERLAG Berlin und Offenbach, 2017

Montagegänge

→ *Mindestdurchgangsbreite*

Muffe

Muffe: Eine → *Garnitur* zum Schutz der Verbindungsstellen von → *Kabeln* und Leitungen gegen das Eindringen von Feuchtigkeit und anderen Einflüssen des Umfeldes. Nachdem die Leiter innerhalb der Muffe durch verschiedenste Techniken, wie Löten oder Pressen verbunden sind, wird der Innenraum der Muffe mit einer Vergussmasse ausgefüllt. Kunststoffkabel: Epoxidharz. Man unterscheidet nach Verwendungszweck:

- Verbindungsmuffe: Verbinden von Kabeln gleichen oder ähnlichen Aufbaus
- Übergangsmuffe: Verbinden von Kabeln anderer Kabelbauart
- Abzweigmuffen: Abzweigen eines Kabels von der Kabelstrecke
- Kabelanschlussmuffe: Anschließen eines Kabels an Schaltanlagen
- Hausanschlussmuffen: Abzweigen von Kabeln für → *Hausanschlüsse*

Starkstromkabelanlagen, 2. Auflage, Mario Kliesch / Frank Merschel, Buchreihe Anlagentechnik, Rolf Rüdiger Cichowski (Hrsg.), EW Medien - VERLAG, Frankfurt, 2010

Näherungen

Unter Näherungen sind die Annäherung verschiedener Kabel- und Leitungsanlagen zu einander und die Annäherung zwischen Kabeln zu Rohrleitungen zu verstehen. Da Kabel- und Leitungen häufig über längere Strecken parallel geführt werden, müssen Beeinflussungen weitestgehend vermieden werden. Dies gilt für Leitungssysteme der verschiedensten Spannungs- und Frequenzbereiche. Bei Annäherungen von Kabeln an Rohrleitungen wird ein Mindestabstand von 0,4 m empfohlen. Können die Abstände nicht eingehalten werden, so sollte durch Einsetzen von Isolierplatten eine Berührung verhindert werden. Bei langem parallelen Trassenverlauf von Starkstromleitungen und Kabeln zu Fernmeldeanlagen ist die im Kurzschlussfall induzierte Spannung zu beachten und zu berücksichtigen. Dazu DIN VDE 0100-520 und DIN VDE 0800. Bei Näherungen von Kabeln an andere Wärmequellen bedeuten eine zusätzliche thermische Beanspruchung und sind bei der Berechnung der zulässigen Strombelastbarkeit zu berücksichtigen.

Näherungen und Parallelführungen bei Freileitungen: Abstände der Lotrechten am ausgeschwungenen Leiter

- zum Lichtraumprofil eines Schienenweges oder zu Bauteilen einer Oberleitungsanlage: 1,25 m
- zu Bauteilen einer Seilbahnanlage: 5 m
- zum äußeren Rand einer Wasserstraße: 1,5 m

Können die vorgenannten Abstände nicht eingehalten werden, so gelten Mindestabstände für Überkreuzungen. Waagerechte Abstände zu Stützpunkten

- von der Mitte des nächsten Gleises: 5 m
- von Bauteilen einer Oberleitungsanlage: 1,25 m

Bei isolierten Freileitungen ist kein Abstand vorgeschrieben. Ansonsten haben die Netzbetreiber meist in Werknormen die Abstände für Näherungen zu Kabeln, Leitungen, Rohrleitungen und Kreuzungen festgelegt.

DIN VDE 0100-520 (VDE 0100-520) Errichten von Niederspannungsanlagen, Kabel und Leitungsanlagen

DIN VDE 08001 (VDE 0800-1) Fernmeldetechnik, Anforderungen und Prüfungen für die Sicherheit der Anlagen und Geräte

DIN EN 623051 (VDE 0185-305-1) Blitzschutz, Allgemeine Grundsätze

NAKBA

NAKBA-Kabel: Ein mehradriges Kabel ohne Leitschichten mit einer metallenen Hülle, Bleimantel und Bandbewehrung (→ *Gürtelkabel*); gehört zu den Kabeltypen mit nicht radialem Feld, d.h. das Feld ist nicht definiert; es ist einsetzbar in Niederspannungs- und Mittelspannungsnetzen, jedoch weitestgehend durch Kunststoffkabel verdrängt.

Starkstromkabelanlagen, 2. Auflage, Mario Kliesch / Frank Merschel, Buchreihe Anlagentechnik, Rolf Rüdiger Cichowski (Hrsg.), EW Medien - VERLAG, Frankfurt, 2010

NAKLEY

NAKLEY-Kabel: Ein- oder mehradrige Kabel ohne Leitschichten mit einer metallenen Hülle, Aluminiummantel, gehört zu den Kabeltypen mit nicht radialem Feld, d.h. das Feld ist nicht definiert; es ist einsetzbar in Niederspannungs- und Mittelspannungsnetzen, jedoch weitestgehend durch Kunststoffkabel verdrängt. Montagehinweise zur Presstechnik an Kabeln: Bei diesen Aluminiummänteln wird bei Niederspannungskabeln eine besondere Verbindungsart angewendet, den „Paketschnitt". Dabei kann der Aluminiummantel mit einem speziellen Aluminiummantelschneider spiralförmig eingekerbt werden. Der Mantel bildet so eine Lasche, die abgeklappt werden kann. Diese Lasche wird in etwa 1 cm breite Streifen geschnitten, die dann übereinander gelegt werden und so ein Paket bilden, das mit dem Runddrückwerkzeug rundgeformt wie ein Kabelleiter mit einer Pressverbindung versehen werden kann (siehe Bild).

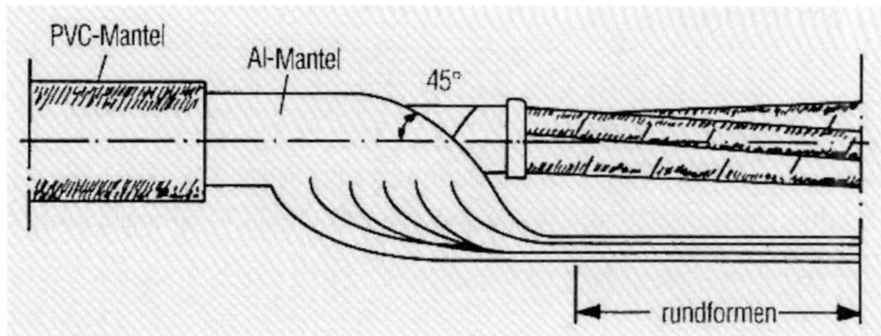

Bild N 1: Paketschnitt bei NAKLEY-Kabeln

Starkstromkabelanlagen, 2. Auflage, Mario Kliesch / Frank Merschel, Buchreihe Anlagentechnik, Rolf Rüdiger Cichowski (Hrsg.), EW Medien - VERLAG, Frankfurt, 2010

NAV

NAV-Niederspannungsanschlussverordnung: Verordnung über Allgemeine Bedingungen für den Netzanschluss und dessen Nutzung für die Elektrizitätsversorgung in Niederspannung vom November 2006(zuletzt geändert: 29.08.2016); diese Verordnung hat die AVBEltV-Verordnung über Allgemeine Bedingungen für die Elektrizitätsversorgung von Tarifkunden, aus dem Jahr 1979 ersetzt. Im Wesentlichen zeichnet sich diese neue Verordnung, NAV, dadurch aus, dass sie kundenfreundlichere Regelungen beinhaltet und der → *Netzbetreiber* im Schadensfall beweispflichtig ist und er nachweisen muss, dass bei einer Versorgungsunterbrechung, also einer Störung bzw. einem eingetretenen Schaden die Mitarbeiter des Netzbetreibers bzw. beschäftigte Dienstleistungsunternehmen nicht schuldhaft gehandelt haben. Das macht deutlich, wie wichtig eine intakte Stromverteilung mit einer hohen Zuverlässigkeit für alle elektrischen Anlagen und Betriebsmittel für das Stromversorgungsunternehmen, den Netzbetreiber ist. Dies beginnt bei der optimalen Gestaltung der Netze, von der Planung und Projektierung der Anlagen, über die Errichtung und den Betrieb der Netze bis hin zu den Instandhaltungsmaßnahmen. Alle Funktionen einer optimierten Anlagentechnik des Verteilungsnetzes sollten unter Einhaltung der DIN VDE-Bestimmungen betrachtet werden, denn die Einhaltung der DIN VDE-Bestimmungen vermittelt eine gewisse Rechtssicherheit für die Planer, die Errichter und die Betreiber des Verteilungsnetzes.

Definition des Netzanschlusses nach NAV § 5: Der Netzanschluss verbindet das Elektrizitätsversorgungsnetz der allgemeinen Versorgung mit der elektrischen Anlage des Kunden bzw. des Anschlussnehmers.

Netzanschluss beginnt:	an der Abzweigstelle des Niederspannungsnetzes, d.h. üblicherweise an der Hausanschlussmuffe, die sich im Erdreich befindet und an der die Hauseingangsleitung/-kabel als Zuleitung zum Hausanschlusskasten angeschlossen wird
Netzanschluss endet:	an der Hausanschlusssicherung innerhalb des Hausanschlusskastens
Führung der Hauseingangsleitung	wird vom NB festgelegt unter Berücksichtigung der Wünsche des Kunden

Tabelle N 1: Netzanschluss

Verordnung über Allgemeine Bedingungen für den Netzanschluss und dessen Nutzung für die Elektrizitätsversorgung in Niederspannung (NiederspannungsverordnungNAV) vom November 2006 (zuletzt geändert: 29.08.2016)

Nennspannungen

Nennspannung: Die Spannung, nach der ein Netz, ein Anlageteil oder ein Betriebsmittel benannt bzw. gekennzeichnet ist. Als Nennspannungen gelten z.B. 230 / 400 V, 10 kV, 20 kV, 30 kV, 110 kV, 220 kV und 380 kV. Bei 230 / 400 V stellt der erste Wert die Leiter-Erde-Spannung und der zweite Wert die Leiter-Leiter-Spannung (verkettete Spannung) dar. Zunehmend wird für die Nennspannung für einzelne Betriebsmittel der Begriff der Bemessungsspannung verwendet. Bei der Bemessungsspannung handelt es sich um den Effektivwert der Leiterspannung. Bei 230 / 400 V gilt unter normalen Betriebsbedingungen, dass die Versorgungsspannung um nicht mehr als plus / minus 10 % von der Nennspannung des Netzes abweichen sollte.

Netzanschluss

Im Sinne der → *NAV*: Der Netzanschluss verbindet das Elektrizitätsversorgungsnetz mit der elektrischen Anlage des Kunden. Er beginnt an der Abzweigstelle des Niederspannungsnetzes und endet mit dem → *Hausanschluss*, genauer mit der Hausanschlusssicherung. Netzanschlüsse werden durch die → *Netzbetreiber* hergestellt (errichtet) und durch sie unterhalten, erneuert, geändert, abgetrennt und beseitigt, denn sie gehören zu den Betriebsanlagen der Netzbetreiber. Die Netzspannung des Anschlusses ist abhängig von der Spannungsebene, an die der Kunde angeschlossen wird. Für die elektrische Anlage hinter dem Netzanschluss (also hinter der Hausanschlusssicherung) ist der Kunde (Anschlussnehmer) gegenüber dem Netzbetreiber verantwortlich und zwar für die Errichtung, Erweiterung, Änderung und Instandhaltung.

Der Netzanschluss im Sinne der Versorgung elektrischer Betriebsmittel: Nach den DIN-VDE-Bestimmungen muss der Netzanschluss jederzeit zugänglich sein. Dies gilt auch für den
→ *Hausanschluss*.
→ *Netzanschluss von EEG-Anlagen*
→ *Hausanschluss*
→ *NAV*
→ *Netzbetreiber*

Für den Netzanschluss sollten folgende DIN Normen beachtet werden:

DIN Norm	Bezeichnung	Wichtige Inhalte
18012	Haus-Anschlusseinrichtungen-Allgemeine Planungsgrundlagen	• Grundsätze der Versorgung • Arten der Ausführung • Nichtwohngebäude • Hauseinführung • Besonderheiten der Sparten • Einrichtungen in Gebäuden • Einrichtungen außerhalb von Gebäuden
18013	Nischen für Zählerplätze für Elektrizitätszähler	• Anforderungen an : Maße der Nische / Anordnung der Nische / Bautechnische Anforderungen / Leitungsführung
18014	Fundamenterder-Planung, Ausführung und Dokumentation	• Anforderungen: an Fundamenterder, Schutzpotentialausgleich, Funktionspotentialausgleich • Ausführungen: Fundamenterder, Ringerder, verschiedene Fundamente • Werkstoffe • Dokumentation

Tabelle N 2: Normen für den Netzanschluss

Netzanschluss von EEG-Anlagen

Für den Anschluss von Eigenerzeugungsanlagen an Versorgungsnetze gilt es grundsätzlich zu berücksichtigen:

- Netzverträglichkeit
- Beteiligung der Erzeugungsanlagen an der Spannungshaltung und der Frequenzstabilisierung
- Schutz gegen elektrischen Schlag nach DIN VDE 0100
- Kurzschlussstrom und der damit verbundenen Koordination der Anlagen mit dem Netzschutz

Für den Anschluss von Erzeugungsanlagen aus dem Bereich der erneuerbaren Energietechnik werden in der Richtlinie VDE-AR-N 4105: Erzeugungsanlagen am Niederspannungsnetz nachfolgende Anforderungen gestellt:

- Netz- und Anlagenschutz (NA-Schutz): Muss als typgeprüfte Schutzeinrichtung ausgeführt sein, alle Schutzfunktionen sind im NA-Schutz enthalten, der NA-Schutz wirkt auf den Kuppelschalter als zentraler Schutz am zentralen Zählerplatz. Die Anforderungen an die Einfehlersicherheit sind einzuhalten. Merke: Einfehlersicherheit bedeutet: Es muss bei einem einfachen Fehler das Gerät weiterhin die Schutzfunktion einschließlich Schalter und Auslösekreis wirksam sein.
- Kuppelschalter: Für jede Erzeugungsanlage ist ein Kuppelschalter, bestehend aus zwei in Reihe geschalteten elektrischen Schalteinrichtungen, vorzusehen. Merke: Der Kuppelschalter muss nach DIN VDE 0100-200 alle aktiven Leiter schalten. Leiter mit PE-Funktion dürfen jedoch nicht geschaltet werden.
- Kurzschlussschutz, Überlastschutz, Frequenzschutz: der Anlagenbetreiber der Erzeugungsanlage ist für die ordnungsgemäße Ausführung verantwortlich. Merke: Der integrierte Netz- und Anlagenschutz kann bis zu einer Anlagenleistung von 30 kVA in einfacher Form ausgeführt werden, insbesondere die Spannungsüberwachung ist weniger aufwändig durchzuführen.
- Schutz gegen elektrischen Schlag: Nach DIN VDE 0100-530 müssen allstromsensitive Fehlerstrom-Schutzeinrichtungen (RCDs) vorgesehen werden. Merke: Bei Anlagen, die über Wechselrichter in das Netz einspeisen, ist eine allstromsensitive Fehlerstrom-Schutzeinrichtung (RCDs) nach DIN VDE 0100-530 Typ B erforderlich.
- Arbeiten im Netz: nach E DIN E VDE 0100-551 ist eine jederzeit zugängliche Trennstelle mit Trennfunktion bei Erzeugungsanlagen im NS-Netz nicht mehr vorgeschrieben, d.h. die konsequente Anwendung der 5 Sicherheitsregeln ist zwingend erforderlich. **Merke:** Es ist stets vor und hinter der Arbeitsstelle zu erden.
- Inselnetzerkennung: **Merke:** Zur Inselnetzerkennung können nach DIN VDE V 0126-1-1 neben dem Impedanzsprung-Verfahren auch andere Verfahren eingesetzt werden.
- Zähler für Lieferung: Messeinrichtungen müssen den jeweiligen Anschlussbedingungen der Netzbetreiber entsprechen.
- Zuschaltbedingungen: Erzeugungsanlagen dürfen nur zugeschaltet werden, wenn die Netzspannung und die Netzfrequenz für mindestens 60 s innerhalb der Toleranzbereiche von $U = 0{,}85\ U_n$ bis $1{,}1\ U_n$ bzw. f = 47,5 Hz bis 50,05 Hz liegen.
- Anschlussschränke und Zählerplätze: Sind nach VDE-AR-V 4102 und VDE-AR-N 4101 auszuführen.

Für den Anschluss von Erzeugungsanlagen an das Mittelspannungsnetz ist die Technische Richtlinie des BDEW; Eigenerzeugungsanlagen am Mittelspannungsnetz-Richtlinie für Anschluss und Parallelbetrieb anzuwenden:

- Schalteinrichtungen: Es ist eine Übergabeschalteinrichtung erforderlich; Kuppelschalter mit mindestens Lastschaltvermögen
- Eigenbedarfsversorgung: Ist erforderlich, alle Schutz-, Sekundärund sonstige Hilfs- einrichtungen müssen mindestens 8 Stunden betrieben werden können

- Schutzeinrichtungen: Für den zuverlässigen Schutz ist der Anlagenbetreiber in Abstimmung mit dem Netzbetreiber verantwortlich
- Zuschaltbedingungen: Bei Synchrongeneratoren und Asynchrongeneratoren sind die Herstellerangaben zu beachten
- Zähler für Lieferung: Messeinrichtungen müssen den jeweiligen Anschlussbedingungen der Netzbetreiber entsprechen

Für den Anschluss von Erzeugungsanlagen an das Hochspannungsnetz ist der Leitfaden des VDN: EEG-Anlagen am Hoch- und Höchstspannungsnetz anzuwenden. VDE-AR-N 4120 Technische Anschlussbedingungen für den Anschluss und Betrieb von Kundenanlagen an das Hochspannungsnetz ist seit 01.01.2015 gültig. Drei Möglichkeiten des Anschlusses:

- Stichleitung an eine Leitung
- Abgangsfeld in einer Schaltanlage
- Einschleifung in eine bestehende Leitung

Von diesen Alternativen abhängig sind die erforderlichen Geräte, wie Spannungswandler, Trennschalter, Leistungsschalter sowie Strom- und Spannungswandler für Mess- und Schutzzwecke zu installieren.

Weitere ausführliche Details:

Netzanschluss von EEG Anlagen, 2. Auflage, Jürgen Schlabbach / Frank Fischer, Buchreihe Anlagentechnik, Rolf Rüdiger Cichowski (Hrsg.), EW Medien – VERLAG, Frankfurt, 2016

VDE-AR-N-4105 Erzeugungsanlagen am Niederspannungsnetz

VDE-AR-N 4120 TAB Hochspannung: bei der Planung, Errichtung und beim Anschluss von elektriscehn Anlagen an das Hochspannungsnetz des Netzbetreibers sind technische Anforderungen zu beachten

→ TAB Hochspannung

Netzbetreiber

Netzbetreiber: Versorgungsunternehmen, die den Strom über Höchstspannungsnetze über große Entfernungen übertragen (ÜNB-Übertragungsnetzbetreiber) oder über Verteilungsnetze den Strom den einzelnen Kunden liefern (VNB-Verteilnetzbetreiber). Die VNB beziehen den Strom entweder von den ÜNB (RWE, E.ON, EnBW oder Vattenfall; seit einiger Zeit neue Unternehmen mit anderen Gesellschaftsverhältnissen: Amprion, TenneT, EnBW Transportnetze, 50 Hertz Transmission) oder sie erzeugen für ihr Versorgungsgebiet den Strom auf unterschiedliche Weise selbst. Bundesweit sind etwa 900 VNB im Markt, regionale Unternehmen bzw. Stadtwerke. Aus Wettbewerbsgründen hatte man sich vor einigen Jahren auf europäischer Ebene entschieden, eine Trennung der Aufgabenbereiche Stromerzeugung und Netzbetrieb vorzunehmen. Diese Trennung wird als Unbundling (Entflechtung) bezeichnet.

Die ÜNB und die VNB werden durch die Bundesnetzagentur BNetzA überwacht. Die gesetzlichen Grundlagen für die Tätigkeit der BNetzA sind das Energiewirtschaftsgesetz (EnWG) und das Netzausbaubeschleunigungsgesetz (NABEG). Aufgaben der BNetzA nach eigenen Angaben:

- Genehmigung der Netzentgelte für die Durchleitung von Strom und Gas
- Verhinderung und Beseitigung von Hindernissen beim Zugang zu den Energieversorgungsnetzen für Lieferanten und Verbraucher
- Standardisierung von Lieferantenwechselprozessen
- Verbesserung der Netzanschlussbedingungen für Kraftwerke

Für den Netzausbau hat die BNetzA nach eigenen Angaben die Aufgaben:

- Genehmigung des Szenariorahmens
- Prüfen und Bestätigen der Netzentwicklungspläne
- Melden des Bundesbedarfsplans an die Bundesregierung
- Bewertung der Umweltauswirkungen der einzelnen Vorhaben
- Raumplanerische Tätigkeiten

Wichtig ist für die Netzbetreiber die Einsicht und Mitsprache der BNetzA über ihre Anlagentechnik.

Netzbetrieb

Netzbetrieb: Aufgabe des Betriebes ist es, elektrische Anlagen und Betriebsmittel des Verteilungsnetzes funktionsfähig zu erhalten, entsprechend der jeweils notwendigen Erfordernisse und unter Berücksichtigung der Werknormen des Netzbetreiber und der DIN VDE-Bestimmungen alles zu unternehmen, dass die Stromversorgung sichergestellt ist. Dazu gehört u.a. die Betreuung des Netzes, die Schadens- und Störungsbeseitigung, das Schalten der Netze, die Instandhaltung, wie Inspektion, Wartung und Instandsetzung, die Inbetriebnahme neuer Netzteile, Prüfung von Betriebsmitteln und die Fehlerortung.

Der Betrieb der Netze wird durch die → *Netzbetriebsführung* unterstützt.

Netzbetriebsführung

Um den → *Netzbetrieb* optimal durchführen zu können, ist es nötig den Betrieb durch die Netzbetriebsführung zu unterstützen. Um auf die Ereignisse im Netz durch das Betriebspersonal schnell reagieren zu können und so schnell als möglich die Stromversorgung fortzuführen, stehen den Netzbetreibern Lastverteiler und/ oder Netzleitstellen zur Verfügung, in denen die Überwachung und Steuerung des gesamten Netzes durchgeführt werden kann. Zur Überwachung und Führung des Verteilungsnetzes werden symbolische Darstellungen benötigt, in denen der Zusammenhang im Netz und Details in den Schaltanlagen klar erkennbar ist. Dies erfordert typischerweise zwei Ebenen von Netzbildern, Übersichtsbilder und Anlagenbilder. Übersichtsbilder dienen dem Überblick und dem Einstieg in die z.B. Alarmsituation nebst dem Schaltzustand des Netzes und die Anlagenbilder dienen der detaillierten Information über die Anlagen und ihre Steuerung. Mittlerweile wird die Netzbetriebsführung sehr stark unterstützt durch die → *Netzleittechnik*.

Netzdokumentation

Netzdokumentation: ist die vollständige Darstellung aller elektrischen Anlagen und Betriebsmittel der Verteilungsnetze in ein Planwerk mit geographischer Abbildung. Alle Kabel, Freileitungen, Garnituren und Anschlüsse mit den technischen Daten und den erforderlichen Maßangaben müssen in einem Planwerk vorhanden sein, damit einzelne Kabel und Garnituren im Erdboden gezielt wieder aufgefunden werden können. Damit wird die Netzdokumentation eine unverzichtbare Informationsquelle und Arbeitsgrundlage für die Planung, den Bau und den Betrieb der Netzbetreiber. Auch Dienstleistungsunternehmen müssen auf die Dokumentation zurückgreifen können, denn so sind z.B. Tiefbauunternehmen vor einer Aufgrabung des Erdreiches verpflichtet, sorgfältig auf Kabel im Erdboden zu achten, um Beschädigungen zu vermeiden. So ist in der Vergangenheit bei jedem Netzbetreiber Dokumentation entstanden. Mittlerweile sind zu einem großen Teil alle Pläne digitalisiert und es wird anstelle der handwerklichen Zeichenarbeit über CAD-Systeme die Netzdokumentation vollzogen.

Netzdokumentation, Heinrich Schulze, Buchreihe Anlagentechnik, Rolf Rüdiger Cichowski (Hrsg.), EW Medien - VERLAG, Frankfurt, 1997

Netzebenen

Durch die öffentlichen Elektrizitätsversorgungsnetze wird der in Kraftwerken erzeugte Strom über weite Strecken übertragen und dann in die Fläche verteilt. Dazu werden in den meisten europäischen Ländern die Elektrizitätsnetze in sieben so genannte Netzebenen unterteilt. Dabei stellen die Ebenen mit ungerader Nummerierung die unterschiedlichen Spannungsebenen im Netz dar und die gerade nummerierten die Umspannungsebenen.

- Ebene 1: Höchstspannung 380/220 kV, einschließlich 380/220 kV-Umspannung
- Ebene 2: Umspannung Hoch-/Höchstspannung
- Ebene 3: Hochspannung 110 kV
- Ebene 4: Umspannung Hoch-/Mittelspannung
- Ebene 5: Mittelspannung
- Ebene 6: Umspannung Mittel-/Niederspannung
- Ebene 7: Niederspannung

Über die verschiedenen Netzebenen legen Netzbetreiber die Stromtarife fest, die den Kunden je nach Netzebene angeboten werden. Haushaltskunden werden meist aus dem Niederspannungsnetz versorgt.

Die alleinige Vorgabe des Stromflusses vom Kraftwerk zum Verbraucher gehört der Vergangenheit an, denn aktuell (mit Zunahme der regenerativen Energien) werden in allen Netzebenen (Hochspannung, Mittelspannung und Niederspannung) Erzeugungsanlagen errichtet und der erzeugte Strom in die jeweilige Netzebene eingespeist, so dass man von dezentraler Erzeugung in allen Netzebenen sprechen kann.

Netzanschluss von EEG-Anlagen, 2. Auflage, Jürgen Schlabbach / Frank Fischer, Buchreihe Anlagentechnik, Hrsg. Rolf Rüdiger Cichowski, EW VERLAG Frankfurt, VDE VERLAG Berlin und Offenbach, 2016

Netzengpass

Netzengpass: der Lastfluss im Netz, der dazu führt, dass das → *n-1-Kriterium* nicht erfüllt werden kann. Fehlende Leitungen und der Abschluss weiterer Projekte bzw. Arbeiten zum Netzausbau können zum Engpass für den Anschluss der Erzeugungsanlagen aus regenerativen Energien führen.

Merke: Ein Netzengpass kann entstehen, wenn die Kapazität des Übertragungsnetzes erreicht ist und der Energiefluss unterbrochen wird. Dies kann durch Ausfälle im Netz oder in Kraftwerken oder durch erhöhte Energienachfrage entstehen.

Elektroenergiesysteme, Adolf J. Schwab, 2. Auflage, Springer Verlag Berlin und Heidelberg, 2009

Netzform

Unter dem Begriff hatte man vor Jahrzehnten schon in der Anlagentechnik die Netzgestaltungsformen von Netzen verstanden (siehe Buch Planung und Betrieb städtischer Niederspannungsnetze, VWEW-Broschüre, 1984), also als Oberbegriff für die → *Strahlennetze*, → *Ringnetze* oder → *Maschennetze*. Danach wurde in der Fachwelt über einen längeren Zeitraum unter Netzform definiert die Art, wie der Transformatorensternpunkt und die mit ihm verbundenen Leiter an Erde angeschlossen werden. In der DIN VDE 0100-410: 2007-06 ist die Art der Erdverbindung festgelegt und auch international ist eine einheitliche Kennzeichnung erarbeitet, z.B. TT-System, TN-System, IT-System. Damit ist der Begriff Netzform im Zusammenhang mit der Bezeichnung Art der Erdverbindung aufgegeben worden, weil dieser Begriff Netzform irreführend und missverstanden werden konnte. Bei den drei grundsätzlich zu unterscheidenden Netzformen, wie Strahlennetz, Ringnetz und Maschennetz müssen zusätzliche Unterscheidungskriterien zur Kennzeichnung, wie Anzahl und Art der Einspeisungen aus übergeordneten Netzen, Schaltung der Leitungen und die Möglichkeiten der Reservebereitstellungen angesetzt werden. Die drei Netzformen sind in allen Spannungsebenen zu finden.

→ *Strahlennetz*
→ *Ringnetz*
→ *Maschennetz*

Netzleittechnik

Netzleitsysteme führen nicht den Betrieb, aber sie sind sehr eng mit der → *Netzbetriebsführung* und der → *Netzschutztechnik* verknüpft. Sie sind Hilfsmittel zum

- Erfassen, Übertragen, Aufbereiten, Hinterlegen und Anzeigen von Zustandsinformationen aus dem Netz zum überwachenden Menschen
- Entgegennehmen, Aufbereiten, Übertragen, Ausgeben und Überwachen von Befehlsinformationen vom betriebsführenden Menschen zum Netz

Vorrausetzung für die Leittechnik sind gute Kenntnisse über die Netzstrukturen als auch über die Anforderungen und Abläufe des Netzbetriebs. An der Schnittstelle zum Menschen sind in der Vergangenheit viele Varianten entstanden, wie Mosaik-Wartentechnik, Digitalisierbretter, Monitore und aktuell die hochauflösende Großbildprojektion. Der Art und Weise der Prozessdatenanzeige und Datenprotokollierung kommt eine hohe Bedeutung zu. Die Anzeige des Netzzustands soll schnell, sicher und klar in erfassbaren Darstellungen erfolgen und die Bedienung soll sicher durchgeführt werden. Besondere Beachtung muss der Alarmführung, also die Anzeigen im Falle von Netzfehlern so zu gestalten, dass die Störungssituation schnell und sicher erkannt wird und der Bediener in seiner Fehleranalyse geleitet wird. Die Entwicklungen in der Leittechnik für Schaltanlagen und für Netzleitstellen wachsen immer mehr zusammen.

Netzsystemtechnik, Jürgen Schlabbach / Dieter Metz; VDE VERLAG Berlin und Offenbach, 2005

Netzleittechnik, Teil 1, 2. Auflage: Grundlagen und Netzleittechnik; Teil 2, 2. Auflage: Systemtechnik, ErnstGünther Tietze, Buchreihe Anlagentechnik, Rolf Rüdiger Cichowski (Hrsg.),
EW Medien - VERLAG, Frankfurt, 2006
(Hinweis: eine Neuauflage ist in Arbeit und wird voraussichtlich Ende 2018 erscheinen)

Netzoptimierende Maßnahmen

Die Herausforderungen durch die Energiewende für die Netzbetreiber elektrischer Netze steigen ständig. Durch den Ausbau der Photovoltaik in der Nieder- und Mittelspannung und weiterer erneuerbaren Energien sind die Spannungshaltung und die Betriebsmittelauslastung genauestens zu betrachten und evtl. Maßnahmen zu ergreifen. Für netzoptimierende Maßnahmen, (NoM) stehen nicht nur rein technische Aspekte der Netzoptimierung im Vordergrund, sondern es wird ein ganzheitlicher und systemübergreifender Ansatz zur Bewertung netzoptimierender Maßnahmen verfolgt. Dabei werden ökonomische, ökologische, gesellschaftliche, rechtliche und regulatorische Aspekte bewertet.

Definition der netzoptimierenden Maßnahmen, (NoM)	Es werden alle technischen und betrieblichen Maßnahmen darunter verstanden, die im Zuge eines Umbaus der Energieversorgung die Situation in den Stromnetzen verbessern können
Gliederung der netzoptimierenden Maßnahmen, (NoM)	• Netzoptimierende Betriebsmittel (Maßnahmen, die mit einer Investition verbunden sind, z.B. für → *rONT*, Längsregler oder Netzausbau) • Netzoptimierende Betriebsführung(Maßnahmen, die Betriebskosten verursachen, z.B. → *Blindleistungsmanagement* oder → *Spitzenkappung* • Netzorientierte Maßnahmen (alle Maßnahmen, deren Primätzweck außerhalb der Netze liegen, z.B. Speichersysteme und Elektrofahrzeuge zur Netzentlastung)
Ziel der netzoptimierenden Maßnahmen, (NoM)	Ziel ist es im Niederspannungsnetz das Spannungsband und die Betriebsmittelauslastungen innerhalb festgelegter Grenzwerte zu halten
Maßnahmen mit denen die größten Mengen von erneuerbaren Energien in Netze integriert werden können	• Regelbare Ortsnetztransformatoren → *rONT* • Quartierspeicher (wirtschaftlich z.Zt. nicht konkurrenzfähig) • Längsregler • Konventionelle Netzausbau
Kostengünstig sind netzorientierte Maßnahmen	• Hausspeichersysteme • Elektrofahrzeuge • Blindleistungsmanagement

Tabelle N 3: Netzoptimierende Maßnahmen ***kurz gefasst***

Magazin EW 7 / 2017: Titelthema „Neue Netzkonzepte"

Netzplanung

Netzplanung: Ist die Planung des Ausbaus der elektrischen Anlagen und Betriebsmittel der Verteilungsnetze; sie dient zielgerichtet den Interessen der Kunden, die mit elektrischer Energie versorgt werden sollen. Grundlage ist die zu erwartende Last des Versorgungsgebietes im Planungszeitraum und im regionalen Planungsgebiet. Für die Netzbetreiber kommt es darauf an, die zur Verfügung stehenden Investitionen sinnvoll einzusetzen, denn gerade im Mittel- und Niederspannungsnetz wird ein Großteil der Investitionen eines Netzbetreibers eingesetzt, das bedeutet für den Planer, dass er die Konfiguration des Netzes hinsichtlich der technischen, betrieblichen, ökonomischen, ökologischen und rechtlichen Gesichtspunkte festlegt. Ziel ist es in jedem Falle eine hohe Versorgungszuverlässigkeit der Netze zu erreichen. Diese Zuverlässigkeit ist abhängig von:

- Der grundsätzlichen Festlegung der Netzkonfiguration: bei einem Strahlennetz wird die Stromversorgung des Kunden beim Ausfall der Leitung an der er angeschlossen ist, bis zur Wiederherstellung der Leitung unterbrochen
- Der Auswahl der Betriebsmittel: Berücksichtigung der standardisierten und geprüften Betriebsmittel nach DIN VDE-Bestimmungen
- Der Betriebsweise der Netze: Übereinstimmung der eingesetzten Betriebsmittel mit ihren entsprechenden Bemessungsdaten mit den tatsächlichen Betriebsverhältnissen
- Der → *Sternpunktbehandlung*: Die gewählte Sternpunktbehandlung für das Netz ermöglicht manche Fehler und andere wieder nicht (Erdschlusskompensation/ niederohmige Sternpunkterdung)
- Der Qualifikation der Mitarbeiter: Eintrittsqualifikation und Weiterbildung von Mitarbeitern
- Der → *Instandhaltung*: Inspektion, Wartung, Instandsetzung und Verbesserung nimmt gewaltig Einfluss auf die Zuverlässigkeit der Versorgung
- Den Sicherheitsstandards im Betrieb: z.B. durch Werknormen
- Der Berücksichtigung von praktischen Betriebserfahrungen der Netzbetreiber: Die Netzbetreiber verfügen über einen hohen Erfahrungsschatz bei der Planung, dem Bau und dem Betrieb von Mittel- und Niederspannungsnetzen

Es hat sich bewährt die Planung organisatorisch in drei Aufgabenbereiche zu untergliedern:

- Grundsatzplaung: für alle Spannungsebenen mit einem zeitlichen Planungshorizont von mehr als 10 Jahren; legt die grundsätzlichen Netzkonzepte fest, wie Standardisierung der Betriebsmittel, Festlegung der Normspannungen für das jeweilige Gebiet, Klärung von Grundsatzfragen zur Betriebsführung
- Netzausbauplanung: zeitlicher Planungshorizont von etwa 5-10 Jahren; detaillierte Planungen über die Netzstruktur vor dem Hintergrund der Lastprognosen, Analyse verschiedener Alternativen, Bewertung der Konzepte und Auswahl der durchzuführenden Maßnahmen, Festlegung von Standorten für Anlagen
- Projektplanung: Zeitlicher Planungshorizont von etwa 1-4 Jahren; Realisierung der in der Ausbauplanung erarbeiteten Konzepte und erstellt daraus Projekte. Konkret gehören dazu Aufgaben wie Festlegen von Anschlussmöglichkeiten von neuen Kunden, Anbindung neuer Stationen ans Netz, aktuelle Netzbelastungen und ihre Auswirkungen auf das Netz, Umstrukturierungsmaßnahmen, Ausschreibungen für Hersteller und Dienstleistungsunternehmen, Überwachung von Bauaufträgen, Kostenermittlung, -beantragung, und -überwachung

Weitere Details:

Netzsystemtechnik, Jürgen Schlabbach / Dieter Metz, VDE VERLAG Berlin und Offenbach, 2005

Systematische Netzplanung, 2. Auflage, Hermann Nagel, Buchreihe Anlagentechnik, Rolf Rüdiger Cichowski (Hrsg.), EW Medien – VERLAG, Frankfurt,2008

Netzqualität

Eine gute Netzqualität ist gekennzeichnet durch das zuverlässige Funktionieren von Anlagen und Geräten und ist immer ein Zusammenspiel zwischen Verteilnetzbetreiber, dessen Kunden und dem Gerätehersteller. Einen wesentlichen Bereich der Störungen und Einflüsse der Netzspannung stellen Netzrückwirkungen dar, die weitestgehend vermieden werden müssen.

Verteilnetz-betreiber	• Qualität der Versorgungsspannung • Qualität des Netzes (Kurzschlussleistung, Netzimpedanz)
Geräte-hersteller	Gerät arbeitet in seiner elektromagnetischen Umgebung zufriedenstellend ohne dabei selbst elektromagnetische Störungen zu verursachen, aufgrund derer der bestimmungsgemäße Betrieb anderer Betriebsmittel oder Anlagen in derselben Umgebung nicht möglich wäre
Netzkunden	Anlagen und Geräte sind so zu betreiben, dass Störungen anderer Kunden und störende Rückwirkungen auf an das Verteilnetz angeschlossene technische Einrichtungen und Anlagen ausgeschlossen sind

Tabelle N 4: Netzqualität

Merke: Je grösser die Netzimpedanz (lange Leitungen, kleine Querschnitte, unterdimensionierte Trafos) desto kleiner die Netzkurzschlussleistung, umso grösser sind die zu erwartenden Netzrückwirkungen (Verbraucher- und Netzstörungen)

→ *Spannungsqualität*
→ *Störungsstatistik*
→ *Servicequalität*
→ *Versorgungsqualität*
→ *Verfügbarkeitsstatistik*
→ *Rückwirkungsstörung*
→ *Verfügbarkeit*
→ *Nichtverfügbarkeit*
→ *Netzqualität*

Netzrückwirkungen

Elektrische Energie hat an der Übergabestelle zum Kunden viele veränderliche Merkmale, die einen Einfluss auf den Nutzen für den Kunden hat. Im Sinne einer optimalen Nutzung elektrischer Energie wäre es wünschenswert, dass die Versorgungsspannung:

- eine konstante Frequenz
- eine perfekte Sinus-Kurvenform
- einen konstanten Effektivwert
- eine ideale Symmetrie der drei Phasen

- eine Einbrüche und Unterbrechungen
- eine hohe Zuverlässigkeit

aufweist. In der Praxis ergeben sich jedoch viele Einflüsse, die zu Abweichungen führen. Nach der → *NAV* sind elektrische Anlagen und Betriebsmittel so zu betreiben, dass Störungen anderer Anschlussnehmer/ Kunden und auch störende Rückwirkungen auf Einrichtungen der Netzbetreiber oder Dritter ausgeschlossen sind. Die Spannungsqualität setzt sich aus verschiedenen Phänomenen der Netzrückwirkungen zusammen. Hauptverursacher von Netzrückwirkungen sind:

- Verbraucher mit elektronischen Bauteilen, z.B. Stromrichter, Umrichter, Schaltnetzteile
- Dezentrale Eigenerzeugungsanlagen mit Leistungselektronik wie bei Windenergieanlagen, PV-Anlagen und Brennstoffzellen
- Verbraucher mit nichtlinearer U / I-Kennlinie, z.B. Kleinmotoren, Transformatoren, Leuchtstofflampen und Lichtbogenöfen
- Verbraucher mit nichtstationärem Betriebsverhalten, z.B. Schweißautomaten, Exzenterantriebe
- Dezentrale Energieerzeugungsanlagen bei nichtstationärem Betriebsverhalten, z.B. Windenergieanlagen bei böigem Wind und PV-Anlage bei sich rasch verändernder Einstrahlung

Arten der Netzrückwirkungen:

- Oberschwingungen: Sinusförmige Schwingungen, deren Frequenz ein ganzzahliges Vielfaches der Grundfrequenz ist
- Zwischenharmonische: Sinusförmige Schwingung, deren Frequenz kein ganzzahliges Vielfaches der Grundfrequenz ist
- → *Flicker*: Subjektiver Eindruck von Leuchtdichteschwankungen von Glühlampen oder Leuchtstofflampen
- Spannungsänderungen: Änderung des Effektivwertes der Spannung
- Spannungsänderungsverlauf: Zeitfunktion der Differenz zwischen dem Effektivwert der Spannung zu Beginn der Spannungsänderung und den nachfolgenden Effektivwerten
- Spannungsschwankungen: Folge von Spannungsänderungen oder Spannungsänderungsverläufen
- Kommutierungseinbrüche: Zeitweise Absenkung der Spannung als Folge der Kommutierung von Strömen von einem Ventil auf das nächste Ventil
- Spannungsunsymmetrie: Abweichung der drei Spannungen des Drehstromsystems in ihrer Amplitude bzw. Abweichung von der Phasendifferenz 120°

Details in:

Netzrückwirkungen, 3. Auflage, Walter Hormann / Wolfgang Just / Jürgen Schlabbach, Buchreihe Anlagentechnik, Rolf Rüdiger Cichowski (Hrsg.), EW Medien – VERLAG, Frankfurt, 2008

Power Quality, VDE-Schriftenreihe 127, Jürgen Schlabbach, Wilhelm Mombauer, VDE VERLAG Berlin und Offenbach, 2008

Netzschutztechnik

Netzschutztechnik: Verfahren und Betriebsmittel zum Schutz des Verteilungsnetzes vor Auswirkungen von Fehler. Die Zuverlässigkeit der Stromversorgung hat u.a. durch die Netzschutztechnik in den vergangen Jahrzehnten einen hohen Stellenwert in deutschen Netzen. Trotz der Liberalisierung der Stromversorgung und den damit geringen Investitionen in die Netze darf die Zuverlässigkeit nicht leiden. Zukünftig wird daher auch die Netzschutztechnik einen großen Anteil daran haben, das Auftreten von Fehlern und Betriebsstörungen weitestgehend zu vermeiden. Fehler sind zwar nicht ganz auszuschließen, weil die Fehlerarten nicht ganz zu verhindern sind, wie

- Überspannungen durch Blitzeinschlag
- Kurzschluss durch mechanische Zerstörung bei Tiefbauarbeiten und Überbrückung der Isolation durch Tiere oder weiteren Umfeldeinflüssen
- Thermische Überbeanspruchungen durch Überströme
- Klimatische Beeinflussung durch Feuchtigkeit
- Alterung der Isolation
- Bedienungsfehler

Die eingebauten Netzschutzeinrichtungen haben die Aufgabe, die auftretenden Störungen schnell und zuverlässig zu erkennen und durch das Ausschalten des gestörten Netzteils eine größere Zerstörung zu verhindern, eine Umweltgefährdung zu vermeiden und den weiteren Betrieb der ungestörten Netzelemente zu ermöglichen. Nach Art der zu schützenden Betriebsmittel wird der Schutz im Verteilungsnetz unterschieden:

- Transformatorenschutz: Buchholzschutz und Hermetik-Schutz; in der Regel wird in Ortsnetzstationen auf Buchholzschutz verzichtet
- → *Leitungsschutz*: Wird als Kurzschlussschutz ausgelegt, stellt in der Regel keinen Schutz gegen Überlast dar
- Sammelschienen- und Anlagenschutz: Bei Anlagen deren Kurzschlussstrom über etwa 25 kA liegt oder in 110 kV-GIS-Anlagen wird ein separater Sammelschienenschutz empfohlen
- Kupplungsschutz: Einsatz von Überstromzeitrelais
- Kondensatorenschutz: Geeignet sind thermische Überstromzeitrelais mit Kurzschlussschnellauslöser

Eine weitere Unterteilung der Netzschutztechnik nach Art der eingesetzten Schutzprinzipien:

- Zeitstaffelschutz: Überstromzeitschutz, Unterspannungsschutz, Überspannungsschutz
- Vergleichsschutz: Messwertvergleich, Signalvergleich, → *Distanzschutz*, → *Differentalschutz*

Die Netzschutzeinrichtungen sind aufgebaut als: Elektromechanischer Schutz, elektronischer Schutz, → *digitaler Schutz*

Netzschutztechnik, 6. Auflage, Walter Schossig / Thomas Schossig, Buchreihe Anlagentechnik, Rolf Rüdiger Cichowski (Hrsg.), EW Medien - VERLAG, Frankfurt, 2017

Netzstationen

Netzstationen: Es handelt sich um ein Gehäuse mit eingebauten elektrischen Anlagen und Betriebsmitteln, wie Transformator, Mittel- und Niederspannungsschaltanlagen, Kabeln, Leitungen, Schaltern, Schutzeinrichtungen und weiteren Zubehörteilen. Der Begriff Transformatorenstation ist der allgemeingültigste Begriff, ein Oberbegriff, der auf allen Netzebenen des elektrischen Verteilungsnetzes angewendet wird.

Bei der Benennung der Station wird nach unterschiedlichen Kriterien unterschieden, so dass eine Vielzahl von Stationsarten bekannt ist. Stationsarten:

- Fabrikfertige Stationen und vor Ort errichtete Stationen
- Ortnetzstationen: Eigene Stationen der Netzbetreiber; Übergabestationen: Kundeneigene Stationen für Gewerbe- und Industrie
- Frei stehende Station: Mast-, Turm- und Kabelstation; Einbaustation, in ein Gebäude das hauptsächlich einem anderen Zweck dient und zusätzlich elektrische Anlagen beherbergt: Kellerstationen und Stationen mit ebenerdigen Zugang

Einen schnellen Überblick über die verschiedensten Stationsarten bietet das Bild.

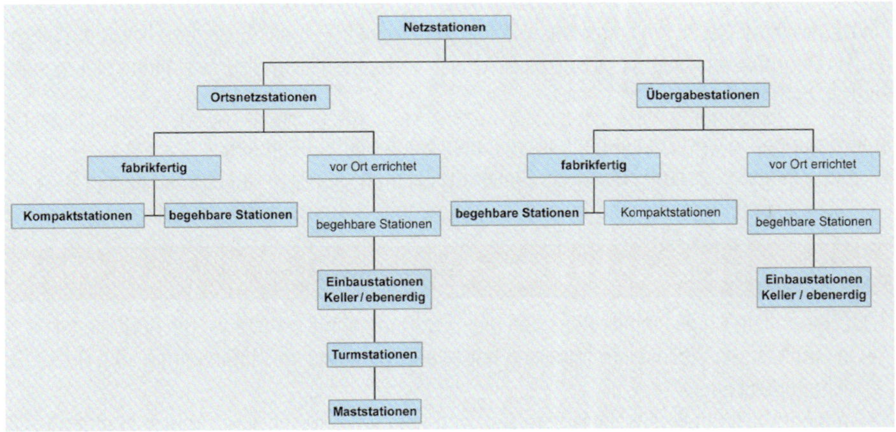

Bild N 2: Stationsarten

Weitere Unterscheidung nach:

- Art der Bedienung: Begehbare Station(von innen bedienbar) und nicht begehbare Station(von außen bedienbar)
- Art der Herstellung: Fabrikfertige (typgeprüfte) Station und vor Ort errichtete Station
- Der Bauform: Maststation, Freileitungsstation, Kabelstationen, Tiefstationen, Unterflurstationen, Hangstationen, Kellerstationen
- Nach Herstellungsmaterial des Gebäudes / Gehäuses: Aluminiumstation, Betonstation, Edelstahlstation, Garagenstation, gemauerte Station, Kunststoffstation, Stahlblechstation
- Nach Funktion: Einfachstation, Stichstation, Schwerpunktstation
- Nach Nutzungsart: Ortsnetzstation, Übergabestation, Industriestation, Bahnstation, Windkraftstation

Netzstationen, 2. Auflage, IlloFrank Primus, Buchreihe Anlagentechnik, Rolf Rüdiger Cichowski (Hrsg.), EW Medien - VERLAG, Frankfurt, 2014

Netzstruktur

Netzstruktur: Die Stromversorgung erfordert eine Anpassung an die Erfordernisse und Gegebenheiten der jeweiligen Region, für unterschiedliche Leistungsdichten (MW/ km²) müssen verschiedene Netzstrukturen aufgebaut werden. Merkmale eine Netzstruktur sind:

- Anzahl der Speisepunkte: Stellen eines Netzes, an denen der zugeführte Strom umgespannt, umgeformt oder auf eine oder mehrere abgehende Leitungen verzweigt wird
- Art der Speisung: Einspeisung über einer gemeinsamen oder getrennten Energiequellen
- Grad der Vermaschung: Sind mehrere Leitungen untereinander verbunden so entsteht eine Vermaschung (→ *Maschennetz*)

Neutralleiter

Ein Neutralleiter (N) ist ein Leiter, der mit dem Mittelpunkt (Einphasensystem) bzw. dem Sternpunkt (Mehrphasensystem) des Netzes elektrisch verbunden ist und zur Verteilung elektrischer Energie beiträgt.

Anforderungen, die im Zusammenhang mit dem Neutralleiter bestehen:

- Der Mindestquerschnitt der Neutralleiter darf keinen kleineren Querschnitt als der → *Außenleiter* haben, siehe Tabelle N 5 Mindestquerschnitt des Neutralleiters.

Mindestquerschnitt des Neutralleiters
Der Neutralleiter muss mindestens den gleichen Querschnitt haben wie die Außenleiter: • in einphasigen Wechselstromkreisen mit zwei Leitern und dies unabhängig vom Querschnitt des Leiters • in mehrphasigen Wechselstromkreisen, wenn der Außenleiterquerschnitt ≤ 16 mm² Cu oder 25 mmm² Al ist • in Drehstromkreisen, wenn voraussichtlich Oberschwingungen(3. Ordnung) zum Fließen kommen und die Gesamt-Oberschwingungsverzerrung zwischen 15 % und 33 % liegt (Verteilerstromkreise mit hohem Anteil Leuchtstofflampen) • ist bei mehrphasigen Stromkreisen der Querschnitt der Außenleiter größer als 16 mm² Cu und 25 mm² Al, darf der Neutralleiter einen kleineren Querschnitt als die Außenleiter haben, aber dann müssen die nachfolgenden Bedingungen gleichzeitig erfüllt sein: der zu erwartende Strom ist auf die Außenleiter symmetrisch verteilt / der Neutralleiter ist nach DIN VDE 0100-430 bei Überstrom geschützt / der Querschnitt des Neutralleiters ist nicht kleiner als 16 mm² Cu oder 25 mm² Al • Empfehlung: für eine detaillierte Betrachtung Beiblatt 3 der DIN VDE 0100-520

Tabelle N 5: Mindestquerschnitt des Neutralleiters

- Hinter der Aufteilung des PEN-Leiters in Neutral- und Schutzleiter dürfen diese nicht mehr miteinander verbunden werden
- Schutz der Neutralleiter in TN- oder TT-Systemen: ist der Querschnitt des Neutralleiters mindestens gleich groß des Querschnitts der Außenleiter: ist für den Neutralleiter weder eine Überstromerfassung noch eine Abschalteinrichtung erforderlich. Bei geringerem Querschnitt des Neutralleiters gegenüber dem Außenleiter: muss eine Überstromeinrichtung im Neutralleiter vorgesehen sein. Auf die darf allerdings verzichtet werden, wenn: der Neutralleiter durch die Schutzeinrichtung der Außenleiter des Stromkreises bei Kurzschluss geschützt wird und der Höchststrom bei normalem Betrieb den Wert der Strombelastbarkeit dieses Leiters nicht überschreitet
- Schutz der Neutralleiter im IT-System: Wenn das Mitführen des Neutralleiters erforderlich ist, muss im Neutralleiter jedes Stromkreises eine Überstromerfassung vorgesehen werden, die die Abschaltung aller aktiven Leiter des betreffenden Stromkreises (einschließlich des Neutralleiters) bewirkt. Details: VDE 0100 und die Praxis, Gerhard Kiefer / Herbert Schmolke, 16. Auflage, VDE VERLAG Berlin und Offenbach, 2017
- In TN-Systemen braucht der Neutralleiter nicht getrennt oder geschaltet zu werden, wenn die Netzverhältnisse derart sind, dass der Neutralleiter als wirksam geerdet angesehen werden kann.
- Abschalten des Neutralleiters: Wenn es gefordert ist, muss die verwendete Schutzeinrichtung so beschaffen sein, dass der Neutralleiter in keinem Fall vor den Außenleitern abgeschaltet und nach diesem wieder eingeschaltet werden kann.
- In TN-Systemen kann es wünschenswert sein, den Neutralleiter der Anlage vom Neutralleiter des öffentlichen Netzes zu trennen, um Störungen (induzierte Stoßspannungen durch Blitze) zu vermeiden.
- Prüfungen durch Besichtigen: Kontrolle, ob Schutzleiter und Neutralleiter nicht verwechselt sind / für Neutralleiter die Festlegungen über Kennzeichnung, Ausschlussstellen und Trennstellen eingehalten sind
- Für die Farbkennzeichung des Neutralleiters ist hellblau (blau) vorgesehen. Hellblau (blau) darf nicht zur Kennzeichnung anderer Leiter verwendet werden, wenn eine Verwechslung entstehen kann. Beim Fehlen eines Neutralleiters in einem mehradrigen Kabel darf hellblau (blau) auch in diesem Fall für andere Zwecke (ausgenommen als Schutzleiter) verwendet werden.

VDE 0100 und die Praxis, Gerhard Kiefer / Herbert Schmolke, 16. Auflage, VDE VERLAG Berlin und Offenbach, 2017

Lexikon der Installationstechnik, 4. Auflage, Schriftenreihe 52, Rolf Rüdiger Cichowski / Anjo Cichowski, VDE Verlag, Berlin und Offenbach, 2013

Kenngrößen für die Elektrofachkraft, 3. Auflage, VDE -Schriftenreihe 59, Rolf Rüdiger Cichowski, VDE VERLAG Berlin und Offenbach, 2017

Der rote Faden durch die Gruppe 700 der DIN VDE 0100, VDE-Schriftenreihe 168, Rolf Rüdiger Cichowski, VDE VERLAG Berlin und Offenbach, 2016

NH-Sicherungen

Wirkungsprinzip: Ein einfacher Draht mit geringem Querschnitt als die zu schützende Leitung wird zwischen zwei Halteklemmen gespannt und bildet eine Sollbruchstelle. Sicherungseinsätze bestehen heute aus Porzellan-, Kunststoff- oder Gießharzkörper, auf den Stirnseiten befinden sich Kontaktmesser (Schmelzleiter mit hoher Leitfähigkeit aus Kupfer verzinnt oder aus Silber) nach der Strom-Zeit-Kennlinie, die der Hersteller durch die Fertigungsgenauigkeit vorgibt, kommt die Sicherung zu Auslösung.

Aufgabe der Sicherung: Nachgeschaltete Kabel und Leitungen und andere elektrische Betriebsmittel gegen thermische und dynamische Überbeanspruchung zu schützen.

Bedienung der NH-Sicherung: nur durch Elektrofachkräfte oder elektrotechnisch unterwiesene Personen

→ *Sicherungen*
→ *HH-Sicherungen*

DIN EN 60269-1 (VDE 0636-01) Niederspannungssicherungen, Allgemeine Anforderungen

Sicherungs-Handbuch, Starkstromsicherungen,5. Auflage,Herbert Bessei,
Hrsg. NH / HH-recycling e.V., 2011

Nichtverfügbarkeit

Nichtverfügbarkeit: die Fähigkeit bzw. Wahrscheinlichkeit, eine Einheit zu einem vorgegebenen Zeitpunkt in einem nicht funktionsfähigen Zustand anzutreffen. Die Nichtverfügbarkeit ist der Komplementär zur → *Verfügbarkeit*. Beide Größen werden als qualitative und quantitative Eigenschaften definiert.

→ *Spannungsqualität*
→ *Störungsstatistik*
→ *Servicequalität*
→ *Versorgungsqualität*
→ *Verfügbarkeitsstatistik*
→ *Rückwirkungsstörung*
→ *Verfügbarkeit*

Niederspannungsanschlussverordnung

→ *NAV*

Niederspannungsnetz

Dem Niederspannungsnetz ist die Mittelspannungsebene vorgelagert. Das Niederspannungsnetz hat die Aufgabe, die aus dem z.B. 10-kV oder 20-kV-Netz bezogene Leistung über Freileitungen oder Kabel den Strom an die Endkunden weiterzuleiten.

Niederspannungsnetze: Netze 0.4 kV und 0,6 kV, die ihre Energie über Ortnetzstationen oder Schwerpunktstationen innerhalb von Industrienetzen beziehen und an die elektrischen Anlagen der Kunden weiterleiten. In Ortsnetzen ist das Niederspannungsnetz als → *Strahlennetz*, → *Ring-* oder → *Maschennnetz* aufgebaut. Niederspannungsnetze sind Vierleiternetze, denn sie führen immer den Neutralleiter als vierten Leiter mit. Die Zuverlässigkeit spielt in den Niederspannungsnetzen eine ebenso wichtige Rolle wie im → *Mittelspannungsnetz*, jedoch werden hier in der öffentlichen Versorgung für erforderliche Reparaturen bis zu 10 Stunden toleriert.

Niederspannungsverteilungen

Niederspannungsschaltanlagen bilden die Schnittstelle zwischen den Stromsystemen und der großen Anzahl der Kunden. Von den Sammelschiene dieser Anlagen aus werden die verschiedenen Kunden und die zu ihnen führenden Leitungen versorgt, geschaltet, geschützt und überwacht. Auch in Ortsnetzstationen (→ *Netzstationen*) sind die Niederspannungsverteilungen die Betriebsmittel von denen die einzelnen Kabelabgänge die Endkunden versorgen. Normalerweise werden die Niederspannungsverteilungen in Ortnetzstationen in sog. offener Bauweise ausgeführt, die als Maß für die Bautiefe lediglich 300 mm benötigt. Die Bauhöhe kann für Kompaktstationen auf 1000 mm bis 1350 mm begrenzt werden. Die Breite schwankt bei Ortnetzstationen und ist abhängig von der Anzahl der Abgangsleisten (Kabelabgänge) zwischen 600 mm bis 1800 mm. Als minimaler Schutzgrad wird für Stationen IP 20 gefordert, da es sich ja um abgeschlossene, elektrische Betriebsstätten handelt und der Zutritt nur Elektrofachkräften oder elektrotechnisch unterwiesenen Personen gestattet ist. Übliche Nennströme sind 630 A bis 1250 A. Bei einem üblichen Innenbreitenmaß einer begehbaren Ortsnetzstation von 2,8 m kann eine Niederspannungsverteilung gegenüberliegend zur Mittelspannungsanlage angeordnet werden, ohne zusätzlichen Raumbedarf. Der allseitige Berührungsschutz ist sicher zu stellen.

Neben der offenen Bauweise von Niederspannungsverteilungen sind selbstverständlich auch Niederspannungsverteilungen in geschlossener, gekapselter Form möglich. Die Zusammenfassung eines oder mehrerer Niederspannungsschaltgeräte und der Schutz- und Regeleinrichtungen einschließlich aller elektrischer und mechanischer Verbindungen und Konstruktionsteile wird als typgeprüfte Niederspannungs-Schaltgerätekombination bezeichnet:

DIN EN 60439-1 NiederspannungsSchaltgerätekombinationen, typgeprüfte und partiell typgeprüfte Kombination

Nerzstationen, 2. Auflage, IlloFrank Primus, Buchreihe Anlagentechnik, Rolf Rüdiger Cichowski (Hrsg.), EW Medien - VERLAG, Frankfurt, 2014

Normspannungen

→ *Nennspannungen*

Numerischer Schutz

Numerischer Schutz: Ein digitaler Schutz, bei dem die Funktion durch Berechnung von Algorithmen ausgeführt wird.

Netzschutztechnik, 6. Auflage, Walter Schossig / Thomas Schossig, Buchreihe Anlagentechnik, Rolf Rüdiger Cichowski (Hrsg.), EW Medien – VERLAG, Frankfurt, 2017

Oberflächenerder

Oberflächenerder: Wird ins Erdreich eingebracht in einer Tiefe von etwa 0,5 bis bis 1,0 m. Material: Verzinkter Bandstahl oder verzinkte Rundstähle und Seile. Bei Verwendung von Bandstahl bringt ein senkrechtes Einbringen ins Erdreich, anstelle der flachen Verlegung, eine Verbesserung des Ausbreitungswiderstandes. Der Erder sollte mit feinkörnigem, nicht mit Steinen durchsetztem Erdreich umgeben sein. Oberflächenerder werden hinsichtlich ihrer Anordnung im Erdreich und der sich daraus ergebenen unterschiedlichen Ausbreitungswiderstände unterschieden nach:

- Erder in gestreckter Verlegung
- Strahlenerder
- Ringerder
- Maschenerder

→ *Ausbreitungswiderstand*
→ *Banderder*
→ *Erdungsanlage*
→ *Fundamenterder*
→ *Messung des Erdwiderstandes*

DIN VDE 0100-410 (VDE 0100-410) Errichten von Niederspannungsanlagen, Schutz gegen elektrischen Schlag

DIN VDE 0100-540 (VDE 0100-540) Errichten von Niederspannungsanlagen, Erdungsanlagen, Schutzleiter und Schutzpotentialausgleichsleiter

DIN VDE 0141 (VDE 0141) Erdungen für spezielle Starkstromanlagen mit Nennspannungen über 1 kV

DIN EN 50522 (VDE 0101-2) Erdungen von Starkstromanlagen mit Nennwechselspannungen über 1 kV

Oberschwingungen

Oberschwingungen: Abweichungen der Netzspannung von der Sinusform. Ursache: Rückwirkungen von Betriebsmitteln mit nicht sinusförmigen Strömen. Überlagerung von Oberschwingungsspannungen, auf die sinusförmige Netzspannung der Verteilungsnetze. Sie beanspruchen zusätzlich die Betriebsmittel der Netze und der Anlagen der Kunden. Oberschwingungen gehören zu den Netzrückwirkungen, die möglichst vermieden werden sollten. **Merke:** Oberschwingungen sind sinusförmige Schwingungen, deren Frequenz ein ganzzahliges Vielfaches der Grundfrequenz ist. Zwischenharmonische sind sinusförmige Schwingungen, deren Frequenz kein ganzzahliges Vielfaches der Grundfrequenz ist.

Mögliche Auswirkungen von Oberschwingungen und Zwischenharmonische auf Betriebsmittel:

Netzbetrieb	• Erschwerung der Erdspulenabstimmung • Erschwerung der Erdschlusslöschung • Fehlfunktion von Parallelschalteinrichtungen Störung von Rundsteuer-signalen
Mess-, Steuer- und Regel-geräte	• Fehlfunktionen von Auslösern und Schutzeinrichtungen • Störung von Stromrichtersteuerungen Störung von Rundsteuergeräten • Beeinträchtigung von Zählern
Energie-technische Betriebsmittel	• Erhöhte Strombelastung von Kondensatoren Erhöhte Spannungsbean-spruchung von Kondensatoren • Erhöhung der Strombelastung aller Betriebsmittel • Stromfluss mit 150 Hz in Neutralleitern Erhöhte Strombelastung von Motoren Oszillierendes Drehmoment bei Motoren Erhöhung der Über-tragungsfehler bei Strom-und Spannungswandlern
Lasten und Verbraucher	• Geräuschemission bei Gasentladungslampen Reduzierung der Lebens-dauer von Glühlampen Beeinflussung von Telefonleitungen

Tabelle O 1: Auswirkungen von Oberschwingungen und Zwischenharmonische

Abhilfemaßnahmen im Netz:

- Erhöhung der Kurzschlussleistung
- Bei Resonanzproblemen: Verschiebung der Resonanzfrequenz durch Änderung der Netzschaltung
- Netzauftrennung

→ *Netzrückwirkungen*

Bei dem Anschluss von Stromerzeugungsanlagen an die Verteilungsnetze ist zu beachten, dass die Bewertung von Oberschwingungen und Zwischenharmonischen abhängig ist von der Spannungsebene, in der die Anlage angeschlossen werden soll. Oberschwingungsströme überlagern sich von niedrigen zu hohen Spannungsebenen und Oberschwingungsspannungen überlagern sich von hohen zu niedrigen Spannungsebenen. Die zulässigen Oberschwingungs-spannungen im Hochspannungsnetz müssen daher kleiner sein als im Mittelspannungsnetz, diese wiederum kleiner bleiben als im Niederspannungsnetz. Details:

Netzanschluss von EEGAnlagen, 2. Auflage, Jürgen Schlabbach / Frank Fischer, Buchreihe Anlagentechnik, Rolf Rüdiger Cichowski (Hrsg.), EW Medien – VERLAG, Frankfurt, 2016

Netzrückwirkungen, 3. Auflage, Walter Hormann / Wolfgang Just / Jürgen Schlabbach, Buchreihe An lagentechnik, Rolf Rüdiger Cichowski (Hrsg.), EW Medien – VERLAG, Frankfurt, 2008

Öffentliche Verteilungsnetze

Öffentliche Verteilungsnetze: Netze der öffentlichen Stromversorgung, Netze der Elektrizitätsversorgungsunternehmen für die Allgemeinheit. Sie sind nach EnWG § 2 (1) zur Versorgung der Letztkunden verpflichtet.

Ölauffangwannen

Den weitaus größten Anteil der Transformatoren in den Verteilungsnetzen haben Mineralölfüllungen als Kühl- und Isolierflüssigkeit. Bezüglich der Dichtheit der Transformatoren fordert das Wasserhaushaltsgesetz, dass Geräte mit wassergefährdenden Stoffen in regemäßigen Abständen kontrolliert werden, um eine Verunreinigung von Grund- und Oberflächenwasser zu vermeiden. Damit Verunreinigungen nicht eintreten, werden ebenso Ölauffangwannen unter den Transformatoren verlangt. Auch nach den gesetzlichen Bestimmungen (Landesverordnungen) müssen unter Öltransformatoren mit einer Füllmenge von mehr als 100 Litern öldichte Auffangwannen vorhanden sein. Dies gilt nicht nur für Transformatoren in Netzstationen, sondern auch für Maststationen in Freileitungsnetzen. Inzwischen sind diesen Forderungen die Netzbetreiber weitestgehend nachgekommen. Auch bei Transformatoren größerer Leistung ist der Zustand der Ölauffanggruben von äußerster Wichtigkeit. Um ihre Begehung zu Kontrollzwecken zu erleichtern, sollte auf das Abdecken mit feuerhemmendem Schotter (über Jahrzehnte geübte Praxis) verzichtet werden. Der Schotter wird durch feuerhemmende Matten ersetzt.

Ölkabel

Ölkabel: Gehört zu der Bauart mit einer Papierisolierung, diese ist mit Öl getränkt. Ölkabel sind grundsätzlich mit einem geschlossenen Metallmantel aus Blei oder Aluminium umgeben.

Niederdruckölkabel: Die Papierisolierung ist mit dünnflüssigem Öl getränkt, das Öl kann sich im Kabel bewegen. An den Kabelenden sind Ausgleichsgefäße (bestehen aus zylindrischen Stahlbehältern, die luftgefüllte, zusammendrückbare Zellen enthalten) angebracht, so dass das Öl auf Grund seiner Viskosität, entstandene Hohlräume ausfüllen kann. Das Öl steht unter geringem Druck von etwa 1 bis 2 bar. Niederdruckölkabel sind thermisch stabil.

Hochdruckölkabel: Die Öl-Papier-isolierten Adernbefinden sich in einem Stahlrohr und sind von dünnflüssigem Öl umgeben. Das Öl steht unter hohem Druck von etwa 15 bis 16 bar. Die elektrische Belastbarkeit liegt höher als bei den Niederdruckölkabeln, aber es wird wegen

der großen Ölmengen als bedenklich für die Umwelt eingeschätzt und daher kaum mehr verwendet.

→ *Kabel*
→ *Gürtelkabel*
→ *Gasaußendruckkabel*
→ *Gasinnendruckkabel*

Ortsnetz

Ortsnetz: Ist ein Begriff der in den öffentlichen Verteilungsnetzen gebraucht wird. Kennzeichnet das Netz einer bestimmten Region. Der elektrische Strom fließt vom Hochspannungsnetz ins Mittelspannungsnetz (10 kV, 20 kV, 30 kV) über Mittelspannungskabel oder Freileitungen in die Ortsnetzstation (→ *Netzstation*) und nach der Transformierung des Stroms im Transformator (z.B. 10 kV / 0,4 kV) auf die Niederspannungsebene über Niederspannungskabel oder Freileitungen in die einzelnen Straßenfluchten der Wohngebiete oder Gewerbegebiete bis hin zum → *Hausanschluss*. Anmerkung: das war jahrzehntelang bei der konventionellen Stromerzeugung so, durch die vielen dezentralen Erzeugungseinheiten aus dem Bereich der regenerativen Energien, kann sich die Richtung des Stromflusses umkehren, wenn Strom unmittelbar ins Nieder- oder Mittelspannungsnetz (Ortsnetz) z.B. durch eine Photovoltaikanlage eingespeist wird. Nach EnWG § 3 (29c) ist das örtliche Netz: ein Netz das überwiegend der Belieferung von Letztverbrauchern über örtliche Leitungen, unabhängig vom Querschnitt der Leitungen, dient.

Ortsnetzstationen

→ *Netzstationen*

Ortung von Kabelfehlern

→ *Fehlerortung*

Panikschloss

Panikschloss: Gängige Bezeichnung in der Praxis für ein Sicherheitsschloss in Stationen und Schaltanlagengebäuden, welches die Tür zwar von außen verschlossen hält, es aber jederzeit möglich ist, die Tür von innen zu öffnen. Nach DIN VDE 0101 müssen Zugangstüren mit Sicherheitsschlössern ausgerüstet sein. Die Notausgangstüren müssen sich von innen ohne Schlüssel öffnen lassen, und zwar auch dann, wenn die Türen von außen abgeschlossen sind. Bei kleinen Anlagen wird diese Forderung nicht erhoben, aber es darf nur dann darauf verzichtet werden, wenn während der Bedienung oder anderer Arbeiten in der Anlage die Tür offen bleibt.

Papierisolierung

Die Papierisolierung ist ein geschichtetes → *Dielektrikum*, bestehend aus Papierbändern und Tränk- bzw. Imprägniermitteln. Die Viskosität ist abhängig von der Verwendung des Kabels. Bei der Herstellung papierisolierter Kabeladern wird Kabelisolierpapier mit genau definierter Breite und Dicke mit speziellen Bandwicklern lagenweise in Form von Schraubenlinien auf den Leiter aufgewickelt. Abmessungen und Anzahl der Papiere sind von der Spannung des Kabels abhängig. Je nach Kabelbauart werden rußhaltige, leitfähige Papiere, aluminiumbedampfte Papiere verwendet. Nach der Bewicklung werden die papierisolierten Adern in Trocken- und Imprägnierkessel eingebracht. Dort erfolgen die Tränkung der Papierlagen und die Füllung der Zwischenräume.

Parallelführung von Kabeln zu Rohrleitungen

Bei seitlichen Näherungen bzw. Parallelführungen von Kabeln zu Rohrleitungen (Gas und Wasser) soll ein Mindestabstand von 0,4 m eingehalten werden. Der Abstand von 0,2 m soll auf keinen Fall, auch nicht bei bautechnisch engen Stellen, unterschritten werden, ansonsten müssen geeignete Maßnahmen ergriffen werden, die eine Berührung der Kabel zu den Rohrleitungen verhindern. Diese Maßnahmen sind zwischen Netzbetreiber und Betreiber der Rohrleitungen abzustimmen. Diese Abstandsforderung gilt gleichermaßen in den DIN VDE-Bestimmungen (DIN VDE 0101) und den Technischen Regeln des DVGW (Arbeitsblätter G 462/1 und G 463). Allerdings beinhalten diese Normen einen wichtigen Unterschied. In den DIN VDE-Bestimmungen gilt die Abstandforderung für Kabel > 1 kV und in den Technischen Regeln des Gas- und Wasserfachs auch für Niederspannungskabel.

Parallelschaltung von Transformatoren

Gründe für den Parallelbetrieb von Transformatoren:

- Aufteilung der Kurzschlussleistung
- gestiegener Leistungsbedarf
- → *n-1-Prinzip*

Voraussetzungen dafür:

- Um gefährliche Ausgleichsströme zu vermeiden, müssen parallele Transformatoren die gleiche Schaltgruppen-Kennzahl besitzen. Es können aber auch Trafos parallel geschaltet werden, deren Kennzahl der Schaltgruppe um 6 unterscheidet (z.B. Dyn 5 mit Dyn 11).
- Beide Kurzschlussimpedanzen müssen annähernd gleich groß sein, damit eine proportionale Aufteilung der Last erfolgt.
- Beide Trafos müssen die gleiche relative Kurzschlussspannung haben oder es wird eine Drossel dem Trafo mit kleinerer Kurzschlussspannung vorgeschaltet.

Wirtschaftlichkeit des Parallelbetriebs zweier Transformatoren: Dazu ist vorher die Netzlast zu bestimmen, ab der der Parallelbetrieb zweier Trafos kostengünstiger ist, als der Betrieb nur eines Transformators. Details:

Transformatoren, 2. Auflage, Rudolf Janus / Hermann Nagel, Buchreihe Anlagentechnik, Rolf Rüdiger Cichowski (Hrsg.), EW Medien – VERLAG, Frankfurt, 2005

PEHLA-Prüfung

PEHLA: Ist eine Gesellschaft für elektrische Hochleistungsprüfungen: **P**rüfung **E**lektrischer **H**och-**L**eistungs-**A**pparate. Bei der PEHLA-Prüfung handelt es sich um die Prüfung des Verhaltens von metallgekapselten Hochspannungsschaltanlagen bei inneren Fehlern. Aus der PEHLA-Richtlinie, die die Störlichtbogentypprüfverfahren für fabrikfertige Stationen beinhaltet, sind die Anforderungen in DIN VDE-Bestimmungen übernommen worden.

Photovoltaik-Anlagen

Photovoltaik-Anlagen genießen in Deutschland auf Grund der gesetzlichen Förderung in den letzten Jahren einen gewaltigen Zuspruch durch Investoren. Es sind sehr hohe Zuwachsraten zu verzeichnen. Die Bedeutung für die Auslegung elektrischer Anlagen, für den Netzbetrieb und den wirtschaftlichen Einsatz aller Erzeugungsanlagen nimmt ständig zu und wird nach den Zielen der Energiewende weiter zunehmen. Die Auswirkungen der dezentralen Erzeugungsanlagen auf die elektrischen Anlagen und Betriebsmittel der Verteilungsnetze sind schon aktuell spürbar und werden in den nächsten Jahren gewaltig zunehmen. Daher befassen sich zwei Bücher der Buchreihe Anlagentechnik von Prof. Dr. Jürgen Schlabbach mit der Technik der Photovoltaikanlagen und mit den Anforderungen der Netzanschlüsse von EEG-Anlagen:

Netzgekoppelte Photovoltaikanlagen, 2. Auflage, Jürgen Schlabbach, Buchreihe Anlagentechnik, Rolf Rüdiger Cichowski, EW Medien – VERLAG, Frankfurt, 2016

Pitch-Regelung

→ *Windkraftanlagen* sind mit einer Rotorblattverstellung ausgerüstet, damit die Leistung der Anlage ab einer bestimmten Windgeschwindigkeit begrenzt werden kann. Diesen Vorgang zur Leistungsbegrenzung nennt man Pitch(Neigung)-Regelung. Bei schwachem Wind werden die Rotorblätter so eingestellt, dass sie in voller Breite gegen die Strömung stehen und dann bei stärkerem Wind lässt sich der Einstellwinkel reduzieren und bei Sturm werden die Blätter parallel zur Windströmung gestellt, bis sich der Rotor nicht mehr dreht.

→ *Windkraftanlagen*

Planungsgrundsätze für 110 kV-Netze

Der steigende Ausbau der Verteilungsnetze durch erneuerbare Energien hat zur Folge, dass die Verteilungsnetze zunehmend stärkeren Belastungen ausgesetzt sind. Da die Zuverlässigkeit und Nachhaltigkeit der Netze dennoch vorrangig bleiben wird, müssen 110-kV-Netze erweitert und ausgebaut werden. Dafür ist eine optimale Planung der Netze erforderlich. Das Forum Netztechnik / Netzbetrieb im VDE (FNN) hat in 2017 erstmalig einen Entwurf der Anwendungsregel Planungsgrundsätze für 110-kV Netze veröffentlicht unter E VDE-AR-N-4121. Diese Grundsätze können die Arbeit der Netzbetreiber erleichtern durch bundeseinheitliche Verfahren und Annahmen für die Planung von Netzen. In der o.g. Anwendungsregel werden z.B. der Planungsgrundsatz der Redundanz → *(n-1)-Sicherheit* festgelegt, klassische Methoden zur Netzoptimierung, wie Leistungsverstärkung und / oder Leistungsneubau und auch → *aktive Konzepte* berücksichtigt.

Planungsgrundsätze für 110-kV-Netze, E VDE-AR-N 4121

Potentialausgleich

Potentialausgleich: ist die elektrisch leitende Verbindung (Potentialausgleichsleiter), die die Körper elektrischer Betriebsmittel und fremde leitfähige Teile verbindet und auf annähernd gleiches Potential bringt. Dadurch vermieden, dass zwischen gleichzeitig berührbaren Teilen gefährliche Berührungsspannungen von Personen abgreifbar werden.

Schutz durch Schutzpotentialausgleich:

Aufgabe: die durch Fehler in elektrischen Anlagen entstandenen Spannungsunterschiede beseitigen und Spannungsverschleppungen zu verhindern; mögliche Berührungsspannung soll reduziert werden

Haupterdungsschiene verbinden mit:

- Schutzleiter im Gebäude
- Schutzleiter des einspeisenden Netzes
- alle leitfähigen Teile, wie Fundamenterder, metallene Rohleitungen, metallene Mäntel

- von Kabeln, metallene Verstärkungen aus Beton und Stahl
- Querschnitt des Schutzpotentialausgleichsleiter: mindestens 6 mm²

Forderung: in jedem Gebäude zu errichten

→ *Potentialsteuerung*

DIN VDE 0100-540

Erdungsanlagen, 2. Auflage, Thomas Niemand / Andreas Schröder, Buchreihe Anlagentechnik, Hrsg. Rolf Rüdiger Cichowski, EW VERLAG, Frankfurt, VDE VERLAG Berlin und Offenbach, 2016

Potentialsteuerung

Potentialsteuerung: ist eine bauliche Maßnahme, mit deren Hilfe elektrische Spannungen (Potentialdifferenzen) im Bereich elektrisch leitfähiger Baumaterialien minimiert werden und so bei hohen Strömen durch den Erder gefährliche Schrittspannungen reduziert oder ganz vermieden werden können. Mit der Potentialsteuerung wird das Erdoberflächenpotential beeinflusst. Diese Beeinflussung hat das Ziel, die Höhe der Berührungs- und Schrittspannungen in der Nähe einer Erdungsanlage zu verringern. Die dazu verwendeten Erder werden Steuererder genannt und sie werden ringförmig um die mit der Erdungsanlage verbundenen Körper ins Erdreich eingebracht.

Details:
→ *Potentialausgleich*

Erdungsanlagen, 2. Auflage, Thomas Niemand / Andreas Schröder, Buchreihe Anlagentechnik, Hrsg. Rolf Rüdiger Cichowski, EW VERLAG, Frankfurt, VDE VERLAG Berlin und Offenbach, 2016

Powerline-Kommunikation

Powerline-Kommunikation (auch: Powerline Communication, PLC) nutzt die vorhandene Stromleitung zur Datenkommunikation. Dazu wird das Datensignal von einer Trägerfrequenzanlage, z.B. ein Powerline-Modem oder Powerline-Adapter, über eine oder mehrere Trägersequenzen auf die Stromleitung moduliert und hochfrequent übertragen. An einer anderen Stelle im Stromnetz wird das Signal von einem weiteren Gerät empfangen und demoduliert.

Die Technologie ist nicht neu: Das Patent dazu wurde bereits im Jahr 1899 eingereicht. Heute, im Zeitalter der Digitalisierung der Stromnetze, erweist sich diese Technik als besonders vorteilhaft. Denn PLC nutzt die bestehende Leitungsinfrastruktur zur Kommunikation. PLC kommt auf allen Netzebenen zum Einsatz – in der Hochspannung, der Mittelspannung und der Niederspannung.

PLC im Heimnetz

Im Hausgebrauch ist PLC eine gefragte Lösung, um das Internetsignal vom Router ausgehend im ganzen Haus oder der Wohnung zu verteilen (Abbildung 1). So kann z.B. das Internetsignal vom Router verlängert werden bis zu einem Computer oder Smart-TV. Außerdem kann mit der Technologie ein Heimnetzwerk aufgebaut werden, um beispielsweise Videostreams von einem Netzwerkspeicher im Haus auf ein Notebook oder einen Fernseher zu übertragen. Innerhalb eines Stromnetzes können dabei mehrere Adapter eingesetzt werden, die jeweils als Sender sowie Empfänger arbeiten. Die Adapter sind mit verschiedenen Schnittstellen - etwa mit Ethernet-Buchse oder mit WLAN - und in unterschiedlichen Geschwindigkeitsklassen mit einer Datenrate von bis zu 1.200 Mbit/s erhältlich. Die Technologie der Powerline-Kommunikation bewährt sich jedoch nicht nur im Heimnetz.

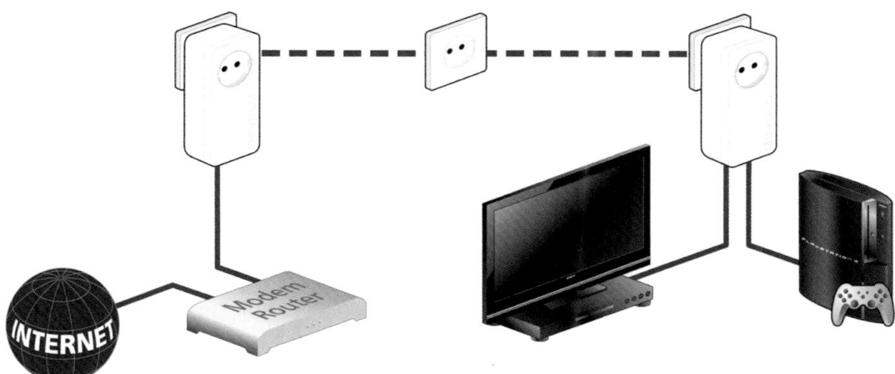

Bild P 1: : Grundfunktion der Powerline Communication im Heimnetz, Quelle devolo AG

PLC im Niederspannungsnetz

Die zunehmende Dekarbonisierung der Energieversorgung fordert die Realisierung eines Smart Grids. Die zentrale Herausforderung dabei ist es, alle Bereiche des intelligenten Energienetzes kommunikativ - sicher und stabil - miteinander zu verbinden. Die Powerline-Kommunikation bietet sich zur Datenübertragung auf der Niederspannungsebene an, denn auch hier kann die bestehende Leitungsinfrastruktur zur Kommunikation genutzt werden. Messdaten, Schaltbefehle oder Fehlermeldungen können einfach und schnell über die Stromleitungen transportiert werden. Die Daten vom jeweiligen Gerät gelangen über eine Ethernet- oder serielle Verbindung an ein PLC-Modem. Dieses moduliert die Daten auf die Leitung. An einer anderen Stelle im Stromnetz empfängt ein weiteres PLC-Modem die Daten und übergibt sie an eine Uplink-Technologie - üblicherweise Glasfaser oder LTE. Netzstationen bieten sich als Übergabestelle an, da sie in der Regel bereits kommunikativ erschlossen sind. Die Datenkommunikation verläuft bidirektional, also auch von der Netzleitwarte zu den Geräten im Feld. So können beispielsweise Steuerbefehle gegeben werden, Firmware-Updates remote aufgespielt werden oder auch Tarifinformationen des Stromanbieters an den Stromzähler des Verbrauchers kommuniziert werden.

Der zentrale Vorteil der Powerline-Kommunikation liegt in der Verfügbarkeit: Alle relevanten Punkte im weit verzweigten Stromnetz werden direkt über die vorhandene Stromleitung erreicht. Ein weiterer Vorteil liegt in der Gebäudedurchdringung. Die kommunikative Erreichbarkeit der Messstellen im Keller eines Gebäudes ist mit Powerline-Kommunikation sichergestellt. Hier kommen funkbasierte Lösungen oft an ihre Grenzen und eignen sich daher nur bedingt zur Energiedaten-Kommunikation.

Bild P 2 zeigt die Frequenzbereiche, die zur Datenübertragung mit PLC genutzt werden.

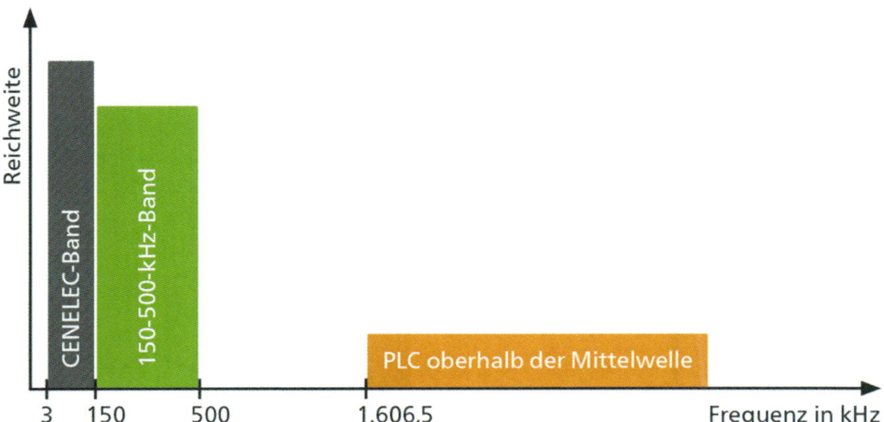

Bild P 2 : PLC-Frequenzbereiche, Quelle devolo AG

Bisher wurde von Netzbetreibern der schmalbandige Frequenzbereich bis 95 kHz (sog. CENELEC-A Band) zur Kommunikation über die Stromleitung genutzt. Für die zukünftigen Kommunikationsanforderungen im intelligenten Stromnetz reicht diese Bandbreite allerdings nicht mehr aus.

Der Aachener Powerline-Experte devolo setzt mit seinen PLC-Modems für das Smart Grid auf zwei verschiedene Powerline-Technologien. Neben der europaweit etablierten G3-PLC-Technologie entwickeln die Aachener eine breitbandige Variante. Abhängig vom Vorhaben des Netzbetreibers, ist G3-PLC oder Breitband-Powerline (BPL) die geeignete Technologie.

Leistungsstarke Breitband-Powerline

Aus der Inhouse-Vernetzung ist Breitband-Powerline bekannt und sorgt dort für Highspeed-Internet mit hohen Datenraten. Auch im Verteilnetz überzeugt die BPL-Technologie mit einer außerordentlichen Daten-Performance. Die im Feld gemessenen Datenraten zeigen, dass das Datenvolumen des Smart Meterings – inklusive Mehrwertdienst-Anwendungen – zuverlässig über die Stromleitung geführt werden kann. Weiterer Vorteil von Breitband-Powerline: die sehr kurzen Reaktionszeiten, die gerade für netzdienliche Anwendungen und Schaltvorgänge vorteilhaft sind. Bei der BPL-Technologie überzeugt der internationale Standard ITU-T G.9960 („G.hn") gegenüber anderen BPL-Technologien mit einem deutlich stabileren Datennetz.

Reichweiten-optimierte G3-PLC

Die G3-PLC Technologie ermöglicht mit ihrer Kommunikation im Frequenzbereich zwischen 10 und 500 kHz den Datentransport über weite Strecken. Die Möglichkeit mit G3-PLC ohne Repeater große Distanzen zu überbrücken geht zu Lasten der Bandbreite. Die tatsächlichen Übertragungseigenschaften sind immer von den örtlichen Begebenheiten und der Netztopologie abhängig. Für Smart-Grid-Anwendungen verfügt der Netztechniker aber über eine zuverlässig projektierbare Datenrate. Die G3-PLC-Technologie ist weltweit erfolgreich im Einsatz und standardisiert unter ITU-T G.9903. Insbesondere für Smart-Grid-Szenarien wie die Netzüberwachung und -steuerung bietet sich G3-PLC an. Aber auch als Alternative für die veraltete Analogtelefonie oder den CSD-Funk kommt G3-PLC in Frage.

PLC auf der Mittelspannung

Die Vorteile der jeweiligen PLC-Technologie kann man auf das Mittelspannungsnetz übertragen. Aufgrund der dortigen Leitungscharakteristika liegen die Übertragungsdistanzen deutlich höher als im Niederspannungsnetz. Mit G3-PLC wurden bereits Distanzen über 10 km gemessen. Für die Daten-Einkopplung bieten sich induktive Koppler an. Die Installation ist deutlich einfacher und der Platzbedarf im Kabelanschlussraum ist erheblich geringer.

Begriff	PLC - Powerline Communication
Wirkungsweise	das Datensignal wird von einer Trägerfrequenzanlage, z.B. ein Powerline Modem oder - Adapter über eine oder mehrere Trägersequenzen auf die Stromleitung moduliert und hochfrequent übertragen. An anderer Stelle innerhalb des Stromnetzes wird das Signal von einem weiteren Gerät empfangen und demoduliert.
Vorteile PLC	• PLC kann alle Bereiche des intelligenten Energienetzes kommunikativ, sicher und stabil miteinander verbinden • PLC nutzt die bestehende Leitungsinfrastruktur zur Kommunikation • PLC kann auf allen Netzebenen zum Einsatz kommen • hohe Verfügbarkeit von PLC über die Stromleitung und somit oft besser als funkbasierte Lösungen
Was kann übertragen werden?	• Messdaten(Smart Metering, Netzzustandsüberwachung) • Schalt- und Steuerbefehle • Tarifinformationen des Netzbetreibers an die Stromzähler • Kommunikation zum intelligenten Messsystem und nachgelagerten Geräten, wie Wärmepumpe, Stromspeicher usw.
Welche Kopplungsmöglichkeiten bestehen?	• Kapazitive Kopplung • Induktive Kopplung (Vorteil bei Verwendung auf der Mittelspannungsebene: geringer Platzbedarf und einfache und schnelle Installation)
Übergabestelle der Daten	Netzstationen bieten sich in der Regel als Übergabestelle an, da sie kommunikativ erschlossen sind

Tabelle P 1: PLC - Powerline-Communication

→ *Automatisierte Ortsnetzstationen*

Pressverbindung

Pressverbindung: Eine der Möglichkeiten Leiter von Kabeln miteinander zu verbinden. Sie müssen den Belastungen des Dauerbetriebs und denen durch Kurzschlussströme gewachsen sein. Gelötete und geschweißte Verbindungen werden als nicht lösbare Verbindungen verstanden, Pressverbindungen gehören zu den lösbaren Verbindungsstellen. Alle Verbindungen müssen zur Besichtigung, Prüfung und Wartung zugänglich sein. Ausnahmen bilden die erdverlegten Muffen von Kabeln und gekapselte oder mit Isoliermasse gefüllte Muffen. Pressverbinder unterscheiden sich nach der Art der Formgebung, wie Sechskant, Tiefnut-, Oval- und Rundpressung. Bei Leiterquerschnitten ab 16 mm2 und bei Spannungen bis 30 kV wird in Deutschland die Sechskantpressung bevorzugt. Montagehinweise: Bei der Pressverbindung kommt es auf die richtig ausgeführte Montage an. Leiter, Presshülse, Werkzeugeinsatz und Presswerkzeug müssen entsprechend zugeordnet werden (Presshülsen und Werkzeugeinsätze sind mit zugeordneten Kennzahlen versehen, damit jeweils die richtigen Hülsen und Einsätze benutzt werden). Vor dem Verpressen werden sektorförmige Leiter vielfach rund verformt, (es gibt auch noch die Nut-, Kerb- und Sechskantpressung) um sie in die Öffnung des Verbinders bzw. des → *Kabelschuhs* einführen zu können. Das Runddrücken der sektorförmigen Leiter ist bei Verwendung von Hülsen mit speziell profilierten Kanälen nicht mehr erforderlich. Sowohl Leiter mit 90° als auch mit 120° Sektorform können in verschiedenen Stellungen in den Verbinder bzw. in den Kabelschuh eingeführt und direkt verpresst werden. Der Vorteil dieser Hülsen: sichere und kostengünstige Montage.

Primärenergieverbrauch

Primärenergieverbrauch: alle Energiemengen, die noch nicht umgewandelt worden sind, z.B. Erdöl, Kohle oder Erdgas. Diese Primärenergien verfügen über keinen direkten Nutzen, sondern müssen zunächst z.B. in Wärme umgewandelt werden. Diese thermische Energie kann dann direkt zum Heizen genutzt werden oder die Primärenergie wird in andere Energieformen, wie mechanische oder elektrische Energie zum Nutzen der Verbraucher umgesetzt.

Produkthaftungsgesetz, ProdHaftG

Das Gesetz regelt die Sicherheitsanforderungen an Geräte und Produkte. Der Bundesgerichtshof(BGH) hat entschieden(Az.: VI ZR144/13), dass neben beweglichen Sachen und Geräten auch die Elektrizität als ein Produkt zu verstehen ist. Nach BGH ist der Netzbetreiber als Hersteller des Produktes Elektrizität verantwortlich für die Qualität des Stroms und somit auch für evtl. Fehler. Die Produkte, die dem Markt bereitgestellt werden, dürfen die Sicherheit und Gesundheit von Personen nicht gefährden. Dies gilt bei der bestimmungsgemäßen Verwendung, aber auch bei einer vorhersehbaren Verwendung. Produkte sind per Definition alle Waren, Stoffe oder Zubereitungen, die durch einen Fertigungsprozess hergestellt werden. Die Produkte können neue, gebrauchte oder wiederaufgearbeitete Produkte sein. Für die Bereitstellung elektrischer Betriebsmittel zur Verwendung innerhalb bestimmter Spannungsgrenzen auf dem Markt gilt nach § 8 ProdSG die erste Produktsicherheitsverordnung. Die achte Verordnung zum ProdSG regelt die Bereitstellung von persönlichen Schutzausrüstungen. (Inkrafttreten: 01.01.1990; letzte Änderung: 17. Juli 2017)

Produkthaftungsgesetz, ProdHaftG

Prüfbericht

Akkreditierte Prüfinstitute (z.B. RWE Eurotest GmbH, Dortmund) stellen die Ergebnisse ihrer durchgeführten Prüfungen über elektrische Anlagen und Betriebsmittel in sog. Prüfberichten den Auftraggebern zur Verfügung. Prüfberichte können auch vom Hersteller selbst angefertigt werden, wenn sie von entsprechend autorisierten Fachkräften sachgerecht durchgeführt werden.

Prüfung von Kabeln und Garnituren

Bei Kabeln und Garnituren werden in DIN VDE-Bestimmungen (Reihe 0276) festgelegte Eigenschaften geprüft und festgestellt, ob die Grenzwerte eingehalten sind. Es wird unterschieden nach:

- Stückprüfungen: sind an allen Fertigungslängen durchzuführen, um festzustellen, inwieweit die Anforderungen erfüllt sind. Es werden elektrische Eigenschaften geprüft, um Fertigungsqualität nachzuweisen. Wichtig für den Netzbetreiber, aber auch für den Hersteller.
- Auswahlprüfungen: sind an Probestücken der Kabel oder an der vollständigen Kabellänge durchzuführen, um festzustellen, inwieweit das Kabel den Aufbaubestimmungen der entsprechenden Kabelbauart entspricht. Muss mindestens für jede Fertigungslänge durchgeführt werden. Für den Hersteller eine Optimierung seiner Fertigung. Dem Netzbetreiber bieten die Prüfungen die Sicherheit einer kontinuierlichen Produktqualität.
- Typprüfungen: sind an den Kabeln vor der Markteinführung durchzuführen, um festzustellen, inwieweit die Betriebseigenschaften den Anforderungen entsprechen. Sie ist die umfassendste aller Prüfungen und muss spätestens nach fünf Jahren wiederholt werden. Im Rahmen dieser Prüfungen werden Mittelspannungskabel kontinuierlich der Fertigung entnommen und über einen längeren Zeitraum künstlich gealtert, um daraus entsprechende Erkenntnisse zu gewinnen.

Prüfbestimmungen für Garnituren: Bei Kabelgarnituren werden Typprüfungen, sog. Fingerprintprüfungen (Prüfung zu Materialcharakteristiken von ausgewählten Isolierstoffen) nach der Normenreihe HD 631 auf europäischer Ebene beschrieben.

Eingangsprüfungen: Werden durch den Netzbetreiber durchgeführt, um festzustellen, inwieweit die angelieferten Produkte durch den Hersteller den bestimmungsgemäßen Anforderungen entsprechen. Diese Wareneingangsprüfungen können in drei Stufen unterteilt werden: Eingangskontrolle, Qualitätskontrolle, Qualitätsprüfung, siehe → *Qualitätsmanagement*

Mantelprüfungen: einfache und zuverlässige Methode, um äußere Kabelbeschädigungen feststellen zu können. Die Prüfung wird mit Gleichspannung (PE-Mäntel mit bis zu 5 kV und PVC-Mäntel mit bis zu 3 kV) durchgeführt.

Spannungsprüfungen: zur Feststellung von inneren Kabelfehlern, möglich mit Gleichspannung (bei papierisolierten Kabeln gute Erfahrungen) mit Wechselspannung mit 45 Hz bis 65 Hz oder mit Wechselspannung mit 0,1 Hz. Bei VPE-isolierten Mittelspannungskabeln ist die Gleichspannungsprüfung ungeeignet. Aktuell werden die Wechselspannungsprüfungen eingesetzt, noch optimalere Prüfverfahren werden erforscht.

Isolierstoff	Prüfspannung	Prüfpegel	Prüfzeit
PVC und Papier	Gleichspannung	5,6-8 U_0	15-30 min
	Wechselspannung 45-65 Hz	2 U_0	30 min
	Wechselspannug 0,1 Hz	3 U_0	30 min
VPE	Wechselspannung 45-65 Hz	2 U_0	60 min
	Wechselspannung 0,1 Hz	3 U_0	60 min

Tabelle P 2: Spannungsprüfungen an Mittelspannungskabeln, Vorzugswerte für Prüfpegel und Prüfzeiten

PUR-Gießharz

Gießharze werden als duroplastische Kabelvergussmassen eingesetzt. Unter Gießharzmassen versteht man das Ausgangsmaterial nach DIN 16946, das mit den erforderlichen Reaktionsmitteln, wie Härter, Beschleuniger, Füllstoffen, Lösungsmitteln gemischt wird. Nach der Aushärtung, also nach der abgeschlossenen chemischen Reaktion der gemischten Komponenten entsteht ein sog. Gießharzformstoff, der nach der Aushärtung nicht wieder schmelzbar ist. Nach dem Eingießen dieser Mischung in das Kabelzubehörteil, z.B. eine → *Muffe* und der anschließenden Härtung erhält man einen selbsttragenden mechanisch sehr stabilen Formstoff, der die Verbindungsstelle der Kabel gleichzeitig isoliert und gegen Feuchtigkeit und äußere Einwirkungen schützt.

Im Bereich der Anschluss- und Verbindungstechnik von Starkstromkabeln werden als Gießharze Expoxidharze und Polyurethane eingesetzt. Epoxidharze werden in der Kabeltechnik selten verwendet. Polyurethansysteme, PUR-Gießharz, weisen gegenüber Expoxidharz nicht nur technische Vorteile auf, sondern zeichnen sich auch durch einen niedrigeren Preis aus und sind daher die dominierenden Werkstoffe in der Zweikomponenten-Kabelvergusstechnik.

Vorteile der PUR-Gießharze:
- Mit diesem Werkstoff ist eine Anpassung an unterschiedlichste Anforderungen möglich
- Im ausgehärteten Zustand ist der Formstoff ungiftig und kann als Restmüll entsorgt werden

Tipp: bei den Zweikomponenten-Massen ist auf eine begrenzte Lagerfähigkeit zu achten, außerdem muss von dem bearbeitenden Monteur der Zeitraum zwischen der Mischung und dem Verguss in die Muffe eingehalten werden.

Für die Kunststoffkabel sind die PUR-Gießharze mittlerweile Stand der Technik.

Qualitätssicherung der elektrischen Anlagen und Betriebsmittel / Qualitätsmanagement

Qualität: Gesamtheit von Eigenschaften und Merkmalen eines Produkts oder einer Tätigkeit (z.B. Dienstleistung), die sich auf deren Eignung zum Erfüllen gegebener Erfordernisse beziehen. Qualitätsmerkmale, wie Gebrauchstauglichkeit, Funktionstüchtigkeit, Zuverlässigkeit, Ausstattung, Haltbarkeit, Sicherheit, Umweltfreundlichkeit, Güte, Design, Bedienungskomfort, moderne Technologie und Preis-Leistungs-Verhältnis werden, bezogen auf ein bestimmtes elektrisches Betriebsmittel, in technische Spezifikationen bzw. Anforderungen umgesetzt. Wenn diese Anforderungen erfüllt sind, handelt es sich um ein qualitativ gutes Produkt.

Die Qualitätssicherung (Qualitätsmanagement): Alle organisatorischen und technischen Maßnahmen zur Sicherung der Qualität. Das QS-System ist die festgelegte Aufbau- und Ablauforganisation zur Durchführung der Qualitätssicherung. Die Qualitätssicherung ist seit vielen Jahren ein wichtiger Bestandteil im Produktionsprozess von Massenartikeln. Im Bereich der Elektrotechnik war die Qualitätssicherung bei der Herstellung, der Errichtung und der Anwendung der Betriebsmittel und elektrischen Anlagen in der Vergangenheit nicht überall eine selbstverständlich eingesetzte Disziplin. In Deutschland ist jedoch in letzter Zeit die Anwendung der Qualitätssicherung für elektrische Anlagen in den Vordergrund gerückt, und dies nicht nur bei der Herstellung, sondern auch bei der Errichtung bzw. Montage der elektrischen Anlagen und bei dem Betrieb und der Instandhaltung durch die Netzbetreiber. Qualitätssicherung beginnt bereits in der Entwicklungsphase der Produkte. Sie überdeckt den eigentlichen Produktionsprozess bis hin zur Überprüfung der Anlagen bzw. Anlagenteile beim Hersteller, Anwender oder in unabhängigen Prüffeldern und muss schließlich auch die Errichtung, den Dienstleistungsbereich und den Betrieb mit einbeziehen. Qualitätssicherung bedeutet aber auch, das Anforderungsprofil elektrischer Anlagen und ihrer Komponenten laufend dem Stand der Technik anzupassen. Die Aufgabe der Qualitätssicherung ist es also, die Zuverlässigkeit der elektrischen Anlagen und die Arbeitssicherheit zu erhöhen. Über den Begriff „Qualität" existieren die unterschiedlichsten Vorstellungen und Definitionen.

Qualitätsmanagement (QM):

Konzeption und Durchführung von Maßnahmen, die der Verbesserung von Arbeitsabläufen in Organisationen dienen.

QM ist Teilbereich des funktionalen Managements und soll die Effizienz einer Arbeit oder von Geschäftsprozessen erhöhen. Außerdem soll QM sicherstellen, dass die Qualität der Produkte, der Dienstleistungen an Bedeutung gewinnen. Wichtig sind z.B.:

- die Optimierung von Kommunikationsstrukturen
- professionelle Lösungsstrategien
- die Erhaltung oder Steigerung der Zufriedenheit von Kunden
- die Motivation der Belegschaft
- die Standardisierung bestimmter Handlungs- und Arbeitsprozesse
- die Normen für Produkte und Leistungen die Dokumentationen
- die berufliche Weiterentwicklung der Mitarbeiter
- die Ausstattung und Gestaltung der Arbeitsplätze

QM als Managementaufgabe:

- Qualitätspolitik
- Ziele
- Verantwortungen

Bestandteile des QM

Qualitätsplanung: Der Ist-Zustand wird ermittelt und die Rahmenbedingungen für das Qualitätsmanagement werden festgelegt – danach werden Konzepte und Abläufe erarbeitet.

- Qualitätslenkung: Die in der Planphase gewonnenen Ergebnisse werden umgesetzt
- Qualitätssicherung: Auswertung von qualitativen und quantitativen Qualitätsinformationen
- Qualitätsverbesserungen: Die vorher gewonnenen Erkenntnisse werden für Strukturverbesserungsmaßnahmen und Prozessoptimierungen eingesetzt

Die Begriffe und Anforderungen, wie sie für ein zertifizierbares Qualitätsmanagement-System gelten können, sind zum Beispiel in den Qualitätsmanagementnormen der Normfamilie EN ISO 9000-9004 festgelegt. Die EN ISO 9001:2000 ist die zertifizierbare Norm aus dieser Normenreihe und Basis für etliche weitere, hierauf aufbauende Normen. Unternehmen und Organisationen können sich nach einer Zertifizierungsnorm wie etwa der EN ISO 9001:2000 zertifizieren lassen. Hierzu besuchen Auditoren einer Zertifizierungsstelle (Zertifizierungsgesellschaft) das zu zertifizierende Unternehmen und bewerten das dortige Qualitätsmanagementsystem auf die Übereinstimmung (Konformität) mit:

- der gültigen Zertifizierungsnorm, z.B. der EN ISO 9001
- Anforderungen, die das Unternehmen bzw. die Organisation im Rahmen des Qualitätsmanagement-Handbuchs (QMH) an sich selbst stellt
- bestehenden Kundenanforderungen, soweit dies durch die Zertifizierungsnorm mitgefordert wird (dies gilt in jedem Fall für die EN ISO 9001 sowie für alle auf ihr aufbauenden Normen)
- geltenden gesetzlichen Forderungen, deren Erfüllung durch die Norm mitgefordert wird

Die Zertifizierungsauditoren sind Branchenkenner, können also das Managementsystem nicht nur hinsichtlich allgemeiner Kriterien, sondern auch im Blick auf branchenspezifische Besonderheiten und Risiken hin bewerten. Das Zertifizierungsaudit bewertet die Qualitätsfähigkeit einer Organisation bzw. eines Unternehmens. Die Qualitätsfähigkeit macht dabei keine Aussage zur Qualität bestimmter Produkte oder Dienstleistungen, sondern sie be-

zeichnet die Fähigkeit einer Organisation bzw. eines Unternehmens, im Rahmen der durch das Qualitätsmanagement gelenkten Geschäftsprozesse Qualität zu realisieren.

Eine Zertifizierungsnorm setzt eine Mindestanforderung an ein Qualitätsmanagementsystem fest – und es gab sehr viele Unternehmen, die im Blick auf eine Zertifizierung versucht haben, gerade diesen Mindeststandard zu erfüllen –, aber eben nicht mehr. Die EN ISO 9001 hat auch aus diesem Grund die Forderung nach einem kontinuierlichen Verbesserungsprozess (KVP) in die Norm aufgenommen. Hierdurch ist sichergestellt, dass sich ein Unternehmen, das sich das Zertifikat dauerhaft erhalten will, auf eine nachhaltige Entwicklung einlassen muss. Und dies wird sich erwartungsgemäß in der Unternehmenskultur niederschlagen.

An einem praktischen Beispiel der Kabel und Garnituren sei dies verdeutlicht. Für eine Kabelanlage (das Kabel, die Garniturentechnik, der Tiefbau, die Legung, die Montagen) ist eine hohe Qualität sicherzustellen, da diese nach der Fertigstellung nur noch mit großem Aufwand wieder zugänglich zu machen ist. Was nutzt es dem Netzbetreiber, wenn die Qualität des Kabels, die der Garniturentechnik stimmt, aber die z.B. Montagen nur unzureichend ausgeführt werden. Die Kabelanlage muss als einheitlich Ganzes betrachtet werden. Die Erkenntnis hat sich seit einigen Jahren durchgesetzt und aktuell gelten für alle Elemente und Zubehörteile und die Dienstleistungen um die Kabelanlage herum QM-Methoden.

Anwenderorientierte Qualitätssicherung, Rolf Rüdiger Cichowski, VDE VERLAG Berlin und Offenbach, 1992

Qualitätsstandards für Bauwerksdurchdringungen

Bauwerksdurchdringungen können für ein Gebäude immer wieder eine Schwachstelle sein, denn Mängel an den Abdichtungen und daraus entstehende Schäden können zu hohen Folgekosten führen. Wird z.B. ein Hausanschlusskabel ins Gebäude eingeführt, ist es nach anschließender Verfüllung der Baugrube oft nur noch eingeschränkt zugänglich und die Abdichtungen müssen ohne Wartung zuverlässig dicht sein. Daher hat das Forum Netztechnik / Netzbetrieb im VDE / FNN gemeinsam mit anderen Verbänden eine Anwendungsregel erarbeitet, die bundesweit einheitliche Mindeststandards bei Bauwerksdurchdringungen für erdverlegte Leitungen setzt. Der Entwurf E VDE-AR-N 4223 „Qualitätsstandards für Bauwerksdurchdringungen" ist inhaltlich gleichlautend zum AGFW-Arbeitsblatt FW 419 und zum DVGW-Arbeitsblatt GW 390 und gilt spartenübergreifend für Strom, Gas, Fernwärme und Wasser.

VDE / FNN Anwendungsregel E VDE – AR-4223

Querträger

Querträger: Sind Bestandteile von Freileitungsmasten. Aufgabe: die Leiter mit den Isolatoren und Befestigungsteilen zu tragen und dabei durch ihre Form und Gestaltung die erforderlichen Leiterabstände zueinander und zum Mast zu gewährleisten. Sie werden aus Beton oder Stahl gefertigt.

Querträger aus Beton: Ausschließlich für Betonmasten bestimmt, die eingeformten Metallteile sind über die Stahlarmierung miteinander verbunden. Der Erdungsanschluss des Querträgers ist mit dem Erdungsanschluss des Betonmastes verbunden.

Querträger aus Stahl: Sie können mit Masten aus Holz, Stahl oder Beton kombiniert werden.

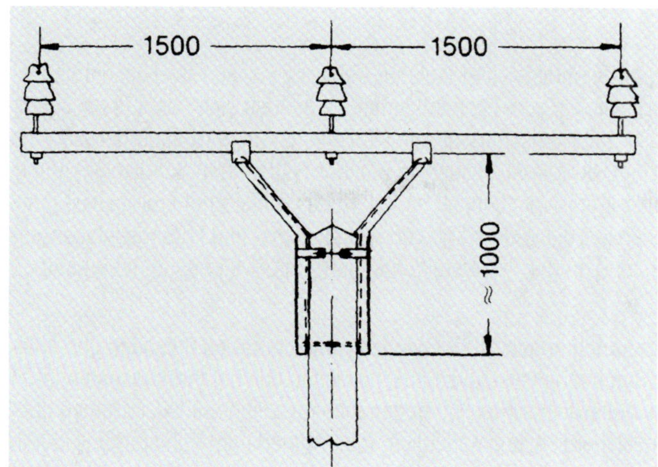

Bild Q 1: Querträger aus Stahl für Holzmaste

Bemessung der Querträger / Montagelasten: während der Errichtung einer Freileitung treten zusätzliche Beanspruchungen durch Montageanker, Leiterrollen und höhere Zugkräfte bei der Leitermontage auf, die schon bei der Projektierung der Anlage berücksichtigt werden müssen.

Montagelasten für Querträger von Trag- und Winkelmasten bei Mittelspannungsfreileitungen: 1,0 kN

Montagelasten für Querträger von Trag- und Winkelmasten bei Niederspannungsfreileitungen: mindestens 1,5 kN

Freileitung, 2. Auflage, Peter Niemeyer / Andreas Grohs, Buchreihe Anlagentechnik, Rolf Rüdiger Cichowski (Hrsg.), EW Medien – VERLAG, Frankfurt, 2008
(Hinweis: 3. Auflage erscheint 1. Quartal 2018)

RCD

Der Fehlerstrom ist ein Strom, der infolge eines Isolationsfehlers zwischen zwei bestimmungsgemäß voneinander isolierten Teilen zum Fließen kommt. Es handelt sich dabei je nach Fehlerart um einen Kurzschluss- oder Erdschlussstrom. Als Fehlerstrom wird auch der zur Erde abfließende Strom bezeichnet, der die Auslösung, z. B. einer Fehlerstrom-Schutzeinrichtung, bewirkt. Die Größe des Fehlerstroms wird von der Impedanz des Fehlerstromkreises bestimmt. Dazu zählen die Netzimpedanzen, die Widerstände der Installations- und Erdungsanlagen, soweit vorhanden der Widerstand an der Fehlerstelle und der Körperwiderstand in Verbindung mit seiner Umgebung.

Merke: Fehlerstrom-Schutzeinrichtungen (RCDs) werden zum Schutz von Personen und Anlagen eingesetzt und sollen durch möglichst kurze Abschaltzeiten das Gefährdungspotential so gering wie möglich halten. Außerdem sollten sie gegenüber kurzzeitigen Fehlerströmen oder Ableitströmen je nach Einsatzbereich unempfindlich sein. Anmerkung: Fehlerströme durch Isolationsfehler sind meist ohmsch, während Ableitströme meist kapazitiv sind, der RCD unterscheidet nicht, sondern er erfasst nur den Differenzstrom und schaltet ab.

Wirkungsweise der Fehlerstrom-Schutzeinrichtung(RCD) **kurz gefasst:**

- Im Fehlerfall erfasst der Summenstromwandler mit den Differenzialspulen den Fehlerstrom und er dient zur Spannungserzeugung in der Messwicklung für das Abschaltrelais
- Das Abschaltrelais wird erregt und bewirkt eine mechanische Entklinkung des Schaltschlosses und der Stromkreis wird getrennt

RCD: Internationale Bezeichnung, als Oberbegriff für Fehlerstromschutzeinrichtungen: **R**esidual **C**urrent protective **D**evice (Differenzstromschutzeinrichtungen). Vorteile der Schutzmaßnahme mit FehlerstromSchutzeinrichtungen, RCDs:

- niedriger Bemessungsauslösestrom
- extrem kurze Abschaltzeiten
- Körperströme für den Menschen im Grundsatz ungefährlich, weil die Strom-Zeit-Werte sehr niedrig liegen
- Erdschlüsse werden unverzüglich abgeschaltet, damit guter Brandschutz
- Schutz bei Schutzleiterunterbrechung, bei Schutzleiterverwechselung und bei Isolationsfehlern in Betriebsmitteln
- Schutz bei Schutzleiterverwechselungen
- Schutz bei Isolationsfehlern in Betreibsmitteln der Schutzklasse II mit doppelter oder verstärkter Isolierung

Lexikon der Installationstechnik, Schriftenreihe 52, Rolf Rüdiger Cichowski / Anjo Cichowski, VDE VERLAG Berlin und Offenbach, 2013

Kenngrößen für die Elektrofachkraft, 3. Auflage, VDE-Schriftenreihe 59, Rolf Rüdiger Cichowski, VDE VERLAG Berlin und Offenbach, 2017

Regelbare Ortnetztransformatoren

Durch den Ausbau von dezentralen Erzeugungsanlagen nach dem Erneuerbare-Energien-Gesetz (EEG) sind in Verteilungsnetzen zunehmend Spannungsbandverletzungen nach DIN EN 50160 möglich. Der Einsatz regelbarer Ortsnetztransformatoren (rONT) kann technisch und wirtschaftlich eine sinnvolle Maßnahme zur Gegensteuerung sein.

Ein regelbarer Ortsnetztransformator ist durch einen integrierten automatischen Stufenschalter in der Lage, die Spannung auf der Niederspannungsseite innerhalb eines definierten Spannungsbandes zu halten, ohne dass die Versorgung unterbrochen werden muss.

Der Aufbau eines regelbaren Ortsnetztransformators ist dabei identisch zu herkömmlichen Transformatoren (Aktivteil aus Kern und Spulen), die zwischen Mittel- und Niederspannungsnetzen zum Einsatz kommen. Anstelle eines Umstellers, der nur lastfrei betätigt werden darf, wird ein automatischer Stufensteller verbaut, der auch unter Last schalten kann.

Die unterbrechungsfreie Versorgung wird üblicherweise durch Schaltungen innerhalb von Vakuumröhren auf der Mittelspannungsseite gewährleistet. Dabei wird die Niederspannungsseite durch das Zu- und Wegschalten von Windungen auf den gewünschten Wert geregelt.

Die kompakte Bauform der automatischen Stufenschalter ermöglicht den Austausch herkömmlicher Verteiltransformatoren durch regelbare Ortsnetztransformatoren in vorhandenen Stationen mit nur geringem zusätzlichem Platzbedarf bei der Bauhöhe.

Bild R 1: Technische Abbildung rONT (Quelle: ORMAZABAL)

Netzstationen, 2. Auflage, Illo-Frank Primus, Buchreihe Anlagentechnik,
Hrsg. Rolf Rüdiger Cichowski, EW VERLAG Frankfurt, VDE VERLAG Berlin und Offenbach, 2014

Regelenergie

Regelenergie: elektrische Energie, die zum Ausgleich von Schwankungen innerhalb des Netzes durch Erzeugung und Verbrauch des Stroms benötigt wird, d.h. Ungleichgewichte zwischen Erzeugung und Verbrauch können zu Schäden an Betriebsmitteln und elektrischen Anlagen führen, daher werden Erzeugung und Verbrauch über sogenannte Regelleistung im Gleichgewicht gehalten.

Da sich diese verbrauchsabhängige Laständerungen nur schwer vorhersagen lassen, müssen Möglichkeiten geschaffen werden schnell auf diese zu reagieren. Strom ist bei aktuellem Stand der Technik in den benötigten Mengen noch nicht speicherbar, daher müssen zusätzliche Kraftwerke hochgefahren werden, die in kürzester Zeit auf die veränderten Entnahmemengen reagieren können. Diese bereitzustellen ist Aufgabe der Übertragungsnetzbetreiber. Etwa 600 MW dieser kurzfristigen Regelleistungen brauchen die Netzbetreiber in Deutschland, um kritische Schwankungen im Stromnetz auszugleichen. Eine weitere Schwierigkeit kommt für den Ausgleich innerhalb des Netzes zukünftig hinzu. Durch die Energiewende werden Mitte des Jahrhunderts durch den Verzicht auf Kohle, Gas und Kernkraft keine konventionellen Kraftwerke mehr für die Erzeugung der Regelenergie einspringen können und gleichmäßigen Strom können Sonne und Wind nicht liefern. Damit müssen neue Konzepte zur Stabilisierung der Stromnetze geschaffen werden, Speicherkonzepte an denen etliche Institute, Forschungsinstitutionen und Unternehmen arbeiten.

Merke: Regelenergie dient zum Ausgleich von unvorhergesehenen Schwankungen von Stromerzeugung und Stromverbrauch.

Details: Elektroenergiesysteme, 2. Auflage Adolf J. Schwab, Springer Verlag, 2009

Regenerative Energien

→ *Erneuerbare Energien*
→ *Energie, erneuerbare*

Relais

Das Relais ist ein altes Betriebsmittel in der Elektrotechnik. Bereits im Jahr 1900 wurden die ersten Relais, wie Stromrelais, Zeitrelais und Richtungsrelais gebaut. Ein Relais für Schutzzwecke, ein automatischer Schalter, der Überstrom- und Rückstromrelais zur Betätigung benutzte, wurde in Schutzeinrichtungen eingebaut. Relais sind Schalter mit elektromagnetischen oder elektrothermischen Systemen. Einfache Bauform: das Relais besteht aus einem Elektromagneten, einem Anker und den Kontakten. Wirkungsweise: der Anker wird bei Erregung des Elektromagneten angezogen und nach Abschalten der Erregung durch Federkraft zurückgestellt.

Die Kontakte können bei Erregung schließen, öffnen oder umschalten. Relaisschutz bedeutet: Maßnahmen zur Fehlererfassung oder anderer anormaler Zustände zur Fehlerabschaltung, Beendigung des anormalen Zustandes oder Meldung.

Unterscheidung nach der Aufgabenstellung: Schaltrelais und Messrelais; für Gleich- und Wechselspannung einsetzbar.

Die Relais des elektromechanischen Schutzes (1. Generation) und der analog-elektronische Schutz (2. Generation) werden aktuell wegen doch einiger Nachteile in Neuanlagen kaum mehr eingebaut, sondern die Entwicklung des Mikroprozessors hat auch in der Schutztechnik Einzug gehalten, weil der → *digitale Schutz* (3. Generation) etliche Vorteile aufweist.

Vorteile des Einsatzes digitaler Schutzrelais:

- Multifunktionalität: mehrere Schutzaufgaben können von einem Gerät gleichzeitig ausgeführt werden und zusätzlich Mess- und Überwachungsaufgaben übernehmen
- Zuverlässigkeit: durch Wegfall von verschleißbaren, mechanisch bewegten Teilen und weitreichender Selbstüberwachung der Relaisfunktion und der Wandlerkreise sowie Verbesserung des → *Reserveschutzes*
- Schnelligkeit und Genauigkeit: Dadurch geringere Staffel- und kürzere Fehlerabschaltzeiten
- Anpassungsfähigkeit: der Anrege- und Auslösecharakteristik (gutes Rückfallverhältnis und Anpassung an Lastverhältnisse) sowie schaltzustandsabhängige Auswahl von Parametersätzen, Wegfall der Anpassungswandler beim Differenzialschutz
- Wirtschaftlichkeit: durch Verringerung des Planungs-, Montage-, Inbetriebsetzungs- und Wartungsaufwandes
- zusätzliche Ergänzungsfunktionen: automatische Wiedereinschaltung, selektive Erdschlusserfassung, Unterimpedanzanregung, Signalvergleich, Schalterversagerschutz, Störwertspeicherung, Erfassung von Betriebsmesswerten und Fehlerortung mit Anzeige am Relaisdisplay oder Weitergabe zur Leittechnik, Fernübertragung

Aber auch Nachteile der digitalen Schutzrelais:

- besondere Forderungen an die Hilfsenergie (geringe Restwelligkeit der Batteriespannung) und EMV-Maßnahmen
- Software-Schnelllebigkeit
- Dokumentation aller Parameter erforderlich
- Hilfsenergieverbrauch auch in Ruhestellung

Relaissortiment: Aus einer Vielzahl von Relais, die von Herstellern angeboten werden, eine Auswahl in den Bildern dargestellt.

Hersteller	elektro-mechanisch	statisch	digital
ABB	JSM21	IKT943	REF610
AEG/ALSTOM/AREVA/SEE	RSZ3gk	RSZ3n/s	P122C
EAW/Sprecher Automation	RSZ3f2	012	DS6-1
SEG/Woodward			MRI4
SIEMENS	R3As52	7SJ7	7SJ80

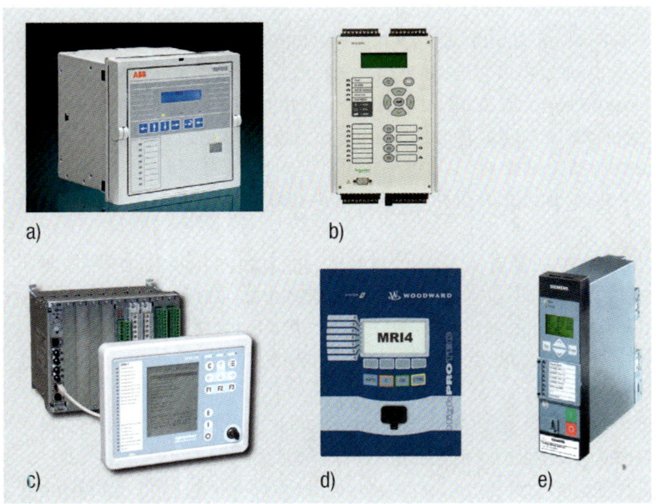

Bild / Tabelle R 2: Digitaler Überstromzeitschutz

a) REF610, ABB
b) P130C, Schneider Electric Energy
c) DS6-1, Sprecher Automation
d) MRI4, Woordward
e) 7SJ80, SIEMENS

Hersteller	elektro-mechanisch	statisch	digital
ABB	DLM	DL91	RED670
AEG/ALSTOM/AREVA/SEE	RQW11	SQL	P541
EAW/Sprecher Automation	RQU2		DQL6-1
SEG/Woodward		XD1-L	CSP2-L
SIEMENS	RN27	7SD7	7SD80

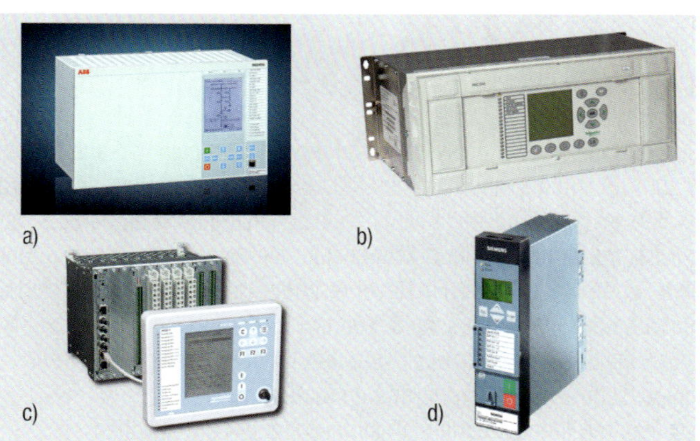

Bild / Tabelle R 3: Digitaler Leitungs-Differenzialschutz
a) REF670, ABB
b) P532, Schneider Electric Energy
c) DQL6-1, Sprecher Automation
a) 7SD80, SIEMENS

Netzschutztechnik, 6. Auflage, Walter Schossig / Thomas Schossig, Buchreihe Anlagentechnik, Rolf Rüdiger Cichowski (Hrsg.), EW Medien - VERLAG, Frankfurt, 2017

Reparaturmuffen

Reparaturmuffen: Um Beschädigungen durch innere oder äußere Fehler an im Netz befindlichen Kabeln beheben zu können. Die Technik der Reparaturmuffe ist gleich der einer Verbindungsmuffe. Schäden können bei Nieder- und Mittelspannungskabeln damit repariert werden, entweder mit der Aufschiebetechnik (es wird ein verlängerter Pressverbinder verwendet) oder der Schrumpftechnik (es wird ein Stück Kabelader mittels zweier Pressverbinder zwischengesetzt). Ist nur der Kunststoffmantel des Kabels beschädigt, so kann er mit Schmelzkleber beschichteten Schrumpf-Reparaturmanschetten oder mit Spezialbändern repariert werden.

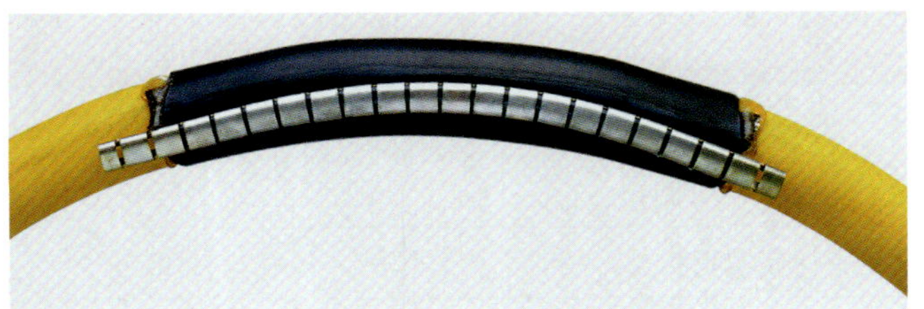

Bild R 4: Schrumpf-Reparaturmanschette

Starkstromkabelanlagen, 2. Auflage, Mario Kliesch / Frank Merschel, Buchreihe Anlagentechnik, Rolf Rüdiger Cichowski (Hrsg.), EW Medien - VERLAG, Frankfurt, 2010

Reserveschutz

Für alle Netze werden Haupt- und Reserveschutzsysteme aufgebaut, damit ein Versagen eines einzelnen Elementes nicht zur Problematik innerhalb des Netzes führt. Ein Schutzsystem wird für den Normalzustand des Netzes und für davon abweichende Schaltzustände aufgebaut. Der Reserveschutz kommt zur Wirkung, wenn der Hauptschutz einen Fehlerzustand in der vorgegebenen Zeit nicht oder nicht korrekt klären kann. Ein Reserveschutz kann verzögert und / oder mit verminderter Selektivität arbeiten. Man unterscheidet den:

- Ortsfernen Reserveschutz: die Reserveschutzauslösung erfolgt durch den gestaffelten Distanz- oder Überstromzeitschutz in der vorgeordneten Station
- Örtlicher Reserveschutz: weitere Unterscheidung in feldbezogenem (im gleichen Schaltfeld wie der Hauptschutz wirksam) und stationsbezogenen Reserveschutz (ist im vorgelagerten Schaltfeld bzw. in allen Kurzschlussstrom einspeisenden Feldern derselben Station wirksam)

Netzschutztechnik, 6. Auflage, Walter Schossig / Thomas Schossig, Buchreihe Anlagentechnik, Rolf Rüdiger Cichowski (Hrsg.), EW Medien - VERLAG, Frankfurt, 2017

Restladungen an Kabeln

Prüfungen von Kabelanlagen werden nichtstationär mit Kabelmesswagen durchgeführt. Je nach dem Kabelaufbau bleibt die an das zu prüfende Kabel angelegte Prüfspannung nicht auf einem eng begrenzten Raum beschränkt, sondern es werden alle mit dem zu prüfenden Kabel verbundenen Anlagen mit der Prüfspannung beaufschlagt. Daher kommt der Erkenntnis über den Gefahrenbereich während und nach der Kabelprüfung eine besondere Bedeutung zu. Nach der Ausschaltung der Prüfstromkreise können Restspannungen auftreten. In der DIN EN 50191 (VDE 0104) wird gefordert, dass gegen Gefährdungen durch Restspannungen geeignete Einrichtungen oder Vorrichtungen zum gefahrlosen Entladen vorhanden sein müssen. Restspannungen können jedoch auch durch Rückkehrspannungen, die sich auf Grund von Depolarisierungserscheinungen des Dielektrikums am Kabel aufbauen, verursacht werden. Es sollte darauf geachtet werden, dass die Kabel stets angeschlossen bleiben und nur kurzfristig beim Anschließen oder Abklemmen der Prüfspannungszuführung abgetrennt sind. Restspannungen können auch bei Mantelprüfungen der Kabel durch Isolationsprüfgeräte entstehen. Beim Einsatz dieser Prüfgeräte müssen die Kabeladern durch das Einlegen von Erd- und Kurzschließeinrichtungen entladen werden. In der BGI 5191, BG-Information, Betrieb von Kabelmesswagen, wird gefordert, dass Körperdurchströmungen durch Restladungen und Induktionsspannungen dadurch zu vermeiden sind, dass nicht zu prüfende Leiter zu erden und kurzzuschließen sind und parallel verlaufende Leitungen abgeschaltet werden müssen.

Kabelhandbuch, 9. Auflage, Mario Kliesch / Frank Merschel / weitere Autoren, Rolf Rüdiger Cichowski (Hrsg.), EW Medien - VERLAG, Frankfurt, 2017

Rettungswege in elektrischen Anlagen

Rettungswege sind in elektrischen Anlagen und Betriebsstätten vorzusehen:

- Rettungswege innerhalb eines Raumes dürfen nicht länger als 40 m sein, die Ausgänge sind bei der Planung entsprechend anzuordnen.
- Die Zugangstüren müssen nach außen aufschlagen.
- Die Zugangstüren müssen mit Sicherheitsschlössern versehen sein (→ *Panikschloss*). Sie müssen so beschaffen sein, dass der Zutritt unbefugter Personen verhindert ist, in der Anlage befindliche Personen jedoch jederzeit die Anlage ungehindert verlassen können.
- Gekennzeichnete Rettungswege dürfen nicht eingeengt sein.
- Türen in Fluchtrichtung sind als Notausgänge zu kennzeichnen.

DIN EN 61936-1 (VDE 0101-1)   Starkstromanlagen mit Nennwechselspannungen über 1 kV

Ringerder

Ringerder: Ist ein ringförmig angeordneter → *Oberfächenerder*. Sie werden in offenen oder geschlossenen Ringen verlegt, sie dienen der Potentialsteuerung bei einzelnen Betriebsmitteln oder bei Freileitungsmasten.

DIN VDE 0141 (VDE 0141)   Erdungen für spezielle Starkstromanlagen mit Nennspannungen über 1 kV

Ringnetz

Ringnetz: Die Leitungen gehen von einer Einspeisestelle aus und werden zu dieser wieder zurückgeführt. Ringnetze können geschlossen oder offen betreiben werden. Bei offen betriebenen Ringnetzen kann das Netz durch Verlegen der Trennstellen an die Belastungsverhältnisse in gewissen Grenzen angepasst werden.

→ *Maschennetz*
→ *Strahlennetz*

Rohrlegung

Werden Kabel in Rohren verlegt, so ist der Einfluss der wärmedämmenden Luftschicht zwischen dem Kabel und der Rohrinnenwand für die Belastbarkeit des Kabels zu berücksichtigen. Wird keine projektbezogene Berechnung der Belastbarkeit durchgeführt, so sollte die entsprechende Belastbarkeit nach DIN VDE 0276-1000 mit dem Faktor 0,85 reduziert werden.

DIN VDE 0276-1000 (VDE 0276-1000) *Starkstromkabel, Strombelastbarkeit*

rONT

→ *Regelbare Ortnetztransformatoren*

Rückwirkungen

→ *Netzrückwirkungen*

Rückwirkungsstörung

Eine Rückwirkungsstörung liegt dann vor, wenn es im betrachteten Netz zu einer Versorgungsunterbrechung auf Grund einer Störung in einem vor- oder nachgelagerten Netz, in der Anlage eines Kunden oder aufgrund einer Versorgungsunterbrechung bei den einspeisenden Erzeugern kommt (Ausfall der Netzeinspeisung). Dabei ist es unerheblich, ob die Rückwirkungen aus eigenen oder fremden Netzen stammen.

→ *Verfügbarkeit*
→ *Spannungsqualität*
→ *Störungsstatistik*
→ *Servicequalität*
→ *Versorgungsqualität*
→ *Verfügbarkeitsstatistik*
→ *Nichtverfügbarkeit*

Rundsteueranlagen

Rundsteueranlagen: Fernwirkanlagen, die über die Netze die Steuerung von Geräten im Niederspannungsnetz übernehmen, d.h. angeschlossene Schaltgeräte im Niederspannungsnetz können vom Netzbetreiber aus gesteuert werden. Die Tonfrequenzsignale werden mit Ankopplungseinrichtungen bis zu den Kundenanlagen hin übertragen. Rundsteueranlagen arbeiten mit Frequenzen von 150 Hz bis 2 kHz; üblich sind 216 2/3 Hz. In der Praxis werden die Rundsteueranlagen für die Ansteuerung von Nachtspeicherheizungen oder für die Straßenbeleuchtung verwendet. Der Betrieb von Rundsteueranlagen kann beeinträchtigt werden durch Oberschwingungen der Stromrichter, durch Kondensatoren und/ oder durch Saugkreise.

Sammelschiene

Sammelschiene: Anordnung von Leitern, die als zentraler Verteiler von elektrischer Energie dienen, d.h. die Sammelschiene bildet in einer → *Schaltanlage* den „Knoten", da an die Sammelschiene alle ankommenden und abgehenden Leitungen und Verbindungen zu anderen Knoten (Abzweige) angeschlossen sind. Alle Abzweige einer Schaltanlage werden über → *Schaltgeräte* mit den Sammelschienen verbunden. Sammelschienen werden aus Aluminium oder Kupfer gefertigt und sind in der Regel nicht isoliert. Der Berührschutz muss durch die Gehäuse der Schaltanlage gewährleistet sein.

Elektroenergiesysteme, Adolf J. Schwab, 2. Auflage, Springer Verlag Berlin und Heidelberg, 2009

Sammelschienen- und Anlagenschutz

Die Sammelschiene ist ein wichtiges Element innerhalb einer Schaltanlage, da von der Sammelschiene die Abgänge zu den Trafos und Leitungen abgehen. Die Sammelschienen bestehen aus Rohren oder Seilen und in Mittelspannungsanlagen als Stromschienen und stellen die drei Außenleiter im Drehstromnetz dar. Bei Sammelschienenfehlern muss mit größeren Versorgungsausfällen gerechnet werden, daher ist ihr Schutz besonders wichtig. In Anlagen, deren Kurzschlussstrom dauernd über etwa 25 kA liegt oder in 110-kV-GIS-Anlagen wird ein separater Sammelschienenschutz empfohlen. Der Schutz der Sammelschienen erfolgt nach dem Prinzip des Vergleichsschutzes, also des → *Differentialschutzes*.

Mittelspannungsanlagen-Stationen: der Sammelschienenschutz erfolgt meistens durch den Leitungsschutz in den vorgeordneten Selektivstationen

Mittelspannungsanlagen in Umspannwerken: Fehler in der Mittelspannungsanlage werden durch den Schutz in der Transformatoreneinspeisung erfasst. Bei dem Einsatz von Überstromzeitschutz ist eine Fehlerabschaltung innerhalb 1 s aus Selektivitätsgründen gegenüber dem Schutz der Mittelspannungsleitungen oftmals nicht möglich. Ist in den Leitungsabgängen Distanzschutz eingesetzt, so wird für die Trafoeinspeisung Distanzschutz mit angehobener Schnellzeit empfohlen. Der auf der Unterspannungsseite eingesetzte Schutz stellt neben dem Sammelschienenschutz den → *Reserveschutz* für die Leitungsabgänge dar.

Weitere Anlagenschutzeinrichtungen:

- Lichtbogenschutz: Erfassung des Lichtbogenfehlers durch Fotozellen
- Druckanstiegschutz: Erfassung der Druckwelle durch Druckmembrane oder Klappenöffnung
- Erdstromschutz: isolierte Aufstellung einer SF_6- oder feststoffisolierten Anlage
- Signalvergleichsschutz: auch Rückwärtige Verriegelung genannt, es werden nur die Einspeisung und kein Abgangsschutz angeregt

Hochspannungsanlagen: der Anlagenschutz wird auch im Hochspannungsnetz meistens durch den Leitungsschutz in den Gegenstationen wahrgenommen. Ist ein Sammelschutz erforderlich, so werden folgende Messverfahren angewandt:

- Stromgrößenvergleich: geometrische Summe aller Ströme der angeschalteten Abgänge, im ungestörten Betrieb der Sammelschiene ist die Summe etwa Null. Bei Fehlern tritt ein Differenzstrom auf, der zur Auslösung führt.
- Hochimpedanzschutz: die Stromwandlersekundärkreise aller Abgänge werden parallel geschaltet und der Spannungsfall als Auslösekriterium genutzt
- Phasenwinkelvergleich: die positiven und negativen Halbwellen aller Abgänge werden mit denen des Differenzstromes hinsichtlich der Phasenüberdeckung verglichen

Der Einsatz des Hochimpedanzschutzes beschränkt sich auf Einfach-Sammelschienen.

Netzschutztechnik, 6. Auflage, Walter Schossig / Thomas Schossig, Buchreihe Anlagentechnik, Rolf Rüdiger Cichowski (Hrsg.), EW Medien - VERLAG, Frankfurt, 2017

Sammelschienentrenner

Sammelschienentrenner: in jedem Abzweig einer Sammelschiene lässt sich die Verbindung zur Sammelschiene durch einen → *Trenner* unterbrechen, damit bei Wartungs- und Umbauarbeiten an Schaltern und Wandlern der jeweilige Abzweig von der Sammelschiene aufgetrennt werden kann, um das Betriebspersonal zu schützen. Der Personenschutz wird außerdem noch dadurch erhöht, dass sich am Trenner ein zusätzlicher Erdungskontakt befindet, damit der Abzweig auch dauerhaft geerdet werden kann und das Personal während der Arbeiten geschützt bleibt.

Elektroenergiesysteme, Adolf J. Schwab, 2. Auflage, Springer Verlag Berlin und Heidelberg, 2009

Saugkreis

Saugkreis (Filterkreis): Resonanzkreis zur Unterdrückung der Oberschwingungen im Verteilungsnetz. In Netzen mit hohem Stromrichteranteil durch Verbraucher, z.B. stromrichtergeregelte Antriebe, werden Oberschwingungen erzeugt, deren Frequenz ein Vielfaches der Netzfrequenz ist. Mit Saugkreisen (verdrosselte Kondensatoren) können die Oberschwingungsströme unterdrückt werden. Filterkreise werden auch zur Blindstromkompensation eingesetzt, weil sie eine kapazitive Belastung bewirken.

→ *Blindstromkompensation*
→ *Oberschwingungen*
→ *Netzrückwirkungen*

Blindleistungskompensation und Energieversorgungsqualität, 3. Auflage, Jürgen Dresel / Martin GroßeGehling / Jürgen Reese / Jürgen Schlabbach, Buchreihe Anlagentechnik, Rolf Rüdiger Cichowski (Hrsg.), EW Medien - VERLAG, Frankfurt, 2017

Schaltanlagen

In elektrischen Verteilungsnetzen ist die Schaltanlage die Verknüpfungsstelle zwischen den verschiedenen Kabel- und Leitungsabgängen einer Spannungsebene oder über einen entsprechenden Transformator auch die Verknüpfung zweier Spannungsebenen. Die Schaltanlagen werden gekennzeichnet durch das Hinzufügen der Spannungsebene, z.B. 110-kV-Schaltanlage oder 10-kV-Schaltanlage im Mittelspannungsnetz. Das traditionelle Isoliermedium der Schaltanlagen ist Luft, so wird auch die Baugröße der Schaltanlage durch die Isolationsfähigkeit der Luft bestimmt. Es gibt Freiluftschaltanlagen und Innenraumschaltanlagen, die durch bessere klimatische Verhältnisse geringere Leiterabstände aufweisen und damit das Gesamtvolumen der Schaltanlage geringer ausfallen kann. Dennoch werden offene Innenraumschaltanlagen aktuell kaum noch errichtet, denn sie sind abgelöst durch feststoffisolierte oder metallgekapselte Anlagen, in denen SF6 als Isoliermedium anstelle von Luft eingesetzt wird. Im Mittelspannungsbereich wurden Schaltanlagen in der Vergangenheit fast ausschließlich als Innenraumanlagen errichtet, weil die einzelnen Betriebsmittel in der Innenraumausführung erheblich kostengünstiger waren. Aktuell setzen sich auch für den Mittelspannungsbereich die Schaltanlagen in metallgekapselter Bauweise durch. In der Schaltanlage müssen mehrere Funktionselemente miteinander bzw. aufeinander abgestimmt werden, wie die Kabel- und Leitungseinführungen, die Sammelschiene, die Schalter und die Schutztechnik.

Niederspannungsschaltanlagen: Kombination von Schaltgeräten mit Mess-, Steuer-, Regel-, Melde- und Schutzeinrichtungen und den dazugehörenden elektrischen und mechanischen Verbindungen, Zubehör, Kapselungen und tragenden Gerüsten. Dabei handelt es sich meist um fabrikfertige, typgeprüfte Schaltanlagen und Verteiler oder um Schaltanlagen, die aus typgeprüften und / oder nicht typgeprüften, fabrikfertigen Baugruppen zusammengesetzt werden und deren Anforderungen nach den DIN VDE-Bestimmungen nachzuweisen sind.

→ Mittelspannungsschaltanlage

DIN EN 61439-3 (VDE 0660-600-3) Niederspannungsschaltgerätekombinationen

Netzstationen, 2. Auflage, IlloFrank Primus, Buchreihe Anlagentechnik, Rolf Rüdiger Cichowski (Hrsg.), EW Medien - VERLAG, Frankfurt, 2014

Schalten

Das Schalten ist eine Tätigkeit, die von Elektrofachkräften oder elektrotechnisch unterwiesenen Personen in elektrischen Verteilungsnetzen durchzuführen ist. Diese Schalthandlungen sind notwendig, um den Schaltzustand der elektrischen Anlagen und Betriebsmittel zu ändern. Zwei Arten des Schaltens: einmal das betriebsmäßige Ein- und Ausschalten und zum anderen das Ein- und Ausschalten, das im Zusammenhang mit der Durchführung von Arbeiten, z.B. Wartung, Instandsetzung von Anlagen steht. Die Not-Ausschaltung hat den Zweck, evt. auftretende Gefahren sofort zu beseitigen.

Sicherheit bei Arbeiten an elektrischen Anlagen, BG ETEM, (BGI 519; DGUV Information 203-001)

Schalter

→ *Schaltgeräte*

Schaltgeräte

Schaltgeräte: elektrische Betriebsmittel zum Ein- und Ausschalten von Strompfaden. Beim Einschalten werden Kontakte zusammengeführt, die bis zur endgültigen Zusammenführung einen Lichtbogen erzeugen, der den Stromfluss einleitet. Beim Ausschalten werden Schalterkontakte auseinandergezogen. Dabei entsteht ebenso ein Lichtbogen, der eine beachtliche Energie freisetzt, vor allem bei einem Ausschalten eines Kurzschlusses. Die Ein- und Ausschaltvorgänge sind in ihren Wirkungen stark abhängig von der Spannungsebene. Unterscheidung nach der Schaltaufgabe:

- Trennschalter: sind weder zur Ein- noch zur Ausschaltung von Strömen vorgesehen, sondern sollen eine sichtbare Trennstrecke aus Gründen des Personenschutzes bilden
- Lastschalter: können Betriebsströme ein- und ausschalten, nicht aber Kurzschlussströme, dazu müssen Sicherungen ergänzt werden
- Leistungsschalter: sie übernehmen die Funktionen des Lastschalters und der Sicherung, d.h. sie sind auch geeignet Kurzschlussströme auszuschalten
- Erdungsschalter: zum Erden eines Abzweiges

Die Anforderungen an Schaltgeräte sind in den DIN VDE-Bestimmungen enthalten. Sie sind durch Prüfungen festzustellen.

Elektrische Eigenschaften: Schaltvermögen, elektrische Lebensdauer, Berührungsschutz, Isolationswiderstand, Spannungsfestigkeit, Isolation durch Luft- und Kriechstrecken, Kriechstromfestigkeit

Mechanische Eigenschaften: Passsicherheit, Anschlusssicherheit, Schraubenfestigkeit, Gehäusefestigkeit

Thermische Eigenschaften: Erwärmung, Wärmebeständigkeit, Feuerbeständigkeit

Sonstige Eigenschaften: Wasserschutz, Korrosionsschutz, Schutz durch sachgerechte Ausstattung, Betriebssicherheit durch Beachten von Aufschriften, Betriebssicherheit durch Beachten von Aufschriften

Schaltkontakte mehrpoliger Geräte zum Trennen und Schalten	Die Schaltkontakte zum Trennen und Schalten müssen so konstruiert und mechanisch so gekoppelt sein, dass sie gleichzeitig schließen und öffnen
Schaltkontakte von vierpoligen Schalteinrichtungen	sind vierpolige Schalteinrichtungen gekennzeichnet für einen Anschluss des Neutralleiters, dann darf jeweils der Neutralleiterkontakt vor den Außenleiterkontakten schließen und nach den Außenleiterkontakten öffnen
Schalteinrichtungen für Neutralleiter	Einrichtungen, die nur ausschließlich den Neutralleiter schalten sind nicht erlaubt
Schutz- und Überwachungseinrichtungen	sie dürfen nicht zum betriebsmäßigen Schalten verwendet werden. Anmerkung: betriebsmäßiges Schalten ist nach DIN VDE 0100-200 eine Handlung, die dazu bestimmt ist, dass die elektrische Anlage oder Teile dieser Anlage im normalen Betrieb ein- oder ausgeschaltet wird.

Tabelle S 1: Anforderungen, die für alle Schaltgeräte gemeinsam nach DIN VDE 0100-530 gelten

Schaltgruppen von Transformatoren

Die Schaltgruppe eines Transformators kennzeichnet die Schaltung zweier Wicklungen (Ober- und Unterspannungsseite) und die Phasenlage der ihnen zugeordneten Spannungszeiger. Die Wicklungen der Drehstromtransformatoren können in Stern, Dreieck oder Zick-zack geschaltet sein. Die Schaltgruppenbezeichnung beinhaltet einen großen und einen kleinen Kennbuchstaben und eine Kennzahl. Große Buchstaben geben die Schaltung der Oberspannungswicklung an, kleine Buchstaben die Schaltung der Unterspannungswicklung. Bei herausgeführtem Sternpunkt ist dem Schaltungsbuchstaben ein N bzw. n anzuhängen. Die Schaltgruppe ist auf dem Leistungsschild bzw. auf dem Schaltungsschild eines Transformators angegeben. Großer Kennbuchstabe: Schaltungsart der Oberspannungswicklung (**Y** für Sternschaltung, **D** für Dreiecksschaltung), Kleiner Kennbuchstabe: Schaltungsart der Unterspannungswicklung (**y** für Sternschaltung, **d** für Dreiecksschaltung, **z** für Zick-zackschaltung)

Transformatoren, Rudolf Janus, Buchreihe Anlagentechnik, Rolf Rüdiger Cichowski (Hrsg.), EW Medien – VERLAG, Frankfurt, 1993

Schalthaus

Schalthaus: Gehäuse/ Gebäude, das in erster Linie Mittelspannungs-Schaltfelder beherbergt, es wird wegen der größeren Abmessungen aufgrund der Vielzahl der Schaltfelder gegenüber einer Netzstation oder vor Ort errichtet und hat die Anforderungen von DIN VDE 0101 zu erfüllen.

DIN VDE 0101 Starkstromanlagen mit Nennwechselspannungen über 1 kV

Schaltlichtbogen

Mit dem Öffnen von Schaltkontakten bei Betriebsmitteln der Verteilungsnetze ist immer ein Lichtbogen verbunden. Der Strom wird erst unterbrochen, wenn der Lichtbogen erlischt. Durch die Energie des Lichtbogens werden die Schaltkontakte thermisch hoch beansprucht. Die Kontaktflächen bestehen meistens aus Kupfer, das dann noch zusätzlich versilbert ist. Um den Lichtbogen zu löschen, haben Lichtbogenlöscheinrichtungen mehrere Aufgaben:

- Aufnahme der Lichtbogenenergie
- Erzeugen einer ausreichend hohen Lichtbogenspannung durch Verlängerung der Lichtbogensäule, Kühlung des Lichtbogen, Aufteilung des Lichtbogens oder durch Druck auf den Lichtbogen
- Erhöhung der Zündspannung des Lichtbogens
- Verhindern des Überschlags auf benachbarte Teile

In einem Schaltgerät werden häufig mehrere Maßnahmen gleichzeitig verwendet. Die Lichtbogenaufteilung ist sehr wirksam und wird bei fast allen Niederspannungsleistungsschaltern und Leitungsschutzschaltern angewendet. Bei Mittelspannungs- und Hochspannungsschaltern wird Druck auf den Lichtbogen und das gleichzeitige Kühlen des Lichtbogens (z.B. bei einem ölarmen Mittelspannungsleistungsschalter) zur Löschung des Lichtbogens genutzt.

→ Störlichtbogen

Schaltüberspannungen

Schaltüberspannungen: Spannungen, die durch Schalthandlungen oder durch Resonanzerscheinungen (Oberwellen) auftreten können. Sie sind meist unerheblich wenn Last- und Kurzschlussströme abgeschaltet werden, können jedoch gefährliche Werte annehmen bei der Ausschaltung von Stromkreisen mit Induktivitäten oder Kapazitäten. Wirksame Maßnahme gegen die Schaltüberspannungen ist der Überspannungsschutz.

Schirmung

Schirmung: eine elektrisch leitende Umfassung mehrerer Adern eines Kabels mit dem Ziel, elektrische Störfelder zu vermeiden. Elektrische Felder, die in der Energieversorgung im typischen 50 Hz Frequenzbereich auftreten können, lassen sich durch flächenhafte geschlossene Leiter oder durch metallische Gitter oder Geflechte in Mittel- und Hochspannungskabeln abschirmen. Der Schirm besteht z.B. aus Kupferdrähten mit Querleitwendel, die um die Kabelader oder bei mehrdrähtigen Kabeln um die verseilten Adern gelegt sind. Er dient dem Berührungsschutz und zum Leiten der Ableit- und Fehlerströme. Mindestquerschnitte von Kabeln können der DIN VDE 0276 entnommen warden oder

Kenngrößen für die Elektrofachkraft, 3. Auflage, VDE – Schriftenreihe 59, Rolf Rüdiger Cichowski, VDE VERLAG Berlin und Offenbach, 2017

→ Armierung

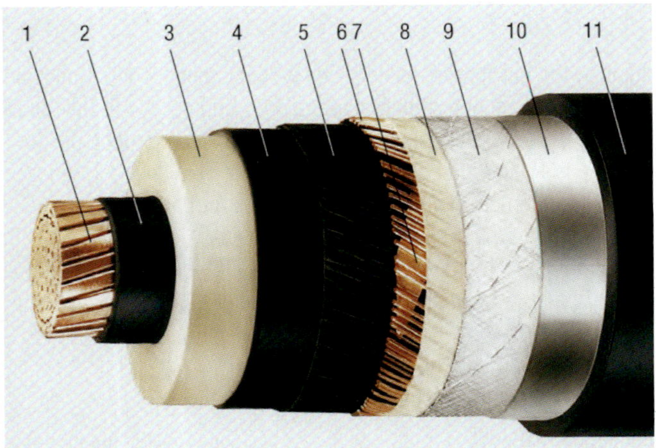

Bild S 2: Einadriges VPE-Kabel für 110 kV; N2XS(FL)2Y, 1x630 RM/35 nach DIN VDE 0276-632

1 mehrdrähtiger Leiter aus Kupfer
2 innere Leitschicht (extrudiert)
3 VPE-Isolierung
4 äußere Leitschicht (extrudiert)
5 leitfähige Polsterung
6 Schirm aus Kupfer
7 Querleitwendel aus Kupfer
8 Quellvlies
9 Polster
10 Schichtenmantel, bestehend aus Alumini-
11 umfolie (10) und einem PE-Mantel (11)

Kabelhandbuch, 9. Auflage, Mario Kliesch / Frank Merschel / weitere Autoren, Rolf Rüdiger Cichowski (Hrsg.), EW Medien – VERLAG, Frankfurt, 2017

Schnelligkeit des Netzschutzes

Um den Umfang der Störung und des Schadens möglichst gering zu halten, soll der Schutz schnell arbeiten. Aus wirtschaftlichen Gründen gilt hier: so schnell wie nötig bzw. technisch möglich. Während aus Stabilitätsgründen im Höchstspannungsnetz Fehlerabschaltungen von etwa 50 ms bis 150 ms gefordert werden, sind im 110-kV-Netz Zeiten von ≤ 200 ms und im Mittelspannungsnetz über 100 ms bis 1 s üblich. Hieraus ergibt sich, dass Schutzeinrichtungen automatisch arbeiten müssen.

Netzschutztechnik,6.Auflage, Walter Schossig Thomas Schossig, Buchreihe Anlagentechnik; Rolf Rüdiger Cichowski (Hrsg.) EW Medien – VERLAG, Frankfurt, 2017

Schraubklemmen

Schraubklemmen: gelten als lösbare Verbindungen. Werden unterschieden nach Art der herzustellenden Verbindung:

- Abzweigklemmen: zur Herstellung von Abzweigverbindungen, wie → *Hausanschlüsse*, → *Abzweigklemmen*

- Anschlussklemmen: dienen zum Anschluss der Kabelleiter an Anlageteile, wie NH-Sicherungsträger
- Verbindungsklemmen: Verbindung von Kabelleitern untereinander, als Einzel- oder Mehrfachverbinder. Vorteil: universelle Anwendungsmöglichkeiten für unterschiedliche Leiterarten, Leiterquerschnitte, Leitermaterialien. Seit einigen Jahrzehnten werden in der Kabelverbindungstechnik zylindrische Schraubverbinder eingesetzt, damit ist eine einfache und zeitsparende Montage möglich. Auch im Mittelspannungsbereich werden die Schraubverbinder für Leiterverbindungen und Schirmverbindungen eingesetzt.

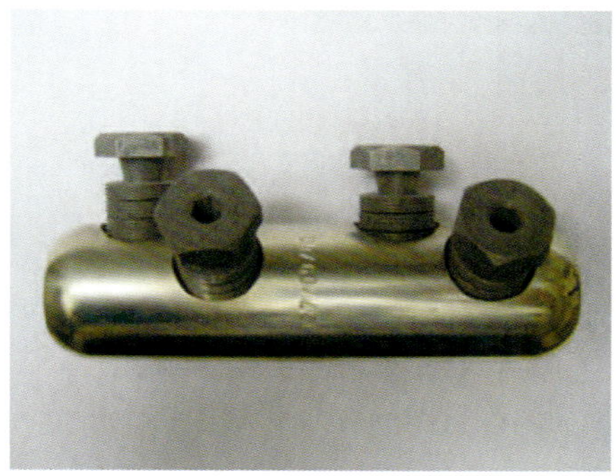

Bild S 3: Zylindrischer Schraubverbinder

Kabelhandbuch, 9. Auflage, Mario Kliesch / Frank Merschel / weitere Autoren, Rolf Rüdiger Cichowski (Hrsg.), EW Medien – VERLAG, Frankfurt, 2017

Schrumpfmuffe

In den Muffen werden mit der Schrumpftechnik Klemmen mit einem Schrumpfteil isoliert und abgedichtet. Schrumpfmuffen erfordern bei der Montage einen höheren Aufwand durch das sorgfältige und intensive Schrumpfen. Die Bilder zeigen Niederspannungsabzweigmuffen in der Warmschrumpftechnik und mit Kaltvergussmasse.

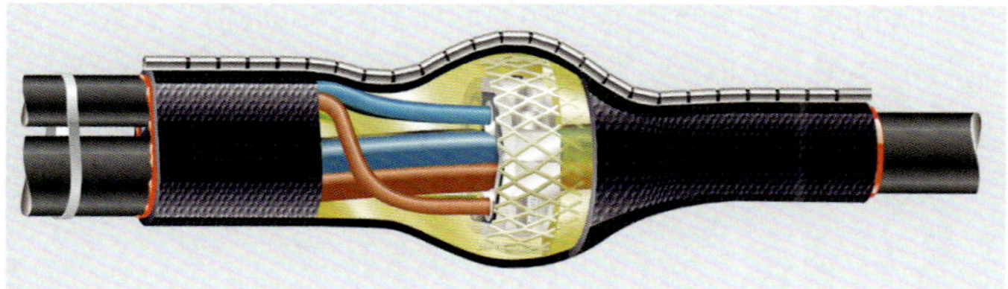

Bild S 4: 1-kV-Abzweigmuffe in Warmschrumpftechnik

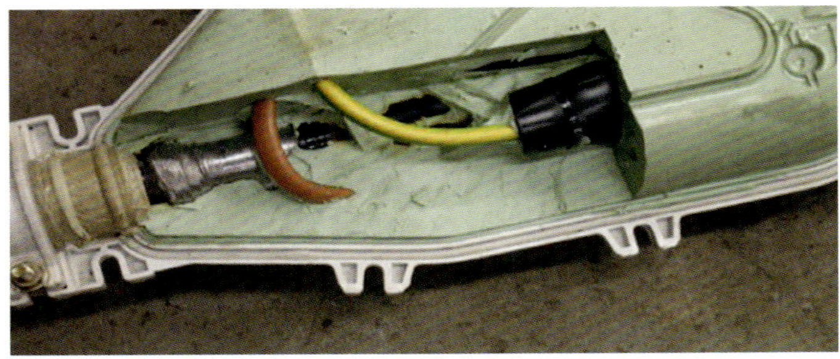

Bild S 5: 1-kV- Abzweigmuffe mit Kaltvergussmasse

Kabelhandbuch, 9. Auflage, Mario Kliesch / Frank Merschel / weitere Autoren, Rolf Rüdiger Cichowski (Hrsg.), EW Medien - VERLAG, Frankfurt, 2017

Schrumpftechnik

Bei Kabelgarnituren werden verschiedene Grundtechniken verwendet, um die Anforderungen, die an sie gestellt sind, zu erfüllen. Dazu gehören:

- Wickeltechnik: Isolierung, Feldsteuerelemente und Schutzhüllen können durch Wickel aus Bändern mit entsprechenden Eigenschaften hergestellt werden
- Vergusstechnik: ein Metall- oder Kunststoffgehäuse wird mit einer Vergussmasse gefüllt und übernimmt den Feuchtigkeitsschutz und die Isolierung
- Gießharztechnik: das ausgehärtete Gießharz, der sog. Gießharzkörper übernimmt die Aufgabe des mechanischen Schutzes und dient gleichzeitig als Feuchtigkeitsschutz und Isolierung
- → *Aufschiebtechnik*
- Schrumpftechnik: Warmschrumpftechnik (auf geweitete Formteile aus vernetztem Kunststoff werden nach dem Aufschieben durch externe Wärmezufuhr auf das abgesetzte Kabel geschrumpft), Kaltschrumpftechnik (auf geweitete, mechanisch vorgespannte Kunststoffformteile werden durch Stützwendel im aufgeweiteten Zustand gehalten und danach die Stützwendel entfernt, wodurch dann das Formteil aufschrumpft)

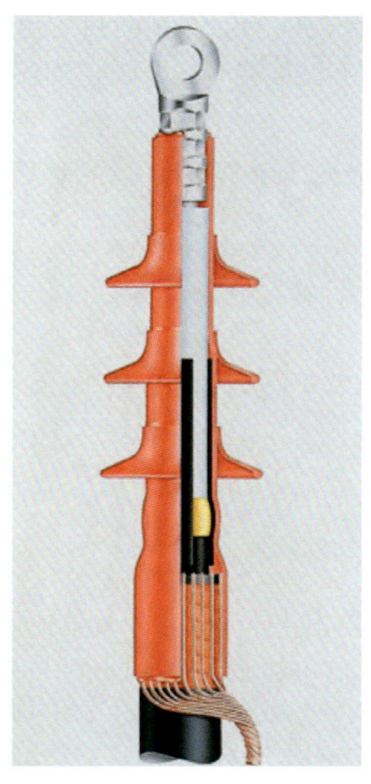

Bild S 6: Warmschrumpf-Endverschluss

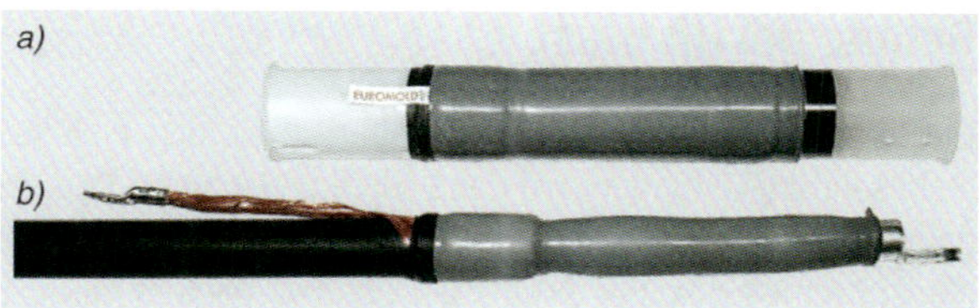

Bild S 7: Kaltschrumpftechnik a)mit Stützrohr vor der Montage b)fertig montierter Endverschluss

Vorteil der Kaltschrumpftechnik: bei der Montage vor Ort keine Wärmezufuhr erforderlich

Nachteil der Kaltschrumpftechnik: begrenzte Lagerfähigkeit und das Schrumpfverhalten bei niedrigen Umgebungstemperaturen unter 5 °C

Kabelhandbuch, 9. Auflage, Mario Kliesch / Frank Merschel / weitere Autoren, Rolf Rüdiger Cichowski (Hrsg.), EW Medien – VERLAG, Frankfurt, 2017

Schutz bei Kurzschluss

Die Schutzmaßnahme Schutz bei Kurzschluss schützt elektrische Betriebsmittel und Anlagen, insbesondere Leitungen und Kabeln, deren Anschluss- und Verbindungsstellen sowie ihre Umgebung gegen zu hohe Erwärmung, hervorgerufen z. B. von Kurzschlussströmen in den Leitern eines Stromkreises. Der Schutz bei Kurzschluss besteht darin, Schutzeinrichtungen vorzusehen, die Kurzschlussströme in den Leitern eines Stromkreises bei Erreichen der maximal zulässigen Kurzschlusstemperatur spätestens nach 5 s unterbrechen. Als Schutzeinrichtungen werden am häufigsten Leitungsschutzsicherungen und Leitungsschutzschalter, aber auch Leistungsschalter oder Teilbereichssicherungen der Betriebsklasse aM, verwendet. Die Schutzeinrichtungen unterbrechen den Kurzschlussstrom, bevor für Leitungen, Kabel und Stromschienen sowie deren Umgebung eine schädliche Erwärmung oder schädliche mechanische Wirkungen hervorgerufen werden können. Schutzeinrichtungen, die nur den Kurzschlussschutz sicherstellen müssen, dürfen dann eingesetzt werden, wenn auf den Schutz bei Überstrom verzichtet werden kann oder wo der Schutz bei Überstrom durch andere Maßnahmen erreicht wird. Die Schutzeinrichtung muss auf jeden Fall den an der Einbaustelle möglichen unbeeinflussten Kurzschlussstrom unterbrechen und einschalten können.

Kenngrößen für die Elektrofachkraft, 3. Auflage, VDE -Schriftenreihe 59, Rolf Rüdiger Cichowski, VDE VERLAG Berlin und Offenbach, 2017

Lexikon der Installationstechnik, 4. Auflage, Schriftenreihe 52, Rolf Rüdiger Cichowski / Anjo Cichowski, VDE Verlag, Berlin und Offenbach, 2013

Die vorschriftsmäßige Elektroinstallation, 21. Auflage, Hösl / Ayx / Busch, VDE VERLAG Berlin und Offenbach, 2016

Schutz bei Überlast

Die Schutzmaßnahme Schutz bei Überlast schützt elektrische Betriebsmittel und Anlagen, insbesondere Leitungen und Kabel, deren Anschluss- und Verbindungsstellen sowie ihre Umgebung gegen zu hohe Erwärmung, hervorgerufen z. B. von Überlastströmen in den Leitern eines Stromkreises. Der Schutz bei Überlast besteht darin, Schutzeinrichtungen vorzusehen, die Überlastströme in den Leitern eines Stromkreises unterbrechen. Als Schutzeinrichtungen werden am häufigsten Leitungsschutzsicherungen und Leitungsschutzschalter verwendet. Die Schutzeinrichtungen unterbrechen den Überlaststrom, bevor er eine für Leitungen, Kabel und Stromschienen schädliche Erwärmung verursacht. Dies ist sichergestellt, wenn die Schutzeinrichtungen den Querschnitten der Leitungen, Kabel und Stromschienen bestimmungsgemäß zugeordnet werden, d.h. Schutzeinrichtungen zum Schutz bei Überlast dürfen ein kleineres Ausschaltvermögen haben, als den an der Einbaustelle zu erwartenden unbeeinflussten Kurzschlussstrom.

Kenngrößen für die Elektrofachkraft, 3. Auflage, VDE -Schriftenreihe 59, Rolf Rüdiger Cichowski, VDE VERLAG Berlin und Offenbach, 2017

Lexikon der Installationstechnik, 4. Auflage, Schriftenreihe 52, Rolf Rüdiger Cichowski / Anjo Cichowski, VDE Verlag, Berlin und Offenbach, 2013

Die vorschriftsmäßige Elektroinstallation, 21. Auflage, Hösl / Ayx / Busch, VDE VERLAG Berlin und Offenbach, 2016

Schutz bei Überstrom

Überströme können entstehen als Überlastströme in einem fehlerfreien Stromkreis oder als Kurzschlussströme durch einen Fehler. Entsprechend wird der Schutz gegen zu hohe Erwärmung eingeteilt in den Schutz bei Überlast und den Schutz bei Kurzschluss. Überstrom-Schutzeinrichtungen schützen Leitungen, Kabel und Stromschienen gegen zu hohe Erwärmung, die durch Überströme hervorgerufen werden kann.

Kenngrößen für die Elektrofachkraft, 3. Auflage, VDE -Schriftenreihe 59, Rolf Rüdiger Cichowski, VDE VERLAG Berlin und Offenbach, 2017

Lexikon der Installationstechnik, 4. Auflage, Schriftenreihe 52, Rolf Rüdiger Cichowski / Anjo Cichowski, VDE Verlag, Berlin und Offenbach, 2013

Die vorschriftsmäßige Elektroinstallation, 21. Auflage, Hösl / Ayx / Busch, VDE VERLAG Berlin und Offenbach, 2016

Schutz gegen gefährliche Körperströme

Schutz gegen gefährliche Körperströme / gegen elektrischen Schlag werden alle Mittel und Maßnahmen bezeichnet, die verhindern, dass ein gefährlicher Strom den Körper eines Menschen oder Tieres durchfließt. Er wird dann als gefährlich bezeichnet, wenn dabei ein schädigender (pathophysiologischer) Effekt (elektrischer Schlag) auftritt. Bei ordnungsgemäßer Herstellung, Errichtung bzw. Aufstellung und bei bestimmungsgemäßer Verwendung dürfen elektrotechnische Erzeugnisse keine Gefahren für Personen und Tiere verursachen. Um dieses Ziel zu erreichen, sind geeignete Schutzmaßnahmen vorzusehen. Das Konzept der Schutzmaßnahmen gegen elektrischen Schlag beruht auf dem Prinzip der zweifachen Sicherheit und ist bei besonderer Gefährdung durch eine dritte Schutzebene zu ergänzen.

Zu unterscheiden ist der:

- Basisschutz
- Fehlerschutz
- Zusatzschutz

Es muss verhindert werden, dass ein gefährlicher Strom den Körper eines Menschen oder eines Nutztiers durchfließt. Dazu sind Maßnahmen zu ergreifen, die Schutzmaßnahmen gegen elektrischen Schlag.

Wichtig: Grenze der dauernd zulässigen Berührungsspannung UL Wechselspannung,
AC: 50 V / Gleichspannung, DC: 120 V

Merke:
2 grundsätzliche Anforderungen:
Ein elektrischer Schlag durch Berühren von unter Spannung stehenden Teilen muss verhindert werden durch:
Isolieren, Abdecken, Umhüllen oder Abstand zu den spannungsführenden Teilen ***(Basisschutz).***
Dies gilt für den Normalzustand, also den ungestörten Betrieb und bei bestimmungsgemäßer Verwendung und ohne Fehler in den Anlagen. Außerdem dürfen ebenso keine Gefährdungen entstehen, wenn durch einen Fehler in der entsprechenden Anlage, z.B. durch eine schadhafte Isolierung die Spannung auf den Körper eines Betriebsmittels verschleppt werden könnte. Der Schutz vor der Gefährdung, die sich im Fehlerfall aus einer Berührung mit Körpern oder fremden leitfähigen Teilen ergeben könnte, ist der Fehlerschutz.

Schutzmaßnahmen zum **Fehlerschutz:**

- Schutz durch automatische Abschaltung der Stromversorgung *)
- Schutz durch doppelte oder verstärkte Isolierung
- Schutztrennung
- Schutz durch Kleinspannung SELV und PELV

**) Schutz durch automatische Abschaltung der Stromversorgung ist die am häufigsten angewendete Schutzmaßnahme in elektrischen Anlagen*

1. Schutzebene: Schutz gegen direktes Berühren (Basisschutz): Schutz vor Gefahren, die sich aus einer Berührung mit aktiven Teilen ergeben
2. Schutz bei indirektem Berühren (Fehlerschutz): Schutz vor Gefahren, die sich im Fehlerfall aus einer Berührung mit dem Körper oder fremden leitfähigen Teilen ergeben
3. Schutz bei direktem Berühren (zusätzlicher Schutz): Ergänzung der Schutzmaßnahmen gegen direktes Berühren, z.B. wenn diese unwirksam werden

Lexikon der Installationstechnik, 4. Auflage, Schriftenreihe 52, Rolf Rüdiger Cichowski / Anjo Cichowski, VDE Verlag, Berlin und Offenbach, 2013

Kenngrößen für die Elektrofachkraft, 3. Auflage, VDE -Schriftenreihe 59, Rolf Rüdiger Cichowski, VDE VERLAG Berlin und Offenbach, 2017

Der rote Faden durch die Gruppe 700 der DIN VDE 0100, VDE-Schriftenreihe 168, Rolf Rüdiger Cichowski, VDE VERLAG Berlin und Offenbach, 2016

Die vorschriftsmäßige Elektroinstallation, 21. Auflage, Hösl / Ayx / Busch, VDE VERLAG Berlin und Offenbach, 2016

Schutz gegen thermische Auswirkungen

Der beste Schutz gegen thermische Auswirkungen von elektrischen Anlagen und Betriebsmitteln, also der Schutz gegen Brände, ist die richtige Auswahl und die normgerechte Errichtung und Installation und das vorschriftsmäßige Betreiben der Anlagen. Elektrische Betriebsmittel dürfen keine Brandgefahr für benachbartes Material darstellen.

Brandursachen für elektrische Anlagen:

- Zündquellen sind häufig Isolationsfehler, mangelhafte Kontaktgabe, Überlast und unzureichende Wärmeabfuhr
- unmittelbare Ursache durch leistungsintensive Verbrauchsmittel, wie Leuchten und Wärmegeräte, die mit entzündlichen Stoffen abgedeckt oder sich in unzulässiger Nähe zu den entzündlichen Stoffen befinden

Leicht entzündliche Stoffe in feuergefährdeten Betriebsstätten:

Feste Stoffe, die selbst weiterbrennen bzw. weiterglimmen(z.B. 10 s einer Flamme ausgesetzt sind) wie Heu Stroh, Strohstaub, Hobelspäne, Holzwolle, loses Papier, Baumwollfasern, Reisig.

Feuergefährdete Räume, wie Arbeitsräume, Trockenräume, Lagerräume in der Textil- oder Holzverarbeitung, in landwirtschaftlichen Betriebsstätten

Maßnahmen gegen zu hohe Oberflächentemperaturen:

- Montage auf Materialien, die der Erwärmung widerstehen können
- Abtrennung durch Materialien von Teilen der Gebäudekonstruktionen
- ausreichender Abstand zu Teilen zur Wärmeableitung

Entstehung eines Brandes durch Fehlerlichtbögen:

- defekte Isolierung zwischen aktiven Leitern, die zu Fehlerströmen führen
- gebrochene oder beschädigte Leiter bei Belastung
- Klemmstellen mit erhöhtem Widerstand

→ Fehlerlichtbogen-Schutzeinrichtungen, AFDD

Kenngrößen für die Elektrofachkraft, 3. Auflage, VDE -Schriftenreihe 59, Rolf Rüdiger Cichowski, VDE VERLAG Berlin und Offenbach, 2017

Lexikon der Installationstechnik, 4. Auflage, Schriftenreihe 52, Rolf Rüdiger Cichowski / Anjo Cichowski, VDE Verlag, Berlin und Offenbach, 2013

Die vorschriftsmäßige Elektroinstallation, 21. Auflage, Hösl / Ayx / Busch, VDE VERLAG Berlin und Offenbach, 2016

Schutzarten

→ IP-Schutzarten (IP-Code)

Schutzerdung

Schutzerdung ist die Erdung eines leitfähigen Teils, das nicht zu den spannungsführenden Teilen gehört, um Personen vor gefährlichen Körperströmen zu schützen.

→ Betriebserdung

Schutztechnik

→ Netzschutztechnik

Seile

Freileitungsseile bestehen aus verdrillten Einzeldrähten. Als Leiterwerkstoff wird vorrangig Aluminium verwendet, manchmal auch Kupfer oder Legierungen wie Aldrey (Al-Mg-Si). Eine hohe Zugfestigkeit ist bei Freileitungen häufig erforderlich, daher haben sog. Verbundleiter eine Stahlseele für die hohe Zugfestigkeit und sind zur ausreichenden Leitfähigkeit mit Aluminiumdrähten umgeben. Die Nachteile der blanken Feileitungsseile, wie Störanfälligkeit, fehlender

Berührungsschutz und Anfälligkeit gegen Baum- und Sträucher Bewuchs können durch →isolierte Freileitungen eliminiert werden.

→ Freileitungen
→ isolierte Freileitungen
→ Beseilung

Freileitung, 2.Auflage, Peter Niemeyer / Andreas Grohs, Buchreihe Anlagentechnik; Rolf Rüdiger Cichowski (Hrsg.) EW Medien - VERLAG, Frankfurt, 2008 (Hinweis: in Kürze erscheint die 3. Auflage)

Seilkriechen

Seilkriechen: im Laufe der Zeit unterliegen die Leiter von Freileitungen bleibende Dehnungen, die zu Durchhangsvergrößerungen führen. Der Kriechvorgang der Leiter beginnt sofort nach der Leitermontage und ist in der ersten Zeit relativ groß. Einfluss auf die Größe und Geschwindigkeit des Kriechvorgangs haben die Leiterart, der Leiterwerkstoff, und die Zugspannung. Bei der Errichtung von Freileitungen zeigen Erfahrungswerte, dass mit etwa 3-4 % des zugrunde gelegten Durchhangs das Seilkriechen berücksichtigt werden muss. Das ist besonders wichtig, weil zu keiner Zeit eine Durchhangsvergrößerung eintreten darf, die zu einer Unterschreitung der geforderten Mindestabstände führen.

Freileitungen, 2. Auflage, Peter Niemeyer / Andreas Grohs, Buchreihe Anlagentechnik, Rolf Rüdiger Cichowski (Hrsg.), EW Medien - VERLAG, Frankfurt, 2008 (Hinweis: 3. Auflage erscheint 1. Quartal 2018)

→ Durchhang von Freileitungen

Selektivität

Selektivität ist die Fähigkeit zum Erkennen des fehlerbehafteten bzw. gefährdeten Betriebsmittels (Fehlerortselektivität) sowie der Fehlerart bzw. des Gefährdungszustandes (Fehlerartselektivität) und dadurch das gestörte Betriebsmittel, aber auch nur dieses, aus dem Netzverband herauszutrennen. Das verbleibende Netz soll also weiterhin Elektroenergie übertragen bzw. verteilen.

Netzschutztechnik,6.Auflage, Walter Schossig Thomas Schossig, Buchreihe Anlagentechnik; Rolf Rüdiger Cichowski (Hrsg.) EW Medien - VERLAG, Frankfurt, 2017

Selektivschutz

Selektivschutz: Maßnahmen zur Fehlererfassung oder anderer anormaler Zustände zur Fehlerabschaltung, Beendigung des anormalen Zustandes oder Meldung

Netzschutztechnik, 6. Auflage, Walter Schossig / Thomas Schossig, Buchreihe Anlagentechnik, Rolf Rüdiger Cichowski (Hrsg.), EW Medien - VERLAG, Frankfurt, 2017

Servicequalität

Die Servicequalität wird als ein Teil der → *Versorgungsqualität* verstanden. Sie ist gekennzeichnet durch die Qualität der Geschäftsvorgänge vor und während der Vertragslaufzeit mit dem Netzbetreiber bzw. Kunden.

Sicherheitsregeln, Fünf

Damit die Gefahren durch den elektrischen Strom für die Elektrofachkraft und die elektrotechnische Person möglichst gering gehalten werden, müssen bei Arbeiten an elektrischen Anlagen und Betriebsmitteln zur Herstellung des spannungsfreien Zustandes Fünf Sicher-

heitsregeln eingehalten werden. Diese Sicherheitsregeln sind in DIN VDE 0105 festgeschrieben und sind die Grundlage für ein sicheres Arbeiten:

- Freischalten
- Sichern gegen Wiedereinschalten
- Spannungsfreiheit feststellen
- Erden und Kurzschließen
- benachbarte, unter Spannung stehende Teile abdecken oder abschranken

Freischalten: Betriebsmittel, Anlagen oder Teile von Anlagen, an denen gearbeitet wird, müssen freigeschaltet werden. Das Freischalten ist die erste der Fünf Sicherheitsregeln, die vor Beginn der Arbeiten an Betriebsmitteln und Anlagen zu beachten ist. Freischalten ist das allseitige Ausschalten oder Abtrennen einer Anlage oder eines Betriebsmittels von allen nicht geerdeten Leitern. Das Freischalten gilt für alle Spannungsebenen. Allseitiges Freischalten bedeutet, dass die Anlage oder Anlageteile von allen möglichen Einspeiserichtungen ausgeschaltet wird. Dabei ist stets auf Rückspannung über Transformatoren, Wandler, aus anderen Netzteilen oder von einspeisenden Stromerzeugungsanlagen zu achten.

Sichern gegen Wiedereinschalten: Schalter oder andere Betriebsmittel, mit denen Anlagen oder Teile von Anlagen freigeschaltet wurden, sind während der Dauer der Arbeiten gegen Wiedereinschalten zu sichern. Sichern gegen Wiedereinschalten bedeutet, dass der freigeschaltete Zustand einer Anlage während der erforderlichen Zeitdauer erhalten bleibt. Es ist sowohl unbeabsichtigtes Wiedereinschalten als auch beabsichtigtes Zuschalten durch Unbeteiligte zu verhindern. Die zweite Sicherheitsregel will Gefahren abwenden, die durch das Wiedereinschalten der Spannung entstehen können.

Spannungsfreiheit feststellen: Es genügt nicht, die Spannungsfreiheit an den Ausschaltstellen zu überprüfen. Es muss auch die Spannungsfreiheit an den Arbeitsstellen selbst festgestellt werden. Nur so können Missverständnisse, Versäumnisse, Verwechslungen und die sich daraus ergebende Gefahr sicher vermieden werden. Im Einzelnen lässt sich dabei feststellen, ob

- beim Freischalten Schalter bzw. Stromkreise verwechselt wurden
- Rückspannungen übersehen wurden
- Beeinflussungsspannungen parallel geführter Leitungen vorhanden sind
- Spannungen aus einer durch das Abschalten angelaufenen Ersatzstromversorgung ansteht
- der Arbeitende sich am falschen Arbeitsplatz befindet
- Neutral- und Schutzleiter durch einen gleichzeitig auftretenden Fehler (z.B. bei Unterbrechung) oder bei nicht wirksam geerdeten Neutralleiter Potentialdifferenzen aufweisen

Für die Feststellung der Spannungsfreiheit stehen unterschiedliche Prüfgeräte und Verfahren zur Verfügung, die ein sicheres Handhaben gewährleisten.

Erden und Kurzschließen: Aktive Teile elektrischer Anlagen, an denen gearbeitet werden soll, müssen nach dem Feststellen der Spannungsfreiheit geerdet und kurzgeschlossen werden. Erden und Kurzschließen ist die vierte der fünf Sicherheitsregeln, die vor Beginn der Arbeiten zu beachten ist. Die wirksame Verbindung der aktiven Teile untereinander und zum Erdpotential verhindert bei ungewollten Einschaltungen gefährliche Berührungsströme und baut mögliche Beeinflussungsspannungen ab, z.B. durch parallel geführte Leitungen. Erden und Kurzschließen an der Arbeitsstelle dienen dem Selbstschutz der arbeitenden Personen.

Benachbarte, unter Spannung stehende Teile abdecken oder abschranken: Dies ist die letzte der fünf Sicherheitsregeln, die vor Beginn der Arbeiten zu beachten ist. Ihre Anwendung dient dem Schutz der arbeitenden Personen vor gefährlichen Körperströmen. Die Schutzmaßnahmen richten sich nach Art, Umfang und Dauer der auszuführenden Arbeiten und nach der Qualifikation der Arbeitskräfte.

DIN VDE 0105 (VDE 0105)   Betrieb von elektrischen Anlagen

Die 5 Sicherheitsregeln, BG ETEM

Sicherheitsschilder

Beim Betrieb von oder bei Arbeiten an elektrischen Anlagen müssen, sofern erforderlich, geeignete Sicherheitsschilder angebracht werden, um auf mögliche Gefährdungen aufmerksam zu machen.

- Form: dreieckig, Spitze nach oben
- schwarze Schrift auf gelbem Grund und schwarze Umrandung

Sicherungen

Sicherungen sind Überstromschutzeinrichtungen, die die elektrischen Anlagen und Betriebsmittel schützen sollen.

Zweck der Sicherungen: Sie sollen den Strom in einem Stromkreis unterbrechen, wenn dieser während einer bestimmten Zeit einen festgelegten Wert überschreitet. Die elektrischen Anlagen und Betriebsmittel können durch Überströme geschädigt werden, die durch Überlastungen und durch Kurzschlussströme entstehen.

Wichtig ist es bei der Auswahl der Überstrom-Schutzeinrichtungen darauf zu achten, dass die Abschaltzeiten der DIN VDE 0100-410:2007-06, Tabelle 41.1 eingehalten werden.

Funktionsweise der Sicherungen:
Sie unterbricht einen Überstrom in dem Stromkreis in der die Sicherung eingesetzt ist, wenn dieser für eine bestimmte, ausreichend lange Zeitdauer einen festgelegten Wert überschreitet. Die Unterbrechung wird erreicht durch das Abschmelzen von dafür ausgelegten bzw. bemessenen Bauteilen, die wiederum für die Abschaltung des Stromkreises sorgen.

Normen für Sicherungen:
Niederspannungssicherungen: DIN EN 60269 (VDE 0636)

Funktionsklasse einer Sicherung:
Kennzeichnet die Fähigkeit bestimmte Ströme ohne Beschädigung zu führen und Überströme in festgelegten Bereichen auszuschalten
g Ganzbereichssicherungen: Ströme, die bis zum Bemessungsstrom dauernd geführt und Ströme vom kleinsten Schmelzstrom bis zum Bemessungsausschaltstrom ausschalten. **Ganzbereichssicherungen können den Überlastschutz und den Kurzschlussschutz übernehmen.**
a Teilbereichssicherungen, Ströme, die bis zum Bemessungsstrom dauernd führen und Ströme oberhalb eines bestimmten Vielfachen ihres Bemessungsstroms bis zum Bemessungsausschaltstrom ausschalten. **Teilbereichssicherungen schützen nur gegen Kurzschluss.**

Schutzobjekt einer Sicherung:

- Kabel- und Leitungsschutz: L
- Schutz für allgemeine Zwecke: G
- Schutz von Motorstromkreisen: M
- Halbleiterschutz: R / S
- Bergbauanlagenschutz: B
- Transformatorenschutz: Tr

Auswahl der Sicherungen nach DIN VDE 0100-530:
Wichtige Hinweise für elektrotechnische Laien, elektrotechnisch unterwiesene Personen und Elektrofachkräfte:

- werden Sicherungen von elektrotechnische Laien gebraucht, müssen die Sicherheitsanforderungen nach DIN EN 60269-3(VDE 0636-3) angewendet werden
- werden Sicherungseinsätze von elektrotechnisch unterwiesenen Personen oder Elektrofachkräften gewechselt, so muss sichergestellt sein, dass es ohne zufälliges Berühren von aktiven Teilen möglich ist. Für Laien dürfen diese Teile nicht zugänglich sein
- es muss verhindert sein, dass Sicherungseinsätze mit unzulässig hohen Bemessungsströmen eingesetzt werden
- Passeinsätze dürfen entfallen, wenn die Bemessungsströme der Sicherungseinsätze und der Sicherungssockel übereinstimmen

→ *NH-Sicherungen*
→ *HH-Sicherungen*

Sicherungshandbuch-Starkstromsicherungen, Herbert Bessei, Hrsg. NH / HH-Recycling e.V. 2011

Skineffekt

Skineffekt, Hauteffekt oder Stromverdrängung: fließt ein Wechselstrom durch einen Leiter, dann kommt es zu einer Stromverdrängung, die sich so auswirkt, dass die äußere Zone des Leiters im stärkeren Maße die Stromleitung übernimmt. Die Ursache dafür ist, dass der vom Wechselstrom herrührende Wechselfluss eine Wirbelspannung hervorruft, die ihrerseits einen Wirbelstrom fließen lässt, der sich am äußeren Rand den Strömungslinien des fließenden Wechselstromes überlagert, im Inneren des Leiters dem Hauptstromfluss entgegen gerichtet ist, d.h. die Stromdichte am Rande eines Leiters ist größer als in seinem Innern. Diese Tatsache wird als Stromverdrängung bezeichnet. Sie ist umso ausgeprägter, je höher die Frequenz ist. Die Verdrängung des Stroms auf eine kleinere Fläche bedeutet wiederum eine Zunahme des ohmschen Widerstandes. Dadurch erhöhen sich auch die Verluste bei Kabeln. Neuere Entwicklungen der Kabeltechnik zeigen Möglichkeiten der Reduzierung der Skineffekte durch den Einsatz von oxidierten oder mit Lack isolierten Drähten in Segmentleitern.

*Kabelhandbuch, 9. Auflage, Mario Kliesch / Frank Merschel / weitere Autoren,
Rolf Rüdiger Cichowski (Hrsg.), EW Medien - VERLAG, Frankfurt, 2017*

Smart Billing

Detaillierte digitale Abrechnung des Gas- bzw. Stromverbrauchs mit Hilfe von Smart Metering.

→ *Smart Grid*
→ *Smart Metering*
→ *smart home*

Smart Grid

Intelligentes Stromnetz, das eine Kommunikation zwischen Erzeugern, Speichern, Netzen und Verbrauchern / Kunden in alle Richtungen ermöglicht und die Einspeisung dezentral erzeugter Energie erleichtert.

→ *Smart Metering*
→ *Smart Billing*
→ *smart home*

Smart home

Smart home: das intelligente, vernetzte Zuhause der Zukunft, es findet den preiswertesten Strom, schließt automatisch Fenster und Türen, lässt Haushaltsgeräte in Echtzeit miteinander kommunizieren, bringt den Bewohnern weitere technische Unterstützung, hilft effiziente elektrische Betriebsmittel einzusetzen und damit Energie zu sparen.

→ *Smart Billing*
→ *Smart Grid*
→ *smart metering*

Smart Metering

Einsatz intelligenter, d.h. elektronischer Stromzähler, die eine Fernablesung ermöglichen. Intelligente Verbrauchsmesser, die Smart Meter, übermitteln den aktuellen Stromverbrauch über Datennetze. Auch die Datenübertragung zum PC des Verbrauchers ist möglich. **Merke:** Messen, um zu lenken, um zu steuern, d.h. ein Anreiz zu verbrauchssteuerndem, verbrauchsverlagerndem Verhalten der Kunden und eine innovative Netzsteuerung durch die Netzbetreiber.

→ *Smart Billing*
→ *smart home*
→ *Smart Grid*

Spannungsebenen

In Verteilungsnetzen haben sich verschiedene Spannungsebenen historisch entwickelt, die in DIN IEC 60038 ebenfalls empfohlen sind. Bei den genannten Spannungswerten handelt es sich um Netznominalspannungen. In dem Bild sind empfohlene Spannungsstufen und die entsprechenden Einsatzbereiche wiedergegeben. Nennspannung eines Netzes: nach VDE 0175-1 der geeignete gerundete Spannungswert zur Bezeichnung oder Identifikation eines Netzes.

Einteilung	Nominal-spannung	Einsatzbereich
Nieder-spannung	400 V / 230 V 500 V	Haushaltsversorgung Industrielle Kleinverbraucher und Gewerbebetriebe Motorische Verbraucher
Mittel-spannung	6 kV 10 kV 20 kV 30 kV	Hochspannungsmotoren in der Industrie, Kraftwerkseigen-bedarf Städtische Versorgung, Industrienetze Ländliche Versorgung, Industrienetze Elektrolyseanlagen, Öfen, Stromrichterantriebe, gelegent-lich ländliche Versorgung
Hoch-pannung	110 kV 220 kV 380 kV	Städtische Transport- und Verteilernetze Transportnetze mit überregionalen Aufgaben Europaweites Verbundnetz

Tabelle S 2: Empfohlene Spannungsstufen nach DIN IEC 60038 (Quelle: Netzsystemtechnik)

DIN IEC 60038 (VDE 01751)   CENELECNormspannungen

Netzsystemtechnik, Jürgen Schlabbach / Dieter Metz, VDE VERLAG Berlin und Offenbach, 2005

Spannungsfall

Spannungsfall: Verringerung der Spannung durch den Stromfluss in den Leitungen und den Betriebsmitteln bis hin zum Endkunden. Bei der Verteilung der elektrischen Energie entsteht an den Leitungen ein Spannungsfall. Die Nennspannung sollte zwar möglichst an jedem Betriebsmittel ohne Spannungsdifferenzen anstehen, aber dies ist aus physikalischen Gründen nicht immer möglich. Daher wird in den Normen ein Toleranzbereich angegeben, in dessen Grenzen ein ordnungsgemäßer Betrieb elektrischer Betriebsmittel möglich ist. In den Gerätebestimmungen ist in der Regel als oberer bzw. unterer Grenzwert ± 10 % zugelassen, und dies jeweils bezogen auf die Nennspannung des Betriebsmittels. DIN VDE 0100-520 legt fest, dass der Spannungsfall vom Schnittpunkt zwischen → *Verteilungsnetz* und → *Verbraucheranlage* bis zum jeweiligen Anschlusspunkt des Verbrauchsmittels nicht größer als 4 % der Nennspannung des Netzes sein darf. In DIN 18015-1 und in den TAB sind einmal für die Hauptstromversorgungssysteme – für die Leitung zwischen der Übergabestelle des Netzbetreibers (in der Regel der Hausanschlusskasten) und den Messeinrichtungen (Zähler) – und zum anderen für einzelne Stromkreise in der Verbraucheranlage Werte für den maximalen Spannungsfall genannt.

Der maximal zulässige Spannungsfall in Verbraucheranlagen für einzelne Stromkreise ist:

- 3 % für Beleuchtungs- und/ oder Steckdosenstromkreise von der Messeinrichtung (Zähler) bis zu den Steckdosen bzw. Leuchten
- 3 % für Verbrauchsmittel mit separatem Stromkreis von der Messeinrichtung bis zur Verbrauchseinrichtung

Für die individuelle Berechnung des Spannungsfalls können in Abhängigkeit der Spannungsart die Formeln (Bild Gleichungen für die Berechnung des Spannungsfalls) benutzt werden.

Spannungsart	Berechnungsformel
Gleichstrom	$\Delta U = \frac{2 \cdot l \cdot I}{\kappa \cdot S} = \frac{2 \cdot l \cdot P}{\kappa \cdot S \cdot U}$
Einphasen-Wechselstrom	$\Delta U = \frac{2 \cdot l \cdot I}{\kappa \cdot S} \cdot \cos\varphi = I \cdot 2 \cdot l \left(R \cdot \cos\varphi + x \cdot \sin\varphi\right)$
Drehstrom	$\Delta U = \frac{\sqrt{3} \cdot l \cdot I}{\kappa \cdot S} \cdot \cos\varphi = \sqrt{3} \cdot l \cdot I \left(R \cdot \cos\varphi + x \cdot \sin\varphi\right)$
prozentualer Spannungsfall	$\varepsilon = \frac{\Delta U}{U} \cdot 100\,\%$

D*U* Spannungsfall in V
e prozentualer Spannungsfall in %
l Leitungslänge in m bei Berechnung mit κ, in km bei Berechnung mit *R* und *x* / Strom in A
S Querschnitt in mm2
P Wirkleistung in kW
κ spezifische Leitfähigkeit in m/(∧ mm2)
U Nennspannung in V
R Ohm'scher Widerstand in ∧/km bei 20 °C
i induktiver Widerstand in ∧/km
φ Phasenverschiebung

Tabelle S 3: Gleichungen für die Berechnung des Spannungsfalls (Quelle: Lexikon der Installationstechnik)

Art der Anlage oder des Betriebsmittels		Norm	maximal zulässiger Spannungsfall
bezogen auf die Nennspannung der einzelnen Betriebsmittel		Gerätebestimmungen	±10 %
bezogen auf die Nennspannung der Anlage		DIN VDE 0100-520	4 % [1]
Hauptstromversorgungssysteme	Leistungsbedarf bis 100 kVA bis 250 kVA bis 400 kVA über 400 kVA	TAB und DIN 18015-1	0,5 % 1,0 % 1,25 % 1,5 %
Verbraucheranlagen	Beleuchtungs- und Steckdosenstromkreise	DIN 18015-1	3 % [2] (früher 1,5 %)
	Verbrauchsmittel mit separatem Stromkreis		3 % [2]
[1] Richtwert für die Planung			
[2] vom Zähler bis zur Verbrauchseinrichtung			

Tabelle S 4: Maximal zulässiger Spannungsfall (Quelle: Lexikon der Installationstechnik)

VDE 0100 und die Praxis, Gerhard Kiefer / Herbert Schmolke,16. Auflage, VDE VERLAG, Berlin und Offenbach, 2017

Lexikon der Installationstechnik, Schriftenreihe 52, Rolf Rüdiger Cichowski / Anjo Cichowski, VDE VERLAG, Berlin und Offenbach, 2013

Kenngrößen für die Elektrofachkraft, 3. Auflage, VDE – Schriftenreihe 59, Rolf Rüdiger Cichowski, VDE VERLAG Berlin und Offenbach, 2017

DIN VDE 0100-520 (VDE 0100-520) Errichten von Niederspannungsanlagen, Kabel und Leitungsanlagen

DIN VDE 0100 (VDE 0100) Errichten von Starkstromanlagen mit Nennspannungen bis 1000V, maximal zulässige Längen von Kabeln und Leitungen

Spannungshaltung

Spannungshaltung: Netze der Stromversorgung müssen so geplant und betrieben werden, dass eine der international genormten Spannungen für die jeweilige Netzebene gewählt ist und die Spannung in den Netzen innerhalb des zulässigen Bereichs gehalten werden kann. Das Spannungsband /Toleranzband nach DIN IEC 60038 (VDE 0175) ist für das Niederspannungsnetz: $\Delta U_{max} \leq +/- 10\% \cdot U_n$.

Weitere Details siehe Literatur: Netzsystemtechnik, Planung und Projektierung von Netzen und Anlagen der Elektroenergieversorgung.

Wichtig ist, dass die Spannungshaltung im Normalbetrieb und auch im Störungsfall eingehalten werden muss, was durch den dynamischen Zubau der regenerativen Erzeugungsanlagen in den Verteilungsnetzen eine Herausforderung für die Netzbetreiber darstellt, denn es ist eine geeignete Koordination der entsprechenden Spannungsregler erforderlich. Die Spannungshaltung lässt sich unterteilen in:

- Statische Spannungshaltung
- Dynamische Spannungsstützung

→ *Statische Spannungshaltung*
→ *Dynamische Spannungsstützung*

Netzsystemtechnik, Planung und Projektierung von Netzen und Anlagen der Elektroenergieversorgung, Jürgen Schlabbach / Dieter Metz, VDE VERLAG Berlin und Offenbach,2005

Spannungsqualität

Folgende Parameter sind für die Netzspannungsqualität relevant:

- Spannungseinbrüche
- Spannungshöhe, langsame Spannungsänderungen
- Versorgungsunterbrechungen (kurz, lang)
- Schnelle Spannungsänderungen, Flicker
- Spannungsunsymmetrie
- transiente und netzfrequente Überspannungen
- Spannungsform (Oberschwingungen, Zwischenharmonische, Signalspannungen)

Die Spannungsqualität wird bestimmt durch:

- Netzbetreiber: die Qualität der Netze der jeweiligen Netzbetreiber
- Netzkunden: die Netzrückwirkungen von Erzeugungsanlagen und Verbrauchsgeräten
- Umwelteinflüsse: Versorgungsunterbrechungen werden stark beeinflusst durch atmosphärische Erscheinungen, wie Gewitter, starker Wind oder Eis Last
- Umfeldeinflüsse: Eingriffe Dritter, wie Erd- und Baggerarbeiten

Maßnahmen der Netzbetreiber, die die Spannungsqualität erhöhen bzw. verbessern:

- bei steigender Netz Last angepasster Ausbau der Netze
- Netzbetriebsführung: ständige Netzüberwachung
- Auswahl und Einsatz leistungsfähiger Anlagen und Betriebsmittel
- Maßnahmen zur Begrenzung der Rückwirkungen störender Kundengeräte auf die Versorgungsspannung

Negative Auswirkungen auf die Spannungsqualität durch Verbraucher oder Erzeuger:

Art der Netzrückwirkung	Auswirkungen	Beispiele
Oberschwingungen	Schwingungen mit anderer Frequenz als 50 Hz	Gleichrichter, Energiesparlampen, EDV-Geräte, Unterhaltungselektronik, Frequenzumrichter oder Wechselrichter in Windkraftanlagen
Flicker	Flackern und Flimmern verursacht durch Lastschwankungen	Schweißmaschinen, Lichtbogenöfen
Unsymmetrien	Einphasiger Anschluss von leistungsstarken Verbrauchern kann zu Überhitzung von Motoren führen	Durchlauferhitzer, PV- Anlagen

Tabelle S 5: Negative Netzrückwirkungen auf die Spannungsqualität

Merke: wichtig ist ein sicherer und zuverlässiger Netzbetrieb, in dem die Netzrückwirkungen der an das Netz angeschlossenen Betriebsmittel, Erzeugungs- und Verbrauchsanlagen in einem verträglichen Rahmen gehalten werden können.

→ *Versorgungszuverlässigkeit*
→ *Störungsstatistik*
→ *Servicequalität*
→ *Versorgungsqualität*
→ *Verfügbarkeitsstatistik*
→ *Rückwirkungsstörung*
→ *Nichtverfügbarkeit*

Spannungswandler

Ein Spannungswandler ist ein elektrotechnisches Gerät, das Spannung in eine Spannung einer anderen Größenordnung umformt. Es kann sich dabei um eine Gleichspannung (DC) oder Wechselspannung (AC) handeln, die in eine andere Gleich- oder Wechselspannung umgewandelt wird. Eine in der Energietechnik benutzte Bezeichnung für den Spannungswandler ist die des Stromrichters. Die Arbeitsweise gleicht einem leistungsmäßig kleinen und in der Übersetzung sehr genauen Transformator. Sie übersetzen die Kenngrößen der Spannung von genormten Primärwerten auf ebenfalls genormte Sekundärwerte.

→ *Messwandler*
→ *Stromwandler*

Netzschutztechnik,6.Auflage, Walter Schossig Thomas Schossig, Buchreihe Anlagentechnik; Rolf Rüdiger Cichowski (Hrsg.) EW Medien - VERLAG, Frankfurt, 2017

Spannweiten

Spannweiten: Abstände der Stützpunkte von Freileitungen werden zum großen Teil nach wirtschaftlichen Gesichtspunkten und den örtlichen Gegebenheiten festgelegt. Sie sollten möglichst gleich groß sein, um Differenzzüge gering zu halten. **Merke:** Spannweite ist die waagerechte Entfernung zwischen zwei aufeinander folgenden Stützpunkten. Für die Ermittlung der waagerechten Entfernung der Aufhängepunkte ist gegebenenfalls die Winkelstellung der Querträger zu beachten. Die wirtschaftlichste Spannweite wird beeinflusst durch folgende Rahmenbedingungen:

- Kosten für den Grunderwerb oder Entschädigung
- Verwendete Masten und Gründungen
- Leiterart und Leiterquerschnitt
- Gewählte Seilzugspannung
- Beschaffenheit des Geländes

Spannungsberreich	U_{Nenn} in kV	Werkstoff	Spannfeldlänge in m
Niederspannung	0,4	Holz, Beton, Stahl	40-80
Mittelspannung	10-45	Holz, Beton, Stahl	80-140 100-220

Tabelle S 6: Mastwerkstoffe und mittlere Spannweiten

Normalleitungen: Spannweiten bis etwa 60 m (in der Regel Niederspannungsfreileitungen, aber auch als Weitspannleitungen möglich)

Weitspannleitungen: Spannweiten über 60 m (Mittelspannungsfreileitungen)

Freileitungen, 2. Auflage, Peter Niemeyer / Andreas Grohs, Buchreihe Anlagentechnik, Rolf Rüdiger Cichowski (Hrsg.), EW Medien - VERLAG, Frankfurt, 2008
(Hinweis: 3. Auflage erscheint 1. Quartal 2018)

Spezifischer Erdwiderstand

Der spezifische Erdwiderstand ρ_E ist der spezifische elektrische Widerstand der Erde, der als Widerstand zwischen zwei gegenüberliegenden Würfelflächen eines Erdwürfels mit einer Kantenlänge von 1 m definiert wird. Er wird angegeben in: Ωm2/m = Ωm

Der spezifische Erdwiderstand ρ_E ist starken Schwankungen unterworfen.

Er ist abhängig von:

- Bodenart und Körnung
- Bodendruck
- Feuchtigkeit, zeitlichen Schwankungen durch Niederschläge bis zu einigen Metern Tiefe, in tieferen Bereichen durch Grundwasser
- Temperatur
- Schichtung des Erdreichs mit zunehmender Tiefe

Erdungsanlagen, 2. Auflage, Thomas Niemand / Andreas Schröder, Buchreihe Anlagentechnik, Hrsg. Rolf Rüdiger Cichowski, EW -VERLAG Frankfurt a. M. und VDE VERLAG, Berlin und Offenbach, 2016

Spitzenkappung

Die Spitzenkappung ist ein neues Netzplanungsinstrument zur Vermeidung, Reduzierung oder nur Verschiebung des Netzausbaubedarfs. Den gesetzlichen Rahmen für die Anwendung der Spitzenkappung bildet das → *Strommarktgesetz* aus 2016. Die Netzbetreiber können eigenverantwortlich die Spitzenkappung anwenden, eine Pflicht zur Anwendung besteht nicht. Zur Spitzenkappung nennt ein VDE /FNN-Hinweis „Spitzenkappung – mehr Flexibilität in der Netzplanung" einfache und komplexere Verfahren zur Anwendung. Es werden verschiedene Ausgestaltungsvarianten und wichtige Aspekte zur Umsetzung beschrieben. Eine Übersicht über verschiedene Verfahren zur Umsetzung der Spitzenkappung, Berechnungsverfahren sowie Informationen zu Dokumentations- und Meldepflichten und zusätzliche Beispiele und Empfehlungen sind ebenfalls enthalten. Die Verfahren und Berechnungen können auf einen einfachen Nenner gebracht werden: je höher der Berechnungs- und Datenaufwand ist, desto mehr Netzausbau kann theoretisch eingespart werden.

VDE / FNN – Hinweis: Spitzenkappung – mehr Flexibilität in der Netzplanung

Spitzenlast

Spitzenlast: kurzzeitig auftretende hohe Leistungsnachfrage im Verteilungsnetz. Der erhöhte Leistungsbedarf liegt ganzjährig täglich etwa zwischen 11.00 Uhr und 14.00 Uhr und zwischen Oktober und März nochmal bei etwa 16.30 Uhr und 19.00 Uhr. Der Spitzenwert für das jeweilige Jahr tritt in den Wintermonaten bei nieselig, feuchter Witterung ein. Für die Planung der elektrischen Anlagen und Betriebsmittel ist die Ermittlung der Belastungsverhältnisse eine wichtige

Grundlage, so auch die Kenntnis über die Spitzenlast. Während die übergeordneten Netzebenen über genaue Informationen zur vorhandenen Belastung des jeweiligen Gebietes, der Großtransformatoren und der Stationsabgänge verfügen und die Belastungsentwicklung meist über Jahrzehnte zurück zu verfolgen gestatten, liegen die Verhältnisse in Niederspannungsnetzen wesentlich ungünstiger. Schon die Belastung (auch nicht die Spitzenlast) der von der Netzstation abgehenden Niederspannungskabel ist meist nicht mehr bekannt. Die Belastungshöchstwerte werden nicht zuverlässig erfasst. Die Netzbetreiber helfen sich dadurch, dass mathematische Ableitungen aus den Haushalts-Jahresverbräuchen der Kunden ermittelt werden.

Planung öffentlicher ElektrizitätsverteilungsSysteme, Wolfgang Kaufmann, VWEWVerlag, 1995

Spitzenleistungsaufnahme

Jeder Stromverbraucher kann als Kunde der Netzbetreiber sich einen entsprechenden Tarif wählen, der von seinem persönlichen Strombedarf, seinen Gewohnheiten, seinem Umfeld und weiteren Rahmenbedingungen abhängig ist. Benötigt der Stromkunde eine höhere Leistung, so wird dem Verbraucher ein entsprechender Leistungstarif zugeordnet. Je mehr sich der Verbrauch eines Stromkunden auf kurze Zeiträume beschränkt, desto höher ist der jeweilige Leistungstarif, d.h. die Spitzenleistungsaufnahmen ist ein Parameter zur Bestimmung der maximalen Leistung, die dieser Verbraucher innerhalb einer Viertelstunde vom Netz beansprucht. Diese Spitzenleistungsaufnahme wird in kW oder MW gemessen.

Staberder

Der Staberder zählt zur Gruppe der Tiefenerder. Die Tiefenerder sollten dann eingesetzt werden, wenn zunehmend mit der Tiefe des Bodens der → *spezifische Erdwiderstand* sinkt. Wird ein → *Ausbreitungswiderstand* in einer bestimmten Größenordnung gefordert und

sind zum Erreichen dieses Wertes mehrere Tiefenerder erforderlich, so ist ein gegenseitiger Mindestabstand von der doppelten wirksamen Länge des einzelnen Erders anzustreben. Materialien für Staberder:

- ~ 10 mm Rundstahl verzinkt
- 100 mm Profilstahl verzinkt
- ~ 20 mm Cu-Rohr

→ *Erder*

DIN VDE 0100-540 Errichten von Niederspannungsanlagen

(VDE 0100-540) Erdungsanlagen und Schutzleiter und Schutzpotentialausgleichsleiter
DIN VDE 0141 (VDE 0141) Erdungen für spezielle Starkstromanlagen mit Nennspannungen über 1 kV

Starkstromkabelanlage

→ *Kabel*

Stationsarten

→ *Netzstationen*

Statische Spannungshaltung

Die → *Spannungshaltung* dient dazu die Spannung im jeweiligen Netz, im Normalbetrieb und im Störungsfall, innerhalb des zulässigen Bereichs zu halten.

Zur statischen Spannungshaltung wird im Normalbetrieb Blindleistung benötigt, die zur Begrenzung der Verluste möglichst nah am Ort des jeweiligen Bedarfs bereit gestellt werden sollte. Als Rahmenbedingungen werden diese Notwendigkeiten bereits bei der Planung des Netzes berücksichtigt. Währen des Netzbetriebs können zusätzliche Maßnahmen ergriffen werden:

- Bereitstellung von Blindleistung durch Erzeugungsanlagen
- Stufung von Transformatoren (→ *Regelbare Ortnetztransformatoren*)
- Einsatz von Blindleistungskompensationsanlagen (→ *Blindleistungskompensation*)
- Einsatz von Spannungsreglern

Weitere Informationen:

FNN-Studie „Statische Spannungshaltung, 2014"

Blindleistungskompensation und Energieversorgungsqualität, 3. Auflage, Christian Dresel / Martin Große-Gehling/ Jürgen Reese / Jürgen Schlabbach, Buchreihe Anlagentechnik, Hrsg. Rolf Rüdiger Cichowski, EW-VERLAG, VDE VERLAG Berlin und Offenbach, 2017

Statischer Schutz

Der Statische Schutz wird auch als analog-elektronischer Schutz bezeichnet. Mit dem Einzug der Elektronik war es möglich, die beweglichen Teile der Mess-, Zeit- und Verknüpfungsglieder zu ersetzen. Dieser statische Schutz ermöglichte eine höhere Genauigkeit und Schnelligkeit. Trotzdem wurden nicht alle Erwartungen der Anwender mit dieser 2. Schutzgeneration in den siebziger Jahren erfüllt. Insbesondere der höhere Gleichstrombedarf im Ruhezustand, die geringere Sicherheit gegen Überfunktionen, notwendige EMV-Maßnahmen und großer Dokumentationsaufwand wirkten sich ungünstig aus. Durch die wesentlich höhere Anzahl an Bauelementen kam es gegenüber der Elektromechanik zu einem Rückgang der Zuverlässigkeit und Gesamtverfügbarkeit. Durch die Entwicklung des Mikroprozessors konnte der → *digitale Schutz* bei den Schutzeinrichtungen Anfang der achtziger Jahre eingeführt werden.

Netzschutztechnik, 6.Auflage, Walter Schossig Thomas Schossig, Buchreihe Anlagentechnik; Rolf Rüdiger Cichowski (Hrsg.) EW Medien - VERLAG, Frankfurt, 2017

Stelltransformatoren

Bei wechselnder Belastung von Transformatoren ist es notwendig, die Ausgangsspannung an die Lastverhältnisse anzupassen, damit die Spannung am Anschluss der Kunden in den zulässigen Grenzen bleibt. Dazu ist es möglich, die Oberspannungswicklung im Sternpunkt mit Anzapfungen zu versehen, die unter Last mit Stufenschaltern geschaltet werden. Die starren Spannungsänderungen durch Umsteller, die nur im spannungslosen Zustand geschaltet werden können, sind bei lastabhängigen Schwankungen der Spannung nicht brauchbar. Daher werden bei Großtransformatoren nur Stelltransformatoren mit Stufenschaltern verwendet. Damit ist es dann möglich, zeitgerecht die Spannung an die Lastverhältnisse des Netzes anzupassen.

Transformatoren, 2. Auflage, Rudolf Janus / Hermann Nagel, Buchreihe Anlagentechnik, Rolf Rüdiger Cichowski (Hrsg.), EW Medien - VERLAG, Frankfurt, 2005

→ *Regelbare Ortnetztransformatoren*

Sternpunktbehandlung

Die Sternpunktbehandlung bestimmt die Betriebsweise eines Drehstromnetzes. Für den Normalbetrieb hat die Art der Sternpunktbehandlung von Drehstromnetzen fast keine Bedeutung. Sie bestimmt jedoch wesentlich das Betriebsverhalten beim Auftreten unsymmetrischer Fehler, besonders einpoliger Erdfelder. Die Spannungsbeanspruchung der Isolation der nicht fehlerbetroffenen Leiter und die Höhe des Fehlerstroms sind abhängig von der Impedanz der Verbindung zwischen Netzsternpunkt und Erde.

Neben der Beherrschung von Spannungsbeanspruchungen der Isolation, von Berührungsspannungen, von Strombeanspruchungen der Erdungsanlage und Beeinflussungen von benachbarten Anlagen müssen Fehlerortung und Fehlerabschaltung sicher gewährleistet sein. Die Suche nach dem technisch-wirtschaftlichen Optimum führt zwangsläufig zu unterschiedlichen Arten der Sternpunktbehandlung in den einzelnen Netzen. Spannungsebene, Netzaufbau, Netzbetriebsweise und Netzgröße, Zuverlässigkeit der Versorgung, Aufwand für Erdungsanlagen, Netzschutz und das Störungsgeschehen sind wichtige Randbedingungen für die richtige Wahl der Sternpunktbehandlung.

Vorteile verschiedener Arten der Sternpunkterdung : Isolierter Sternpunkt :

- Fortführung des Netzbetriebs
- Netzschutz nur zweipolig erforderlich
- geringe Beeinflussung benachbarter Leitungen bei kleinem Erdschlussstrom
- geringe Zerstörung bei kleinem Erdschlussstrom Erdschlusskompensation:

Fortführung des Netzbetriebs bei Erdschluss
- Netzschutz nur zweipolig erforderlich
- kleiner Erdfehlerstrom, da nur Erdschlussreststrom
- geringe Beeinflussung benachbarter Leitungen bei Erdschluss
- geringe Zerstörung durch Erdschlussstrom
- selbstständiges Löschen des Erdschlusslichtbogens im Freileitungsnetz

Niederohmige Sternpunkterdung:
- Reduzierung transienter Überspannungen
- geringe kurzzeitige Verlagerungsspannung
- geringe Einwirkdauer des Erdfehlerstroms
- erdschlussbehafteter Netzteil durch Schutzauslösung bekannt, weitere Fehlereingrenzung durch Kurzschlussanzeiger möglich

Nachteile verschiedener Arten der Sternpunkterdung:

Isolierter Sternpunkt:
- Erdschlusssuche erforderlich, schwierige Ortung der Fehlerstelle
- lang anhaltende Spannungserhöhung bei Erdfehlern und damit Gefahr von Mehrfacherdschluss

Erdschlusskompensation:
- Erdschlusssuche erforderlich, schwierige Ortung der Fehlerstelle
- lang anhaltende Spannungserhöhung bei Erdfehlern und damit Gefahr von Mehrfacherdschluss
- Investitionen für E-Spule
- höhere transiente Erdschlussüberspannung bei ungenauer Abstimmung

Niederohmige Sternpunkterdung:
- keine Fortführung des Netzbetriebs, erdschlussbehaftete Strecke wird automatisch abgeschaltet
- Netzschutz dreipolig erforderlich
- Probleme der Nullimpedanz bei Distanzschutz
- hohe Erdkurzschlussströme,
- Investitionen für Erdungsanlagen

Sternpunktbehandlung, Jürgen Schlabbach, Buchreihe Anlagentechnik, Rolf Rüdiger Cichowski (Hrsg.), EW Medien – VERLAG, Frankfurt, 2002

Sternpunkterder

Es gibt verschiedene Möglichkeiten, den Sternpunkt der Transformatoren zu erden oder auch isoliert zu lassen.

→ *Sternpunktbehandlung*

Störlichtbogen

Störlichtbogen bzw. Lichtbogenkurzschluss: Kurzschluss, bei dem der Stromkreis durch einen elektrischen Bogen am Ort des Fehlers geschlossen wird. Die Entstehung eines Störlichtbogens: Fehler, der auf einen Zusammenbruch der Isolation zurückzuführen ist. Isolationsdurchbrüche sind die häufigste Voraussetzung für die Entstehung von Störlichtbögen. Die eigentlichen Anlässe sind meist Überspannungen infolge von Wanderwellen, indem an Stellen unsachgemäßer Konstruktion, starker Verschmutzung oder auch durch einen Materialfehler der Isolationsdurchbruch eingeleitet wird. Eine weitere Ursache der Störlichtbögen sind Fehlschaltungen an Trennern. Durch den Lichtbogen des Kurzschlusses werden erhebliche Druck- und Wärmewirkungen verursacht, deren Auswirkungen in erster Linie von der Lichtbogenleistung bzw. von der Lichtbogenarbeit abhängen.

In den DIN VDE-Bestimmungen wird gefordert, Schaltanlagen so zu errichten, dass Personen beim Bedienen gegen Störlichtbögen weitgehend geschützt sind. Diese Bedingung ist erfüllt, wenn eine der nachstehenden oder andere gleichwertige Maßnahmen getroffen sind:

- Lasttrennschalter anstelle von Trennschaltern, die Lasttrennschalter müssen den am Einbauort maximal auftretenden Betriebsstrom ausschalten können und für das Einschalten auf Kurzschluss geeignet sein
- Schaltfehlerschutz für Trennschalter und Erdungsschalter, z.B. Verriegelung, einschaltfeste Erdungsschalter, unverwechselbare Schlüsselsperren
- Bedienung der Anlage aus sicherer Entfernung
- Einbau geeigneter Schutzvorrichtungen, z.B. Lichtbogenleitbleche, Lichtbogenfenster, Vollwandtüren, Trennwände

DIN EN 61936-1 Starkstromanlagen mit Nennwechselspannungen über 1 kV (VDE 0101-1)

→ Schaltlichtbogen

Störungsstatistik

VDE / FNN veröffentlicht jährlich eine eigene Störungs- und Verfügbarkeitsstatistik. Sie enthält präzise Daten über Störungen der Elektrizitätsversorgungsnetze und zur Zuverlässigkeit der Netze. Bei der Erfassung wirkt ein Großteil aller Netzbetreiber in Deutschland mit, so dass von etwa 75 % der gesamten Stromkreislänge Daten vorliegen, die entsprechend ausgewertet werden können. Deutschland verfügt über eines der zuverlässigsten Stromnetze in Europa. Ziel ist es, durch eine genaue Erfassung des Störungs- und Schadengeschehens die Spitzenstellung in der Zuverlässigkeit der Stromversorgung zu halten bzw. noch zu verbessern, trotz einem weiter steigenden Anteil erneuerbarer Energien in den Netzen. Die → *Versorgungszuverlässigkeit* ist gekennzeichnet durch die Anzahl und die Dauer der Versorgungsunterbrechungen. Dabei wird unterschieden nach geplanten und zufälligen Versorgungsunterbrechungen. Bei den geplanten Unterbrechungen aus betriebsnotwendigen Gründen bei dem Netzbetreiber hat der Stromkunde Zeit, um eigene Maßnahmen zu treffen und somit die wirtschaftlichen Schäden des Stromausfalls in Grenzen zu halten.

Vorteile der Störungsstatistik:

- Überblick über das Störungsaufkommen
- Grundlage für Netzbetreiber, um aus der Analyse Maßnahmen abzuleiten
- ermöglicht eine sachgerechte Interpretation der Kennzahlen und lässt Tendenzen erkennen(z.B. dass die Mittelspannungsebene einen entscheidenden Einfluss auf die Versorgungszuverlässigkeit hat)
- Grundlage für Zuverlässigkeitsberechnungen
- Grundlage für die Qualitätsregulierung durch die BNetzA

→ *Versorgungszuverlässigkeit*
→ *Servicequalität*
→ *Versorgungsqualität*
→ *Verfügbarkeitsstatistik*
→ *Rückwirkungsstörung*
→ *Nichtverfügbarkeit*

Strahlenerder

Strahlenerder: Oberflächenerder, der in geringer Tiefe bis etwa 1 m eingebracht wird. Er ist meist eine Kombination von Banderdern, die sternförmig angeordnet ins Erdreich verlegt werden. Um die gegenseitige Beeinflussung der einzelnen Banderder gering zu halten, soll der Winkel zwischen den Strahlen nicht kleiner als 60° gewählt werden. Ist die Länge der einzelnen Strahlen bei gleichzeitiger Einhaltung der Mindestwinkel größer als 3 m, so kann der Ausbreitungswiderstand näherungsweise wie bei einem langen Banderder berechnet werden. Für die Länge ist dabei die Gesamtlänge aller Strahlen einzusetzen.

$$R_\mathrm{A} = \frac{3\rho_\mathrm{E}}{L}$$

→ *Banderder*
→ *Oberflächenerder*
→ *Ringerder*
→ *Tiefenerder*
→ *Fundamenterder*

Strahlennetz

Strahlennetz: ist ein Anschlussnetz, die Leitungen gehen strahlenförmig von einer Netzstation aus und haben untereinander keine weitere Verbindung. Die Leitungen können ihrerseits weiter verzweigen. Sie können schaltbare Verbindungen zu Nachbarnetzen haben, die aber meist nur in Störungsfällen eingeschaltet werden. Die einfachste Netzform ist auch im Mittelspannungsnetz das Strahlennetz; aus Mittelspannungsstichleitungen werden mehrere Ortnetzstationen versorgt. In der Ortnetzstation verwandelt dann ein Transformator die Spannung von 10 KV in Niederspannung und aus der Niederspannungsverteilung werden dann mehrere Kabel ins Niederspannungsnetz der jeweiligen Region eingespeist und die Wohneinheiten bzw. Gewerbebetriebe mit Strom aus der Niederspannung versorgt. Die Transformatoren der Ortsnetzstationen haben in der Regel eine Leistung von 100 bis 630 KVA. Abhängig von dieser Leistung und den regionalen Besonderheiten stehen Ortnetzstationen in Städten etwa in einem Abstand von 300 - 500 Metern. Die HH-Sicherung in der Station übernimmt den Kurzschlussschutz und die NH-Sicherung den selektiven Schutz der abgehenden Niederspannungsleitungen.

→ *Maschennetz*
→ *Ringnetz*

Straßenleuchte

→ *Leuchten für die Straßenbeleuchtung*
→ *Lampen für die Straßenbeleuchtung*

Strombelastbarkeit

Strombelastbarkeit: wird aktuell als Dauerstrombelastbarkeit bezeichnet. Sie ist der Maximalwert eines Stroms, den ein Leiter, ein Betriebsmittel oder eine elektrische Anlage dauernd führen kann. Es muss vermieden werden, dass z.B. Kabel oder Freileitungsseile durch den Strom unzulässig hoch belastet werden und die hohe Temperatur in den Betriebsmitteln die Geräte beschädigen. **Merke:** die Belastbarkeit Ib darf an keiner Stelle und zu keinem Zeitpunkt die zulässige Belastbarkeit Iz überschreiten: $I_b < I_z$. Die zulässige Strombelastbarkeit (Dauerstrombelastbarkeit) ist der höchste Strom, der von einem Betriebsmittel oder einer elektrischen Anlage dauernd geführt werden kann, ohne dass die Beharrungstemperatur einen festgelegten Wert überschreitet. Die Strombelastbarkeit ist abhängig von: dem Nennquerschnitt und dem Material, von der Kabel- und Leitungsbauart, von der Verlegeart, von den Umgebungsbedingungen und der Betriebsart.

$I_b \leq I_n \leq I_z$ (Bedingung 1) Der Betriebsstrom muss kleiner sein als die zulässige Dauerstrombelastung der Leitung und kleiner sein als der Bemessungsstrom der Schutzeinrichtung.
$I_2 \leq 1{,}45\ I_z$ (Bedingung 2) Der benötigte Strom für eine wirksame Abschaltung muss kleiner sein als das 1,45 -fache der zulässigen Dauerstrombelastbarkeit der Leitung
es bedeuten: I_b Betriebsstrom des Stromkreises (Belastung) I_z zulässige Belastbarkeit der Leitung, des Kabels bzw. der Stromschienen I_n Nenn- oder Einstellstrom der Überstrom-Schutzeinrichtung I_2 Auslösestrom der Überstrom-Schutzeinrichtung (großer Prüfstrom)

Tabelle S 7: Bedingungen zum Schutz bei Überlast für die Zuordnung der Schutzeinrichtungen zu den Querschnitten der Kabel, Leitungen und Stromschienen

DIN VDE 0100-430 (VDE 0100-430) Errichten von Niederspannungsanlagen, Schutz bei Überstrom

DIN VDE 0298-4 (VDE 0298-4) Verwendung von Kabeln und isolierten Leitungen für Starkstromanlagen, Empfohlene Werte für die Strombelastbarkeit von Kabeln und Leitungen für die feste Verlegung in und an Gebäu den und von flexiblen Leitungen.

DIN VDE 0100-200 (VDE 0100-200) Errichten von Niederspannungsanlagen, Begriffe

Kenngrößen für die Elektrofachkraft, 3. Auflage, VDE - Schriftenreihe 59, Rolf Rüdiger Cichowski, VDE VERLAG Berlin und Offenbach, 2017

Stromkennzeichnung

Bei dem Begriff „ Stromkennzeichnung" handelt es sich um eine EU-Richtlinie, die fordert, dass Netzbetreiber verpflichtet sind, den Endverbraucher über die Herkunft und über die Art der Stromerzeugung zu informieren. Das bedeutet, die Stromkennzeichnung stellt einen verbesserten Verbraucherschutz dar, denn der Verbraucher kann sich durch Werbematerial und / oder Rechnungen darüber informieren lassen, wie der Strom, den er verbraucht, produziert ist bzw. aus welchen Energiequellen sich der gelieferte Strom zusammensetzt. Nationale Vorgaben richten sich nach § 42 EnWG und § 54 EEG

Die Netzbetreiber sind nach einer EU-Richtlinie verpflichtet, den Kunden bzw. Endverbraucher über die Herkunft und die Art der Stromerzeugung zu informieren. Dabei muss dem Kunden deutlich werden, aus welchen Energiequellen sich der Ihnen gelieferte Strom zusammensetzt und welche u.U. Umweltschäden die Produktion des Stroms verursachen kann.

Stromkreislängen

Das Stichwort soll die Dimension und die Bedeutung der Anlagentechnik für Deutschland bewusst machen. Es sind gerundete Zahlen, die auf Angaben des BDEW / BNetzA aus 2010 beruhen. Danach werden von den Netzbetreibern in Deutschland etwa 1,7 Mio km Leitungsnetze betreut. Mit nur etwa 18 Minuten Stromausfall müssen die Kunden im Durchschnitt jährlich rechnen, dies entspricht einer sehr hohen Zuverlässigkeit von 99,9965 Prozent. Vergleicht man dazu die durchschnittliche Unterbrechungsdauer der Stromversorgung je Kunden in Minuten z.B. aus Spanien mit etwa 104 Minuten, wird die Leistung der deutschen Netzbetreiber überdeutlich.

	Nieder-spannung 0,4 kV	Mittel spannung 6 bis 60 kV	Hoch spannung 60 bis 220 kV	Höchst spannung 220 bis 380 kV	Gesamte Strom-kreislänge
Strom-kreislängen (Deutsch-land) in km	1.110.000	500.000	77.0000	36.000	1.723.000

Tabelle S 8: Netze der Zukunft, BDEWBroschüre, April 2011

Strommarktgesetz

Der Energiemarkt ist im Umbruch. Erneuerbare Energien nehmen einen immer größer werdenden Anteil an der gesamten Erzeugung des Stromes ein. Die Nutzung der Kernenergie endet in Deutschland im Jahr 2022 und die Strommärkte in Europa wachsen weiter zusammen. Trotz der gewaltigen Veränderungen im Strommarkt muss die Versorgungszuverlässigkeit gewährleistet werden. Das Gleichgewicht zwischen der Einspeisung und der Entnahme von Strom müssen stimmen.

Das am 30.07.2016 in Kraft getretenen Strommarktgesetz enthält für sich genommen keine eigenständigen Regelungen. Vielmehr werden durch dieses bestehende Gesetze geändert. Das Strommarktgesetz kann auch als Mantelgesetz verstanden werden.

Die Zielbestimmungen zur Grundsatzentscheidung für einen weiterentwickelten Strommarkt und aus der zunehmenden Integration in den europäischen Strommarkt:

- die freie Preisbildung für Elektrizität soll gestärkt werden durch wettbewerbliche Marktmechanismen
- die ununterbrochen Balance von Angebot und Nachfrage nach Strom an den Strommärkten soll ermöglicht werden, (Vorhaltefunktion des Strommarktes)

- Erzeugungsanlagen, Anlagen zur Speicherung elektrischer Energie und Lasten insbesondere sollen möglichst umweltverträglich, netzverträglich, effizient und flexibel in dem Maße eingesetzt werden, dass die Sicherheit und Zuverlässigkeit des Elektrizitätsversorgungssystems sichergestellt ist, (Einsatzfunktion des Strommarktes)
- der Elektrizitätsbinnenmarkt soll gestärkt sowie die Zusammenarbeit insbesondere mit den an das Gebiet der Bundesrepublik Deutschland angrenzenden Staaten sowie mit dem Königreich Norwegen und dem Königreich Schweden intensiviert werden.

Stromwandler

Ein Stromwandler ist ein Messwandler, der einen hohen Primärstrom in ein gut zu verarbeitendes elektrisches Signal überträgt. Im engeren Sinne wird darunter ein auf messtechnische Erfordernisse ausgelegter Transformator verstanden, der zum potentialfreien Messen großer Wechselströme dient. Die Stromwandler übersetzen die Kenngröße des Stroms von genormten Primärwerten auf ebenfalls genormte Sekundärwerte(häufig 1 A).

Zum Einsatz im Stromnetz gibt es Ausführungen von Stromwandlern für alle Spannungsebenen
- Messzwecke: zur Erzeugung eines innerhalb des Messbereiches möglichst proportional herabgesetzten Stromes für Strommessegeräte. Solche Wandler schützen sich und die angeschlossenen Messgeräte bei Überstrom, indem sie in die Sättigung gehen.
- Schutzzwecke: zur Übertragung eines herabgesetzten Stromes an Schutzrelais, Steuer- und Regelgeräte. Solche Wandler liefern auch bei hohen Überströmen noch ein primärstromabhängiges Ausgangssignal.

→ *Messwandler*
→ *Spannungswandler*

Netzschutztechnik,6.Auflage, Walter Schossig Thomas Schossig, Buchreihe Anlagentechnik; Rolf Rüdiger Cichowski (Hrsg.) EW Medien - VERLAG, Frankfurt, 2017

Summenstromwandler

Eine Sonderform des Stromwandlers ist der Summenstromwandler, wie er etwa in Fehlerstromschutzeinrichtungen (RCDs) verwendet wird. Dieser umfasst alle Stromleiter des zu schützenden Stromkreises inklusive des Neutralleiters. In einem fehlerfreien Stromkreis heben sich im Summenstromwandler die magnetischen Wirkungen der stromdurchflossenen Leiter auf. Es entsteht kein Restmagnetfeld, das eine Spannung auf die Sekundärwicklung des Wandlers induzieren könnte, d.h. die Summe aller durch den Fehlerstromschutzschalter fließenden Ströme ist bei einem fehlerfreien Stromkreis gleich Null. Erst wenn durch z.B. einen Isolationsfehler ein Fehlerstrom fließt, verbleibt ein Restmagnetfeld im Wandlerkern. Dadurch wird in der Sekundärwicklung eine Spannung erzeugt, die über den Haltemagnet - Auslöser und das Schaltschloss die Abschaltung des Stromkreises mit der zu hohen Berührungsspannung bewirkt. Differenzströme können auftreten, wenn durch den menschlichen Körper oder eine schadhafte

Isolierung ein Fehlerstrom fließt. Die entstehende Stromdifferenz löst den FI-Schutzschalter aus. Neben einem geringen Bemessungsdifferenzstrom von 5 mA bis 30 mA ist auch eine extreme kurze Auslösezeit von max. 20-30ms von großer Bedeutung.

→ *Messwandler*
→ *Stromwandler*
→ *Spannungswandler*

Netzschutztechnik,6.Auflage, Walter Schossig Thomas Schossig, Buchreihe Anlagentechnik; Rolf Rüdiger Cichowski (Hrsg.) EW Medien - VERLAG, Frankfurt, 2017

Supraleitende Kabel

Durch die Energiewende stehen den Netzbetreibern für die Verteilungs- und Übertragungsnetze neue Herausforderungen bevor, so auch in der Kabeltechnologie. Dazu gehören die Gasisolierte Leitung (GIL), die Supraleitung und die Hochspannungsgleichstromübertragung.

→ *Hochspannungsgleichstromübertragung*
→ *Hochtemperatur-Supraleiter (HTS)*
→ *Gasisolierte Leitungen*

Kabelhandbuch, 9. Auflage, Mario Kliesch / Frank Merschel / weitere Autoren, Rolf Rüdiger Cichowski (Hrsg.), EW Medien - VERLAG, Frankfurt, 2017

Systeme nach Art der Erdverbindung

Im Zuge der Harmonisierung der Normenwerke sind die früher nationalen Bezeichnungen für die Schutzleiter-Schutzmaßnahmen wie Schutzerdung, Fehlerstrom-Schutzschaltung und Nullung durch international anerkannte Begriffe ersetzt worden. Das neue Gliederungsschema unterscheidet die Systeme nach Art der Erdverbindung und den Erdungsverhältnissen:

- Stromquelle bzw. Niederspannungs-Verteilungsnetz
- Körper in elektrischen Verbraucheranlagen Daraus sind drei unterschiedliche Systeme abgeleitet:

→ *TN-System*
→ *TT-System*
→ *IT-System*

DIN VDE 0100-410 Errichten von Niederspannungsanlagen

(VDE 0100-410) Schutz gegen elektrischen Schlag

Kenngrößen für die Elektrofachkraft, 3. Auflage, VDE - Schriftenreihe 59, Rolf Rüdiger Cichowski, VDE VERLAG Berlin und Offenbach, 2017

T-Muffen

T-Muffe: der Abzweig vom Hauptkabel zweigt rechtwinklig zum abgehenden Kabel ab. T-Muffen sind Abzweigmuffen, die meistens als Hausanschlussmuffen gebraucht werden. Sie ermöglichen das Abzweigen des Kabels mit gleichem oder ungleichem Leiterquerschnitt und unterschiedlicher Isolationsart, wie papierisoliertes Kabel oder Kunststoffkabel.

Starkstromkabelanlagen, 2. Auflage, Mario Kliesch / Frank Merschel, Buchreihe Anlagentechnik, Rolf Rüdiger Cichowski (Hrsg.), EW Medien - VERLAG, Frankfurt, 2010

Technische Anschlussbedingungen, TAB Hochspannung

Große Stromverbraucher werden direkt an die Hochspannungsebene (110 kV) des öffentlichen Netzes angeschlossen. Dies können sein, Erzeugungsanlagen aus dem Bereichen der Windkraft, der Photovoltaik, der Heizkraftwerke oder der Pumpspeicher. Die gültigen Anwendungsbedingungen VDE-AR-N-4120 beschreibt die Anforderungen an den Anschluss und den Betrieb von Kundenanlagen an das Hochspannungsnetz. In diesen Bedingungen werden teilweise Anforderungen aus dem Transmission Code 2007 und der Richtlinie EEG-Erzeugungsanlagen Hochspannung und Höchstspannungsnetz abgelöst. Die Themen Blindleistungsbereitstellung und Spannungshaltung sind in VDE -AR-N 4120 neu geregelt.

→ *Technische Anschlussregeln, VAR*
→ *Technische Anschlussregeln, TAR Niederspannung*
→ *Technische Anschlussregeln, TAR Mittelspannung*
→ *Technische Anschlussbedingungen, TAB*

Technische Anschlussbedingungen, TAB

Technische Anschlussbedingungen: konkretisieren die allgemein → *anerkannten Regeln der Technik* und gelten für Neuanschlüsse (Anschlussänderungen: Umbau, Erweiterung, Rückbau, Demontage) an das Mittel- oder Niederspannungsnetz. Die TAB der einzelnen Netzbetreiber orientieren sich an einer BDEW-Richtlinie. Sie legen die Anforderungen für eine sichere und zuverlässige Versorgung fest und beschreiben die Anmeldung bis zum Betrieb und ergänzen z.B. für Anlagen im Niederspannungsnetz die Allgemeinen Bedingungen für den Netzanschluss und dessen Nutzung für die Elektrizitätsversorgung in Niederspannung, → *NAV*. Der Kunde ist verpflichtet, die Einhaltung der Anschlussbedingungen sicherzustellen und die Anforderungen nachzuweisen. Wichtige Inhalte zu den Technischen Anschlussbedingungen Niederspannung; herausgegeben von den Netzbetreibern für ihr jeweiliges Versorgungsgebiet:

- Geltungsbereich
- Anmeldung elektrischer Anlagen und Geräte
- Inbetriebsetzung der elektrischen nAnlage
- Plpmbenverschlüsse
- Netzanschluss

- Hauptstromversorgung
- Mess- und Steuereinrichtungen, Zählerplätze
- Stromkreisverteiler
- Steuerung und Datenübertragung
- Elektrische Verbrauchsgeräte
- Vorübergehend angeschlossene Anlagen
- Auswahl von Schutzmaßnahmen
- Erzeugungsanlagen mit bzw. ohne Parallelbetrieb

→ *Technische Anschlussregeln, TAR*
→ *Technische Anschlussregeln, TAR Niederspannung*
→ *Technische Anschlussregeln, TAR Mittelspannung*
→ *Technische Anschlussbedingungen, TAB Hochspannung*

Technische Anschlussregeln, TAR

Die Technischen Anschlussregeln werden von VDE / FNN erarbeitet und sollen als Grundlage dazu dienen, die Netzintegration erneuerbarer Energien zu ermöglichen durch wesentliche Anforderungen für den Anschluss von Kundenanlagen an die öffentliche Energieversorgungsnetze. Durch die starken Veränderungen in allen Netzebenen, hervorgerufen durch den Anschluss vieler kleiner Erneuerbare-Energie-Anlagen, sind einheitliche Anforderungen an Kundenanlagen für einen sicheren Betrieb der Netze erforderlich. Durch einheitliche Mindestanforderungen ergibt sich für Netzbetreiber der Vorteil, dass bei Einhaltung dieser Anwendungsregeln die Kundenanlagen sich mindestens netzverträglich verhalten. Das zukünftige Regelwerk wird folgende Anwendungsregeln enthalten:

- Höchstspannung: VDE-AR-N-4130
- Hochspannung: VDE-AR-N 4120
- Mittelspannung: VDE-AR-N 4110
- Niederspannung: VDE-AR-N 4105

Hinweis: einzelne Anschlussregeln befinden sich im Entwurfsstadium bzw. werden überarbeitet.

→ *Technische Anschlussregeln Niederspannung*
→ *Technische Anschlussregeln Mittelspannung*
→ *Technische Anschlussregeln Hochspannung*

Technische Anschlussregeln, TAR Mittelspannung

Auch im Mittelspannungsbereich gewinnen die Anschlüsse von Erzeugungsanlagen im Zuge der Energiewende wie im Niederspannungsnetz (→ *TAR Niederspannung*) immer mehr an Bedeutung. Daher sind für die Planung, Errichtung und für den Anschluss von elektrischen Anlagen Mindestanforderungen zu berücksichtigen, die durch VDE / FNN veröffentlicht werden. Zukünftig wird VDE-AR-N 4110 für den Anschluss und den Betrieb am Mittelspannungsnetz gültig sein.

Für den Anschluss und den Betrieb von Anlagen am Mittelspannungsnetz sind aktuell folgende Dokumente gültig:

- Technische Anschlussbedingungen für den Anschluss an das Mittelspannungsnetz, BDEW
- Erzeugungsanlagen am Mittelspannungsnetz, BDEW
- Regelungen und Übergangsfristen für bestimmte Anforderungen in Ergänzung zur technischen Richtlinie: Erzeugungsanlagen am Mittelspannungsnetz, BDEW

→ *Technische Anschlussregeln, VAR*
→ *Technische Anschlussregeln, TAR Niederspannung*
→ *Technische Anschlussregeln, TAB Hochspannung*
→ *Technische Anschlussbedingungen, TAB*

Technische Anschlussregeln, TAR Niederspannung

Es sind technische Anforderungen für die Planung, die Errichtung und den Anschluss elektrischer Anlagen an das Niederspannungsnetz der jeweiligen Netzbetreiber zu beachten. Diese Anforderungen haben ihre Berechtigung durch das Energiewirtschaftsgesetz(EnWG) und werden von den Netzbetreibern für den Netzanschluss von Erzeugungsanlagen, für Anlagen zur Speicherung elektrischer Energie, für Anlagen direkt angeschlossener Kunden und für Verbindungsleitungen und Direktleitungen für die Auswahl, Auslegung und den Betrieb festgelegt. Zu diesen Mindestanforderungen können auch die Anwendungsregeln des VDE / FNN zusätzlich zu den → *TAB* und den ergänzenden Hinweisen zu den TAB durch den jeweiligen Netzbetreiber verwendet werden.

Für den Anschluss und den Betrieb von Anlagen am Niederspannungsnetz sind aktuell folgende Dokumente gültig:

- Anforderungen an Zählerplätze(VDE-AR-N 4101)
- Anschlussschränke im Feien(VDE-AR-N-4102)
- Erzeugungsanlagen am Niederspannungsnetz(VDE-AR-N 4105)
- VDN-Richtlinie Notstromaggregate
- VDE-Richtlinie Überspannungsschutzeinrichtungen Typ 1

→ *Technische Anschlussregeln, VAR*
→ *Technische Anschlussregeln, TAR Mittelspannung*
→ *Technische Anschlussregeln, TAB Hochspannung*
→ *Technische Anschlussbedingungen, TAB*

Teilbereichssicherungen (a)

Teilbereichssicherungen: können nur große Ströme ab einem Vielfachen ihres Nennstroms ausschalten. Sie sind nur für den Kurzschlussschutz geeignet und werden daher mit anderen Einrichtungen für den Überlastschutz kombiniert.

→ *Sicherungen*
→ *Ganzbereichssicherungen*
→ *HH-Sicherungen*
→ *NH-Sicherungen*

Sicherungshandbuch, Herbert Bessei, Hrsg. die Deutschen Hersteller von NH / HH -Sicherungseinsätzen

Teilentladungen, TE

Teilentladung: der elektrische Durchschlag von Isoliersystemen. Es wird dabei nur ein Teil der gesamten Isolierstrecke überbrückt, aber aus dieser Teilentladung ist es auch möglich, dass sich in anderen Bereichen der Isolation die Feldstärke bis zum Durchschlag der gesamten Isolation erhöht. Korona: TE in Gasen (Hochspannungsfestigkeit von Gasen). TE in festen Stoffen: führt zu chemischen Zersetzungen in der Isolation und damit altert die Isolierung des Betriebsmittels.

Die Erfassung, Ortung und Bewertung von TE in der Isolierung von Garnituren und Mittelspannungskabeln bietet die Möglichkeit der Früherkennung von Schwachstellen. Um eine möglichst genaue Beurteilung des Gefährdungsgrades von TE-Fehlstellen vornehmen zu können, sollte die Frequenz der Belastungsspannung im Bereich der Netzfrequenz liegen.

TE-Fehlstellen in Kabeln entstehen durch:
- den Herstellungsprozess der Isolierung
- mechanische Beschädigung
- fehlerhafte Montage in den Muffen oder Endverschlüssen
- thermische Degradation (Verringerung des Wertes oder der Eigenschaft) in Muffen mit unsachgemäß ausgeführten Leiterverbindungen

Innere Leitschicht an Mittel- und Hochspannungskabeln: sie verhindert die Entstehung von TE an der Grenzschicht zwischen Leiter und Isolierung.

TE-Messungen: sehr detaillierte Erläuterung in:

Eigenschaften von Energiekabeln und deren Messung, 3. Auflage, Ekkehard Kuhnert / Fred Wizne rowicz, EW Medien - VERLAG, Frankfurt, 2012

Kabelhandbuch, 9. Auflage, Mario Kliesch / Frank Merschel / weitere Autoren, Rolf Rüdiger Cichowski (Hrsg.), EW Medien - VERLAG, Frankfurt, 2017

Teillastbetrieb

Wird eine Anlage bzw. ein Netz mit weniger als der maximal möglichen Leistung betrieben, so kann man von Teillast sprechen, d.h. der Teillastbetrieb ist der Betrieb einer Anlage mit reduzierter Leistung. Oder anders ausgedrückt, beschreibt der Teillastbetrieb bei Anlagen, die der Stromerzeugung dienen, die Betriebszeiten, zu denen die Anlage aufgrund äußerer Umstände nicht mit optimaler, voller Leistung arbeitet, z.B. kann eine Windenergieanlage wegen geringer Windgeschwindigkeiten nicht mit voller Umdrehungszahl arbeiten, so befindet sie sich im Teillastbetrieb. Bei ausreichend hohen Windgeschwindigkeiten arbeitet die Windkraftanlage effizient im Nennbetrieb.

Tiefenerder

Feuerverzinkte Rohre, Vollstäbe oder Profilstäbe werden als Tiefenerder senkrecht bis in größere Tiefen in den Erdboden eingebracht und können dadurch die oft wesentlich bessere Leitfähigkeit der tiefen Erdschichten nutzen. Im Gegensatz zu den → *Oberflächenerdern* ist mit geringerem Aufwand an Erdarbeiten der erforderliche → *Ausbreitungswiderstand* zu erreichen.

Vorteile der Tiefenerder	• Aufwand der Erdarbeiten ist im Gegensatz zu Oberflächenerdern geringer • Der Ausbreitungswiderstand unterliegt keinen jahreszeitlichen Schwankungen • Der Ausbreitungswiderstand kann sofort nach der Errichtung des Tiefenerders gemessen werden • Tiefenerder kann die oft bessere Leitfähigkeit der tiefen Erdschichten nutzen
Länge des Tiefenerders	Einzelner Erder: ca .1,5 m langes Rohr, Vollstab oder Profilstab Kompletter Tiefenerder zusammengesetzt aus mehreren Einzelerdern von 7,5 bis 15 m Länge
Parallele Tiefenerder	Zur Verbesserung des Ausbreitungswiderstandes können mehrere Erder parallel geschaltet werden, wichtig dabei ist, dass die gegenseitige Beeinflussung gering gehalten werden kann. **Merke:** für den Abstand von Tiefenerdern gilt: Entfernung mindestens 2-fache wirksame Erderlänge

Tabelle T 1: Tiefenerder- kurz gefasst

→ *Ausbreitungswiderstand*
→ *Oberflächenerder*
→ *Maschenerder*
→ *Fundamenterder*
→ *Staberder*
→ *Ringerder*

Erdungsanlagen, 2. Auflage, Thomas Niemand / Andreas Schröder, Buchreihe Anlagentechnik, Hrsg. Rolf Rüdiger Cichowski, EW Medien - VERLAG, Frankfurt, VDE VERLAG Berlin und Offenbach, 2016

TN-System

TN-System: der einspeisende Transformator ist direkt geerdet und die Körper über den Schutzleiter (PE) bzw. PEN-Leiter mit dem Betriebserder verbunden. Je nach Anordnung des Neutralleiters und des Schutzleiters unterscheidet man drei Arten von TN-Systemen:

- TN-S-System, Neutralleiter und Schutzleiter werden im gesamten System getrennt verlegt
- Neutralleiter und Schutzleiter sind im gesamten System getrennt.
- Schutzeinrichtung: Schmelzsicherungen, Leitungsschutzschalter, Fehlerstrom-Schutzeinrichtung(RCD,
- Der Fehlerstrom wird zum Kurzschlussstrom und führt zur Abschaltung unter folgender Bedingung: $Z_S \cdot I_a \leq U_0$

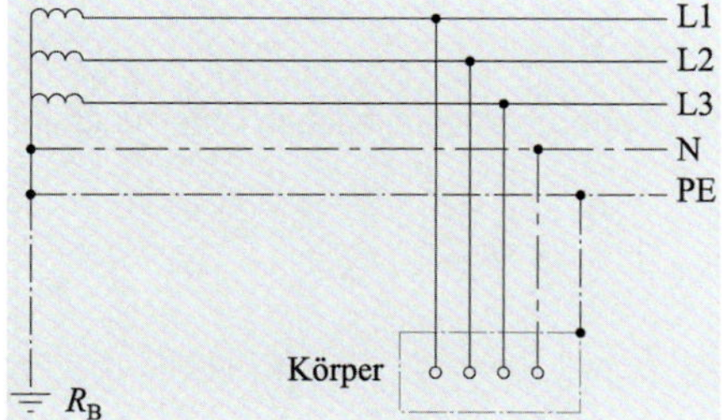

Bild T 1: TN-S-System (fünf Leiter)

- TN-C-System, Neutralleiter und Schutzleiter werden in einem Leiter (PEN-Leiter) im gesamten System zusammengefasst (nur bei Querschnitten ab 10 mm2 Cu zulässig)
- Neutralleiter und Schutzleiter sind im gesamten System in einem PEN-Leiter kombiniert.
- Abschaltung: U_0 = 230 V: Abschaltzeit: ≤ 0,4 s ; RCD $I_a = I\Delta_n$ Abschaltzeit ≤ 0,2 s, selektiver RCD Abschaltzeit ≤ 0,5 s

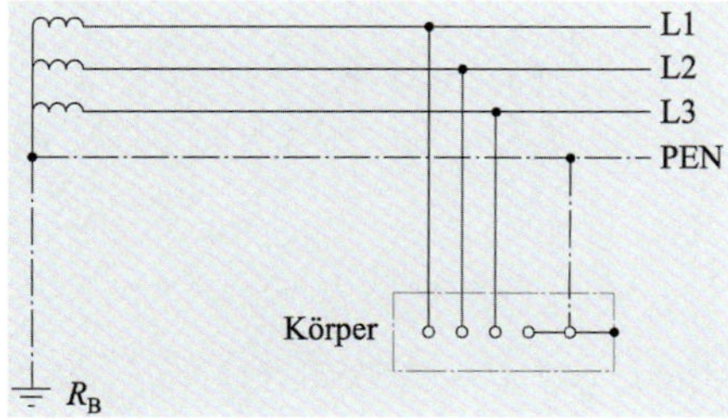

Bild T 2: TN-C-System (vier Leiter)

- TN-C-S-System, Neutralleiter und Schutzleiter werden in einem Teil der Anlage kombiniert in einem Leiter (PEN), in dem anderen Teil der Anlage getrennt (PE+N) geführt
- Neutralleiter und Schutzleiter sind in einem Teil des Systems kombiniert

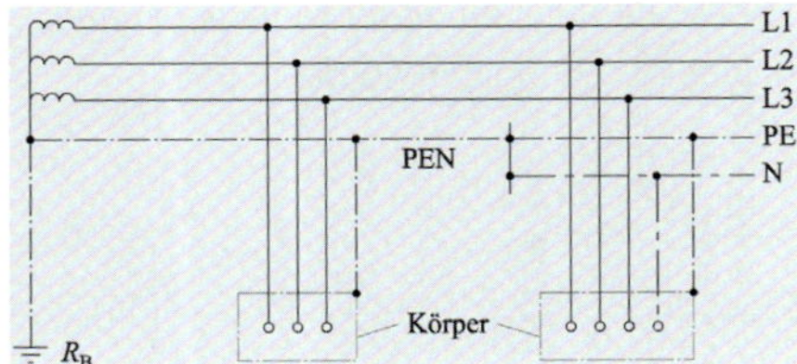

Bild T 3: TN-C-S-System

In der Praxis sind die am häufigsten angewendeten Erdverbindungen TN- und TT-Systeme. Da sich beide aufgrund derselben Erdverbindung der Stromquellen im Netz nicht unterscheiden, (der erste Buchstabe der Bezeichnung weist in beiden Fällen auf die direkte Erdung der Stromquelle hin), liegt der Unterschied lediglich in der Verbraucheranlage.

Kenngrößen für die Elektrofachkraft, 3. Auflage, VDE - Schriftenreihe 59, Rolf Rüdiger Cichowski, VDE VERLAG Berlin und Offenbach, 2017

Tragmaste

Tragmaste: tragen die Leiter in geraden Streckenbereichen, übernehmen kaum Leiterzugkräfte, können daher gering dimensioniert sein

Bild T 4: Tragmaste Holz, Beton

→ *Maste*

Freileitungen, 2. Auflage, Peter Niemeyer / Andreas Grohs, Buchreihe Anlagentechnik, Rolf Rüdiger Cichowski (Hrsg.), EW Medien – VERLAG, Frankfurt, 2008 (Hinweis: 3. Auflage erscheint 1. Quartal 2018)

Tränkung

Tränkung: ein Begriff aus der Kabelfertigung. Bei der Herstellung von papierisolierten Kabeladern wird Kabelisolierpapier, das auf die Leiter aufgewickelt wird, unter Druck und Temperatur mit mineralischer oder synthetischer Isolierflüssigkeit getränkt.

Kabelhandbuch, 9. Auflage, Mario Kliesch / Frank Merschel / weitere Autoren, Rolf Rüdiger Cichowski (Hrsg.), EW Medien – VERLAG, Frankfurt, 2017

Transformatoren

Transformatoren: sie haben die Aufgabe, elektrische Energie von einer Spannungsebene in eine andere Spannungsebene zu transformieren, also einen Umwandlung von z.B. 10 kV auf 0,4 kV. Der Transformator ist ein Betriebsmittel mit hervorragenden elektrotechnischen Eigenschaften bezüglich des Wirkungsgrades, der Zuverlässigkeit und der technischen Lebensdauer. Transformatoren sind statische elektrische Maschinen, die ohne zu bewegende Teile und ohne nennenswerte Verluste eine ein- oder mehrphasige Wechselspannung auf eine andere Wechselspannung gleicher Frequenz bringt. Die Bestandteile eines Transformators sind ein Eisenkern und mindestens zwei ihn umschließende, gegeneinander isolierte Wicklungen, als Primär- und Sekundärwicklung. Transformatoren werden für alle Leistungsbereiche gebaut, z.B. Drehstromtransformatoren bei 400 kV Oberspannung bis etwa 1000 MVA.

Transformatoren, 2. Auflage, Rudolf Janus / Hermann Nagel, Buchreihe Anlagentechnik, Rolf Rüdiger Cichowski (Hrsg.), EW Medien - VERLAG, Frankfurt, 2005

Transformatorschutz

Bei Transformatoren für Verteilungsnetze mit größeren Leistungen werden meist verschiedene Schutzkonzepte kombiniert. Man verwendet beispielsweise den Überstromschutz, den Differentialschutz und den Buchholzschutz (→ *Netzschutz*). Bei Überlastströmen wirkt ein UMZ-Relais auf den sekundärseitigen Lasttrennschalter (in diesem Fall spricht die primärseitige Hochspannungssicherung an) oder Leistungsschalter. Innere Transformatorenfehler werden durch die primärseitige Sicherung oder durch einen Differentialschutz oder durch einen Buchholzschutz abgeschaltet.

Netzschutztechnik, 6. Auflage, Walter Schossig / Thomas Schossig, Buchreihe Anlagentechnik, Rolf Rüdiger Cichowski (Hrsg.), EW Medien - VERLAG, Frankfurt, 2017

Trassierung

Trassierung: das regionale bzw. örtliche Festlegen der Kabeltrasse bereits bei der Planung der Kabelanlage, so dass bei der detaillierten Projektierung bereits einige Einflussfaktoren optimal Berücksichtigung finden konnten. Bei der Trassierung sollten örtliche Gegebenheiten, wie Höhenunterschiede (wegen der Massewanderung), vorhandene Leerrohre, Bereiche verminderter Wärmeabfuhr (Belastbarkeit), Längenänderungen und Schwingungen (z.B. auf Brücken), Platzbedarf für Hilfseinrichtungen berücksichtigt und dementsprechend die richtige Kabelbauart ausgewählt werden. Außerdem wird zunehmend bei allen elektrischen Anlagen auch die naturschonende Variante angestrebt, d.h., es werden Naturschutzgebiete soweit als möglich berücksichtigt. Dazu sollte der Netzbetreiber rechtzeitig eine Abstimmung mit den Unteren Naturschutzbehörden anstreben. Aufgrabungen von kontaminierten Böden sollte ebenfalls bei der Trassierung bereits berücksichtigt und damit vermieden werden.

Starkstromkabelanlagen, 2. Auflage, Mario Kliesch / Frank Merschel, Buchreihe Anlagentechnik, Rolf Rüdiger Cichowski (Hrsg.), EW Medien - VERLAG, Frankfurt, 2010

Trenner / Trennschalter

Trennschalter: dürfen Stromkreise nur öffnen oder schließen, wenn sie einen vernachlässigbar kleinen Strom schalten oder wenn keine wesentlicher Spannungsunterschied zwischen den Schalteranschlüssen besteht.

→ *Schaltgeräte*

Trennmuffe

Trennmuffe: eine sog. oberirdische Trennmuffe oder ein Kabelverteilerschrankgehäuse wird im Zusammenhang mit Kabelsteckteilen (Außenkonus-System) verwendet und zwar lassen sich mit Hilfe angekoppelte Kabelsteckteile Abzweigverbindungen in oberirdischen Trennmuffen herstellen. Ein Kabelsteckteil ist ein spezieller Aufschiebeendverschluss aus Silikonkautschuk oder EPDM mit Anschlusselementen zum Stecken oder Schrauben der Leiterverbindungen, der Felssteuerelemente und der Kapselung.

Kabelhandbuch, 9. Auflage, Mario Kliesch / Frank Merschel / weitere Autoren, Rolf Rüdiger Cichowski (Hrsg.), EW Medien - VERLAG, Frankfurt, 2017

Trennschalter

→ *Schaltgeräte*

TT-System

TT-System: die Stromquelle und die Körper sind direkt mit der Erde verbunden. Dabei muss es sich jedoch um zwei voneinander unabhängige Erdungsanlagen handeln, ansonsten würde durch eine Verbindung zwischen den Erdern aus dem TT-System wieder ein TN-System.

- Direkte Erdung eines Punktes und der einzelnen Körper Schutzeinrichtungen: Schmelzsicherungen, Leitungsschutzschalter, Fehlerstrom-Schutzeinrichtung(RCD)
- Der Fehlerstrom wird zu einem Erdschlussstrom, der über Erde abfließt
- Abschaltbedingungen: $R_A \cdot I_a \leq U_L$; Abschaltzeit: ≤ 5s in allen Stromkreisen; Abschaltzeit bei RCD: 1 s
- Fehlerstrom gering, daher Abschaltung über RCD

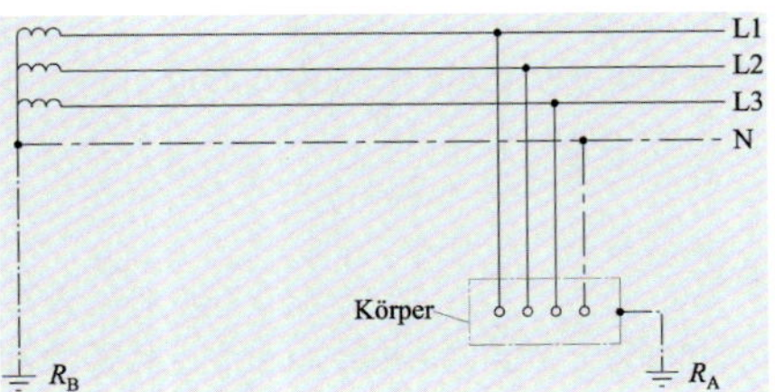

Bild T 5: TT-System

Kenngrößen für die Elektrofachkraft, 3. Auflage, VDE - Schriftenreihe 59, Rolf Rüdiger Cichowski, VDE VERLAG Berlin und Offenbach, 2017

Turmstationen

Sie gehören zu den ersten Netzstationen in der Entwicklung der Verteilungsnetze. In den Anfängen der Elektrizitätsversorgung wurde der Strom ausschließlich über Freileitungsnetze verteilt. Die Freileitungsnetze wurden dann immer mehr durch Kabelnetze ersetzt, zunächst im Niederspannungsbereich, danach auch im Mittelspannungsbereich. In den Freileitungsnetzen übernahmen Freileitungsstationen, landläufig Turmstationen (turmartige Gebäude) genannt, die Umspannung und Weiterverteilung. Dies sind Innenraumstationen in Massivbauweise mit einem Freileitungsteil im oberen Teil, mit Lasttrennschalter und Mittel- spannungssicherungen im Mittelteil und mit dem/ den Transformator(en) sowie der Niederspannungsverteilung im unteren Teil. Viele Turmstationen sind umgerüstet, deren Gebäude stehen häufig unter Denkmalschutz, sie dienen anderen Zwecken.

Bild T 6: Turmstation in Plattenbauweise

Bild T 7: Begehbare freistehende Kabelstation vor ausgemusteter alter Turmstation.

Netzstationen, 2. Auflage, IlloFrank Primus, Buchreihe Anlagentechnik, Rolf Rüdiger Cichowski (Hrsg.), EW Medien – VERLAG, Frankfurt, 2014

Historische Trafostationen sinnvoll umgenutzt der Nachwelt erhalten. Illo-Frank Primus, Jahrbuch Anlagentechnik 2018, EW Medien – VERLAG, Frankfurt, 2018

Typen von Kabelfehlern

→ Kabelfehler

Typprüfungen

→ Prüfung von Kabeln und Garnituren

Übergabestation

Übergabestation: Netzstation, die sich im Besitz eines Industrie- oder Gewerbebetriebes befindet. Zusätzlich zu den mittel- und niederspannungsseitigen elektrischen Anlagen sind in ihnen oft leistungsstärkere Transformatoren, zusätzliche Messanlagen und umfangreichere Niederspannungsverteilungen untergebracht. Dadurch unterscheiden sie sich von den Ortsnetzstationen hinsichtlich ihres Volumens und ihrer Individualität.

Bild U 1: Übergabestation mit zwei Transformatoren

Netzstationen, 2. Auflage, IlloFrank Primus, Buchreihe Anlagentechnik, Rolf Rüdiger Cichowski (Hrsg.), EW Medien – VERLAG, Frankfurt, 2014

Übergangsmuffen

Übergangsmuffen: verbinden Kabel mit unterschiedlichen Leiterquerschnitten und verschiedenen Leiterisolationen. Sie ist die aufwändigste Muffe und mit Metall- oder Kunststoffgehäuse oder mit Warmschrumpfschutzhülle verfügbar. Zum Verbinden von Kabeln ungleicher Bauart werden Übergangsmuffen verwendet. In ihnen stoßen ölimprägnierte Papierisolierungen und trockene Kunststoffisolierungen aufeinander. Die Übergangsmuffe ist daher so konzipiert, dass sie entweder der papierisolierten oder kunststoffisolierten Seite angepasst ist und zwar so, dass an das papierisolierte Mittelspannungskabel eine mit Ölisoliermasse gefüllte Innenmuffe (nasse Muffe) verwendet wird und bei der Anpassung an das kunststoffisolierte Kabel wird die Massekabelseite mit Schrumpfteilen oder Kunststoffbändern abgedichtet und so in ein Kunststoffkabelende verwandelt (trockene Muffe). Sind die Leiter im Querschnitt, in ihrer Form oder im Material ungleich bieten sich für die Verbindungen Schraubverbinder mit ihrem großen Anwendungsbereich an.

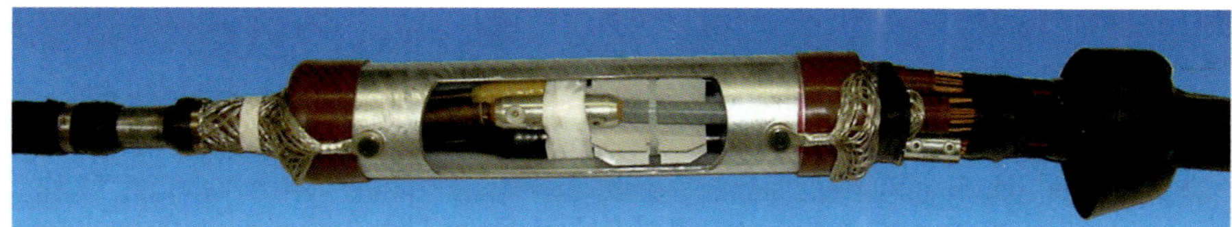

Bild U 2: 10-kV-Übergangsmuffe Gürtelkabel auf VPE-Einleiterkabel (nasse Muffe)

Bild U 3: 20-kV-Übergangsmuffe Dreimantelkabel auf VPE-Einleiterkabel (trockene Muffe)

Kabelhandbuch, 9. Auflage, Mario Kliesch / Frank Merschel / weitere Autoren, Rolf Rüdiger Cichowski (Hrsg.), EW Medien - VERLAG, Frankfurt, 2017

Überlastbarkeit

Überlastbarkeit: eine Überlastung eines elektrischen Betriebsmittels bewirkt eine erhöhte Stromaufnahme und dadurch die Gefahr einer Überhitzung. Das muss möglichst vermieden werden, denn Überlaststöme können fließen, z.B. beim Anschluss mehrerer Verbraucher an einer Leitung unzureichenden Querschnitts oder beim Überschreiten der Übertragungskapazitäten von Freileitungen oder Kabeln. Sollte beispielsweise in einem Kabel eine Überlastung auftreten, bei der die zulässige Leitertemperatur nicht überschritten wird, so ist dies kein Problem, denn die Alterung der Kabel wird von der Leitertemperatur und nicht von der Stromstärke bestimmt. Eine Belastung, die jedoch zu einer Überschreitung der zulässigen Betriebstemperatur führt, ist dagegen mit einem erhöhten Lebensdauerverbrauch verbunden und birgt die Gefahr einen Ausfalls am thermisch schwächsten Glied der Kabelanlage. Aktuell sind in den DIN VDE-Bestimmungen noch keine Aussagen zu thermischen Grenzen enthalten, so dass die Netzbetreiber in eigener Verantwortung die Überlastung ihrer Kabel regeln sollten.

Starkstromkabelanlagen, 2. Auflage, Mario Kliesch / Frank Merschel, Buchreihe Anlagentechnik, Rolf Rüdiger Cichowski (Hrsg.), EW Medien - VERLAG, Frankfurt, 2010

Kenngrößen für die Elektrofachkraft, 3. Auflage, VDE - Schriftenreihe 59, Rolf Rüdiger Cichowski, VDE VERLAG Berlin und Offenbach, 2017

Überspannung

Überspannungen: entstehen durch atmosphärische Entladungen (Blitze), Schaltüberspannungen, elektrostatische Entladungen, sie können eine Größe von hundert Volt bis zu mehreren 100 kV haben. Die Spannungssimpulse können galvanisch, induktiv oder kapazitiv in eine elektrische Anlage eingekoppelt werden. Die Möglichkeit des Auftretens von Überspannungen müssen berücksichtigt werden bei der Planung und Errichtung von elektrischen Anlagen und Betriebsmitteln. In der DIN VDE 0100-534 sind die Bestimmungen für die Auswahl und die Errichtung von Überspannungsschutzeinrichtungen und deren Kompatibilität mit den angewendeten Schutzmaßnahmen gegen elektrischen Schlag enthalten.

Kenngrößen für die Elektrofachkraft, 3. Auflage, VDE - Schriftenreihe 59, Rolf Rüdiger Cichowski, VDE VERLAG Berlin und Offenbach, 2017

DIN VDE 0100-534 (VDE 0100-534) Errichten von Niederspannungsanlagen, Überspannungs Schutzeinrichtungen

DFIN VDE 0100-443 (VDE 0100-443) Errichten von Niederspannungseinrichtungen, Schutz bei Überspannungen infolge atmosphärischer Einflüsse oder von Schaltvorgängen

DIN EN 60664-1 (VDE 0110-1) solationskoordination für elektrische Betriebsmittel in Niederspannungsanlagen, Grundsätze

Lexikon der Installationstechnik, 4. Auflage, Schriftenreihe 52, Rolf Rüdiger Cichowski / Anjo Cichowski, VDE VERLAG Berlin und Offenbach, 2013

Überstrom

Überstrom: der Strom, der den Bemessungswert überschreitet, z.B. für Leiter ist der Bemessungswert die zulässige → *Strombelastbarkeit*

Überstromrichtungszeitschutz

Überstromrichtungszeitschutz: arbeitet wie ein Überstromzeitschutz mit zusätzlicher Überwachung der Kurzschlussenergierichtung. Arbeitsweise: ist analog dem→ *Überstromzeitschutz*. Der AUS - Impuls wird jedoch nur begrenzt abgesetzt, wenn das Richtungsglied eine Kurzschlussenergierichtung von der Sammelschiene feststellt. Bei Energierichtung zur Sammelschiene wird der AUS - Impuls unterbrochen.

Kurzerläuterung:	der Überstromzeitschutz wird durch ein zusätzliches Richtungsglied zum Überstromrichtungszeitschutz ergänzt
Anwendungsgebiet:	bei Ringleitungen, Parallelleitungen zwischen Stationen oder Einfachleitungen mit beidseitiger Einspeisung kann Selektivität durch Überstromrichtungszeitschutz erreicht werden
Arbeitsweise:	funktioniert wie beim Überstromzeitschutz, mit der Änderung, dass der Ausimpuls nur abgesetzt wird an den Leistungsschalter, wenn das Richtungsglied eine Kurzschlussenergierichtung bei einer definierten Fehlerrichtung (von der Sammelschiene weg) feststellt. Bei der Energierichtung zur Sammelschiene hin wird der Ausimpuls unterbrochen
Vorteile:	• in der Anschaffung preiswert • mit einigen neueren digitalen Überstromrichtungsrelais ist Fehlerortung möglich • zusätzlich kann über die serielle Schnittstelle der Fehlerwiderstand X zur Leittechnik übertragen werden
Nachteile:	• erfordert zusätzliche Spannungswandler • Fehler in der Nähe der Einspeisestelle und damit größter Kurzschlussstrom, leider die längste Fehlerabschaltzeit • im vermaschten Netz oder bei hintereinander liegenden Doppelleitungen besteht keine Selektivität mehr

Tabelle U 1: Überstromrichtungszeitschutz

Netzschutztechnik,6.Auflage, Walter Schossig Thomas Schossig, Buchreihe Anlagentechnik; Rolf Rüdiger Cichowski (Hrsg.) EW Medien - VERLAG, Frankfurt, 2017

Überstromzeitschutz

Überstromzeitschutz: spricht beim Überschreiten des eingestellten Stromwertes an und löst zeitverzögert aus. Arbeitsweise: Beim Überschreiten der eingestellten Stromanregung wird ein Zeitglied gestartet, welches nach Ablauf der Kommandozeit einen AUS-Impuls an den Leistungsschalter gibt. Durch die gestaffelte Zeit wird erreicht, dass bei hintereinander liegenden Schutzstrecken nur der den Fehler am nächsten liegende Schutz auslöst. Der Überstromzeitschutz wird in → *Strahlennetzen* verwendet.

Kurzerläuterung:	spricht beim Überschreiten des eingestellten Stromwertes an und löst zeitlich verzögert aus.
Anwendungs-gebiet:	Strahlennetze können mit Überstromzeitschutz geschützt werden
Arbeitsweise:	wird der eingestellte Wert zur Stromanregung überschritten, so wird ein Zeitglied gestartet, das nach Ablauf der Kommandozeit den Aus-Impuls an den Leistungsschalter übermittelt
Vorteile:	• in der Anschaffung preiswert • erfordert keine Spannungswandler
Nachteile:	• Fehler in der Nähe der Einspeisestelle und damit größter Kurz-schlussstrom, leider die längste Fehlerabschaltzeit • wird vom Normalzustand abgewichen, besteht keine Selektivität mehr • der Schutz erfordert Stichfahrweise, also nur für Strahlennetze geeignet • Fehlerortung und Erdschlussrichtungserfassung sind nicht möglich

Tabelle U 2: Überstromzeitschutz

Netzschutztechnik,6.Auflage, Walter Schossig Thomas Schossig, Buchreihe Anlagentechnik; Rolf Rüdiger Cichowski (Hrsg.) EW Medien - VERLAG, Frankfurt, 2017

Übertragungsnetze

Übertragungsnetze: die Nationalen Übertragungsnetze sind Bestandteil des westeuropäischen Verbundnetzes, das eine zuverlässige Stromversorgung sicherstellen soll. In die Übertragungsnetze (Höchstspannungsnetze) speisen die Kraftwerke die Energie für den öffentlichen Strombedarf (etwa 80 %) ein.

- europaweites Verbundnetz
- 380-kV/ 220-kV Höchstspannung
- großräumiger Energietransport zwischen Erzeugungs- und Verbrauchschwerpunkten
- Lastausgleich zwischen entfernten Verbrauchsschwerpunkten
- wirtschaftlicher Kraftwerkseinsatz (ist durch die aktuelle Veränderung mit dezentralen Stromerzeugunganlagen in Frage zu stellen)
- gegenseitige Reservestellung über das Verbundnetz

→ *Spannungsebenen*

Umspannanlage

Umspannanlage: es wird der Strom von einer höheren → *Spannungsebene* (z.B. 220 kV) auf eine niedrigere Spannungsebene (z.B. 110 kV) transformiert. Die Umspannanlage kann als Freiluftanlage oder als Innenraumanlage errichtet werden. Zu der Anlage gehören die für die jeweilige Region notwendigen Transformatoren, die Leitungsabgänge, die Schaltanlagen, die Steuer- und Schutzeinrichtungen und die Nebeneinrichtungen. Die Bezeichnung der Umspannanlage wird durch die dort vorhandenen Spannungsebenen gekennzeichnet, z.B. 110-kV/10 kV-Station. Die gebräuchliche Bezeichnung Umspannwerk sollte nicht mehr verwendet werden, weil dort im Sinne einer fabrikationsmäßigen Fertigung keine Personen arbeiten.

Umspannstation

→ *Netzstation*

Unfallverhütungsvorschriften

Unfallverhütungsvorschriften: sicherheitstechnische Rechtsnormen, die für alle Gewerbezweige verbindlich sind. Berufsgenossenschaftliche Vorschriften für Arbeitsschutz und Gesundheitsschutz, DGUV (früher UVV / BGV). Für elektrische Anlagen und Betriebsmittel ist die DGUV V3 zuständig und regelt in ihrem Inhalt z.B. Arbeiten an aktiven Teilen, Arbeiten in der Nähe aktiver Teile und macht Aussagen über Grundsätze beim Fehlen elektrotechnischer Regeln.

→ *DGUV*

USV-Anlagen

USV-Anlagen: sind unterbrechungslose bzw. unterbrechungsfreie Stromversorgungsanlagen. Bei einem Ausfall des Netzes übernimmt eine Batterie über den Wechselrichter unterbrechungslos die Stromversorgung des Verbrauchers für einen bestimmte Zeit. Unterbrechungsfrei heißt jedoch nicht immer, dass es dabei um eine Umschaltzeit von Null ms handelt, es kann auch eine kurze Unterbrechung der Stromversorgung auftreten. Die zulässige Unterbrechungszeit ist von den Anforderungen der versorgten Verbraucher abhängig. USV-Anlagen können als statische Anlagen (z.B. Batterieanlagen mit Wechselrichter) oder als dynamische Anlagen (z.B. Motor-Generator-Sätze) ausgeführt sein.

Projektierung von Ersatzstromaggregaten, 2. Auflage, Andreas Rosa, VDE Schriftenreihe 122, VDE VERLAG Berlin und Offenbach, 2013

Vakuumschalter

Vakuumschalter: Leistungsschalter (→ *Schaltgeräte*), bei denen der Schaltvorgang unter Vakuum durchgeführt wird. Die guten Isolationseigenschaften des Vakuums werden genutzt.

Verbindungen von Leitern

Leiterverbindungen dienen der Verbindung von Kabeladern miteinander, dem Herstellen von Abzweigen und dem Anschluss an andere Bauteile. Als Leitermaterialien werden Kupfer und Aluminium verwendet. Die Verbindungen müssen neben dem Nennstrom auch den größtmöglichen Kurzschlussstrom sicher übertragen können. Die wichtigsten Forderungen an die Verbindungen von Leitern:

- geringer und dauerhaft konstanter Widerstand, um → *Spannungsfall* und Erwärmung so klein wie möglich zu halten
- ausreichende mechanische Festigkeit (auch Kurzschlusskräfte)
- Korrosionsbeständigkeit
- gute Alterungsbeständigkeit, einfache und sichere Montage, Wartungsfreiheit.

Er wird grundsätzlich unterschieden in

- lösbare Verbindungen: verschiedene Schraubtechniken (haben sich durchgesetzt und verdrängen die unlösbaren Verbindungen)
- unlösbare Verbindungen: thermische Verfahren, wie Löten und Schweißen und mechanische Verfahren, wie Verpressen

Starkstromkabelanlagen, 2. Auflage, Mario Kliesch / Frank Merschel, Buchreihe Anlagentechnik, Rolf Rüdiger Cichowski (Hrsg.), EW Medien – VERLAG, Frankfurt, 2010

Verbindungsmuffe

Verbindungsmuffe: Verbinden von Kabeln gleichen oder ähnlichen Aufbaus, d.h. in Verbindungsmuffen werden Kabel gleichen Querschnittes und gleicher Isolationsart miteinander verbunden. Verbindungsmuffen für papierisolierte Kabel werden nur noch in speziellen Fällen eingesetzt. Für Kunststoffkabel sind für alle Spannungsebenen und Querschnitte die modernen Garniturentechniken verfügbar, wie

→ *Warmschrumpftechnik*
→ *Kaltschrumpftechnik*
→ *Aufschiebtechnik*

Die größte Verbreitung hat aktuell in Deutschland die Warmschrumpftechnik.

Kabelhandbuch, 9. Auflage, Mario Kliesch /Frank Merschel / weitere Autoren, Rolf Rüdiger Cichowski (Hrsg.); EW Medien – VERLAG, Frankfurt, 2017

Verbraucheranlage

Verbraucheranlage: ist die Gesamtheit aller Betriebsmittel aus Sicht des Verteilungsnetzes hinter dem Hausanschlusskasten (→ *Hausanschluss*) bzw. hinter den Ausgangsklemmen der letzten Verteilung vor den Verbrauchsmitteln. Aus dem Bild wird die Grenze der Verbraucheranlage zum Verteilungsnetz deutlich.

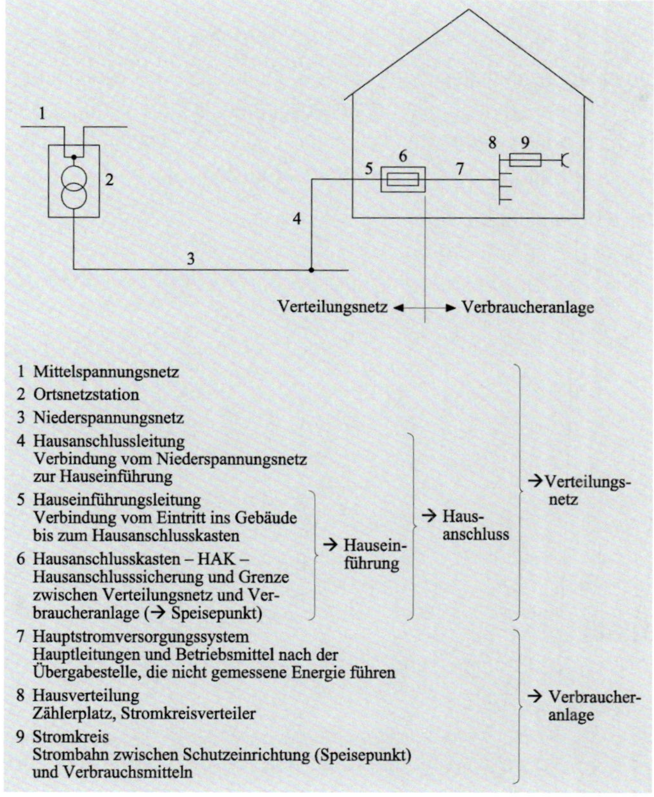

Bild V 1: Verteilungsnetz und Verbraucheranlage

Verbundnetz

→ *Übertragungsnetz*
→ *Spannungsebenen*

Verfügbarkeit

Die Verfügbarkeit eines Betriebsmittels oder einer elektrischen Anlage wird innerhalb eines größeren Zeitraumes (z.B. ein Jahr) quantifiziert, d.h. es ist die Zeitspanne in der ein Betriebsmittel verfügbar war bzw. mit großer Wahrscheinlichkeit zukünftig verfügbar sein wird. Die Verfügbarkeit berücksichtigt den Alterungszustand der Betriebsmittel und Anlagen und auch geplante Instandhaltungsmaßnahmen.

Merke: die Verfügbarkeit eines technischen Systems ist also ein Maß für die Wahrscheinlichkeit, dass ein System zu einem bestimmten Zeitpunkt bzw. innerhalb eines vereinbarten Zeitrahmens eine geforderte Leistung erbringt oder anders ausgedrückt ist die Verfügbarkeit das Verhältnis der Zeit innerhalb eines vereinbarten Zeitraums, in der das System für seinen eigentlichen Zweck operativ zur Verfügung steht, zu der vereinbarten Zeit.

$$\text{Verfügbarkeit} = \frac{\text{Gesamtzeit - Gesamtausfallzeit}}{\text{Gesamtzeit}}$$

→ *Verfügbarkeit*
→ *Spannungsqualität*
→ *Störungsstatistik*
→ *Servicequalität*
→ *Versorgungsqualität*
→ *Verfügbarkeitsstatistik*
→ *Nichtverfügbarkeit*

Verfügbarkeitsstatistik

→ *Störungsstatistik*

Verkabelungsgrad

Verkabelungsgrad: macht eine Aussage darüber, wie hoch der Kabelanteil in den Verteilungsnetzen der verschiedenen → *Spannungsebenen* ist. In den vergangenen Jahrzehnten hat sich der Verkabelungsgrad in den Mittel- und Niederspannungsnetzen gewaltig erhöht. Neue Nieder- und Mittelspannungsfreileitungsnetze werden kaum noch errichtet, so dass aktuell der Verkabelungsgrad in der Niederspannung etwa bei 80 % und im Mittelspannungsbereich etwa bei 65 % liegt. Erheblich niedriger sind die Verkabelungsgrade in Hochspannungsnetzen. In dieser Spannungsebene sind im Wesentlichen einige Kabel in Städten und Ballungsgebieten in Betrieb, ansonsten überwiegt mit deutlich über 90 % der Anteil der Freileitungen (Verkabelungsgrad etwa 6 %).

Verlegeart

Verlegeart: gibt Aufschluss darüber, in welcher Art und Weise Kabel und Leitungen verlegt sind, z.B. in der Luft oder im Erdreich, in Wänden oder auf Wänden usw. Die Verlegeart ist deshalb so wichtig, weil sie die → *Strombelastbarkeit* von Kabeln und Leitungen durch die Wärmewiderstände der jeweiligen Umgebung stark beeinflusst. Die Verlegearten werden außerdem durch die Bauarten der Kabel und Leitungen beeinflusst. In der Anlagentechnik der Verteilungsnetze werden die Kabel und Leitungen größtenteils entweder als Freileitung in Luft oder als Kabel im Erdreich verlegt, daher kommen die sehr verschiedenen Verlagearten, wie bei der Installationstechnik eher selten in Betracht. Bei Bedarf ausführlich:

Lexikon der Installationstechnik, 4. Auflage, Schriftenreihe 52, Rolf Rüdiger Cichowski / Anjo Cichowski, VDE VERLAG Berlin und Offenbach, 2013

Kenngrößen für die Elektrofachkraft, 3. Auflage, VDE - Schriftenreihe 59, Rolf Rüdiger Cichowski, VDE VERLAG Berlin und Offenbach, 2017

Verluste

Bei der Übertragung bzw. Verteilung der elektrischen Energie entstehen Verluste. Sie sind in lastabhängige (stromabhängige) und lastunabhängige (spannungsabhängige) Verluste zu unterscheiden. Lastabhängige Verluste sind ohm'sche Verlust, Stromwärmeverluste und die lastunabhängigen Verluste sind Leerlaufverluste von Transformatoren und Maschinen, Koronaverluste bei Freileitungen, Isolationsverluste und dielektrische Verluste bei Kabeln, also bei Betriebsmitteln mit nicht selbstheilender Isolation. Die entstehenden Verluste von elektrischen Anlagen und Betriebsmitteln müssen erzeugt und dann bis hin zum betrachteten Betriebsmittel übertragen werden, d.h. diese verbrauchte Leistung ist technisch und wirtschaftlich nicht erwünscht, aber nicht ganz zu vermeiden.

Netzsystemtechnik, Jürgen Schlabbach / Dieter Metz, VDE VERLAG Berlin und Offenbach, 2005

Versorgungsqualität

Die Versorgungsqualität in der elektrischen Energieversorgung ist gekennzeichnet durch folgende Bereiche:

Servicequalität	Versorgungszuverlässigkeit	Spannungsqualität
Kennzeichnung: durch die Qualität der Geschäftsvorgänge vor und während der Vertragslaufzeit	Kennzeichnung: durch die Anzahl und die Dauer der Versorgungsunterbrechungen	Kennzeichnung: durch Kenngrößen der europäischen und internationalen Normen

Tabelle V 1: Versorgungsqualität

Die Versorgungsqualität wird von jedem Netzbetreiber als wichtiges und wertvolles „Gut" behandelt, denn die Geräte der Netzkunden sind teilweise sehr sensibel und reagieren auf kleinste Abweichungen und / oder Störungen und die Netzbetreiber sind bestrebt das optimale Netz zur Sicherung der Versorgungsqualität zu bieten. Schon kurze Versorgungsunterbrechungen können bei empfindlichen Steuerungen zu Beeinträchtigungen und Schäden führen und hohe Kosten verursachen.

→ *Spannungsqualität*
→ *Störungsstatistik*
→ *Servicequalität*
→ *Versorgungszuverlässigkeit*
→ *Verfügbarkeitsstatistik*
→ *Rückwirkungsstörung*
→ *Nichtverfügbarkeit*

Versorgungszuverlässigkeit

Die Zuverlässigkeit ist eine Wahrscheinlichkeit. Sie kann aufgrund beobachteter Ausfallhäufigkeiten unter Anwendung geeigneter statistischer Auswerteverfahren empirisch ermittelt oder mit Hilfe von Wahrscheinlichkeitsrechnungen und Statistik unter bestimmten Voraussetzungen rechnerisch geschätzt werden.

Die Versorgungszuverlässigkeit wird durch die Anzahl und die Dauer von Versorgungsunterbrechungen quantifiziert, d.h. die Zuverlässigkeit macht deutlich, ob ein elektrisches System die Versorgungsaufgabe in einer bestimmten Zeit und unter bestimmten Rahmenbedingungen erfüllen kann. Für die Bewertung der Versorgungszuverlässigkeit werden die Versorgungsunterbrechungen beim Netzkunden herangezogen. Daher werden bezogen auf einen Anschlusspunkt oder auf eine festgelegte Region des Versorgungsgebietes oder bezogen auf die gesamte Stromversorgung Deutschlands die durchschnittliche Unterbrechungsdauer je angeschlossenem Letztverbraucher / Kunden durch alle Netzbetreiber ermittelt, analysiert und in einer Statistik dokumentiert.

Merke: Die Versorgungszuverlässigkeit ist gekennzeichnet durch die Anzahl und die Dauer der Versorgungsunterbrechungen

Jahr	FNN *) **) in Min.
2010	16,1
2011	16,2
2012	14,5
2013	15,0
2014	11,9
2015	11,9
2016	11,5

*) Angabe: FNN-Forum Netztechnik / Netzbetrieb im VDE

**) durchschnittliche Unterbrechungsdauer je angeschlossenem Kunden in Min / Jahr

Tabelle V 2: Durchschnittliche Unterbrechungsdauer je angeschlossenem Letztverbraucher in Min. pro Jahr

Spannungsebene	Dauer einer Versorgungsunterbrechung
380 / 220 kV-Netz	es wird keine Unterbrechung toleriert
110 kV-Netz	in der Regel etwa 5-10 Min.
Mittelspannungsnetz	in der Regel etwa 1-2 Std.
Niederspannungsnetz	bis zu 10 Std.

Tabelle V 3: übliche Zeiten zur Dauer der Versorgungsunterbrechungen in Deutschland

→ *Spannungsqualität*
→ *Störungsstatistik*
→ *Servicequalität*
→ *Versorgungsqualität*
→ Verfügbarkeitsstatistik
→ Rückwirkungsstörung
→ Nichtverfügbarkeit

Verteilungsnetze

Verteilungsnetze: Mittelspannungsnetze mit den Spannungsebenen 10 kV und 20 kV (in manchen ländlichen Regionen auch noch 30 kV). Sie werden aus den 110 kV-Netzen versorgt und verteilen den Strom über Freileitungen oder Kabelanlagen zu den → *Netzstationen*. Nach der Transformation der Spannung in den Netzstationen auf die Niederspannungsebene, wird die Energie wiederum über Freileitungen oder Kabel in die einzelnen örtlichen Gebiete zum Endverbraucher geleitet.

Vogelschutz an Mittelspanungsfreileitungen

Bereits vor vielen Jahrzehnten gab es in den DIN VDE-Bestimmungen Anforderungen zum Vogelschutz, die überarbeitet, erneuert und auch über Jahre weggefallen sind. In den 1980-er Jahren wurden erneut Maßnahmen zum Vogelschutz in den DIN VDE-Bestimmungen aufgenommen und seither ständig angepasst. Aktuell ist die VDE-Anwenderregel (VDE-AR-N 4210-11) gültig und sie ist für Netzbetreiber verbindlich. Merke:

- verbindliche technische Schutzmaßnahmen sind erstmals gemeinschaftlich von Netzbetreiber, Behörden und Naturschützern verabschiedet
- es sind Festlegungen getroffen, die für unterschiedliche Mastarten gelten, abhängig davon ob die Freileitung neu errichtet oder nachgerüstet wird
- die Frist für nachzurüstende Masten ist 2012 abgelaufen, für Neubauten gelten die Regeln bereits ab August 2011
- die verankerte Pflicht zum Vogelschutz ist erstmals durch eine verbindliche technische Regel ergänzt

Freileitungen, 2. Auflage, Peter Niemeyer / Andreas Grohs, Buchreihe Anlagentechnik, Rolf Rüdiger Cichowski (Hrsg.), EW Medien – VERLAG, Frankfurt, 2008
(Hinweis: 3. Auflage erscheint 1. Quartal 2018)

VPE-Isolierung

→ *Isolierung*

Wandanschluss von Freileitungen

Wandanschluss: von blanker und isolierter Freileitung im Giebelbereich von Häusern mit Übergang auf Kabel und Leitung.

Leitungs- / Kabelart	Bezeichnung	nach Norm	Hinweis
Leitungen	NFA2X	DIN VDE 0276	
	NFYW	DIN VDE 0250	
	H07V	DIN VDE 0281 Teil 103	nur außerhalb des Handbereichs
Mantelleitungen	NYM	DIN VDE 0250 Teil 204	
Kabel der Bauarten	NYY NAYY	DIN VDE 0271	
	N2XY NA2XY	DIN VDE 0272	

Tabelle W 1: Zulässige Leitungs- und Kabelarten bei Wandanschlüssen

Installation auf nicht feuerbeständigen Holzwänden und blechverkleideten Holzwänden:

- Mantelleitungen und Kabel auf einer mindestens 300 mm breiten lichtbogenfesten Unterlage, z.B. eine 20 mm dicke Fiber-Silikatplatte
- Isolierte Freileitungs-Leiter und andere Aderleitungen werden auf Abstandsschellen aus keramischen oder gleichwertigem Isolierstoff mit Wand- und gegenseitigen Leiterabstand von mindestens 30 mm gesetzt

Bild W 1: Wandanschluss mit blanker Freileitung

Wandanschluss von Freileitungen: **kurz gefasst**

Nur folgende Leitungen und Kabel (oder baugleiche)sind zulässig:

- Mantelleitungen NYM
- Kabel NYY und NAYY, N2XY und NA2XY
- Leitungen NFA2X und NFYW
- H07V (nur außerhalb des Handbereichs)

Auf nicht feuerbeständigen Wänden(z.B. Holz, Fachwerk oder ähnliche Materialien)

Mantelleitungen: Montage auf mind. 30 cm breiten lichtbogenfesten Unterlagen(z.B. 2 cm dicke Fiber-Silikatplatte) und Aderleitungen, z.B. isolierte Freileitungseile: Befestigungsabstand mind. 3 cm der Leitungen untereinander und zur Wand. Außerdem seitlicher Abstand von den Leitungen zu leicht entzündlichen Stoffen von mind. 60cm.

Wanddurchführungen

Wanddurchführungen: bei der Durchführung von Kabeln durch Außenwände sollten Kabelschutzrohre verwendet werden. Wenn ein Rohr mit eingemauert oder eingegossen wird, ist die beste Dichtigkeit zu erreichen. Bei Hausanschlüssen werden als Dichtung zwischen Kabel und Rohr zwei Rollringe aus synthetischem Kautschuk eingesetzt.

Wanddurchführungen: **kurz gefasst**

Bei feuerbeständigen Wänden:

- Mantelleitungen und Kabel können ohne zusätzlichen Schutz verlegt werden
- Aderleitungen H07V oder gleichwertige Ausführungen in Rohren aus Kunststoff oder Keramik führen. Leitungen der Bauarten NFYW und NFA2X können gemeinsam durch ein Rohr führen(Rohre so montieren, dass sie nach außen Gefälle aufweisen)

Bei nicht feuerbeständigen Wänden:

- Mantelleitungen, Leitungen NFA2X, NFYW oder Kabel NYY, NAYY und NA2XY sind lichtbogenfest[*)] zu ummanteln
- Aderleitungen einzeln in nicht flammausbreitenden Elektroinstallationsrohren durch die Wand führen

Auf Fachwerkwänden, hinter denen sich keine leichtentzündliche Stoffe befinden:

- Leitungen und Kabel dürfen nicht entlang der Fachwerkbalken verlegt werden. Es ist nur Überkreuzen zulässig

[*)] lichtbogenfeste Trennung: Werkstoff, z.B. Fiber-Silikat oder Keramik; Wanddicke mind. 12 mm

Wärmeverlust

Wärmeverlust: unerwünschte Abgabe von Wärme an die Umgebung durch Strahlung oder Überleitung der Wärme

Wärmewiderstand von Kabeln

Der Wärmewiderstand des Kabels berücksichtigt die wärmedämmende Wirkung der Isolier- und Schutzhülle. Wichtig für die Wärmeabfuhr des in Erde gelegten Kabels ist der Wärmewiderstand des Erdbodens, der von den örtlichen Gegebenheiten abhängig ist. Entscheidend ist die Beschaffenheit des Bodens, wie Lehm, Ton, Sand, usw., außerdem lockerer Boden oder verdichteter Boden. Die Feuchtigkeit des Erdreichs spielt ebenfalls eine Rolle. Ungünstig für die Wärmeabfuhr ist ein trockener, unverdichteter Boden mit vielen Lufteinschlüssen. Bei Kabeln, die in Rohren verlegt worden sind, kann die im Betrieb entstehende Wärme nicht direkt ans Erdreich abgegeben werden, sondern es ist der Einfluss der wärmedämmenden Luftschicht zwischen Kabel und Rohrinnenwand zu berücksichtigen. Der jeweilige Wärmewiderstand kann berechnet werden (DIN VDE 0276-1000), bei in Rohren verlegten Kabeln sollte die Belastbarkeit mit dem Faktor 0,85 reduziert werden.

Kabelhandbuch, 9. Auflage, Mario Kliesch / Frank Merschel / weitere Autoren, Rolf Rüdiger Cichowski (Hrsg.), EW Medien - VERLAG, Frankfurt, 2017

Warmschrumpftechnik

Der weitverbreitete Anwendungsbereich für die wärmeschrumpfende Garnitur ist die → *Verbindungsmuffe*. Für Warmschrumpfgarnituren werden modifizierte, vernetzte Polyolefine verwendet, die in Schläuchen und Formteilen nach vorbestimmten Abmessungen hergestellt und anschließend das Material fabrikationsmäßig durch Strahlung vernetzt wird. Das Material ist sehr elastisch, wird beim Hersteller ausgedehnt, abgekühlt und dann an den Anwender geliefert. An der Baustelle wird durch Erwärmung (z.B. mit einer Gasflamme) das „eingefrorene" Bauteil geschrumpft auf die Form und Größe, wie sie während des Herstellungsprozesses, also vor dem Dehnen vorlag. Warmschrumpfmuffen sind sowohl zur Verwendung bei papier- und kunststoffisolierten Kabeln geeignet. Für Mittelspannungsmuffen werden auch Isolierteile verwendet, die aus zwei fest miteinander verbundenen Komponenten, einem innen liegenden Elastomer-Isolierkörper und einen außen liegenden Schrumpfschlauch bestehen.

→ *Kaltschrumpftechnik*
→ *Aufschiebtechnik*
→ *Verbindungsmuffe*

Kabelhandbuch, 9. Auflage, Mario Kliesch /Frank Merschel / weitere Autoren, Rolf Rüdiger Cichowski (Hrsg.); EW Medien - VERLAG, Frankfurt, 2017

Wartungsfreiheit

In der Anlagentechnik werden etliche Produkte als wartungsfrei bezeichnet. Hersteller bewerben ihre Produkte oft mit diesem Attribut, allerdings sollte beachtet werden, dass damit nicht völlige Wartungsfreiheit gemeint ist, denn dieser Begriff ist nicht definiert und wird von den

Herstellern unterschiedlich ausgelegt. Besser ist es, den Begriff wartungsarm zu verwenden, da die mit wartungsfrei beworbenen Produkte nicht über Jahre völlig ohne Wartung in den meisten Fällen auskommen.

So werden beispielsweise moderne Mittelspannungsschaltanlagen vollgekapselt ausgeführt. Das bedeutet, alle aktiven Teile wie Sammelschienen und Schaltgeräte sind im normalen Betrieb unzugänglich. Daher kann man in diesem Fall von einem weitgehend wartungsfreien / wartungsarmen Aufbau der Sammelschienenverbindungen und der Schaltgeräte ausgehen. Als Isoliermedien für den hermetisch verschlossenen Sammelschienenraum kommt bei gasisolierten Schaltanlagen das Gas SF6 bzw. bei Schaltanlagen neuester Bauart eine Feststoffisolierung aus verschiedenen Gießharzen zum Einsatz. Schaltgeräte werden je nach Bemessungsspannung und Kurzschlussausschaltvermögen als Vakuumschaltgeräte bzw. ebenfalls mit Gasisolierung ausgeführt. Aber je nach Anforderungen an die Schaltanlage stehen auch luftisolierte Anlagen im Mittelspannungsbereich zur Verfügung, bei denen allerdings die Nachteile der Klimabeeinflussung und Verschmutzung in Kauf genommen werden müssen.

Achtung zum Begriff Wartungsfreiheit: bei der Angabe „wartungsfrei" bedeutet dies für Netzbetreiber nicht „prüfungsfrei", d.h. nach der BetrSichV muss jedes Arbeitsmittel regelmäßig geprüft werden und als Grundlage der Prüfung sollte immer eine Gefährdungsbeurteilung erfolgen.

→ *Schaltanlagen*
→ *Mittelspannungs-Schaltanlagen*

Elektroenergiesysteme, Adolf J. Schwab, 2. Auflage, Springer Verlag Berlin und Heidelberg, 2009

Wartungsgang

Räume oder Orte innerhalb elektrischer Betriebsstätten, die vorwiegend zum Warten der Betriebsmittel betreten werden.

Water tree

Water tree: (Wasserbäumchen) innere Fehler in der Isolierung von Kunststoffkabeln. Sie traten vermehrt in den 1980er Jahren an PE-isolierten Mittelspannungskabeln mit grafitierter äußerer Leitschicht auf, bei denen die äußere Leitschicht nicht verschweißt und extrudiert, sondern mit einem Grafitpulver beschichtet war. Trees können entstehen, wenn die Isolierung Störstellen aufweist und ein elektrisches Feld anliegt. Man unterscheidet bei den trees: water trees (Wasserbäumchen), elektrical trees (elektrische Bäumchen) und electrochemical tress (elektrochemische Bäumchen). Eine weitere Unterscheidung bei den water trees: vented trees (Unregelmäßigkeiten der Grenzschicht zwischen Isolierung und Leitschicht), sie wachsen ständig weiter und bow-tie trees (Fehlstellen in der Isolierung), ihr Wachstum kommt nach einer gewissen Zeit zum Stillstand. Water trees unterscheiden sich von electrical trees:

- sie stellen einen geschädigten Bereich der Isolierung dar, in dem sich freies Wasser befindet
- ihre Bildung erfolgt relativ langsam
- sie können auch in elektrischen Feldern mit relativ geringer Feldstärke entstehen

Schäden an Kabeln sind dann zu erwarten, wenn water trees soweit gewachsen sind, dass sie einen großen Teil der Isolierstrecke überbrücken oder wenn water trees in electrical trees umschlagen. Die Bildung von water tress führte bei PE- und VPE-isolierten Mittelspannungskabeln zu Serienausfällen bei allen Netzbetreibern. Nach intensiver Zusammenarbeit von Herstellern, Prüfinstituten, Universitäten, Netzbetreibern und Veränderungen bei der Werkstoffauswahl und der Kabelkonstruktion sind die Kabel so gut, dass seit mehr als zwanzig Jahren keine alterungsbedingten Ausfälle eingetreten sind.

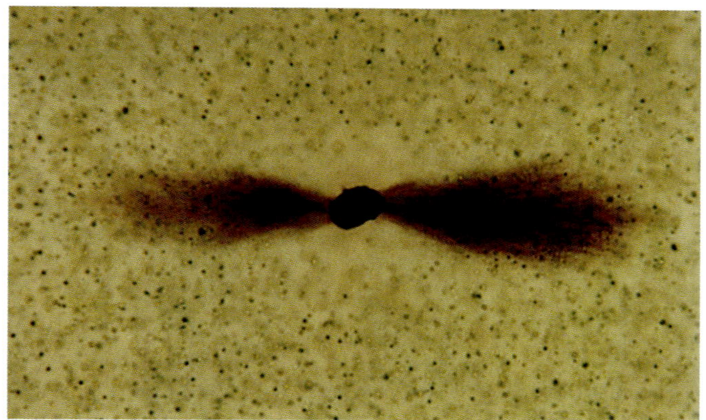

Bild W 2: Bow-tie tree (water tree)

Kabelhandbuch, 9. Auflage, Mario Kliesch / Frank Merschel / weitere Autoren, Rolf Rüdiger Cichowski (Hrsg.), EW Medien – VERLAG, Frankfurt, 2017

Wegbreite in Freiluftanlagen

- Wege und Zufahrtsbereiche müssen nicht nur für normale Wartungs- und Transportfahrzeuge, sondern auch für Rettungs- und Feuerwehrfahrzeuge geeignet sein.
- DIN VDE 0101 empfiehlt einen Mindest-Transportabstand 500 mm.

DIN VDE 0101 (VDE 0101) *Starkstromanlagen mit Nennwechselspannungen über 1 kV*

DIN VDE 0105-100 (VDE 0105-100) *Betrieb von elektrischen Anlagen Allgemeine Festlegungen*

Windkraftanlagen

Eine Windkraftanlage ist derzeit die häufigste Art der Anlagen für → *Erneuerbare Energien*. Sie wandelt die Energie des Windes in elektrische Energie um und liefert den erzeugten Strom in das öffentliche Verteilungsnetz. Die durch Windenergie umzuwandelnde Energie resultiert aus der kinetischen Energie der Luftströmung(Wind). Die kinetische Energie ist abhängig von der Windgeschwindigkeit, der Luftdichte und der durchströmten Fläche.

Andere Bezeichnungen	Windenergieanlage, Windkraftwerk, Windrad, Windkraftkonverter
Häufigste Bauform	dreiblättriger Antriebsläufer mit horizontaler Achse und Rotor auf der Luvseite; Maschinenhaus auf dem Turm montiert, der der Windrichtung aktiv nachgeführt wird
Nutzung	in allen Klimazonen, an Land: onshore; im Küstenvorfeld der Meere: offshore
Typische Leistung	• 2-5 MW für onshore-Anlagen • 3,6-8 MW für offshore-Anlagen
Leistungsbeiwert sagt aus:	wieviel von der in der Windströmung enthaltenen Energie durch die Windkraftanlage aerodynamisch genutzt werden kann; theoretischer Grenzwert des Leistungsbeiwertes: 59,3 %
Mögliche Verluste am Rotorblatt	• Drallverluste in der Drehbewegung der Luftströmung hinter dem Rotor auf Grund des Gegenmomentes durch den sich drehenden Rotor • Reibungsverluste: abhängig von der Form des Rotorblattprofils • Druckausgleich Unterseite zur Oberseite an den Enden des Rotorblattprofils verursacht Reduzierung der Leistung • Verluste durch nichtoptimale Anströmung des Rotorblattprofils Die Verluste reduzieren den Leistungsbeiwert
Leistung von Windkraftanlagen	• die Leistung der Anlage ist abhängig von der Windgeschwindigkeit • Leistungsoptimierung erfordert variable Drehzahl • bei Windgeschwindigkeiten größer als die Auslegungswindgeschwindigkeit* kann die Anlage nicht mehr im Leistungsmaximum betrieben werden
Leistungsbegrenzung	die notwendige Leistungsbegrenzung für Windgeschwindigkeiten oberhalb der Nennwindgeschwindigkeit** kann durch die→ *Pitch-Regelung* erreicht werden
Drehzahlregelung	Eine Windkraftanlage arbeitet optimal, wenn die Rotordrehzahl auf die Windgeschwindigkeit abgestimmt ist, Regelkonzept: z.B. → *Pitch-Regelung*
Gründe für die Abschaltung vom Netz	• zu hohe oder zu geringe Windgeschwindigkeiten • Fehlfunktionen und technische Defekte • Wartungs- und Reparaturarbeiten an der Windkraftanlage oder im Verteilernetz • Schattenwurf • Vereisung • fehlende Aufnahmefähigkeit des Verteilernetzes

* bei der Auslegungswindgeschwindigkeit wird der Leistungsbeiwert max. bei etwa 45 % , bedingt durch die strömungsmechanischen Verlust am Rotor
** die Leistung der Anlage wird ab dieser Windgeschwindigkeit begrenzt

→ *Pitch-Regelung*

Gasch, R.; Twele, J.: Windkraftanlagen-Grundlagen, Entwurf, Planung und Betrieb, 8. Auflage, Springer Vieweg Verlag, Wiesbaden, 2013

Netzanschluss von EEG-Anlagen,2.Auflage, Jürgen Schlabbach / Frank Fischer, Buchreihe Anlagentechnik; Rolf Rüdiger Cichowski (Hrsg.) EW Medien - VERLAG, Frankfurt, 2016

Windkraftanlagen, Autor NN, Buchreihe Anlagentechnik; Rolf Rüdiger Cichowski (Hrsg.) EW Medien - VERLAG, Frankfurt, (erscheint voraussichtlich Ende 2018)

Windlasten bei Freileitungen

Beim Auftreten von Wind auf feste Körper entsteht eine waagerechte angreifende Kraft, die abhängig ist von:

- der Windgeschwindigkeit
- der Höhe der Bauteile über dem Gelände
- der getroffenen Fläche
- der äußeren Form der Körper

Die Windlasten wirken sich auf die Leiterbelastung der Freileitungen aus. Die Windlasten für Mittelspannungsfreileitungen werden in der DIN EN 50341-3-4 festgelegt. Danach ist Deutschland in vier Windzonen unterteilt und aus der Windzonenkarte aus DIN 1055-4: 2005-03 übernommen worden.

DIN EN 50341-3-4 (VDE 0210-3)   Freileitungen über AC 45 kV

Freileitungen, 2. Auflage, Peter Niemeyer / Andreas Grohs, Buchreihe Anlagentechnik, Rolf Rüdiger Cichowski (Hrsg.), EW Medien - VERLAG, Frankfurt, 2008 (Hinweis: 3. Auflage erscheint 1. Quartal 2018)

Wirkungsgrad

Wirkungsgrad: das Verhältnis von Leistungsabgabe zur Leistungsaufnahme. Formel falsch

$$\eta = \frac{P_{\mathrm{ab}}}{P_{\mathrm{zu}}}$$

η Wirkungsgrad
P_{ab} Leistungsabgabe
P_{zu} Leistungsaufnahme

Durch die entstehenden → *Verluste* ist die Leistungsaufnahme immer größer als die Leistungsabgabe, daher ist der Wirkungsgrad immer kleiner als 1 oder als 100 %. Der Wirkungsgrad wird von der Belastung beeinflusst, daher ist er in der Nähe der Nennleistung am größten. Die Bedeutung des Wirkungsgrads nimmt mit der Leistung eines Betriebsmittels und mit der Zeitdauer seines Einsatzes stark zu, da die Verluste nicht nur eine technische Rolle spielen, sondern auch von wirtschaftlichem Interesse sind.

Wirtschaftlichkeit der Blindleistungskompensation

Die → *Blindleistungskompensation* bringt nicht nur technische Vorteile, sondern kann auch dem Anlagenbetreiber wirtschaftliche Vorteile verschaffen.

Für eine Wirtschaftlichkeitsberechnung sind mehrere Faktoren zu berücksichtigen:

- Investitionen für die Kondensatorenanlage, Projektierung, Errichtung, Anschluss und Inbetriebsetzung (Schätzwert: 25 € /kvar)
- Betriebskosten, Wartung und Instandsetzung (1,0 bis 1,5 % des Anschaffungswertes pro Jahr)
- Zinssatz
- Stromtarif
- Technische Anforderungen an die Anlage durch den Netzbetreiber
- Erhöhte Strombelastung bei den Leitungen und den Transformatoren
- Erhöhter Spannungsfall bei schlechtem cos phi
- Evtl. Baukostenzuschüsse durch den Netzbetreiber

Wolfgang Just hat in seiner Veröffentlichung „Wirtschaftlichkeit der Blindstromkompensation" nachgewiesen, inwieweit eine Neuinstallation oder eine Erweiterung einer Blindstromkompensationsanlage wirtschaftlich bzw. in welcher Zeit sich die Investition amortisiert. Dazu sind mehrere Alternativen durchgerechnet worden. Als Fazit stellt er fest, dass die Blindstromkompensation zur Energieeinsparung sich in maximal zwei Jahren amortisiert haben muss. Wirtschaftlich ist sie in der Regel ab 300€ /a Blindenergiekosten.

Wirtschaftlichkeit der Blindstromkompensation, Wolfgang Just, Jahrbuch der Anlagentechnik 2013, S.63ff, Rolf Rüdiger Cichowski (Hrsg.) EW Medien - VERLAG, Frankfurt

Witterungsabhängiger Freileitungsbetrieb

Die Strombelastbarkeit der Freileitungsseile wird in Abhängigkeit von den Witterungsbedingungen nach DIN EN 50182 ermittelt. Wichtig ist es, dass die maximal zulässige Leitertemperatur nicht überschritten wird und die Mindestabstände der Leiter zum Boden oder zu Objekten nicht unterschritten werden. Diese Dauerstrombelastbarkeit wird unter der Annahme der Umgebungsbedingungen von 35° C Außentemperatur, einer vollen Gobalstrahlung und 0,6 m/s senkrechte Windanströmung nach DIN EN 50341 bestimmt. Aber abhängig von den tatsächlich vorhandenen Witterungsbedingungen können Freileitungen höher ausgelastet werden. Denn die, für die Dauerstrombelastbarkeit festgelegten, Umgebungsbedingungen weichen häufig im Jahr von den Festlegungen in der Norm ab, so dass die Netzbetreiber die Reserven der Strombelastbarkeit von Freileitungen wetterabhängig ausnutzen können. Der witterungsabhängige Freileitungsbetrieb ist also eine Optimierungsmaßnahme nach dem NOVA-Prinzip(Netz-Optimierung vor Verstärkung bzw. Ausbau), d.h. der Netzbetreiber ist durch die genaue Prognostizierung der Umgebungsbedingungen und der Berechnung der entsprechenden, tatsächlichen Dauerstrombelastbarkeit in der Lage evtl. Reserven zu nutzen bevor die Leitung verstärkt oder ausgebaut wird.

Witterungsabhängiger Freileitungsbetrieb VDE Anwendungsregel VDE -AR-N 4210-5

Blindleistungskompensation und Energieversorgungsqualität, 3.Auflage, Christian Dresel / Martin Große-Gehling / Jürgen Reese / Jürgen Schlabbach, Buchreihe Anlagentechnik; Rolf Rüdiger Cichowski (Hrsg.) EW Medien - VERLAG, Frankfurt, 2017

Zentraler Erdungspunkt

Zentraler Erdungspunkt: die grün/gelb gekennzeichnete Brücke zwischen isolierter PEN-Schiene und der PE-Schiene in einer Niederspannungshauptverteilung. Diese Verbindung soll unerwünschte Ausgleichsströme zwischen den Funktionserdern der Betriebsmittel, den Sternpunkten der Einspeiser und der Niederspannungshauptverteilung vermeiden.

Erdungsanlagen, 2. Auflage, Thomas Niemand / Andreas Schröder, Buchreihe Anlagentechnik, Hrsg. Rolf Rüdiger Cichowski, EW Medien - VERLAG, Frankfurt, VDE VERLAG Berlin und Offenbach, 2016

Zugangstüren

In Starkstromanlagen mit Nennspannungen über 1 kV gibt es für Zugangstüren bzw. Ausgänge Festlegungen:

- Zugangstüren sind mit Sicherheitsschlössern auszurüsten und mit → *Sicherheitsschildern* zu versehen
- Zugangstüren müssen nach außen aufschlagen
- Türen nach außen (ins Freie): aus schwer entflammbaren Baustoffen
- Türen zwischen verschiedenen Räumen innerhalb der abgeschlossenen elektrischen Betriebsstätte brauchen kein Schloss
- Zugangstüren müssen sich mit einer Klinke von innen leicht öffnen lassen, auch dann, wenn von außen abgeschlossen ist
- Rettungswege dürfen nicht länger als 40 m sein

→ *Mindestdurchgangsbreite*

Zugdraht

Bei der Verwendung von Kabelschutzrohren werden Zugdrähte gebraucht, um das Kabel durch das Rohr ziehen zu können. Als Kabelschutzrohre in offenen Gräben werden hauptsächlich Kunststoffrohre aus PVC oder PE mit hoher Dichte verwendet. Beton-Formsteine werden nicht mehr eingebaut, sie müssen jedoch häufig mit Kunststoffrohren verbunden werden, weil ihr Bestand relativ hoch ist. Dafür stehen Übergangsmuffen zur Verfügung. Als Schutz gegen besonders hohe mechanische Beanspruchungen werden auch Stahlrohre eingesetzt. Die Öffnungen der unbelegten Rohre werden so abgedichtet, dass die Rohre nicht durch Steine, Erdreich oder Schlamm verstopft werden. Daher sind sie mit einem Abdichtbecher aus Kunststoff zu verschließen. Die Stirnseite des Abdichtbechers ist mit einer Befestigungsöse für den Zugdraht versehen. Die eingezogenen Zugdrähte sollten korrosionsfest sein.

Bild Z 1: Abdichtstopfen für unbelegte Rohre

Kabelhandbuch, 9. Auflage, Mario Kliesch / Frank Merschel / weitere Autoren, Rolf Rüdiger Cichowski (Hrsg.), EW Medien – VERLAG, Frankfurt, 2017

Zugspannungen

Bei der Auswahl und der Bemessung der Leiterseile von Freileitungen sind neben den Querschnitten, den thermischen Bemessungen auch die mechanischen Bemessungswerte von Bedeutung, so auch die Zugspannungen. Wird ein Leiter zwischen zwei Festpunkten eingespannt, so wird er infolge seines Eigengewichtes immer das Bestreben haben, nach unten durchzuhängen, also einen → *Durchhang* zu erzeugen. Die an Masten aufgehängten oder abgespannten Leiter üben auf die Aufhängepunkte eine Zugkraft aus, die sich aus einer vertikalen und einer horizontalen Komponente zusammensetzt. Die Leiter unterliegen dabei einer ständigen Belastung durch das Eigengewicht und die Zugkraft. Unter örtlich oder klimatisch ungünstigen Bedingungen, verbunden mit einer hohen Leiterzugspannung, können zusätzliche Wechselbeanspruchungen durch winderregte Leiterschwingungen auftreten.

Bei Änderung der Leitertemperatur verlängert oder verkürzt sich die Bogenlänge des Leiters und verändert somit den Durchhang, den Abstand vom Erdboden und die Zugspannung. Sinkt die Temperatur ab, so verkürzen sich Leiterlänge und Durchhang, die Zugspannung nimmt dagegen erheblich zu. Bei tiefen Temperaturen kann eine Zugspannung soweit ansteigen, dass die Belastbarkeitsgrenze des Materials überschritten wird und ein Bruch des Leiters eintreten kann. Der Gau für jede Freileitung. Zusätzlich zum Leitergewicht kommen in der Praxis Zusatzlasten durch Eisbehang, Raureif, Schnee oder Wind hinzu, so dass sich die Zugspannung noch vergrößern kann.

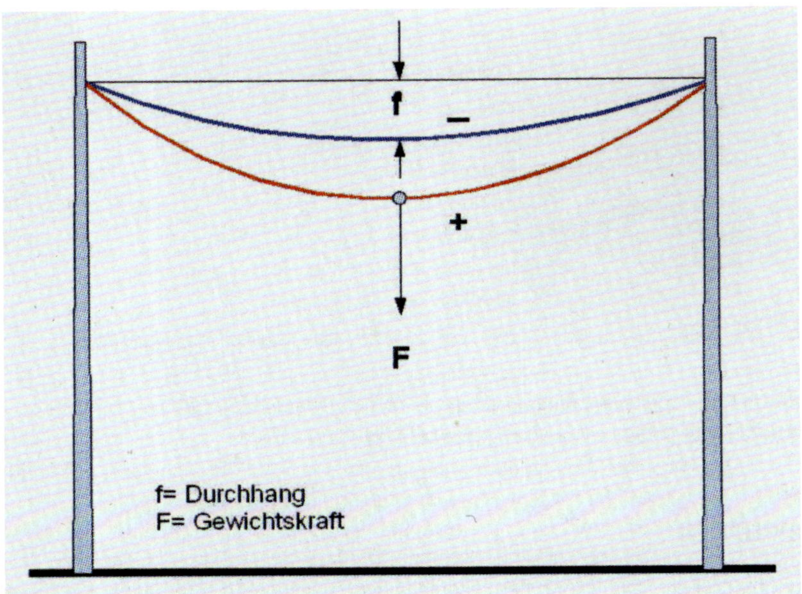

Bild Z 2: Durchhang bei verschiedenen Temperaturen

Nennzugspannung: ist der Wert, der sich aus der Division der Leiternennzugkraft durch den Sollquerschnitt ergibt

Höchstzugspannung: die Horizontalkomponente der gewählten größten Leiterzugspannung, die unter Einbaubedingungen und unter den gewählten Lastannahmen auftritt

Mittelzugspannung: ist die Horizontalkomponente der Leiterzugspannung, die bei der Jahresmitteltemperatur (+ 10 °C) ohne Windlast auftritt

Dauerzugspannung: ist die Zugspannung, die ein Leiter (Niederspannungsfreileitung) ein Jahr lang aushält, ohne zu reißen

Zugspannung des Leiters: ist ein Rechenwert, der sich aus der Leiterzugkraft geteilt durch den Sollquerschnitt ergibt

Freileitungen, 2. Auflage, Peter Niemeyer / Andreas Grohs, Buchreihe Anlagentechnik, Rolf Rüdiger Cichowski (Hrsg.), EW Medien – VERLAG, Frankfurt, 2008 (Hinweis: 3. Auflage erscheint 1. Quartal 2018)

Zukunft der Anlagentechnik

Die Energieversorgung und damit auch die Anlagentechnik der Verteilungsnetze haben sich in den letzten Jahren gewaltig verändert. Zunächst die Liberalisierung der Netze und dann die Energiewende haben zu notwendigen Anpassungen geführt. Änderungen der Struktur der Netzbetreiber, verändertes Umwelt- und Umfeldbewußtsein der Bevölkerung, der Anschluss der EEG-Anlagen und die dezentrale Erzeugung haben die Technik der elektrischen Anlagen und Betriebsmittel so stark verändert, dass nur mit intensiven Anstrengungen aller Beteiligten das Ziel einer sicheren, preiswerten und zuverlässigen Stromversorgung zu erreichen ist. Daher kommen zukünftig auf die Anlagentechnik neue Herausforderungen zu:

- Den dezentralen Stromerzeugern muss die Infrastruktur für ihre Stromlieferungen zur Verfügung stehen
- Das Netz muss an die erhöhten Energieaufkommen und an neue Lastflüsse angepasst werden
- Damit die dezentrale Erzeugung von erneuerbaren Energien den Endverbraucher erreicht, müssen die Netze in der Lage sein, den Stromfluss in bisher ungewohnter Richtung (von der niedrigeren Spannungsebene zur höheren Spannungsebene) weiterzuleiten
- Die Einspeisung hoher Mengen aus der Winderzeugung und der Photovoltaik müssen kurzfristig verkraftbar sein
- Die Verteilungsnetze werden zu Sammelnetzen, in denen die Stromrichtung nicht mehr konventionell in eine Richtung, sondern in alle Richtungen verläuft
- Der Anstieg der Netzbelastung wird insgesamt zunehmen und muss vom Netz und damit der Anlagentechnik verkraftet werden
- Intelligente Netze, smart grids, werden in vielen Bereichen der Anlagentechnik, im Verteilungsnetz und bei den Kundenanlagen notwendige technische Veränderungen mit sich bringen
- Das Verteilungsnetz muss über modernste Informations- und Kommunikationstechnologien verfügen
- Anforderungen aus dem Umwelt- und Klimabereich werden zunehmen
- Die Energieeffizienz wird auch nicht bei den Betriebsmitteln der Anlagentechnik in Verteilungsnetzen halt machen
- Anforderungen aus den Bereichen Arbeitssicherheit und Gesundheitsschutz für das Betriebspersonal der Netzbetreiber werden neue Technologien in der Anlagentechnik fordern
- Die kostengünstigeren Alternativen der Techniken werden ständig auf dem Prüfstand stehen
- Die jetzige hohe Zuverlässigkeit der Stromversorgung in Deutschland soll nicht leiden, daher müssen Techniken und Verfahren entwickelt werden, damit kein Rückschritt in einigen Jahren zu verzeichnen ist

Zusammenarbeit im Netz über Spannungsebenen hinweg

Eine zuverlässige und sichere Stromversorgung ist nach wie vor das wichtigste Ziel aller Netzbetreiber in Übertragungs- und Verteilungsnetzen, trotz der dezentralen Einspeisungen von Erzeugungsanlagen auf allen Netzebenen. Schalthandlungen und Bauarbeiten im Netz können zu spürbaren Auswirkungen führen, daher ist eine noch intensivere Zusammenarbeit aller beteiligten Netzbetreiber notwendig. Eine neue „Technische Regel für den Betrieb und die Planung von Netzbetreibern, Teil 1: Schnittstelle Übertragungs- und Verteilungsnetze", E VDE-AR-N4141-1 unterstützt die Netzbetreiber in ihrer gegenseitigen Zusammenarbeit.

Themen der Abstimmung, **kurz gefasst**:

- Netzbetreiber müssen sich zukünftig gegenseitig informieren und abstimmen, dies gilt nicht als Empfehlung, sondern als Pflicht (2 Jahre nach Inkrafttreten der Anwendungsregel)
- mittelfristige Netzplanung zu Betriebsmitteln und Bauarbeiten im Netz
- geplante Abschaltungen im täglichen Betrieb
- Netzzustandsinformationen gegenseitig abstimmen
- klare Priorisierung bei gegenläufigen Steuersignalen

VDE / FNN – Anwendungsregel E VDE-AR-N-4141-1 Technische Regeln für den Betrieb und die Planung von Netzbetreibern, Teil 1: Schnittstelle Übertragungs- und Verteilungsnetze

Zusammenschluss von Erdungsanlagen

Bedingungen zum Zusammenschluss der Schutzerdung der Hochspannungsanlagen ($U_N > 1\,000$ V) und der Betriebserdung des Niederspannungsnetzes ($U_N \leq 1\,000$ V) bzw. zu ihrem Anschluss an eine gemeinsame Erdungsanlage:

- Der Zusammenschluss wird gefordert, wenn die Niederspannungsanlagen innerhalb einer Hochspannungs-Erdungsanlage liegen (z.B. die Niederspannungseigenversorgung in einer Umspannstation). In solchen Fällen sind zum → *Schutz gegen gefährliche Körperströme* die Körper der Niederspannungs-Betriebsmittel über den Schutzleiter an die gemeinsame Erdungsanlage anzuschließen.
- Bei einer Versorgung von Niederspannungsanlagen außerhalb der Hochspannungs-Erdungsanlage wird empfohlen, die Schutzerdung von Metallteilen in einer Station und die Betriebserdung des Niederspannungssternpunkts an eine gemeinsame Erdungsanlage (Stationserdung) anzuschließen. Bei mehreren Spannungsebenen in einer Anlage ist der ungünstigste Fall (höchstmögliche Erdungsspannung) zugrunde zu legen.

→ *Erder*
→ *Auswahl der Schutzleiter-Schutzmaßnahmen*

DIN VDE 0141 (VDE 0141) Erdungen für spezielle Starkstromanlagen mit Nennspannungen über 1 kV

Zusatzlasten

Zusätzlich zum Leitergewicht der Freileitungsseile kommen im praktischen Betrieb Zusatzlasten durch Eisbehang, Raureif, Schnee oder Wind hinzu. Dadurch können der Durchhang und die Zugspannung vergrößert werden. Die Größen der Zusatzlasten sind von regionalen Gegebenheiten abhängig und sind entsprechend bei den Berechnungen bzw. den Projektierungen der Freileitungen zu berücksichtigen.

Freileitungen, 2. Auflage, Peter Niemeyer / Andreas Grohs, Buchreihe Anlagentechnik, Rolf Rüdiger Cichowski (Hrsg.), EW Medien – VERLAG, Frankfurt, 2008 (Hinweis: 3. Auflage erscheint 1. Quartal 2018)

Zustandsorientierte Instandhaltung

→ *Instandhaltung elektrischer Anlagen und Betriebsmittel*

Zuverlässigkeit

→ *Versorgungszuverlässigkeit*

Zuverlässigkeit bestehender Freileitungen

Bei der Zuverlässigkeit bestehender Freileitung spielt die Standsicherheit der Masten eine große Rolle. Freileitungsmaste haben eine Lebensdauer von mehreren Jahrzehnten. In dieser Zeit ändern sich Materialien, Technologien, äußere Rahmenbedingungen, Anforderungen durch neue Techniken, evtl. Veränderungen in der Leitungsführung, Veränderungen aus dem Bereich der erneuerbaren Energien und damit Veränderungen im Netz durch dezentrale Erzeugungen. Trotz aller Änderungen ist es wichtig, dass das jeweilige standortspezifische Zuverlässigkeitsniveau sich nicht negativ verändert. Das erforderliche Zuverlässigkeitsniveau wird entsprechend dem standortabhängigen Gefährdungspotenzial festgelegt. Die Anforderungen müssen mindestens so erfüllt werden, dass sie den Anforderungen zum Zeitpunkt der Errichtung entsprechen. In der VDE FNN-Anwendungsregel „Anforderungen an die Zuverlässigkeit bestehender Stützpunkte von Freileitungen", VDE-AR-N 4210-4 werden dazu fünf Zuverlässigkeitsniveaus definiert.

Ein Nachweis der Zuverlässigkeit eines Mastes ist z.B. erforderlich, wenn

- aktuell mit einer höheren Belastung durch Wind und Eis gerechnet werden muss, als dies zum Zeitpunkt der Errichtung notwendig war
- wiederholt Schäden an Masten gleicher Bauart in verschiedenen Regionen aufgefallen sind
- wiederholt Schäden an Masten in der gleichen Region aufgetreten sind

Bei baulichen Veränderungen an bestehenden Freileitungen muss entschieden werden, ob für die dann notwendige Überprüfung der technischen Sicherheit die aktuelle Freileitungsnorm, die VDE Anwendungsregel oder die Errichter Norm anzuwenden ist. Empfehlungen können entnommen werden:

- VDE Anwendungsregel „Bauliche Veränderungen an bestehenden Freileitungen" und / oder
- VDE Anwendungsregel „Anforderungen an die Zuverlässigkeit bestehender Stützpunkte von Freileitungen", VDE -AR-N 4210-4

Freileitung, 2.Auflage, Peter Niemeyer / Andreas Grohs, Buchreihe Anlagentechnik; Rolf Rüdiger Cichowski (Hrsg.) EW Medien - VERLAG, Frankfurt, 2008 (Hinweis: in Kürze erscheint die 3. Auflage)

Literaturhinweise

Die Buchreihe „Anlagentechnik für elektrische Verteilungsnetze"; Rolf Rüdiger Cichowski (Hrsg.) befasst sich mit verschiedenen Anlagenelementen der Verteilungsnetze.
Es sind folgende Titel bereits beim EW- Medien und Kongresse-Verlag erschienen:

- Arbeitssicherheit, Bernd Tenckhoff
- Blindleistungskompensation und Energieversorgungsqualität, 3. Auflage, Christian Dresel / Martin Große Gehling / Jürgen Reeese / Jürgen Schlabbach
- Erdungsanlagen, 2. Auflage, Thomas Niemand / Andreas Schröder
- Fehlerortung an Energiekabeln, 2. Auflage, Frank Arnold / Peter Herpertz
- Freileitung, 2. Auflage, Peter Niemeyer / Andreas Grohs (Hinweis: 3. Auflage erscheint 1. Quartal 2018)
- Instandhaltung, 2. Auflage, Ralf Werner Kurzschlussstromberechnung, 2. Auflage Jürgen Schlabbach
- Netzanschluss von EEGAnlagen, 2. Auflage, Jürgen Schlabbach / Frank Fischer
- Netzdokumentation; Heinrich Schulze
- Netzleittechnik Grundlagen, 2. Auflage, ErnstGünther Tietze Netzleittechnik Systemtechnik, 2. Auflage, ErnstGünther Tietze
- Netzrückwirkungen, 3. Auflage, Walter Hormann / Wolfgang Just / Jürgen Schlabbach
- Netzschutztechnik, 6. Auflage, Walter Schossig, Thomas Schossig
- Netzstationen, 2. Auflage, IlloFrank Primus
- Netzgekoppelte Photovoltaikanlagen, 2. Auflage, Jürgen Schlabbach Qualitätsmanagement, Klaus Freudenthal
- Rationaler Netzbetrieb, 2. Auflage, Hermann Nagel Starkstromkabelanlagen, 2. Auflage, Mario Kliesch / Frank Merschel
- Sternpunktbehandlung, Jürgen Schlabbach
- Straßenbeleuchtung, 2. Auflage, Lothar Höhne / Heinz Georg Schröter
- Systematische Netzplanung, Hermann Nagel
- Transformatoren, 2. Auflage, Rudolf Janus / Hermann Nagel
- Werterhaltung Holz, Peter Niemeyer

Zusätzlich zur genannten Buchreihe sind zur Anlagentechnik Jahresbände von 2008 bis 2018 mit verschiedenen Themen zur Anlagentechnik auf dem Markt.

- ABC der Elektroinstallation, 15. Auflage, Hans Schultke, Michael Fuchs, EW Medien - VERLAG, Frankfurt, 2012
- Anwenderorientierte Qualitätssicherung, Rolf Rüdiger Cichowski, VDE VERLAG Berlin und Offenbach, 1992
- DIN VDE 0100, 3. Auflage, Schriftenreihe 105, KarlHeinz Krefter, Herbert Schmolke, VDE VERLAG Berlin und Offenbach, 2012
- DIN VDE 0100 richtig angewandt, 7. Auflage, Schriftenreihe 106, Herbert Schmolke, VDE VERLAG Berlin und Offenbach, 2016
- Eigenschaften von Energiekabeln und deren Messung, 3.Auflage, Ekkehard Kuhnert, Fred Wiznerowicz, EW Medien - VERLAG, Frankfurt, 2012
- Elektrische Anlagen auf Baustellen, VDE - Schriftenreihe 42, Rolf Rüdiger Cichowski, VDE VERLAG Berlin und Offenbach, 1988
- Baustellen-Fibel, VDE - Schriftenreihe 142, Rolf Rüdiger Cichowski, VDE VERLAG Berlin und Offenbach, 2014
- Elektrische Anlagentechnik, 6.Auflage, Wilfried Knies, Klaus Schierack, Carl Hanser Verlag, 2012
- Instandhaltung - eine betriebliche Herausforderung, Adolf Rötzel, VDE VERLAG Berlin und Offen bach, 1993
- Kabel und Leitungen für Starkstrom, 5. Auflage, Lothar Heinold, Reimer Stubbe, Publicis MCD Verlag, 1999
- Kabelhandbuch, 9. Auflage, Mario Kliesch / Frank Merschel / weitere Autoren, Rolf Rüdiger Cichowski (Hrsg.), EW Medien - VERLAG, Frankfurt, 2017
- Lexikon der Installationstechnik, 4. Auflage, Schriftenreihe 52, Rolf Rüdiger Cichowski, Anjo Cichowski, VDE VERLAG Berlin und Offenbach, 2013
- Netzsystemtechnik, Jürgen Schlabbach, Dieter Metz, VDE VERLAG Berlin und Offenbach, 2005
- Planung öffentlicher ElektrizitätsverteilungsSysteme, Wolfgang Kaufmann, VWEW Verlag, Frankfurt, 1995
- Potentialausgleich, Fundamenterder, Korrosionsgefährdung, 8.Auflage, Schriftenreihe 35, Herbert Schmolke, VDE VERLAG Berlin und Offenbach, 2013
- Projektierung von Ersatzstromaggregaten, 2.Auflage, Schriftenreihe 122, Andreas Rosa, VDE VERLAG Berlin und Offenbach, 2013
- Qualitätssicherung in der elektrischen Anlagentechnik, Rolf Rüdiger Cichowski, KarlHeinz Krefter (Hrsg.), VDE VERLAG Berlin und Offenbach, 1987
- Schutz gegen elektrischen Schlag, Schriftenreihe 130, Gerhard Kiefer, KarlHeinz Krefter, VDE VERLAG Berlin und Offenbach, 2008
- Smart Metering in Deutschland, Günter Fenchel, Martin Hellweg (Hrsg.), EW Medien - VERLAG, Frankfurt, 2010

- Taschenbuch der Elektrischen Energietechnik, Wolfgang Schufft (Hrsg.), Carl Hanser Verlag, 2007
- VDE 0100 und die Praxis, 16. Auflage, Gerhard Kiefer, Herbert Schmolke, VDE VERLAG Berlin und Offenbach, 2017
- Der rote Faden durch die Gruppe 700 der DIN VDE 0100, VDE - Schriftenreihe 168, Rolf Rüdiger Cichowski, VDE VERLAG Berlin und Offenbach, 2016
- Elektrische Anlagen auf Campingplätzen und in Caravans, VDE - Schriftenreihe 150, Rolf Rüdiger Cichowski, VDE VERLAG Berlin und Offenbach, 2016
- Kenngrößen für die Elektrofachkraft, VDE - Schriftenreihe 59, 3. Auflage, Rolf Rüdiger Cichowski, VDE VERLAG Berlin und Offenbach, 2017

Weiterführende Internetseiten:

- www.berg-energie.de
- www.betonbau.com
- www.bgetem.de
- www.bundesnetzagentur.de
- www.cichowski.de
- www.dehn.de
- www.devolo.de
- www.ew-online.de
- www.graeper.de
- www.hauff-technik.de
- www.induo.de
- www.mettenmeier.de
- www.netze-bw.de
- www.ormazabal.de
- www.schneider-electric.de
- www.vde-verlag.de
- www.vde.com/de/fnn

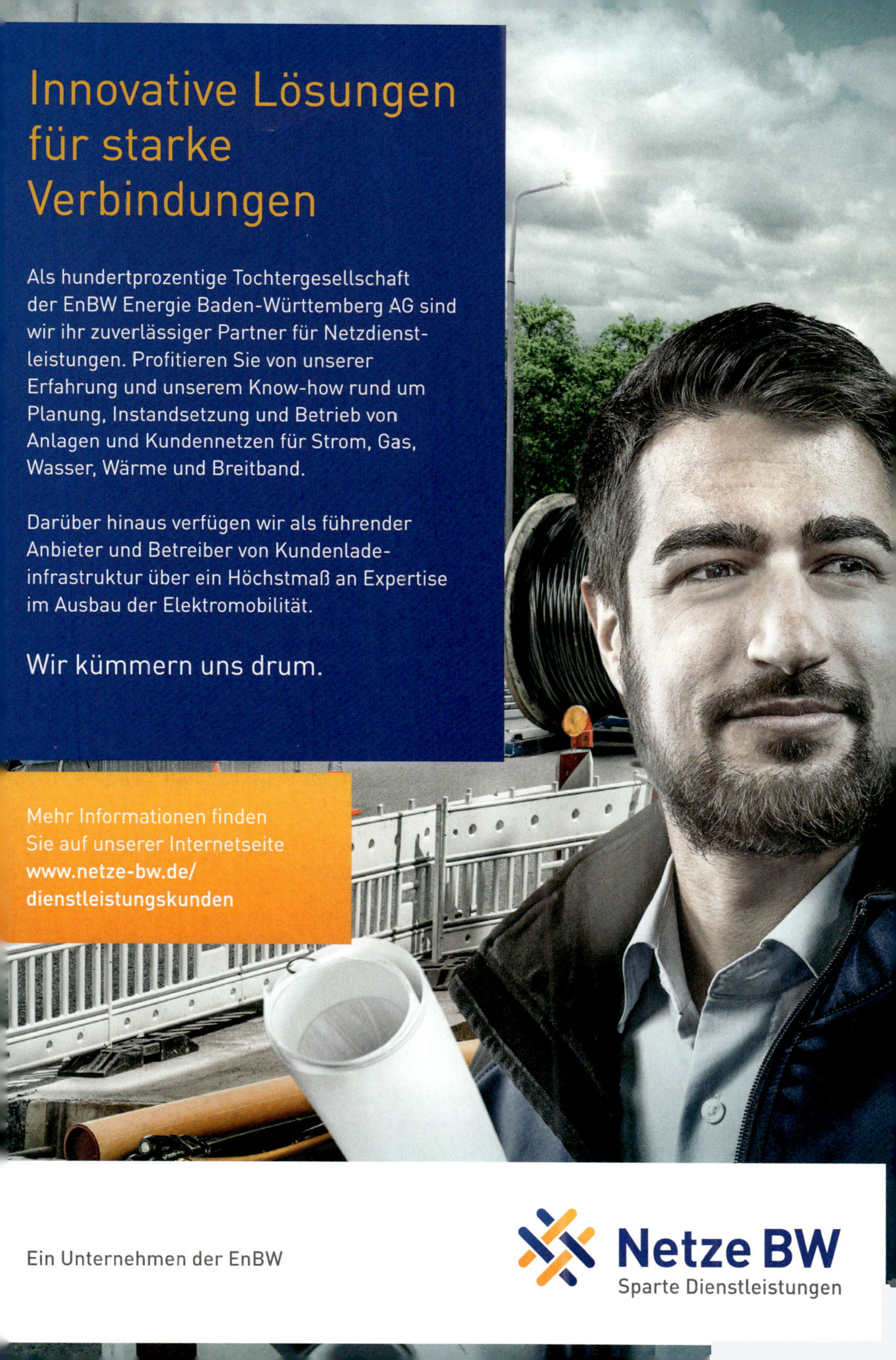

Innovative Lösungen für starke Verbindungen

Als hundertprozentige Tochtergesellschaft der EnBW Energie Baden-Württemberg AG sind wir ihr zuverlässiger Partner für Netzdienstleistungen. Profitieren Sie von unserer Erfahrung und unserem Know-how rund um Planung, Instandsetzung und Betrieb von Anlagen und Kundennetzen für Strom, Gas, Wasser, Wärme und Breitband.

Darüber hinaus verfügen wir als führender Anbieter und Betreiber von Kundenladeinfrastruktur über ein Höchstmaß an Expertise im Ausbau der Elektromobilität.

Wir kümmern uns drum.

Mehr Informationen finden Sie auf unserer Internetseite
www.netze-bw.de/dienstleistungskunden

Ein Unternehmen der EnBW

Jahrbuch 2018

der europäischen Energie- und Rohstoffwirtschaft

Auch als Download erhältlich

Jahrbuch 170,– €
Bestell-Nr. 5717800
ISBN-Nr. 978-3-8022-1162-1
Download 90,– €
Bestell-Nr. 5717900
Regulärer Preis:
Jahrbuch + Download 260,– €
Bestell-Nr. 5718000

125. Jahrgang,
1.000 Seiten mit zahlreichen wirtschaftsgeographischen Karten, Abbildungen und Tabellen.

Herausgeber:
Dr. Thorsten Diercks
Stefan Kapferer
Wolfgang Langhoff
Dr. jur. Eberhard Meller
Dr. Ludwig Möhring
Hildegard Müller
Dipl.-Ing. Thomas Rappuhn
Dr. Peter Röttgen
Prof. Dr. rer. pol. Franz-Josef Wodopia

Bracheninformationen zu Unternehmen und Institutionen in Deutschland und Europa

Die **deutsche** und die **europäische** Energiewirtschaft sind durch häufige Änderungen gekennzeichnet – das Jahrbuch lässt Sie den Überblick behalten!

Das sorgsam recherchierte Kompendium und Nachschlagewerk bietet eine detaillierte Zusammenstellung von Daten zu Unternehmen und Institutionen in Deutschland und **Europa:** autorisierte Auskünfte zu Konzern- und Firmenprofilen, Anschriften, Angaben zu **14.000 Führungskräften,** Gesellschaftern, Trägern, Aufsichtsgremien, Vorständen, Kapital, Umsatz, Produktion und Beschäftigte uvm. Es enthält wertvolles **statistisches Datenmaterial** und wirtschaftsgeographische Karten.

Auch für den 125. Jahrgang des Werkes wurde der Inhalt penibel **aktualisiert** und unterstützt so Fach- und Führungskräfte der Energie- und Rohstoffwirtschaft, Handel, Vertrieb, Wirtschaftsexperten in Consulting- und Dienstleistungsunternehmen, Journalisten, Wissenschaftler und Studenten bei der täglichen Arbeit.

Der **Download** beinhaltet den gesamten Inhalt des Buches. Die komfortable **Volltextsuche** verschafft Ihnen einen schnellen **Überblick.** Außerdem liegen die erweiterten Tabellen sowie eine umfangreiche **Adressliste** im **Excel**-Format vor.

Mehr Informationen und bestellen?
www.energie-fachmedien.de

EW Medien und Kongresse GmbH
Buchverlag | Fachinformationen
Montebruchstraße 20 | 45219 Essen
Telefon: +49 (0) 20 54.9 24- 123 | Telefax: +49 (0) 20 54.9 24- 139
E-Mail: vertrieb@ew-online.de | www.ew-online.de

Neu aus der Reihe Anlagentechnik für elektrische Verteilnetze

Wissen ist unsere Energie.

Netzanschluss von EEG-Anlagen

Zweite vollständig überarbeitete Auflage

- Erläuterung des typischen technischen Aufbaus von EEG-Anlagen
- Besonderheiten bei der Bewertung der Netzverträglichkeit des Anschlusses
- Netzanschlussbedingungen von Erzeugungsanlagen
- Schilderung von Sonderfragen aus dem Bereich der Projektierung von Netzanschlüssen (Berechnung der Netzimpedanz, Schutzauslegung und Belastbarkeit von Freileitungen und Kabeln)
- Darstellungen der Einsatzmöglichkeit von HGÜ-Technik und neuer Freileitungsseile im Rahmen des erforderlichen Netzausbaus

Übersichten über die zu beachtenden Normen und technischen Regeln runden das Buch ab.

Rolf Rüdiger Cichowski (Hrsg.)
Prof. Frank Fischer I Prof. Jürgen Schlabbach
2. Auflage, 11,2 x 16,5 cm, 320 Seiten, vierfarbig, kartoniert

Buch 38,60 €
ISBN 978-3-8022-1148-5, Bestell-Nr. 300916
E-Book 38,60 €
ISBN 978-3-8022-1261-1, Bestell-Nr. 300961
Kombi-Preis, 48,25 € **Buch und E-Book**

Erdungsanlagen

Zweite vollständig überarbeitete Auflage

Die Erdung ist die wichtigste Maßnahme zum Schutz bei indirektem Berühren. Nur durch eine korrekt ausgeführte Erdungsanlage können die im Fehlerfall entstehenden Potentialunterschiede abgebaut und so Personengefährdungen vermieden werden. Seit dem ersten Erscheinen im Jahre 1996 wurde die Normung sowohl auf europäischer (Cenelec) wie auf internationaler (IEC) Seite weitergeführt.

Auch wenn sich die grundlegenden Kriterien nicht verändert haben, so war es doch an der Zeit, den aktuellen Normenstand in diesem Band aufzugreifen und eine für den Anwender konsistente Erläuterung für die Praxis zu geben.

Rolf Rüdiger Cichowski (Hrsg.)
Thomas Niemand / Andreas Schröder
2. Auflage, 11,2 x 16,5 cm, 256 Seiten, vierfarbig, kartoniert

Buch: 37,40 €
Bestell-Nr. 300602
E-Book: 37,40 €
ISBN 978-3-8022-1266-6, Bestell-Nr. 300662
Kombi-Preis: 46,75 € **Buch und E-Book**

Weitere Informationen unter www.energie-fachmedien.de

EW Medien und Kongresse GmbH
Buchverlag I Fachinformationen
Montebruchstraße 20 | 45219 Essen
Telefon: 0 20 54.9 24- 123 | Telefax: 0 20 54.9 24- 139
E-Mail: vertrieb@ew-online.de | www.ew-online.de

Blindleistungskompensation und Energieversorgungsqualität

Wissen ist unsere Energie.

Christian Dresel / Martin Große-Gehling
Jürgen Reese / Jürgen Schlabbach

Blindleistungskompensation und Energieversorgungsqualität

3. Auflage

Rolf Rüdiger Cichowski (Hrsg.)
Anlagentechnik für elektrische Verteilungsnetze

3. Auflage 2017

Die dritte Auflage Blindleistungskompensation und Energieversorgungsqualität wurde vollständig überarbeitet, erweitert und auf den neuesten Stand gebracht. Das Buch behandelt neben den Grundlagen der Blindleistungskompensation in NS- und MS-Netzen auch folgende Fragestellungen:

- Aufbau, Auslegung und Betrieb von Kondensatoren und Kompensationsanlagen
- Anlagentechnik
- Langzeitstabilität und Alterung von Kondensatoranlagen
- Bewertung der Versorgungsqualität nach DIN EN 50160 u.a. Normen, Kosten und wirtschaftliche Aspekte von Kompensationsanlagen
- Verbesserung der Spannungsqualität durch Filter und Kompensationsanlagen
- Einsatz passiver und aktiver Filter
- Grundlegendes zum Einsatz von FACTS (Flexible AC Transmission Systems)

Im Buch werden zahlreiche Anwendungs- und Berechnungsbeispiele besprochen. Weitere Titel aus der Reihe finden Sie unter www.energie-fachmedien.de

Rolf Rüdiger Cichowski (Hrsg.)
Christian Dresel, Martin Große-Gehling,
Jürgen Reese, Jürgen Schlabbach
3. Auflage 2017
11,3 x 16,8 cm, 240 Seiten, vierfarbig, kartoniert
36,30 €
ISBN 978-3-8022-1156-0
Bestell-Nr. 310051
Auch als E-Book erhältlich!

EW Medien und Kongresse GmbH
Buchverlag I Fachinformationen
Montebruchstraße 20 | 45219 Essen
Telefon: 0 20 54.9 24- 123 | Telefax: 0 20 54.9 24- 139
E-Mail: vertrieb@ew-online.de | www.ew-online.de